Adriano Oprandi

Differentialgleichungen in der Baudynamik

De Gruyter Studium

Weitere empfehlenswerte Titel

Anwendungsorientierte Differentialgleichungen
Adriano Oprandi, geplant für 2024

Differentialgleichungen in der Theoretische Ökologie
Räuber-Beute-Modelle zur Dynamik von Populationen
ISBN 978-3-11-134482-9, e-ISBN (PDF) 978-3-11-134526-0

Differentialgleichungen in der Festigkeits- und Verformungslehre
Elastostatik, Balkentheorie, Impulsanregung, Pendel
ISBN 978-3-11-134483-6, e-ISBN (PDF) 978-3-11-134581-9

Differentialgleichungen für Wärmeübertragung
Stationäre und Instationäre Wärmeleitung und Wärmestrahlung
ISBN 978-3-11-134492-8, e-ISBN (PDF) 978-3-11-134583-3

Differentialgleichungen in der Strömungslehre
Hydraulik, Stromfadentheorie, Wellentheorie, Gasdynamik
ISBN 978-3-11-134494-2, e-ISBN (PDF) 978-3-11-134586-4

Differentialgleichungen in der Fluiddynamik
Grenzschichttheorie, Stabilitätstheorie, Turbulente Strömungen
ISBN 978-3-11-134505-5, e-ISBN (PDF) 978-3-11-134587-1

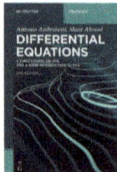

Differential Equations
A First Course on ODE and a Brief Introduction to PDE
Antonio Ambrosetti, Shair Ahmad, 2024
ISBN 978-3-11-118524-8, e-ISBN (PDF) 978-3-11-118567-5

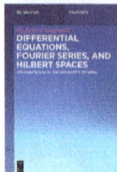

Differential Equations, Fourier Series, and Hilbert Spaces
Lecture Notes at the University of Siena
Raffaele Chiappinelli, 2023
ISBN 978-3-11-129485-8, e-ISBN (PDF) 978-3-11-130252-2

Adriano Oprandi

Differentialglei-chungen in der Baudynamik

Modalanalyse, Schwingungstilger, Knickfälle

2. Auflage

DE GRUYTER
OLDENBOURG

Mathematics Subject Classification 2020
65L10

Autor
Adriano Oprandi
Bartenheimerstr. 10
4055 Basel
Schweiz
spideradri@bluewin.ch

ISBN 978-3-11-134487-4
e-ISBN (PDF) 978-3-11-134585-7
e-ISBN (EPUB) 978-3-11-134613-7

Library of Congress Control Number: 2024933031

Bibliografische Information der Deutschen Nationalbibliothek
Die Deutsche Nationalbibliothek verzeichnet diese Publikation in der Deutschen Nationalbibliografie;
detaillierte bibliografische Daten sind im Internet über
http://dnb.dnb.de abrufbar.

Coverabbildung: artishokcs / iStock / Getty Images Plus
Satz: VTeX UAB, Lithuania
Druck und Bindung: CPI books GmbH, Leck

www.degruyter.com

Vorwort zur 2. Auflage

Die Differentialgleichung (DG) stellt ein unverzichtbares Werkzeug der mathematischen Modellierung in den Naturwissenschaften dar. Sie wird hinzugezogen, wenn man die Änderung physikalischer Größen in Relation zueinander oder zu anderen Größen setzen kann. Viele Naturgesetze werden über eine DG formuliert und führen erst über Rand- und Anfangsbedingungen zu speziellen Lösungen oder Formeln. Die Entscheidung darüber, ob man die Änderung einer Größe oder die Größe selbst betrachtet, wird über die Mess- oder Nichtmessbarkeit der Größe gefällt. Beispielsweise ist die Anzahl radioaktiver Kerne in einem Präparat schwer zu bestimmen, weshalb man die zeitliche Änderung der Aktivität misst, um auf diese Weise auf die Änderung der radioaktiven Kernanzahl zu schließen. Bei der Vermehrung von Bakterien hingegen wäre die Messung der Bakterienzahl direkt möglich, was aber nicht daran hindert, ihre Zu- oder Abnahme mithilfe einer DG zu beschreiben.

In den Naturwissenschaften ist man mit dem generellen didaktischen Problem konfrontiert, wie ein Sachverhalt zuerst in Worten der natürlichen Sprache formuliert und danach derart in die formale Sprache der Mathematik oder Informatik übersetzt werden soll, dass dieser Prozess nachvollziehbar und verständlich bleibt. Es gilt, eine Brücke zwischen diesen beiden Sprachen zu schlagen. Ein möglicher Ansatz besteht darin, eine zielführende Frage zu stellen. Beispielsweise werden Optimierungsfragen der Mathematik wegweisend mit der Frage, welche Größe extremal werden soll, beantwortet. In der Kombinatorik wiederum sind zwei Fragen entscheidend: Ist die Reihenfolge wesentlich und sind Wiederholungen gestattet? Bei magnetischen Phänomenen drängt sich als Eingangsfrage womöglich die Suche nach den magnetischen Polen auf usw. Betrachtet man nun eine DG, so mag Einigen die Struktur derselben, bestehend aus infinitesimalen Größen, nur eine lästige Etappe auf dem Weg zum Ziel, nämlich der Lösung dieser DG, darstellen. Schließlich drückt die Lösung oder Formel die Abhängigkeit der in ihr enthaltenen Größen aus und ist, was die Anwendung betrifft, das Maßgebende. Meine Überzeugung ist es hingegen, dass eine solche reduzierte Sichtweise das Hauptsächliche unterschlägt, nämlich die Frage, welche Annahmen dem ermittelten Gesetz überhaupt vorangingen und unter welchen Voraussetzungen es Gültigkeit besitzt. Unter diesem Blickwinkel wird man also, nicht nur aus praktischen Gründen, unweigerlich auf die zugehörige DG – insbesondere deren Ausgangspunkt, die Bilanzgleichung – zurückgeworfen. Eine solche Bilanz kann beispielsweise eine Längen-, Massen-, Stoffmengen-, Impuls-, Kräfte-, Energie-, Drehmoment-, Leistungsbilanz usw. darstellen. Dabei kann die Bilanz selber an einem infinitesimal kleinen Element oder in einem gedachten Kontrollbereich stattfinden. In dieser Bilanz steckt aber genau das Wesentliche: Man erkennt das verwendete Modell (z. B. ideales oder reales Gas), das zugrunde liegende System (offen, geschlossen oder abgeschlossen), die Vernachlässigung einer Größe gegenüber einer anderen (z. B. Reibungskraft gegenüber Gewichtskraft), die Vereinfachung einer Größe (z. B. konstante Dichte) oder Ähnliches.

https://doi.org/10.1515/9783111345857-201

Eine DG ist eine Gleichung und somit eine Bilanz. Deshalb rücken wir die folgende Leitfrage in den Fokus: „Die Änderung welcher Größe soll mithilfe einer DG am infinitesimalen Element bilanziert werden?" Auf diese Weise wird die Rolle der DG als Bilanz neu definiert: Sie bildet den Ausgangspunkt zur Erfassung des Sachverhalts und hat zum Ziel, Theorie und Praxis als eine Einheit zu begreifen, um auf diese Weise ein tieferes Verständnis für das gestellte Problem zu erlangen. Nicht zuletzt sollte der wiederholte Umgang mit DGen dem Leser und der Leserin die zentrale, themenübergreifende Bedeutung dieser Gleichungen bei der Beschreibung von Naturvorgängen zuteilwerden lassen. Es ist deshalb zwingend, auf die Herleitungen besonderen Wert zu legen, weil diese mit den angesprochenen Bilanzen einhergehen. Leider wird vom Autor immer wieder beobachtet, dass Lehrmittel bei der Herleitung die Voraussetzungen und getroffenen Vereinfachungen nicht klar und ersichtlich herausschälen, was es der Studentin und dem Studenten erschwert, das Ergebnis zu relativieren und dessen Anwendungsbereich klar abzustecken und einzugrenzen.

Aus diesem Grund verfolgt diese 2. Auflage ein klares Ziel und verfährt diesbezüglich nach einem einheitlichen und nachvollziehbaren Muster, indem konsequent jeder Herleitung zuerst allfällige Idealisierungen und Einschränkungen inklusive Begründung oder Zulässigkeit vorangestellt werden. Damit ist sich die Leserin und der Leser immer im Klaren darüber, unter welchen Voraussetzungen die Bilanz geführt wird.

Verglichen mit der 1. Auflage sind einerseits die bestehenden Kapitel durch weitere praktische Aspekte ergänzt und zweitens drei Kapitel hinzugefügt worden. Dazu gehören das Kap. 3.5, welches das frei hängende Seil behandelt, das Kap. 3.8, in dem die Modalanalyse vorgestellt wird, um diese auf die fünf Grundkörper wie Saite, Stab, Balken, Membran und Platte anzuwenden und das Kap. 3.9 mit einer Einführung über schwache Lösungen von DGen.

Zwei Kapitel wurden in die Bände 4 bzw. 5 verlegt. Dazu gehören die Wellengleichung für Druckschwingungen von Gassäulen und die windinduzierten Schwingungen.

Fast alle erst am Schluss des Buches der 1. Auflage aufgeführten Übungen habe ich zu den bestehenden in den Fließtext übernommen. Diese werden als Aufgabe mit konkreten Fragestellungen formuliert und jede Teilaufgabe wird in nachvollziehbaren Schritten vollständig durchgerechnet. Insgesamt enthält dieser Band 87 Beispiele und 51 Abbildungen.

Beim Verlag Walter de Gruyter möchte ich mich herzlich für die bisherige Zusammenarbeit und die Möglichkeit einer Zweitauflage bedanken.

Basel, Mai 2024   Adriano Oprandi

Inhalt

1 Einleitung

Didaktik

Besonderes Augenmerk soll in diesem Band auf den didaktischen Unterbau einschließlich der Lerninhalte, der Methodik und der angestrebten Lernziele gelegt werden. Es ist ein Anliegen des Autors, dass die Leserin und der Leser die immer wieder verwendeten Bausteine beim Erstellen einer Differentialgleichung (DG) kennen und lernen, sie zu gebrauchen. Auf die Herleitungen wird besonderen Wert gelegt. Sie enthalten die angesprochene Vielzahl an Bilanzen und bilden das Kernstück der Methodik.

A. Lerninhalte

Im Mittelpunkt stehen die freien und erzwungenen Schwingungen verteilter Massen. Dabei beschränken wir uns auf fünf Grundkörper: Saite, Stab, Balken, Membran (Rechteck und Kreis) und Platte (Rechteck und Kreis). Es wird nach einem einheitlichen Muster vorgegangen: Zuerst werden die Biegelinien und Biegeflächen (falls vorhanden), d. h. die statischen Eigenschaften bei Belastung für jeden der fünf erwähnten Körper analysiert (Biegelinien für den Balken wurden schon in Band 2 behandelt). Danach untersuchen wir das dynamische Verhalten jedes Grundkörpers, also die Schwingung bzw. Biegeschwingung bei Belastung. Insbesondere sind die Kap. 6 und 7 von großer praktischer Bedeutung.

Mathematisch gesehen werden sämtliche anstehenden Fragestellungen mithilfe partieller DGen beschrieben. Diese DGen werden, wie schon eingangs mehrfach hervorgehoben, über eine Bilanzierung der Energie, des Impulses oder des Drehimpulses für die jeweilige Bewegung ermittelt. In jedem Fall wird es uns möglich sein, eine analytische Lösung anzugeben, sodass numerische Methoden in diesem Band entfallen.

B. Lernziele

Unter anderem beinhaltet jedes Kapitel die folgenden Etappen:
i.   Die notwendigen Begriffe bereitstellen und erklären.
ii. Ein praktisches Problem formalisieren, d. h. die Bedürfnisse und Forderungen in eine DG übersetzen.
iii. Analytische Methoden zur Lösung einer DG verwenden.
iv. Berechnungen mithilfe von Formeln durchführen.

C. Methoden

i.   Problemstellung erfassen und Diskussion der Bedingungen.
ii. Aufstellen der das Problem beschreibenden DG.
iii. Die Lösung der DG über einen vorher eingeübten Formalismus bestimmen.
iv. Ergebnis (Formel) diskutieren.
v.   Anwendung der Ergebnisse auf die Praxis.

https://doi.org/10.1515/9783111345857-001

Folgende Werkzeuge zur Lösung einfacher DGen werden vorausgesetzt: Es sind dies die direkte Integration, die Variablentrennung, die Substitution und die Konstantenvariation. Diese Methoden werden wir bei der analytischen Lösung einer DG über den gesamten Band hinweg antreffen.

Die ersten beiden Methoden i. und ii. erfolgen mittels nachstehender Prinzipien:
I.   Bilanzierung am infinitesimal kleinen Element.
II.   Modellidealisierung und Vernachlässigung von Größen.
III. Lineare Approximation der Änderung einer Größe als Basis einer DG.

Details zu I.

Da es sich im Gegensatz zu Band 2 bei den fünf erwähnten Basiskörpern nicht mehr um Punktmassen, sondern um verteilte Massen handelt, muss die Bilanz jeweils an einem infinitesimalen Element durchgeführt werden. Die einzige antreibende Kraft wird durch die Spannungsänderungen im Körper selber aufgrund der Auslenkung oder Verbiegungen hervorgerufen. Die Gewichtskraft wird dabei, bis auf wenige Ausnahmen, außer Acht gelassen.

Details zu II.

Als Idealisierung bezeichnen wir fortan sämtliche bewusst vernachlässigten Einflüsse eines Problems. Demgegenüber wollen wir die Spezialisierung eines allgemeinen Problems als Einschränkung unterscheiden. Betrachten wir beispielsweise die Bewegung eines Balkens. Vernachlässigen wir die Dämpfung, dann nennen wir dies eine Idealisierung, hingegen wollen wir die Betrachtung auf vertikale Bewegungen allein als eine Einschränkung bezeichnen.

Details zu III. Wir erläutern dieses grundlegende Prinzip anschließend.

Was ist eine Differentialgleichung?

Eine DG bezeichnet eine Gleichung für eine gesuchte Funktion y in einer oder mehreren Variablen, die mindestens die erste Ableitung y' dieser Funktion enthält. Dabei beschreibt eine DG beispielsweise die Änderung einer Größe y bezüglich des Ortes x oder die Änderung einer Größe y im Vergleich zur Größe selber usw. Im Weiteren konzentrieren wir uns auf gewöhnliche DGen.

Einschränkung: Wir betrachten bis auf Weiteres DGen in einer Variablen (gewöhnliche DGen).

Beispiele sind $y'(x) = 3x^2 - 1$, $\dot{y}(t) = 2 \cdot \sin[y(t)] + t$ oder $y''(x) - 3 \cdot y'(x) \cdot y^2(x) = 0$. Dabei steht x meistens für den Ort und t für die Zeit. Für die Ableitung nach der Zeit wählt man einen Punkt anstelle des Strichs. Die drei genannten DGen sind allesamt von der Form $f(x, y(x), y'(x), y''(x), \ldots, y^{(n)}(x)) = 0$. Man nennt sie gewöhnlich, weil die Funktion y inklusive ihrer Ableitungen y', y'', nur von einer Variablen allein abhängig sind. Lässt man nur jeweils die erste Potenz einer Ableitung zu und als Koeffizienten nur Funktionen in derselben Variablen, so erhält man die (gewöhnlichen) linearen DGen in der Form $y^{(n)}(x) = a_{n-1}(x) \cdot y^{(n-1)}(x) + \cdots + a_1(x) \cdot y'(x) + a_0(x) \cdot y(x) + g(x)$. Für $g(x) \equiv 0$ heißt die DG homogen, ansonsten inhomogen. Beispielsweise sind $y'(x) + x \cdot y(x) = e^x$ und $\ddot{y}(t) + t \cdot \dot{y}(t) + t^2 \cdot y(t) = 0$ linear, aber $y'(x) + y^2(x) = 0$ und $\ddot{y}(t) = t \cdot \ln[y(t)]$ nichtlinear.

Analytische und numerische Lösung

Das Grundproblem besteht natürlich darin, die DG zu lösen. Ist eine DG analytisch lösbar, dann geschieht dies immer mithilfe einer Art Umkehroperation, der Integration. Dabei kann die Lösung auch als unendliche Reihe geschrieben werden. Auch in diesem Fall geht eine Integration voraus. Viele DGen lassen sich nur näherungsweise mittels numerischer Verfahren lösen. Um die Eindeutigkeit der Lösung einer DG zu gewährleisten, benötigt man sogenannte Anfangswerte, Randwerte oder beides. Ein immer wiederkehrendes Prinzip bei der Herleitung von DGen besteht darin, Funktionen in eine Taylor-Reihe zu entwickeln, diese nach dem linearen Term abzubrechen und die Funktionswertänderung für einen kleinen Orts- oder Zeitschritt als Differential zu schreiben (daher auch der Name Differentialrechnung).

Herleitung von (1.1)–(1.7)
Nehmen wir an, $y(x)$ sei eine auf dem Intervall $I \subset \mathbb{R}$ $(n + 1)$-mal stetig differenzierbare Funktion (eigentlich braucht $y^{(n+1)}(x)$ selber nicht mehr stetig zu sein). Weiter sei $x_0, x \in I$. Dann gibt es ein ξ zwischen x_0 und x so, dass sich $y(x)$ in eine Taylor-Reihe um x_0 entwickeln lässt. Es gilt

$$y(x) = y(x_0) + y'(x_0) \cdot (x - x_0) + \frac{y''(x_0)}{2} \cdot (x - x_0)^2 + \cdots + \frac{y^{(n)}(x_0)}{n!} \cdot (x - x_0)^n + R_n(x)$$

mit der sogenannten Restfunktion

$$R_n(x) = \frac{y^{(n+1)}(\xi)}{(n + 1)!} \cdot (x - x_0)^{n+1}. \tag{1.1}$$

Das Ergebnis (1.1) sagt noch nichts über die Konvergenz der Reihe für $n \to \infty$ aus. Dies liefert erst der nächste Satz. Diesmal ist $y(x)$ eine auf dem Intervall $I \subset \mathbb{R}$ unendlich oft stetig differenzierbare Funktion. Die Taylor-Reihe konvergiert genau dann gegen $y(x)$, wenn $\lim_{n\to\infty} R_n(x) = 0$. In diesem Fall hat man

$$y(x) = \sum_{n=0}^{\infty} \frac{y^{(n)}(x_0)}{n!} \cdot (x - x_0)^n. \tag{1.2}$$

Die Darstellungen (1.1) und (1.2) benutzt man, um den Funktionsverlauf in einer Umgebung von x_0 durch eine Polynomfunktion anzunähern. Dabei wird die Konvergenzumgebung der Gleichung (1.2) durch den Konvergenzradius bestimmt. Der hauptsächliche Verwendungszweck der Taylor-Reihe im Zusammenhang mit DGen ergibt sich, wenn man in (1.1) x durch $x + dx$ und x_0 durch x ersetzt, wobei $x, x + dx, \xi \in I$ sein muss.

Es folgt

$$y(x + dx) = y(x) + y'(x) \cdot dx + \frac{y''(x)}{2} \cdot dx^2 + \cdots + \frac{y^{(n)}(x)}{n!} \cdot dx^n + R_n(x)$$

mit der Restfunktion

$$R_n(x) = \frac{y^{(n+1)}(\xi)}{(n + 1)!} \cdot dx^{n+1}. \tag{1.3}$$

Diese Darstellung ermöglicht es, bei Kenntnis der Werte $y(x), y'(x), y''(x), \ldots, y^{(n)}(x)$ den Wert $y(x + dx)$ mit beliebiger Genauigkeit vorauszusagen. Für die exakte Differenz zwischen $y(x + dx)$ und $y(x)$ aus (1.3) schreiben wir

$$y(x + dx) - y(x) =: \Delta y. \tag{1.4}$$

Brechen wir hingegen (1.3) nach dem linearen Term ab, so ergibt sich

$$y(x + dx) - y(x) \approx y'(x) \cdot dx =: dy. \tag{1.5}$$

Mit dy bezeichnen wir den linearen Anteil des Zuwachses der Größe y entlang der Strecke dx und nennen diesen Zuwachs „Differential von y". Aus Abb. 1.1 wird der Unterschied zwischen dy und Δy sichtbar. Dabei nehmen wir der Einfachheit halber $\Delta x = dx$.

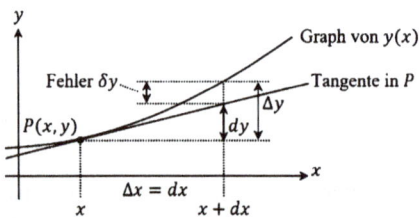

Abb. 1.1: Das Differential einer Größe y.

Gleichung (1.5) führt zu den bekannten Darstellungen

$$y'(x) \approx \frac{y(x + dx) - y(x)}{dx}, \tag{1.6}$$

$y'(x) = \frac{dy}{dx}$ oder die auf den ersten Blick etwas komisch anmutende Identität $dy = \frac{dy}{dx} \cdot dx$.

Auf dieselbe Weise folgen Ableitungen höherer Ordnung wie beispielsweise

$$\frac{d^2y}{dx^2} = \frac{d}{dx}\left(\frac{dy}{dx}\right) = y''(x) \approx \frac{y'(x+dx) - y'(x)}{dx} = \frac{\frac{dy}{dx}(x+dx) - \frac{dy}{dx}(x)}{dx}. \qquad (1.7)$$

Es stellt sich nun die Frage, wie gut die Approximationen (1.6) und (1.7) für die weitere Verrechnung sind. Die Frage ist leicht zu beantworten, falls die mithilfe dieser Näherungen aufgestellte DG exakt lösbar ist. Man bildet in diesem Fall den Grenzwert $dx \to 0$, für (1.6) und (1.7) gilt dann das Gleichheitszeichen und schließlich führt eine Integration zur geschlossenen Lösung. Ungeachtet dessen, ob eine DG analytisch oder nur numerisch lösbar ist, soll gelten:

III. Die Herleitung aller bevorstehenden DGen erfolgt grundsätzlich mithilfe der Ausdrücke (1.6) und (1.7) für y' bzw. y'' usw. Wir nennen dieses Prinzip die lineare Approximation oder erste Näherung einer Größenänderung.

Lässt eine DG nur eine numerische Lösung zu, so wählt man eine Schrittweite $dx > 0$ und approximiert die Ableitungen durch die Terme (1.6) und (1.7). Je größer man dx wählt, umso ungenauer wird die Punktfolge gegenüber der exakten Lösungskurve und je kleiner dx gewählt wird, umso genauer wird die Lösungskurve. Gleichzeitig erhöht sich aber die Schrittzahl und der zusätzliche Rechenaufwand wächst enorm.

Ergebnis. Eine DG mit Anfangsbedingung entspricht somit nichts anderem als der rekursiven Darstellung einer Punktfolge mit Startwert. Die Rekursionsvorschrift ist dabei die DG bzw. die Differenzengleichung (DFG), selber. Die eindeutige Lösungskurve wird damit Punkt für Punkt konstruiert. Bei einer analytischen Lösung ist die Punktzahl unendlich, bei einer numerischen Lösung endlich.

Für die leistungsfähigen Rechner unserer Zeit stellt die numerische Berechnung mit großer Schrittzahl meistens kein Problem mehr dar und die Lösung kann bis zu einer gewünschten Genauigkeit erreicht werden. Noch vor wenigen Jahrzehnten konnte man nicht auf eine derart hohe Rechenkapazität zurückgreifen. Insbesondere musste der Wert $y(x + dx)$ aus der Kenntnis von $y(x)$ auf einem anderen Weg als über die Gleichung (1.5) erfolgen, um den Fehler zwischen dem exakten und dem numerisch bestimmten Wert $\delta y = |y_E(x) - y_N(x)|$ an einer Stelle x möglichst klein zu halten. Es wurden Verfahren entwickelt, die bei der Schrittweitenwahl dx den Fehler δy nicht nur um ein Vielfaches ($k \cdot dx, k \in \mathbb{R}^+$), sondern proportional zur Potenz der Schrittweite ($k \cdot dx^p, k \in \mathbb{R}^+$, $p > 1, p \in \mathbb{N}$) reduzieren, um so den Rechenaufwand auf dem Weg zu einer möglichst exakten Lösung zu verringern. Einige solcher Verfahren stellen wir in Kap. 2 vor.

Beispiel 1. Gegeben ist die DG $y'(x) = g(x)$ mit $y(0) = 0$, wobei $g(x) \neq y(x)$. Man kann die Gleichung durch eine Integration lösen. Aus $\frac{dy}{dx} = g(x)$ folgt $dy = g(x) \cdot dx$, $\int dy = \int g(x) \cdot dx$ und damit $y(x) = \int g(x) \cdot dx + C$. Nehmen wir speziell $g(x) = 2x$, dann erhalten wir $y(x) = x^2 + C$ und mit der Anfangsbedingung $y(0) = 0$ folgt $y(x) = x^2$.

Zum Vergleich nehmen wir an, dass die DG $y'(x) = 2x$ nur numerisch lösbar wäre. Somit schreibt sich (1.6) in der Form $\frac{y(x+\Delta x)-y(x)}{\Delta x} \approx 2x$, woraus $y(x + \Delta x) \approx y(x) + 2x \cdot \Delta x$ mit $y(0) = 0$, eine sogenannte Differenzengleichung (DFG), entsteht. Für die numerische Berechnung ist es wichtig y_i von $y(x_i)$ zu unterscheiden, auch wenn diese unter Umständen identisch sind. Daraus entsteht die Rekursionsvorschrift $y_{i+1} = y_i + 2x_i \cdot \Delta x$ und $y_0 = 0$ für $i \in \mathbb{N}_0$. Als Schrittlänge wählen wir $\Delta x = 0{,}5$, also recht grob, um einen klaren Unterschied zu den exakten Werten von $y(x) = x^2$ zu erhalten. Es folgt nacheinander:

$$y_1 = y_0 + 2x_0 \cdot \Delta x = 0 + 2 \cdot 0 \cdot 0{,}5 = 0,$$
$$y_2 = y_1 + 2x_1 \cdot \Delta x = 0 + 2 \cdot 0{,}5 \cdot 0{,}5 = 0{,}5,$$
$$y_3 = y_2 + 2x_2 \cdot \Delta x = 0{,}5 + 2 \cdot 1 \cdot 0{,}5 = 1{,}5,$$
$$y_4 = 3 \quad \text{und} \quad y_5 = 5.$$

Allgemein ist $y_i = \frac{1}{4}i(i-1)$, $i \in \mathbb{N}_0$. Der Verlauf der exakten Lösung inklusive der Punktfolge bestehend aus den sechs numerisch bestimmten Werten entnimmt man Abb. 1.2 links.

Beispiel 2. Gegeben ist die DG $y'(x) = y(x)$ mit $y(0) = 1$. Aus $\frac{dy}{dx} = y(x)$ folgt durch Trennung der Variablen $\frac{dy}{y} = dx$, $\int \frac{dy}{y} = \int dx$ und damit $\ln|y| = x + C_1$. Aufgelöst ergibt sich $y(x) = e^{x+C_1} = e^{C_1} \cdot e^x = C \cdot e^x$. Mit $y(0) = 1$ folgt $C = 1$ und damit $y(x) = e^x$.

Zum Vergleich lösen wir die DG numerisch. Die Verwendung von (1.6) liefert

$$\frac{y(x + \Delta x) - y(x)}{\Delta x} \approx y(x),$$
$$y(x + \Delta x) \approx y(x) + y(x) \cdot \Delta x \quad \text{und}$$
$$y(x + \Delta x) \approx (1 + \Delta x) \cdot y(x)$$

mit $y(0) = 1$. Abermals sei die Schrittlänge $\Delta x = 0{,}5$ und man erhält die Rekursionsvorschrift $y_{i+1} = 1{,}5 \cdot y_i$ mit $y_0 = 1$ für $i \in \mathbb{N}_0$. Weiter ergibt sich nacheinander:

$$y_1 = 1{,}5 \cdot y_0 = 1{,}5 \cdot 1 = 1{,}5,$$
$$y_2 = 1{,}5 \cdot y_1 = 1{,}5 \cdot 1{,}5 = 2{,}25,$$
$$y_3 = 1{,}5 \cdot y_2 = 3{,}38, \quad y_4 = 5{,}06 \quad \text{und} \quad y_5 = 7{,}59.$$

Allgemein ist $y_i = 1{,}5^i$, $i \in \mathbb{N}_0$. Abb. 1.2 enthält den Verlauf der exakten Lösung sowie die numerisch bestimmten Werte der Punktfolge.

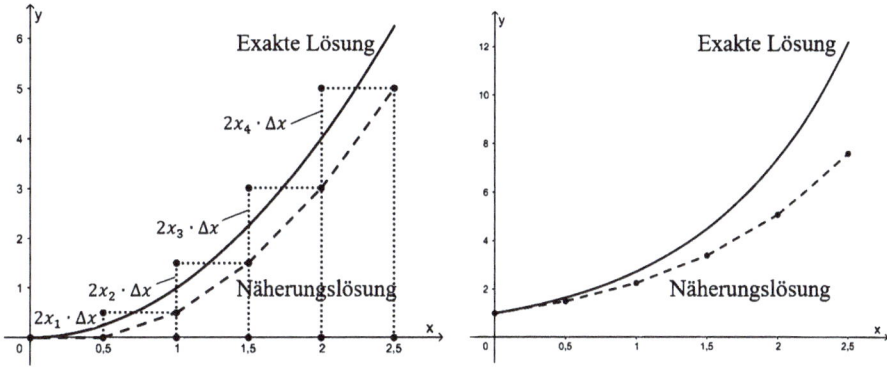

Abb. 1.2: Exakte und numerische Lösung der Beispiele 1 und 2.

2 Numerisches Lösen von Differentialgleichungen

Lassen sich DGen oder DG-Systeme nicht mehr analytisch lösen, dann benötigt man numerische Verfahren, um den Verlauf der Lösung zu bestimmen. Dazu wird die DG diskretisiert. Das wichtigste Verfahren stellen wir nun vor.

Das Euler Verfahren

Ausgangspunkt ist die DG $y'(x) = f(x, y(x))$.

Herleitung von (2.1)

Die Lösung $y = y(x)$ soll durch einen Polygonzug der (äquidistanten) Schrittweite h angenähert werden. Je feiner h gewählt wird, umso besser entspricht der Polygonzug der Lösungskurve (Abb. 2.1). Im Folgenden bezeichnet $y(x_i)$ den exakten Funktionswert der Lösung und y_i den numerisch bestimmten Wert an der jeweiligen Stelle x_i. Sei x_0 der Startwert, dann gilt $y(x_0) = y_0$. Gehen wir zu einem Wert $x_1 = x_0 + h$ über, dann kann man $y(x_1)$ durch die Taylor-Reihe vom Grad 1 approximieren: $y(x_1) \approx y_0 + y'(x_0) \cdot h = y_0 + f(x_0, y_0) \cdot h := y_1$. Analog folgt $y(x_2) \approx y_1 + f(x_1, y_1) \cdot h := y_2$ usw. Daraus ergibt sich eine explizite Rekursionsformel für die Punkte des Polygonzugs (Euler-Verfahren):

$$x_{i+1} = x_i + h,$$
$$y_{i+1} = y_i + h \cdot f(x_i, y_i). \tag{2.1}$$

Es gibt natürlich weitere, verfeinerte numerische Verfahren. Mit der hohen zur Verfügung stehenden Rechenleistung genügt das Euler-Verfahren vollends, weil man für eine verbesserte Genauigkeit den Abstand h einfach verkleinern kann.

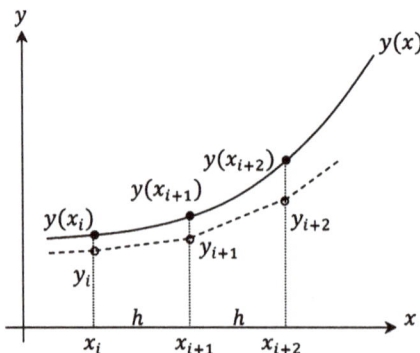

Abb. 2.1: Skizze zum Euler-Verfahren.

https://doi.org/10.1515/9783111345857-002

3 Partielle Differentialgleichungen

Alle bisherig in den Bänden 2 und 3 behandelten DGen enthielten Ableitungen nach einer einzigen Variablen, entweder nur nach der Zeit oder nur nach dem Ort. Eine Differentialgleichung, die partielle Ableitungen enthält, heißt partielle DG, kurz PDG. Solche Gleichungen dienen der mathematischen Modellierung von physikalischen Prozessen, bei denen die Veränderung einer betrachteten Größe bezüglich mehrerer voneinander unabhängiger Variablen untersucht werden kann.

Aus der Theorie der Bewegungsgleichungen von Punktmassen ist bekannt, dass eine eindeutige Ortsangabe der Masse erst durch die Festlegung der Anfangsbedingungen gewährleistet wird. Bei den Biegelinien bestimmen die Auflagen an den Rändern, also die RBen, über die eingenommene Form des Balkens. Bei den PDGen werden beide Arten von RBen zur Eindeutigkeit einer Lösung beisteuern.

Für partielle Ableitungen wird ein kursives ∂ verwendet. Ist eine Funktion u von x und t abhängig, also $u(x, t)$, so kann man die Änderung der Größe u mit der Zeit oder mit der Entfernung, also $\frac{\partial u}{\partial t}$ und $\frac{\partial u}{\partial x}$ respektive, betrachten. Höhere Ableitungen notiert man folgendermaßen:

$$\frac{\partial}{\partial x}\left(\frac{\partial u}{\partial x}\right) = \frac{\partial^2 u}{\partial x^2}, \quad \text{bzw.} \quad \frac{\partial}{\partial t}\left(\frac{\partial u}{\partial t}\right) = \frac{\partial^2 u}{\partial t^2}.$$

Wir stellen uns einen auf eine glatte Wasseroberfläche fallenden Tropfen vor. Dann verschieben sich Flüssigkeitsschichten gegeneinander und eine Störung, Welle genannt, breitet sich über die Wasseroberfläche hinweg aus. Lenkt man mit einem Schlag ein gespanntes Seil aus, so werden die Seilelemente nach und nach aus ihrer ruhenden Position ausgelenkt und eine Welle wandert das Seil entlang. Wichtige Begriffe zur Beschreibung von Wellen sind die Ausbreitungsgeschwindigkeit c und die Größe der Störung u, auch Erregung genannt. Stehen Ausbreitungsgeschwindigkeit und Richtung der Störung senkrecht aufeinander, so spricht man von transversalen Wellen. Sind beide parallel zueinander, so nennt man die Wellen longitudinal. Beispiele für rein transversale Wellen sind – neben der eben genannten Seilwelle – Radiowellen, elektromagnetische Wellen von Licht oder Röntgenstrahlen. Schallwellen in Gasen sind rein longitudinal, Schallwellen in festen Körpern können transversal, longitudinal oder gemeinsam auftreten. Wasserwellen hingegen sind weder transversal noch longitudinal, denn die Wasserteilchen bewegen sich auf Ellipsenbahnen. Die zugehörige Theorie der Airy-Wellen entnimmt man Band 5. Nebst der Richtung unterscheidet man Wellen noch nach ihrer Art, d. h. Kreiswellen wie beim obigen Tropfen, Kugelwellen und ebene Wellen wie bei den am Strand anfallenden Wasserwellen.

Nun wählen wir einen beliebigen Punkt P auf der sich fortbewegenden Anregung (z. B. ihr Maximum). Man könnte zwar die Ortsfunktion x von P in Abhängigkeit der Zeit t angeben, damit wird aber die Form der Anregung mit dem Ort nicht erfasst. Somit muss die Welle $u(x, t)$ mithilfe beider Variablen x und t beschrieben werden.

https://doi.org/10.1515/9783111345857-003

Wir nehmen an, die Anregung bestehe nicht nur aus einem einzigen fallenden Tropfen bzw. einem einzigen Seilschlag, sondern die Anregung erfolge mit einer Frequenz f, bzw. mit einer Periode T (Abb. 3.1, 1. Skizze).

3.1 Darstellung von eindimensionalen Wellen

Einschränkung: Im Weitern bewege sich die Welle nur in eine Richtung x.

Herleitung von (3.1.1)

Wir betrachten eine Welle vom Zeitpunkt $t = 0$ an (Abb. 3.1, 2. Skizze). Die eingenommene Form sei durch $u(x, 0) := g(x)$ beschrieben. Dann bezeichnet $u(x, t)$ die Deformation zur Zeit t und am Ort x (senkrecht zur Bewegungsrichtung in unseren Fall).

Einschränkung: Wir gehen weiter von einer ungedämpften Welle aus, d. h., Höhe und Form bleiben erhalten. Die Welle bewege sich mit der Ausbreitungsgeschwindigkeit $c = \frac{\Delta x}{\Delta t}$. Nun sehen wir uns die Auslenkung u zu den Zeitpunkten $t = t_1$ und $t = t_1 + \Delta t$ an den beiden Orten $x = x_1$ und $x = x_1 + \Delta x$ an, wobei $\Delta x = c \cdot \Delta t$ sein soll. Dann erhält man $u(x_1, t_1) = u(x_1 \pm \Delta x, t_1 \pm \Delta t) = u(x_1 \pm c\Delta t, t_1 \pm \Delta t)$. Wählen wir nun speziell $\Delta t = \pm t_1$, so folgt $u(x_1, t_1) = u(x_1 - ct_1, 0)$ und $u(x_1, t_1) = u(x_1 + ct_1, 0)$ respektive. Man kann demnach die Abhängigkeit von x und t zu einem einzigen Argument zusammenfassen. Da x_1 und t_1 beliebig waren, ergibt sich die Form von D'Alembert

$$u(x, t) = f_1(x + ct) + f_2(x - ct). \tag{3.1.1}$$

Jede Welle kann demnach aus Überlagerung einer einlaufenden und einer auslaufenden Welle gewonnen werden. Bei der beidseits eingespannten Saite bildet sich zwangsläufig eine sogenannte stehende Welle. Die Schwingungsenergie wird in der Saite hin und her transportiert. Speziell für harmonische Wellen ist dann $u(x, t) = u_0 \cdot \sin(kx \pm kct)$. Dabei ist u_0 die Amplitude. Der Faktor k, die sogenannte Wellenzahl mit der Einheit $\frac{1}{m}$, ist notwendig, damit kx bzw. kct dimensionslos werden. Man kann die harmonische Welle in zwei Bildern wiedergeben. Im Orts- oder Momentanbild wird die Deformation u als Funktion von x für festes t und im Zeitbild wird u als Funktion von t für festes x aufgetragen. Beide Graphen ergeben Sinusfunktionen, aber die physikalische Bedeutung ist verschieden.

Ortsbild. Es gilt $u(x, t_0) = u_0 \cdot \sin(kx - kct_0)$ (Abb. 3.1, 3. Skizze). Die Welle wiederholt sich nach der Strecke λ, der sogenannten Wellenlänge, mit der Einheit m. Aufgrund der Formtreue $u(x, t) = u(x + \lambda, t)$ folgt $u_0 \cdot \sin(kx - kct) = u_0 \cdot \sin(kx + k\lambda - kct)$, woraus $k\lambda = 2\pi$ resultiert (eigentlich sogar $k\lambda = 2\pi \cdot n$). Damit ist $\lambda = \frac{2\pi}{k}$.

Zeitbild. Es gilt $u(x_0, t) = u_0 \cdot \sin(kx_0 - kct)$ (Abb. 3.1, 4. Skizze). Die Welle wiederholt sich nach der Zeit T, der zeitlichen Periode mit der Einheit s. Aufgrund der Formtreue $u(x, t) = u(x, t + T)$ folgt $u_0 \cdot \sin(kx - kct) = u_0 \cdot \sin(kx - kct - kcT)$, woraus sich $kcT = 2\pi$

ergibt. Daraus wird $T = \frac{2\pi}{kc}$. Weiter definieren wir $kc = \frac{2\pi}{T} := \omega$, die Kreisfrequenz. Für die harmonische Welle erhält man mit den obigen Bezeichnungen schließlich $u(x,t) = u_0 \cdot \sin(kx - \omega t)$.

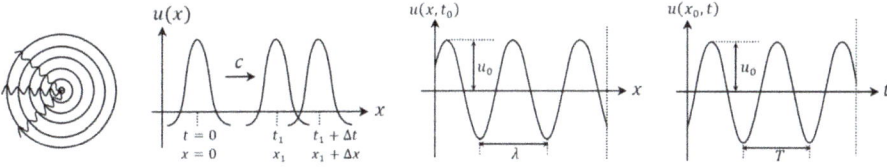

Abb. 3.1: Skizzen zu den Wellen.

Bemerkungen.

1. Das dreidimensionale Bild von $u(x,t)$ ergäbe dann eine „Verpackung", wie wir sie von Eiern her kennen. Die Funktion wäre dann $u(x,y,t)$.

2. Eine eindeutige DG, die $u(x,t)$ als Lösung besitzt, lässt sich nicht angeben, denn $u(x,t)$ erfüllt sowohl $\frac{\partial u}{\partial t} + c \cdot \frac{\partial u}{\partial x} = 0$ als auch $\frac{\partial^2 u}{\partial t^2} = c \cdot \frac{\partial^2 u}{\partial x^2}$ usw. mit $c = \frac{\omega}{k}$. Die 1.DG nennt man auch „kinematische Welle" und ist eine Vereinfachung der Saint-Venant-Gleichungen der Strömungsmechanik (siehe 5. Band). Sie ist die Wellengleichung. Mit dieser beschäftigen wir uns anschließend.

Als Nächstes wollen wir die zugehörige PDG ermitteln, welche die Lösung (3.1.1) besitzt.

Herleitung von (3.1.2)–(3.1.4)

Es sei $a := x + ct$ und $b := x - ct$. Bevor wir ableiten, muss man an beide Funktionen f_1 und f_2 die Voraussetzung stellen, dass sie auf dem betrachteten Intervall überhaupt zweimal stetig differenzierbar sind, d. h. $f_1, f_2 \in C^2$. Dies vorausgesetzt, gilt

$$\frac{\partial u}{\partial x} = \frac{\partial f_1}{\partial a} \cdot \frac{\partial a}{\partial x} + \frac{\partial f_2}{\partial b} \cdot \frac{\partial b}{\partial x} = \frac{\partial f_1}{\partial a} \cdot 1 + \frac{\partial f_2}{\partial b} \cdot 1 \quad \text{und}$$

$$\frac{\partial^2 u}{\partial x^2} = \frac{\partial}{\partial x}\left(\frac{\partial f_1}{\partial a}\right) + \frac{\partial}{\partial x}\left(\frac{\partial f_2}{\partial b}\right) = \frac{\partial}{\partial a}\left(\frac{\partial f_1}{\partial x}\right) + \frac{\partial}{\partial b}\left(\frac{\partial f_2}{\partial x}\right) = \frac{\partial}{\partial a}\left(\frac{\partial f_1}{\partial a} \cdot \frac{\partial a}{\partial x}\right) + \frac{\partial}{\partial b}\left(\frac{\partial f_2}{\partial b} \cdot \frac{\partial b}{\partial x}\right)$$

$$= \frac{\partial}{\partial a}\left(\frac{\partial f_1}{\partial a} \cdot 1\right) + \frac{\partial}{\partial b}\left(\frac{\partial f_2}{\partial b} \cdot 1\right) = \frac{\partial^2 f_1}{\partial a^2} + \frac{\partial^2 f_2}{\partial b^2}. \qquad (3.1.2)$$

Analog folgen

$$\frac{\partial u}{\partial t} = \frac{\partial f_1}{\partial a} \cdot \frac{\partial a}{\partial t} + \frac{\partial f_2}{\partial b} \cdot \frac{\partial b}{\partial t} = \frac{\partial f_1}{\partial a} \cdot c - \frac{\partial f_2}{\partial b} \cdot c \quad \text{und}$$

$$\frac{\partial^2 u}{\partial t^2} = c^2\left(\frac{\partial^2 f_1}{\partial a^2} + \frac{\partial^2 f_2}{\partial b^2}\right). \qquad (3.1.3)$$

Insgesamt erhält man daraus das folgende Ergebnis:

> Alle auf $\mathbb{R}$ definierten Lösungen der eindimensionalen Wellengleichung $\frac{\partial^2 u}{\partial t^2} = c^2 \cdot \frac{\partial^2 u}{\partial x^2}$ besitzen
> die Form $u(x,t) = f_1(x + ct) + f_2(x - ct)$. Dabei sind $f_1, f_2 \in C^2$. $\hfill$ (3.1.4)

Gleichung (3.1.4) lässt sich auch faktorisieren: $(\frac{\partial}{\partial t} + c \cdot \frac{\partial}{\partial x})(\frac{\partial}{\partial t} - c \cdot \frac{\partial}{\partial x})u = 0$. Die wesentliche Aufgabe besteht darin, die Ausbreitungsgeschwindigkeit c für den konkreten Fall aufzuschlüsseln. Für Longitudinalwellen in Gasen gilt $c^2 = \kappa \cdot R_s \cdot T$ (κ = Adiabatenexponent, R_s = Spezifische Gaskonstante, T = Temperatur, siehe Band 4). Für Longitudinalwellen in Flüssigkeiten erhält man $c^2 = \frac{K}{\rho}$ (K = Kompressionsmodul, ρ = Dichte, siehe Band 4). Im Fall der Wasserwelle ist die Abhängigkeit von c vielfältig. Unter anderem spielen dabei die Wassertiefe, die Dichte des Mediums und die Wellenlänge eine Rolle (vgl. 5. Band). Für ein Seil und weitere Festkörper klären wir diese Frage in den folgenden Kapiteln.

3.2 Die Wellengleichung der ungedämpft schwingenden Saite

Die Wellengleichung bildet das Kernstück für die Beschreibung von Schwingungsvorgängen, die sowohl zeitlich als auch örtlich abhängig sind. Die Anwendungsmöglichkeiten speziell der Saitenschwingung sind zwar beschränkt, doch die dabei entworfenen Konzepte und getroffenen Vereinfachungen dienen als Vorbereitung für Stab- und Balkenschwingungen in Kap. 4 und 5.

Einschränkung: Für alles Weitere betrachten wir stets eine beidseitig fest eingespannte Saite.

Es gäbe zwar noch die Möglichkeit, die Saite beispielsweise an ihrem rechten Ende an einen Stab zu fixieren, der sich seinerseits reibungsfrei vertikal bewegen lässt, sodass die Saite an dieser Stelle stets horizontal verläuft. Ist die Saite somit auf beiden Seiten eingespannt, dann muss an den Rändern die Verschiebung oder Auslenkung u zu jeder Zeit verschwinden: $u(0, t) = u(l, t) = 0$. An die Lösung werden damit sogenannte Randbedingungen gestellt. Damit die Saite überhaupt schwingt, muss sie ausgelenkt werden und sie besitzt dann zur Start- oder Beobachtungszeit $t = 0$ die Auslenkung $u(x, 0)$ und die Geschwindigkeit $\dot{u}(x, 0)$. Dies nennt man die Anfangsbedingungen. Rand- und Anfangsbedingungen ergeben zusammen das

Anfangsrandwertproblem der Saitenschwingung

Gesucht sind alle Lösungen $u(x, t)$ von $\ddot{u} = c^2 \cdot u''$ mit

$$\text{I.} \quad u(0, t) = 0, \quad \text{II.} \quad u(l, t) = 0,$$
$$\text{III.} \quad u(x, 0) = g(x) \quad \text{und} \quad \text{IV.} \quad \dot{u}(x, 0) = h(x). \tag{3.2.1}$$

Herleitung von (3.2.2) **und** (3.2.4)

Zur Lösung des Problems betrachten wir zuerst die Anfangsbedingungen. Diese führen mit (3.1.4) zu III. $f_1(x) + f_2(x) =: g(x)$ und IV. $\dot{u}(x,0) =: h(x)$. Für die zweite Anfangsbedingung berechnen wir

$$\frac{\partial f_1}{\partial t}\bigg|_{t=0} = \frac{\partial f_1}{\partial a} \cdot \frac{\partial a}{\partial t}\bigg|_{t=0} = c \cdot \frac{\partial f_1}{\partial a}\bigg|_{t=0} = c \cdot \frac{\partial f_1}{\partial x} = c \cdot f_1'(x)$$

mit $a = x + ct$ und analog

$$\frac{\partial f_2}{\partial t}\bigg|_{t=0} = -c \cdot f_2'(x).$$

Insgesamt hat man II. $\dot{u}(x,0) = c \cdot [f_1'(x) - f_2'(x)] = h(x)$.

O. B. d. A. setzen wir den Anfang des Intervalls, auf dem die Lösung u definiert sein soll bei $x_0 = 0$. Die Integration von IV. ergibt $f_1(x) - f_2(x) = \frac{1}{c} \int_{x_0=0}^{x} h(\xi)d\xi + C$ mit $x \neq 0$ beliebig. Mit I. folgt

$$f_1(x) = \frac{1}{2}\left[g(x) + \frac{1}{c}\int_0^x h(\xi)d\xi + C\right] \quad \text{und} \quad f_2(x) = \frac{1}{2}\left[g(x) - \frac{1}{c}\int_0^x h(\xi)d\xi - C\right].$$

Bei $f_1(x)$ ersetzen wir x durch $x + ct$ und bei $f_2(x)$ ersetzen wir x durch $x - ct$. Das ergibt schließlich

$$f_1(x + ct) = \frac{1}{2}\left[g(x + ct) + \frac{1}{c}\int_0^{x+ct} h(\xi)d\xi\right],$$

$$f_2(x - ct) = \frac{1}{2}\left[g(x - ct) + \frac{1}{c}\int_{x-ct}^{0} h(\xi)d\xi\right]$$

und zusammen

$$u(x,t) = \frac{1}{2}\left[g(x + ct) + g(x - ct) + \frac{1}{c}\int_{x-ct}^{x+ct} h(\xi)d\xi\right]. \tag{3.2.2}$$

Damit erfüllt (3.2.2) das Problem (3.2.1) mit $g \in C^2$ und $h \in C^1$ bis auf die Randbedingungen. Man erkennt auch, dass für $0 \leq x \leq l$ die Lösung (3.2.2) nur auf dem Wellenlängen-Intervall $[a, b]$ eindeutig ist, darüber hinaus nicht mehr. Damit eignet sich (3.2.2), um fortlaufende Wellen aber noch keine stehenden Wellen zu beschreiben. Um Letzteres zu gewährleisten, muss man die Lösung fortsetzen, und zwar, weil die beiden Wellenpakete sich mit der Zeit auseinanderbewegen, auf die gesamte reellen Achse.

Dazu kommen jetzt die Randbedingungen ins Spiel.

Es gilt

I. $u(0,t) = f_1(ct) + f_2(-ct) = 0$ oder $-f_1(x) = f_2(-x)$ und

II. $u(l,t) = f_1(l + ct) + f_2(l - ct) = 0$ oder $f_1(l + x) + f_2(l - x) = 0$, mit jeweils $x = ct$.

In II. ersetzen wir x durch $x + l$ und erhalten $f_1(x + 2l) + f_2(-x) = 0$. Weiter fügen wir das Ergebnis aus I. ein, woraus $f_1(x + 2l) = f_1(x)$ entsteht. Damit zwingen die Randbedingungen beiden Funktionen f_1 und f_2 eine $2l$-Periodizität auf. Insgesamt kann man $u(x,t) = f_1(x+ct) + f_2(x-ct) = f_1(x+ct) - f_1(-x+ct)$ schreiben. Weiter erhält man für $t = 0$ die Gleichungen $u(x,0) = f_1(x) - f_1(-x) = g(x)$ und $\dot{u}(x,0) = c \cdot [f_1'(x) - f_1'(-x)] = h(x)$. Daraus ersieht man, dass sowohl $f_1(x) - f_1(-x)$ als auch $f_1'(x) - f_1'(-x)$ ungerade Funktionen sind, auch dies eine Folgerung der Randbedingungen. Damit erhalten wir das Ergebnis:

> Das Problem (3.2.1) wird durch (3.2.2) eindeutig gelöst, wenn man die Anfangsfunktionen $g(x)$ und $h(x)$ vom Intervall $[0, l]$ auf die gesamte reelle Achse ungerade und $2l$-periodisch fortsetzt. Damit kann auch eine stehende Welle beschrieben werden. $\hspace{2cm}$ (3.2.3)

Beispiel. Eine Saite mit $l = 8$ Einheiten Länge wird um 4 Einheiten in der Mitte aus der Ruhelage ausgelenkt (gezupft). Es gilt also

$$u(x,0) = g(x) = \begin{cases} 4 + x & \text{für } -4 \leq x \leq 0, \\ 4 - x & \text{für } 0 \leq x \leq 4. \end{cases}$$

a) Geben Sie die Saitenform $u(x,t)$ zu den Zeiten $t_k = k \cdot \frac{1}{c}, k = 1,2,3,4$ an.

b) Stellen Sie die vier Saitenformen von a) inklusive der Anfangsauslenkung $u(x,0)$ dar.

Lösung.

a) Auf Basis von (3.2.3) bleibt die Lösung für $-4 \leq x \leq 4$ eindeutig und man erhält

$$u(x,t_1) = \begin{cases} 4 + x & \text{für } -4 \leq x \leq -1, \\ 3 & \text{für } -1 \leq x \leq 1, \\ 4 - x & \text{für } 1 \leq x \leq 4, \end{cases} \qquad u(x,t_2) = \begin{cases} 4 + x & \text{für } -4 \leq x \leq -2, \\ 2 & \text{für } -2 \leq x \leq 2, \\ 4 - x & \text{für } 2 \leq x \leq 4, \end{cases}$$

$$u(x,t_3) = \begin{cases} 4 + x & \text{für } -4 \leq x \leq -3, \\ 1 & \text{für } -3 \leq x \leq 3, \\ 4 - x & \text{für } 3 \leq x \leq 4 \end{cases} \qquad \text{und} \quad u(x,t_4) = 0 \quad \text{für } -4 \leq x \leq 4.$$

b) Die zugehörigen Graphen entnimmt man Abb. 3.2.

Obwohl die Lösung der Wellengleichung mit (3.1.4) vorliegt, sind die Einflussgrößen der Wellenausbreitungsgeschwindigkeit c unbekannt. Deswegen muss der Beweis nochmals über Bilanzen geführt werden.

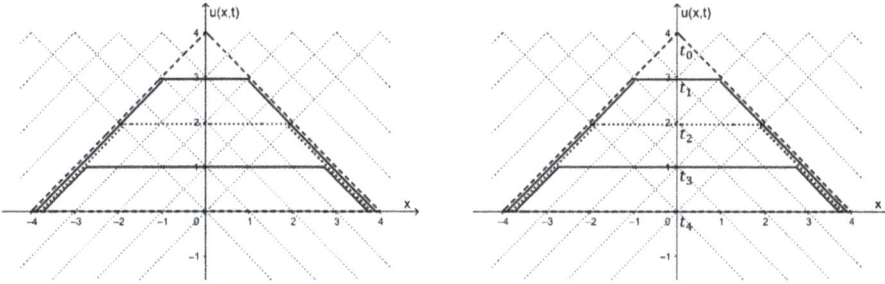

Abb. 3.2: Skizzen zum Beispiel.

Herleitung von (3.2.4)–(3.2.8)

Wir betrachten eine Saite der Länge l mit konstanter Dichte ρ und konstanter Quer-schnittsfläche A. Ist m die Saitenmasse, dann bezeichnet $\frac{m}{l} = \frac{\rho A l}{l} = \rho A$ die konstante Massenbelegung. Weiter ist die Saite wie anhin in den Endpunkten $x = 0$ und $x = l$ fest eingespannt und mit einer Spannung $\sigma_0 = \frac{N_0}{A}$ belastet (Abb. 3.3 links). Im Gegensatz zum Balken benötigt die Saite eine beidseitige Fixierung. Wird die Saite mit irgendei-ner Kraft F ausgelenkt, so treten Rückstellkräfte auf, welche die Saite in die Ruhelage zurücktreiben wollen. Wie schon aus dem statischen Fall bekannt (siehe Band 2) wird jedes Teilchen in vertikaler Richtung verschoben, gedreht und gedehnt (Abb. 3.3 rechts). Der Einfluss der Drehung entfällt aufgrund der fehlenden Biegesteifigkeit. Bei der Bal-kengleichung (Kap. 5) wird auch diese Torsionsträgheit mit einbezogen. Zusätzlich kann die Saite auch noch durch eine orts- und zeitabhängige Kraft $q(x,t)$ angeregt werden.

Idealisierungen:

–   Dichte und Querschnitt sind konstant (konstante Massenbelegung).
–   Die Saite besitzt keine Biegesteifigkeit.

Bei einer horizontal ausgelegten Saite könnte man eigentlich von einer konstanten Nor-malkraft $N_0(x) = N_0$ ausgehen. Da sowohl die Querschnittsfläche als auch die Dichte konstant sind, fallen diese beiden Einflussfaktoren für eine von x abhängige Normal-kraft weg. Wird hingegen die Saite gegenüber der Horizontalen geneigt, so beeinflusst die Gravitation besonders bei einem schweren Seil die Spannungsverteilung innerhalb der Saite. Zusätzlich könnten noch elektrische Kräfte auf eine Metallsaite in x-Richtung einwirken. Deswegen setzen wir die Normalkraft $N(x)$ tangential zur Saite noch in Ab-hängigkeit von x an (auch im Hinblick auf die Euler'sche Knicklast mit Berücksichtigung des Eigengewichts, Kap. 5.2). Die Kraftverteilung dieser äußeren Kräfte in x-Richtung zu-sammengenommen bezeichnen wir mit $R(x)$. Wir normieren R bezüglich der Saitenlän-ge und schreiben $r(x) = \frac{R(x)}{l}$. Würde man nun die Dehnung der Saite vernachlässigen, so hätte man $N(x) = N_0(x)$. Wird die Dehnung mit einbezogen, dann ergibt sich

$$\sigma(x) = \sigma_0(x) + \varepsilon E = \sigma_0(x) + \frac{\partial w}{\partial x} E \quad \text{oder}$$

$$N(x,t) = A\sigma(x,t) = N_0(x,t) + AEw'(x,t). \tag{3.2.4}$$

Bilanzen und lineare Approximation: Kraft- oder Impulsänderungsbilanz eines Saitenstücks der Länge ds in horizontaler und vertikaler Richtung (Abb. 3.3 links, die Zeitabhängigkeit wird in der Abbildung und auch in den folgenden Bilanzen der Übersicht halber bis zum Zwischenergebnis weggelassen).

1. Horizontal. Es gilt $\frac{\partial(dm \cdot \dot{w})}{\partial t} = N_H(x+dx) - N_H(x) + r(x) \cdot dx$. Unter Verwendung von (3.2.4) folgt

$$\rho A ds \cdot \ddot{w} = N_0(x+dx) \cdot \cos[\alpha(x+dx)] + AEw'(x+dx) \cdot \cos[\alpha(x+dx)]$$
$$- N_0(x) \cdot \cos[\alpha(x)] - AEw'(x) \cdot \cos[\alpha(x)] + r(x)dx$$

und umgeordnet

$$\rho A \frac{ds}{dx} \cdot \ddot{w} = \frac{N_0(x+dx) \cdot \cos[\alpha(x+dx)] - N_0(x) \cdot \cos[\alpha(x)]}{dx}$$
$$+ AE \frac{w'(x+dx) \cdot \cos[\alpha(x+dx)] - w'(x) \cdot \cos[\alpha(x)]}{dx} + r(x) \quad \text{oder}$$

$$\rho A \ddot{w}(x,t) \frac{ds}{dx} = \left(N_0(x,t) \cdot \cos[\alpha(x,t)]\right)' + AE\left(w'(x,t) \cdot \cos[\alpha(x,t)]\right)' + r(x). \tag{3.2.5}$$

2. Vertikal. Mit der definierten Dämpfung μ schreibt sich die Reibungskraft am infinitesimalen Massenstück als $F_R(x) = \mu \cdot dx \cdot \dot{u}$ und man erhält insgesamt

$$\frac{\partial(dm \cdot \dot{u})}{\partial t} = dm \cdot \ddot{u} = N_V(x+dx) - N_V(x) - F_R(x) + q(x)ds - F_G \quad \text{oder}$$
$$dm \cdot \ddot{u} = N(x+dx) \cdot \sin[\alpha(x+dx)] - N(x) \cdot \sin[\alpha(x)]$$
$$- \mu \cdot dx \cdot \dot{u} + q(x)ds - dm \cdot g.$$

Weiter folgt

$$\rho A \frac{ds}{dx} \cdot \ddot{u} = \frac{N_0(x+dx) \cdot \sin[\alpha(x+dx)] - N_0(x) \cdot \sin[\alpha(x)]}{dx}$$
$$+ AE \frac{w'(x+dx) \cdot \sin[\alpha(x+dx)] - w'(x) \cdot \sin[\alpha(x)]}{dx}$$
$$- \mu \cdot \dot{u} + q(x,t)\frac{ds}{dx} - \rho A \frac{ds}{dx} \cdot g \quad \text{oder}$$

$$\rho A[\ddot{u}(x,t) + g]\frac{ds}{dx} = (N_0(x,t) \sin[\alpha(x,t)])'$$
$$+ AE(w'(x,t) \cdot \sin[\alpha(x,t)])' - \mu \cdot \dot{u} + q(x,t)\frac{ds}{dx}. \tag{3.2.6}$$

Die Gleichungen (3.2.5) und (3.2.6) stellen ein System für die Größen $u(x, t)$ und $w(x, t)$ dar. Sie beinhalten sowohl einen Spannungs- als auch einen Dehnungseinfluss auf die vertikalen und horizontalen Auslenkungen. Für praktische Berechnungen sind sie nicht sehr geeignet. Wir treffen deshalb zusätzliche Vereinfachungen. Besitzt die Saite eine große Vorspannung, dann ist die Rückstellkraft sehr groß und der Einfluss der Fallbeschleunigung nicht mehr nachweisbar. Meistens spielen nur kleine Auslenkungen eine Rolle. Dies zieht eine Reihe weiterer Konsequenzen nach sich.

Zusätzliche Idealisierungen:
–   Der Einfluss der Gravitation wird vernachlässigt (A1).
–   Die Auslenkungen $u(x, t)$ sind klein gegenüber der Saitenlänge l (A2).

Aus (A2) folgt, dass die Dehnung fast gänzlich entfällt: $w(x, t) = 0$ (A3).
Weiter kann man

$$\alpha(x) \approx \sin[\alpha(x)] \approx \tan[\alpha(x)] \approx \frac{\partial u}{\partial x}(x) \quad \text{und} \quad \cos[\alpha(x + dx)] \approx \cos[\alpha(x)] \approx 1$$

schreiben (A4).
Bei kleinen Auslenkungen ist auch der Auslenkwinkel klein. Deswegen folgt

$$\frac{\partial u}{\partial x} \approx 0, \quad \frac{ds}{dx} \approx \frac{\sqrt{(dx)^2 + (du)^2}}{dx} = \sqrt{1 + \left(\frac{\partial u}{\partial x}\right)^2} \approx 1 \quad \text{und damit} \quad ds \approx dx \quad \text{(A5)}.$$

Gleichung (3.2.5) reduziert sich mit (A1)–(A5) zu $0 = (N_0(x, t))' + r(x)$ oder $\frac{\partial N_0}{\partial x} = \frac{\partial N}{\partial x}(x, t) = -r(x)$. Bei der beidseits fest eingespannten Saite ist $r(x) = 0$ und $N =$ konst. Stellen wir uns hingegen ein vertikal hängendes freies Seil (siehe weiter unten) unter Eigengewicht vor, so hat man $r(x) \neq 0$ und es ist $N(x) = \rho Ag(l - x)$, woraus $\frac{\partial N}{\partial x} = -r(x) = \rho Ag$ und $r(x) = \rho Ag$ und $R(x) = \rho Agl = mg$ folgt. Sind keine äußeren Kräfte vorhanden, so ist die horizontale Bilanz fast überflüssig. Eines zeigt sie indes, dass nämlich die Normalkraft zeitunabhängig ist. Schließlich fehlt noch die Bilanz (3.2.6) für die getroffenen Annahmen. Man erhält

$$\rho A \cdot \ddot{u} = [N(x) \cdot u']' - \mu \cdot \dot{u} + q(x, t). \tag{3.2.7}$$

Idealisierung: Vernachlässigt man zudem äußere Krafteinwirkungen in x-Richtung, so ist $N(x) =$ konst. $= \sigma \cdot A$ und (3.2.7) geht über in $\rho A dx \cdot \ddot{u} + \mu \cdot \dot{u} = \sigma A \cdot u'' dx + q(x, t)$, woraus sich die Wellengleichung nach D'Alembert ergibt:

$$\frac{\partial^2 u}{\partial t^2} + \delta \cdot \frac{\partial u}{\partial t} - c^2 \cdot \frac{\partial^2 u}{\partial x^2} = \frac{q(x, t)}{\rho A} \quad \text{mit} \quad c = \sqrt{\frac{\sigma}{\rho}} \quad \text{und} \quad \delta = \frac{\mu}{\rho A}. \tag{3.2.8}$$

Gleichung (3.2.8) besitzt dieselbe Form wie (3.1.4) für $q = 0$ und mit $c = \sqrt{\frac{\sigma}{\rho}}$ wird zusätzlich die Zusammensetzung der Geschwindigkeit der Seilwelle erfasst.

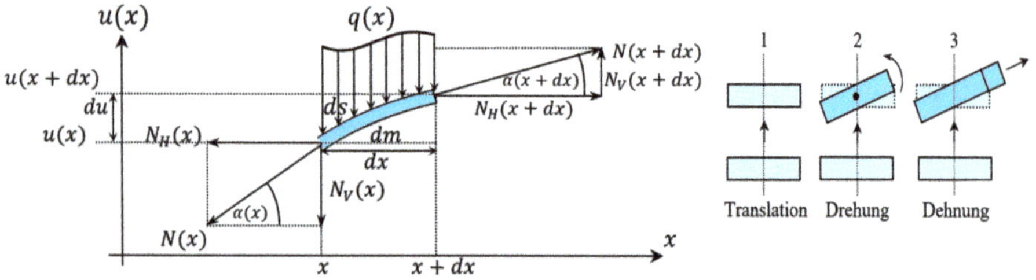

Abb. 3.3: Skizze zu den Saitenkräften.

3.3 Die Bernoulli-Lösung für eine freie Saitenschwingung

Obwohl alle Lösungen der freien Saitenschwingungen mit (3.1.4) und dem Ergebnis (3.2.3) vorliegen, besitzt diese für die Praxis einen großen Nachteil. Die D'Alembert-Lösung gibt keine Auskunft über die genaue Zusammensetzung der Welle oder des Signals, d. h. über die so wichtigen Eigenfrequenzen oder das Spektrum der Welle. Mithilfe des Euler- Bernoulli-Separationsansatzes gehen wir dieses Problem nun an. Es soll die Lösung von (3.2.8) für die beidseitig fest eingespannte Saite ermittelt werden, falls keine Anregungskraft wirkt ($q = 0$). Es handelt sich dann um eine freie Schwingung.

Herleitung von (3.3.1)–(3.3.5)
Um die Gleichung (3.2.8) für $q = 0$ zu lösen, benutzen wir den Separationsansatz $u(x,t) = v(x) \cdot w(t)$. Dann ist $\ddot{u}(x,t) = v(x) \cdot \ddot{w}(t)$, $\dot{u}(x,t) = v(x) \cdot \dot{u}(t)$ und $u''(x,t) = v''(x) \cdot w(t)$. Eingesetzt erhält man $v(x) \cdot \ddot{w}(t) + \delta \cdot v(x) \cdot \dot{w}(t) = c^2 \cdot v''(x) \cdot w(t)$ oder schließlich $\frac{\ddot{w}(t)}{w(t)} + \delta \cdot \frac{\dot{w}(t)}{w(t)} = c^2 \cdot \frac{v''(x)}{v(x)}$ Die linke Seite hängt nur von t, die rechte Seite nur von x ab. Trotzdem müssen beide für alle x und t übereinstimmen, also müssen sie konstant sein:

$$\frac{v''(x)}{v(x)} = -\frac{\omega^2}{c^2} \quad \text{und} \quad \frac{\ddot{w}(t)}{w(t)} + \delta \cdot \frac{\dot{w}(t)}{w(t)} = -\omega^2. \tag{3.3.1}$$

Dabei ist die Wahl des Minuszeichens bei der Konstanten $-\omega^2$ zwingend, ansonsten erhält man $v(x) = A_1 \cdot e^{\frac{\omega}{c}x} + A_2 \cdot e^{-\frac{\omega}{c}x}$, $w(t) = B_1 \cdot \cosh(\omega t) + B_2 \cdot \sinh(\omega t)$ und $\lim_{t \to \infty} w(t) = \infty$. Man muss also das DG-System $v'' + \frac{\omega^2}{c^2}v = 0$ und $\ddot{w} + \delta\dot{w} + \omega^2 w = 0$ lösen. Wir wählen den Ansatz $v(x) = A_1 \cdot \cos(\frac{\omega}{c}x) + A_2 \cdot \sin(\frac{\omega}{c}x)$. Da die Saite in $x = 0$ und $x = l$ eingespannt ist, lauten die RBen
I. $u(0,t) = 0$
II. $u(l,t) = 0$ für alle t.

Damit ist aber auch $v(0) = v(l) = 0$. Dies in den Ansatz eingefügt, führt zu $0 = A_1 \cdot 1 + A_2 \cdot 0$ und $A_1 = 0$. Die RB II. ergibt dann $0 = A_2 \cdot \sin(\frac{\omega}{c}l)$ und $\sin(\frac{\omega}{c}l) = 0$. Dies ist gleichbedeutend mit $\frac{\omega}{c} \cdot l = n \cdot \pi, n \in \mathbb{N}$, woraus $\omega_n = \frac{n \cdot c \cdot \pi}{l}$ entsteht. ω_n nennt man die Eigenwerte der Aufgabe und $v_n(x) = \sin(\frac{n \cdot \pi}{l}x)$ die Eigenfunktionen, Eigenformen oder Moden. In der Musik heißen diese die n-ten Obertöne oder n-ten Harmonischen.

Die Lösung der Gleichung $\ddot{w} + \delta\dot{w} + \omega^2 w = 0$ lautet

$$w(t) = e^{-\frac{\delta}{2} \cdot t} \cdot [C_1 \cdot \cos(\varepsilon_n t) + C_2 \cdot \sin(\varepsilon_n t)],$$

wobei $\varepsilon_n^2 = \omega_n^2 - (\frac{\delta}{2})^2$ gewählt wurde, also einer starken Dämpfung entspricht, die durch die fallende Exponentialfunktion repräsentiert wird.

Für jedes $n \in \mathbb{N}$ ist dann

$$u_n(x,t) = \sin\left(\frac{n \cdot \pi}{l}x\right) \cdot e^{-\frac{\delta}{2} \cdot t} \cdot [B_1 \cdot \cos(\varepsilon_n t) + B_2 \cdot \sin(\varepsilon_n t)] \tag{3.3.2}$$

eine Lösung der Saitengleichung.

Ergebnis. Jede Funktion $u_n(x,t)$ beschreibt eine mögliche Schwingungsform der Saite, die sogenannte n-te Oberschwingung.

Die Periode T_n des n-ten Obertons ist gegeben durch $\frac{nc\pi}{l} \cdot t = 2\pi$, woraus man $T_n = \frac{2l}{nc}$ erhält. Daraus entstehen die Eigenfrequenzen $f_n = \frac{cn}{2l} = \frac{n}{2l} \cdot \sqrt{\frac{\sigma}{\rho}}$.

Damit befriedigt jede Linearkombination $\sum_{n=1}^{\infty} u_n(x,t)$ von (3.3.2) die RBen I. und II. des Problems (3.2.1). Es bleibt aber die Frage, wie die Anfangsbedingungen III. und IV. zu erfüllen sind. Dazu müsste man jede beliebige Anfangsauslenkung, insbesondere die Dreiecksauslenkung beim Zupfen der Saite mit trigonometrischen Funktionen darstellen können. Anfang des 19. Jahrhunderts behauptete Fourier, dass alle Funktionen $f(x)$, insbesondere alle in einem Intervall $I = [-\frac{l}{2}, \frac{l}{2}]$ periodischen Funktionen, als

$$f(x) = c_0 + \sum_{n=1}^{\infty}\left[c_n \cdot \cos\left(\frac{n\pi}{l}x\right) + d_n \cdot \sin\left(\frac{n\pi}{l}x\right)\right]$$

darstellbar seien. Kurz darauf bewies Dirichlet die Behauptung, aber mit einer einschränkenden Voraussetzung. Dies führte zum

Konvergenzsatz der Fourier-Reihe.
Die Funktion $g(x)$ sei im Intervall $I = [-\frac{l}{2}, \frac{l}{2}]$ stückweise stetig differenzierbar und l-periodisch, d. h. $g(-\frac{l}{2}) = g(\frac{l}{2})$. Es gilt:
a) Für eine Stelle $x_0 \in I$, in dem $g(x_0)$ stetig differenzierbar ist, konvergiert die Fourier-Reihe $f(x)$ gegen $g(x_0)$.
b) Für eine Stelle $x_0 \in I$, in dem $g(x_0)$ unstetig ist, konvergiert die Fourier-Reihe $f(x)$ gegen den Mittelwert aus links- und rechtsseitigem Grenzwert, also gegen $\frac{1}{2}[\lim_{x \to x_0^-} g(x) + \lim_{x \to x_0^+} g(x)]$.
c) In jedem abgeschlossenen Teilintervall $I_* \subset I$, in dem g für alle $x \in I_*$ stetig differenzierbar ist,

konvergiert die Fourier-Reihe $f(x)$ gleichmäßig gegen $g(x)$.
d) Ist $g(x)$ periodisch, so gilt die Darstellung der Fourier-Reihe $f(x)$ und a)–c) für $x \in \mathbb{R}$.
e) Ist $g(x)$ nicht periodisch, so wird durch die Fourier-Reihe $f(x)$ eine periodische Fortsetzung von
$x \in I$ auf $x \in \mathbb{R}$ festgelegt. $\hspace{6cm}$ (3.3.3)

Insgesamt erhalten wir mit (3.3.3) die Lösung des Problems (3.2.1) bis auf Einbezug der Anfangsbedingungen. Wir unterscheiden:

Lösung ohne Dämpfung.

$$u(x,t) = \sum_{n=1}^{\infty} \sin\left(\frac{n\pi}{l}x\right) \cdot \left[a_n \cdot \cos\left(\frac{nc\pi}{l}t\right) + b_n \cdot \sin\left(\frac{nc\pi}{l}t\right)\right]. \hspace{2cm} (3.3.4)$$

Lösung mit Dämpfung.

$$u(x,t) = \sum_{n=1}^{\infty} \sin\left(\frac{n\pi}{l}x\right) \cdot e^{-\frac{\delta}{2}\cdot t} \cdot \left[a_n \cdot \cos(\varepsilon_n t) + b_n \cdot \sin(\varepsilon_n t)\right]. \hspace{2cm} (3.3.5)$$

Mit (3.3.4) und (3.3.5) ist das Problem (3.2.1) auf eine andere Weise gelöst. Der Eindeutigkeit willen muss noch die Gleichheit von (3.3.4) und (3.1.1) gezeigt werden.

Ergebnisse.
1. Die Eigenfrequenzen sind mögliche Frequenzen, mit denen eine Saite bei einmaliger Anregung schwingt.
2. Die Eigenfrequenzen werden durch die Länge und die Dichte der Saite sowie die Zugspannung bestimmt.
3. Die Eigenfrequenzen des Systems werden durch aufgeprägte Lasten oder aufliegende Zusatzmassen verändert.

Aufliegende Zusatzmassen können beispielsweise leichte Messinstrumente sein. Die sich damit ändernden Frequenzen kann man mit dem Rayleigh-Quotienten für Zusatzmassen abschätzen. Die Berechnung verschieben wir in das Kap. 5.8.

Beispiel 1. Zeigen Sie, dass Gleichung (3.3.4) als Summe einer einlaufenden und einer auslaufenden Welle geschrieben werden kann, also die Form (3.1.1) besitzt.

Lösung. Mithilfe des Additionstheorems $2 \cdot \sin\alpha \cdot \cos\beta = \sin(\alpha-\beta) + \sin(\alpha+\beta)$ und $2 \cdot \sin\alpha \cdot \sin\beta = \cos(\alpha-\beta) - \cos(\alpha+\beta)$ formt man (3.3.4) um zu

$$u(x,t) = \sum_{n=1}^{\infty} a_n \cdot \frac{1}{2}\left[\sin\left(\frac{n\pi}{l}x - \frac{nc\pi}{l}t\right) + \sin\left(\frac{n\pi}{l}x + \frac{nc\pi}{l}t\right)\right]$$
$$+ \sum_{n=1}^{\infty} b_n \cdot \frac{1}{2}\left[\cos\left(\frac{n\pi}{l}x - \frac{nc\pi}{l}t\right) - \cos\left(\frac{n\pi}{l}x + \frac{nc\pi}{l}t\right)\right].$$

Ersetzt man x durch $\frac{l}{n\pi}x$ und setzt $c_1 = \frac{nc\pi}{l}$, so folgt

$$u(x,t) = \frac{1}{2} \sum_{n=1}^{\infty} \{a_n \sin(x + c_1 t) - b_n \cos(x + c_1 t)\}$$

$$+ \frac{1}{2} \sum_{n=1}^{\infty} \{a_n \sin(x - c_1 t) + b_n \cos(x - c_1 t)\}$$

$$= \frac{1}{2} \sum_{n=1}^{\infty} g_n(x + c_1 t) + \frac{1}{2} \sum_{n=1}^{\infty} g_n(x - c_1 t) = f_1(x + c_1 t) + f_2(x - c_1 t).$$

Schließlich sollen die Anfangsbedingungen III. und IV. des Problems (3.2.1) noch verrechnet werden, was der Bestimmung der Koeffizienten a_n und b_n von (3.3.4) gleichkommt.

Herleitung von (3.3.6)–(3.3.8)

Mit $g(x) = u(x,0)$ und $h(x) = \dot{u}(x,0)$ bezeichnen wir die Auslenkung bzw. die Geschwindigkeit zur Zeit $t = 0$. Dazu benötigen wir:

Die Orthogonalitätsrelation der Sinus- und Kosinusfunktionen.

$$1. \quad \int_0^l \sin\left(\frac{n \cdot \pi}{l} x\right) \cdot \sin\left(\frac{m \cdot \pi}{l} x\right) dx = \begin{cases} = 0, & \text{für } m \neq n, \\ = \frac{l}{2}, & \text{für } m = n, \end{cases} \qquad (3.3.6)$$

$$2. \quad \int_0^l \cos\left(\frac{n \cdot \pi}{l} x\right) \cdot \cos\left(\frac{m \cdot \pi}{l} x\right) dx = \begin{cases} = 0, & \text{für } m \neq n, \\ = \frac{l}{2}, & \text{für } m = n. \end{cases} \qquad (3.3.7)$$

Beweis von (3.3.6) und (3.3.7). Wir benutzen die Gleichheit

$$\cos a - \cos b = -2 \sin\left(\frac{a + b}{2}\right) \cdot \sin\left(\frac{a - b}{2}\right),$$

setzen $a = (n + m)\frac{\pi}{l}$ und $b = (n - m)\frac{\pi}{l}$ und erhalten $\frac{a+b}{2} = \frac{n \cdot \pi}{l}$ und $\frac{a-b}{2} = \frac{m \cdot \pi}{l}$. Dann folgt

$$\sin\left(\frac{n \cdot \pi}{l}\right) \cdot \sin\left(\frac{m \cdot \pi}{l}\right) = \frac{1}{2}\left[\sin\left(\frac{a + b}{2}\right) \cdot \sin\left(\frac{a - b}{2}\right)\right]$$

$$= \frac{1}{2}(\cos b - \cos a) = \frac{1}{2}\left\{\cos\left[(n - m)\frac{\pi}{l}\right] - \cos\left[(n + m)\frac{\pi}{l}\right]\right\}$$

und

$$I = \int_0^l \sin\left(\frac{n \cdot \pi}{l} x\right) \cdot \sin\left(\frac{m \cdot \pi}{l} x\right) dx = \frac{1}{2} \int_0^l \left\{\cos\left[(n - m)\frac{\pi}{l} x\right] - \cos\left[(n + m)\frac{\pi}{l} x\right]\right\} dx.$$

An dieser Stelle treffen wir die Fallunterscheidung:

I. $n = m$. Es ergibt sich

$$I = \frac{1}{2}\int_0^l \left[1 - \cos\left(2n\frac{\pi}{l}x\right)\right]dx = \frac{1}{2}\left[x - \frac{l}{2n\pi}\sin\left(2n\frac{\pi}{l}x\right)\right]_0^l$$

$$= \frac{1}{2}\left[l - \frac{l}{2n\pi}\sin(2n\pi)\right] = \frac{l}{2}.$$

II. $n \neq m$. Hier folgt

$$I = \frac{1}{2}\left\{\frac{l}{\pi(n-m)}\sin\left[(n-m)\frac{\pi}{l}x\right]_0^l - \frac{l}{\pi(n+m)}\sin\left[(n+m)\frac{\pi}{l}x\right]_0^l\right\}$$

$$= \frac{l}{2\pi}\left[\frac{\sin(n-m)\pi}{(n-m)} - \frac{\sin(n+m)\pi}{(n+m)}\right] = \frac{l}{2\pi}(0-0) = 0.$$

Für den Beweis von (3.3.7) benutzen die Gleichheit

$$\cos a + \cos b = 2\cos\left(\frac{a+b}{2}\right)\cdot\cos\left(\frac{a-b}{2}\right).$$

Folglich ist

$$\cos\left(\frac{n\cdot\pi}{l}\right)\cdot\cos\left(\frac{m\cdot\pi}{l}\right) = \frac{1}{2}\left\{\cos\left[(n-m)\frac{\pi}{l}\right] + \cos\left[(n+m)\frac{\pi}{l}\right]\right\},$$

was sich verglichen mit oben nur um ein Vorzeichen unterscheidet. Damit erhält man dasselbe Ergebnis.

q. e. d.

Nun sind wir so weit, a_n und b_n von (3.3.4) zu ermitteln. Ist $g(x)$ die Auslenkung zur Zeit $t = 0$, dann folgt

$$g(x) = u(x,0) = \sum_{n=1}^{\infty}\sin\left(\frac{n\cdot\pi}{l}x\right)\cdot\left[a_n\cdot\cos\left(\frac{nc\pi}{l}\cdot 0\right) + b_n\cdot\sin\left(\frac{nc\pi}{l}\cdot 0\right)\right]$$

$$= \sum_{n=1}^{\infty}a_n\cdot\sin\left(\frac{n\cdot\pi}{l}x\right).$$

Multipilikation mit $\sin(\frac{m\cdot\pi}{l}x)$ liefert

$$g(x)\cdot\sin\left(\frac{m\cdot\pi}{l}x\right) = \sum_{n=1}^{\infty}a_n\cdot\sin\left(\frac{n\cdot\pi}{l}x\right)\cdot\sin\left(\frac{m\cdot\pi}{l}x\right).$$

Mit gliedweiser Integration erhält man

$$\int_0^l g(x)\cdot\sin\left(\frac{m\cdot\pi}{l}x\right)dx = \sum_{n=1}^{\infty}\int_0^l a_n\cdot\sin\left(\frac{n\cdot\pi}{l}x\right)\cdot\sin\left(\frac{m\cdot\pi}{l}x\right)dx.$$

Aufgrund von (3.3.6) ist dann

$$\int_0^l g(x) \cdot \sin\left(\frac{n \cdot \pi}{l}x\right)dx = a_n \cdot \int_0^l \sin^2\left(\frac{n \cdot \pi}{l}x\right)dx = a_n \cdot \frac{l}{2}$$

und schließlich

$$a_n = \frac{2}{l} \cdot \int_0^l g(x) \cdot \sin\left(\frac{n \cdot \pi}{l}x\right)dx.$$

Weiter hat man

$$h(x) = \dot{u}(x,0) = \sum_{n=1}^{\infty} \sin\left(\frac{n \cdot \pi}{l}x\right) \cdot \frac{nc\pi}{l}\left[-a_n \cdot \sin\left(\frac{nc\pi}{l} \cdot 0\right) + b_n \cdot \cos\left(\frac{nc\pi}{l} \cdot 0\right)\right] \quad \text{oder}$$

$$h(x) = b_n \frac{nc\pi}{l} \sum_{n=1}^{\infty} \sin\left(\frac{n \cdot \pi}{l}x\right).$$

Mit (3.3.6) folgt

$$b_n = \frac{2}{nc\pi} \cdot \int_0^l h(x) \cdot \sin\left(\frac{n \cdot \pi}{l}x\right)dx.$$

Die freie Schwingung einer in $x = 0$ und $x = l$ eingespannten Saite, die zur Zeit $t = 0$ die Form $g(x) = u(x,0)$ und die Geschwindigkeit $h(x) = \dot{u}(x,0)$ besitzt, lautet

$$u(x,t) = \sum_{n=1}^{\infty} \sin\left(\frac{n \cdot \pi}{l}x\right) \cdot \left[a_n \cdot \cos\left(\frac{nc\pi}{l}t\right) + b_n \cdot \sin\left(\frac{nc\pi}{l}t\right)\right]$$

mit

$$a_n = \frac{2}{l} \cdot \int_0^l g(x) \cdot \sin\left(\frac{n \cdot \pi}{l}x\right)dx \quad \text{und} \quad b_n = \frac{2}{nc\pi} \cdot \int_0^l h(x) \cdot \sin\left(\frac{n \cdot \pi}{l}x\right)dx.$$

Die Eigenfrequenzen sind

$$f_n = \frac{n}{2l} \cdot \sqrt{\frac{\sigma}{\rho}}. \tag{3.3.8}$$

Beispiel 2. Eine an beiden Enden eingespannte Saite der Länge l wird mittig um die Höhe h ausgelenkt und aus dieser Ruhelage losgelassen. Die Dämpfung wird nicht beachtet.

a) Ermitteln Sie den Verlauf von $g(x)$.
b) Bestimmen Sie die Koeffizienten a_n der Gleichung (3.3.8).
c) Wie lauten die Funktionen $g(x)$ und $u(x,t)$?
d) Nehmen Sie nun $h = 1, l = \pi, c = 1$.

d_1) Stellen Sie $g(x)$ und die drei Approximationen für $n = 1, 2, 4$ dar.

d_2) Stellen Sie $u(x, t)$ für $n = 100$ und $t = 0, \frac{\pi}{8}, \frac{\pi}{4}, \frac{3\pi}{8}, \frac{\pi}{2}$ dar.

d_3) Stellen Sie $u(x, t)$ für $n = 100$ und $x = 0, \frac{\pi}{8}, \frac{\pi}{4}, \frac{3\pi}{8}, \frac{\pi}{2}$ dar.

Lösung.

a) Es gilt

$$g(x) = \begin{cases} \frac{2h}{l}x & \text{für } 0 \leq x \leq \frac{l}{2}, \\ \frac{2h}{l}(l - x) & \text{für } \frac{l}{2} \leq x \leq l. \end{cases}$$

b) Aus

$$g(x) = \sum_{n=1}^{\infty} a_n \sin\left(\frac{n\pi}{l}x\right)$$

folgt

$$a_n = \frac{2}{l} \cdot \int_0^l g(x) \cdot \sin\left(\frac{n\pi}{l}x\right)$$

$$= \frac{4h}{l^2} \cdot \int_0^{\frac{l}{2}} x \cdot \sin\left(\frac{n\pi}{l}x\right) + \frac{4h}{l^2} \cdot \int_{\frac{l}{2}}^l (l - x) \cdot \sin\left(\frac{n\pi}{l}x\right)$$

$$= -\frac{2h}{\pi^2} \cdot \left[\frac{n\cos(\frac{n\pi}{2})\pi - 2\sin(\frac{n\pi}{2})}{n^2} \right] + \frac{2h}{\pi^2} \cdot \left[\frac{n\cos(\frac{n\pi}{2})\pi + 2[\sin(\frac{n\pi}{2}) - \sin(n\pi)]}{n^2} \right]$$

$$= \frac{8h \cdot \sin(\frac{n \cdot \pi}{2})}{n^2 \pi^2}. \tag{3.3.9}$$

c) Man erhält

$$g(x) = \frac{8h}{\pi^2} \sum_{n=1}^{\infty} \frac{\sin(\frac{n \cdot \pi}{2})}{n^2} \cdot \sin\left(\frac{n \cdot \pi}{l}x\right) = \frac{8h}{\pi^2} \sum_{n=1}^{\infty} \frac{(-1)^{n+1}}{(2n-1)^2} \cdot \sin\left[\frac{(2n-1) \cdot \pi}{l}x\right] \text{ und}$$

$$u(x, t) = g(x) \cdot \cos(\omega_n t) = \frac{8h}{\pi^2} \sum_{n=1}^{\infty} \frac{(-1)^{n+1}}{(2n-1)^2} \cdot \sin\left[\frac{(2n-1) \cdot \pi}{l}x\right] \cos\left[\frac{(2n-1)c\pi}{l}t\right].$$

d_1) Es gilt

$$g(x) = \frac{8}{\pi^2} \sum_{n=1}^{\infty} \frac{(-1)^{n+1}}{(2n-1)^2} \cdot \sin[(2n-1)x].$$

Mit $x = \frac{\pi}{2}$ folgt insbesondere

$$\frac{\pi^2}{8} = 1 + \frac{1}{9} + \frac{1}{25} + \frac{1}{49} + \cdots. \tag{3.3.10}$$

Weiter ist

$$u(x,t) = \frac{8}{\pi^2} \sum_{n=1}^{\infty} \frac{(-1)^{n+1}}{(2n-1)^2} \cdot \sin\left[(2n-1)x\right] \cos\left[(2n-1)t\right].$$

Die Frequenzen für $n = 2k, k \in \mathbb{N}$ werden nicht angeregt. Die Graphen entnimmt man Abb. 3.4 links.

d_2) Die Graphen sind in Abb. 3.5 links dargestellt.

d_3) Die Graphen entnimmt man Abb. 3.5 rechts.

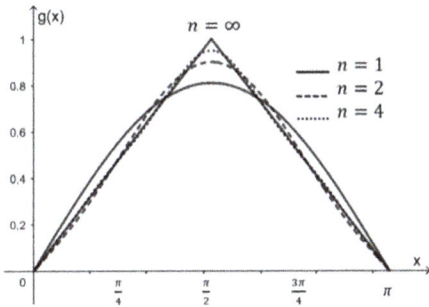

Abb. 3.4: Auslenkung und deren Approximationen, Beispiel 2.

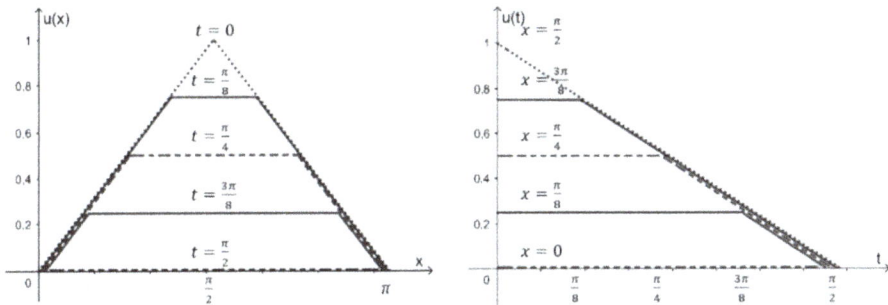

Abb. 3.5: Orts- und Zeitbilder von Beispiel 2.

Beispiel 3. Im Gegensatz zu Beispiel 2 wird der Auslenkpunkt nun in einem beliebigen Punkt $x = a$ mit $0 < a < l$ der Saite gewählt. Aus dieser Ruhelage wird die Saite dann losgelassen.

a) Ermitteln Sie den Verlauf von $g(x)$.

b) Bestimmen Sie die Koeffizienten a_n der Gleichung (3.3.8).

c) Wie lauten die Funktionen $g(x)$ und $u(x,t)$?

d) Nehmen Sie nun $h = 1, l = \pi, c = 1, a = \frac{l}{4}$ und stellen Sie $u(x,t)$ für $n = 100$ und $t = 0, \frac{\pi}{8}, \frac{\pi}{4}, \frac{3\pi}{8}, \frac{\pi}{2}, \frac{5\pi}{8}, \frac{3\pi}{4}, \frac{7\pi}{8}, \pi$ dar. Interpretieren Sie den Verlauf.

Lösung.

a) Es gilt

$$g(x) = \begin{cases} \frac{h}{a}x & \text{für } 0 \le x \le a, \\ \frac{h}{l-a}(l-x) & \text{für } a \le x \le l. \end{cases}$$

b) Man erhält

$$a_n = \frac{2}{l} \cdot \int_0^l g(x) \cdot \sin\left(\frac{n\pi}{l}x\right)$$

$$= \frac{2h}{al} \cdot \int_0^a x \cdot \sin\left(\frac{n\pi}{l}x\right) + \frac{2h}{l(l-a)} \cdot \int_a^l (l-x) \cdot \sin\left(\frac{n\pi}{l}x\right)$$

$$= -\frac{2h}{a\pi^2}\left[\frac{a \cdot n \cdot \cos(\frac{a \cdot n \cdot \pi}{l})\pi - \sin(\frac{a \cdot n \cdot \pi}{l})l}{n^2}\right]$$

$$+ \frac{2h}{(a-l)\pi^2}\left[\frac{(a-l)n \cdot \cos(\frac{an\pi}{l})\pi - [\sin(\frac{a \cdot n \cdot \pi}{l}) - \sin(n\pi)] \cdot l}{n^2}\right]$$

$$= \frac{2hl^2 \sin(\frac{a \cdot n \cdot \pi}{l})}{a(l-a)n^2\pi^2}.$$

c) Es folgt

$$g(x) = \frac{2hl^2}{a(l-a)\pi^2} \sum_{n=1}^{\infty} \frac{\sin(\frac{a \cdot n \cdot \pi}{l})}{n^2} \cdot \sin\left(\frac{n \cdot \pi}{l}x\right) \quad \text{und}$$

$$u(x,t) = \frac{2hl^2}{a(l-a)\pi^2} \sum_{n=1}^{\infty} \frac{\sin(\frac{a \cdot n \cdot \pi}{l})}{n^2} \cdot \sin\left(\frac{n \cdot \pi}{l}x\right) \cos\left(\frac{nc\pi}{l}t\right).$$

d) Man erhält

$$u(x,t) = \sum_{n=1}^{\infty} \frac{32}{3\pi^2} \cdot \frac{\sin(\frac{n\pi}{4})}{n^2} \cdot \sin(nx) \cos(nt).$$

Die Frequenzen für $n = 4k$, $k \in \mathbb{N}$ werden nicht angeregt. Die Graphen sind in Abb. 3.6 dargestellt. Mithilfe der folgenden Tabelle kann man die Saitenauslenkung $u(x,t)$ zur Zeit t mit dem zugehörigen Polygon identifizieren.

t	0	$\frac{\pi}{8}$	$\frac{\pi}{4}$	$\frac{3\pi}{8}$	$\frac{\pi}{2}$	$\frac{5\pi}{8}$	$\frac{3\pi}{4}$	$\frac{7\pi}{8}$	π
Polygon	ACI	ABDI	AEI	APFI	AOGI	ANHI	AMI	ALJI	AKI

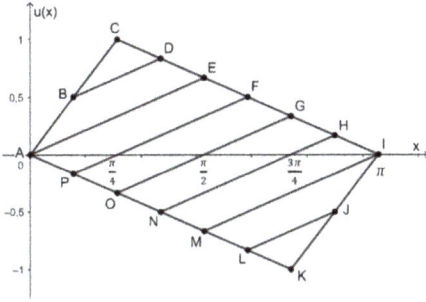

Abb. 3.6: Ortsbilder von Beispiel 3.

Bemerkung. Beispiele 2 und 3 zeigen, dass beim Auslenken der Saite gewisse, aber nicht alle Frequenzen erzwungen werden. Bei einer Auslenkung von $x = \frac{l}{2}$ (Bsp. 2) werden nur diejenigen Eigenfrequenzen mit ungeraden n erzwungen. Somit können Oktave (2 : 1) und große Terz (5 : 4) nie mitschwingen. Der Klang ist hohl.

Liegt die Auslenkung bei $x = \frac{l}{4}$ (Bsp. 3), dann ist das Klangspektrum schon reicher (Abb. 3.7 links). Oktave und Quinte werden angeregt, aber mit entsprechend kleineren Amplituden als der Grundton. Weder die große Terz noch die Quarte (4 : 3) schwingen mit, dafür die kleine Terz (6 : 5). Es stellt sich die Frage, wo die optimale Zupfposition liegt. Sie befindet sich etwa bei $x = \frac{l}{5}$, also nicht genau bei einem Fünftel, weil für diesen Fall keine Terzen mitschwingen. Bei einer Gitarre befindet sich deshalb das Loch des Korpus etwa bei $x = \frac{l}{5}$.

Spezielles bei der Gitarre: Dem Ausdruck für die Frequenz

$$f_n = \frac{n}{2l} \cdot \sqrt{\frac{\sigma}{\rho}} = \frac{n}{2l} \cdot \sqrt{\frac{F}{A \cdot \rho}}$$

entnimmt man, dass drei Parameter F, A und μ (eigentlich sogar vier, wenn die Saitenlängen verschieden wären) zur Verfügung stehen, um die einzelnen Saiten zu stimmen. Beispielsweise erzeugt ein vierfacher Querschnitt eine halbe Frequenz usw.

Beispiel 4. Bestimmen Sie die ersten drei Eigenfrequenzen einer eingespannten Saite von 0,65 m Länge und 0,35 mm Durchmesser, die mit 50 N bespannt ist (Dichte $\rho = 8 \cdot 10^3 \frac{\text{kg}}{\text{m}^3}$). Die Dämpfung wird nicht beachtet.

Lösung. Aus der Definition der Spannung

$$\sigma = \frac{F}{A} = \frac{50\,\text{N}}{\pi \cdot (0,175 \cdot 10^{-3})^2} = 5,20 \cdot 10^8 \frac{\text{N}}{\text{m}^2}$$

folgt mit (3.3.8)

$$f_n = \frac{n}{2l}\sqrt{\frac{\sigma}{\rho}} = \frac{n}{2 \cdot 0{,}65}\sqrt{\frac{5{,}20 \cdot 10^8}{8 \cdot 10^3}} = 196{,}06 \cdot n\,\text{Hz}.$$

Somit betragen die ersten drei Eigenfrequenzen f_1 = 196,06 Hz, f_2 = 392,16 Hz und f_1 = 588,17 Hz.

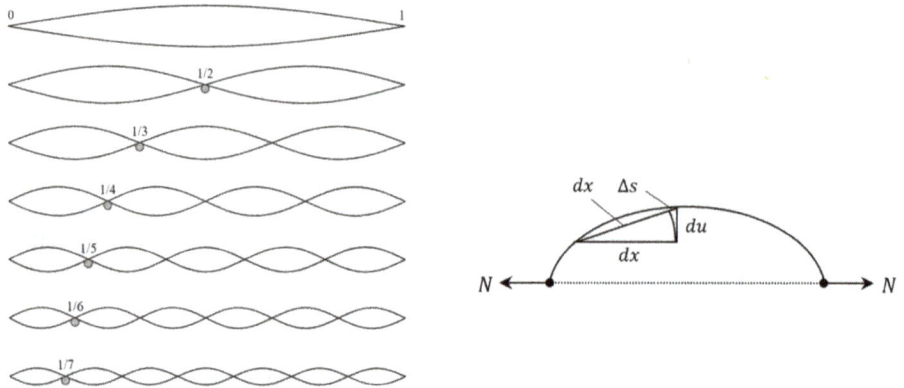

Abb. 3.7: Die Obertöne und die Spannungsenergie der Saite.

Die verschiedenen Moden der schwingenden Saite. Wir sind immer davon ausgegangen, dass die Eigenformen der schwingenden Saite von der Form $y_n(x) = \sin(\frac{n\pi}{l}x)$ sind. Zwangsweise erhält man dann die zugehörigen Eigenfrequenzen.

Das ist richtig, falls die Saite beidseitig fest verankert ist. Dann muss sie an den Rändern Knoten besitzen, wie schon in Abb. 3.7 links dargestellt. Ist die Saite nur an einem Ende fest eingespannt und am anderen lose oder an beiden Enden lose, wie bei Luftsäulen in Pfeifen, dann gibt es andere Eigenformen. In Abb. 3.8 sind jeweils die ersten drei Eigenformen dargestellt. Im letzten Fall handelt es sich dann freilich nicht mehr um Saitenschwingungen.

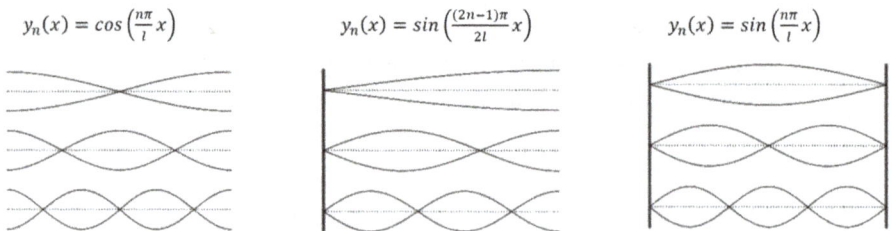

Abb. 3.8: Die Eigenformen einer schwingenden Saite.

Der Rayleigh-Quotient einer frei schwingenden Saite ohne Dämpfung

Herleitung von (3.3.11)
Dieses Prinzip werden wir sowohl beim Stab als auch beim Balken anwenden. Jede Eigenfunktion $v_n(x)$ erfüllt die DG (3.3.1) $v_n''(x) + \frac{\omega^2}{c^2}v_n(x) = 0$. Multiplikation mit $v_n(x)$ und Integration über die Saitenlänge liefert $\int_0^l v_n''v_n dx + \frac{\omega_n^2}{c^2}\int_0^l v_n^2 dx = 0$. Das erste Integral wird partiell integriert zu $\int_0^l v_n''v_n dx = [v_n'v_n]_0^l - \int_0^l (v_n')^2 dx$. Mit einer beidseitig fest eingespannten Saite ist $v_n(0) = v_n(l) = 0$ und damit der Wert der eckigen Klammer null (Dies gilt auch im Fall einer rechts reibungsfrei fixierten Saite, da $v'(l) = 0$). In jedem Fall verbleibt

$$-\int_0^l (v_n')^2 dx + \frac{\omega_n^2}{c^2}\int_0^l v_n^2 dx = 0.$$

Sind nun die Eigenfunktionen nicht bekannt, dann lassen sich damit die Eigenfrequenzen abschätzen. Man erhält

$$\omega_n^2 = \frac{\sigma}{\rho} \cdot \frac{\int_0^l (f')^2 dx}{\int_0^l f^2 dx} \tag{3.3.11}$$

für eine Funktion $f(x)$, die einer oder beiden RBen genügt.

Beispiel 5.
a) Gegeben ist die Funktion $f(x) = ax$. Bestimmen Sie ω_1 mithilfe von (3.3.11).
b) Beantworten Sie dieselbe Frage von a) für $f(x) = ax(l - x)$.

Lösung.
a) Offenbar erfüllt $f(x)$ nur die RB $f(0) = 0$. Es ergibt sich $f'(x) = a$,

$$\omega_1^2 = c^2\frac{\int_0^l a^2 dx}{\int_0^l a^2 x^2 dx} = c^2\frac{3a^2 l}{a^2 l^3} = 3\frac{c^2}{l^2} \quad \text{und} \quad \omega_1 = \sqrt{3}\frac{c}{l} \approx 1{,}73\frac{c}{l}.$$

Man erkennt, dass der Faktor a keine Rolle spielt. Im Vergleich zum exakten Wert $\omega_1 = \frac{\pi \cdot c}{l}$ ist der Ermittelte sehr ungenau.
b) Nun gilt $f(0) = f(l) = 0$. Weiter hat man $f'(x) = l - 2x$ und

$$\omega_1^2 = c^2\frac{\int_0^l (l^2 - 4lx + 4x^2)dx}{\int_0^l [x^2(l^2 - 2lx + x^2)]dx}$$

$$= c^2\frac{\int_0^l (l^2 x - 4l\frac{x^2}{2} + 4\frac{x^3}{3})dx}{\int_0^l [(l^2\frac{x^3}{3} - 2l\frac{x^4}{4} + \frac{x^5}{5})]dx} = 10\frac{c^2}{l^2}.$$

Daraus folgt $\omega_1 = \sqrt{10}\frac{c}{l} \approx 3{,}16\frac{c}{l}$, also ziemlich genau.

3.4 Die Energien der eingespannten Saite

Herleitung von (3.4.1)–(3.4.7)

Die Saite sei mit der Spannkraft σ (= Normalkraft N) ausgelenkt (Abb. 3.7 rechts). Wir betrachten ein Saitenstück dx im unausgelenkten Zustand. Um das Saitenstück dx um Δs zu verlängern, muss Arbeit verrichtet werden.

Es gilt $dx + \Delta s = \sqrt{dx^2 + du^2}$, woraus $\Delta s = \sqrt{dx^2 + du^2} - dx = dx\sqrt{1 + (u')^2} - dx$ folgt.

Wir entwickeln die Wurzel nach Taylor: $\sqrt{1 + (u')^2} = 1 + \frac{(u')^2}{2} - \frac{(u')^4}{8} \pm \dots$.

Idealisierung: Die Auslenkung ist klein gegenüber der Saitenlänge.

Damit können wir die Entwicklung nach dem zweiten Term abbrechen, sodass man

$$\Delta s \approx dx\left[1 + \frac{(u')^2}{2}\right] - dx = \frac{(u')^2}{2}dx$$

erhält.

Die potentielle Energie der ausgelenkten Saite beträgt demnach $E_{\text{pot}} = \int_0^l N\Delta s = \frac{1}{2}N\int_0^l (u')^2 dx$.

Mit $c = \sqrt{\frac{\sigma}{\rho}}$ folgt $c^2\rho = \frac{N}{A}$ und schließlich

$$E_{\text{pot}} = \frac{1}{2}c^2\rho A \int_0^l (u')^2 dx. \tag{3.4.1}$$

Die kinetische Energie eines kleinen Massestücks an der Stelle x der Saite ist

$$dE_{\text{kin}} = \frac{1}{2}dm[\dot{u}(x,t)]^2 = \frac{1}{2}\rho A dx(\dot{u}(x,t))^2, \quad \text{woraus} \quad E_{\text{kin}} = \frac{1}{2}\rho A \int_0^l (\dot{u})^2 dx \tag{3.4.2}$$

entsteht. Die Energieerhaltung folgt unmittelbar aus der Wellengleichung selber.

Beweis. Bilden wir nämlich die Summe

$$E_{\text{Total}} = E_{\text{pot}} + E_{\text{kin}} = \frac{1}{2}c^2\rho A \int_0^l (u')^2 dx + \frac{1}{2}\rho A \int_0^l (\dot{u})^2 dx,$$

so folgt

$$\frac{dE_{\text{Total}}}{dt} = \frac{1}{2}\rho A\left[c^2 \int_0^l \frac{\partial}{\partial t}(u')^2 dx + \int_0^l \frac{\partial}{\partial t}(\dot{u})^2 dx\right]$$

$$= \frac{1}{2}\rho A \int_0^l (2c^2 u'\dot{u}' + 2\dot{u}\ddot{u})dx = \rho A \int_0^l (c^2 u'\dot{u}' + \dot{u}\ddot{u})dx. \tag{3.4.3}$$

Weiter gilt mithilfe partieller Integration

$$\int\limits_0^l (u'\dot{u}')dx = [u'\dot{u}]_0^l - \int\limits_0^l (u''\dot{u})dx.$$

Der Klammerausdruck entfällt, weil die Saite an den Enden zu jeder Zeit ruht, also $\dot{u}(0,t) = \dot{u}(l,t) = 0$ gilt. Damit schreibt sich (3.4.3) als

$$\frac{\partial E_{\text{Total}}}{\partial t} = \rho A \int\limits_0^l (-c^2 u''\dot{u} + \dot{u}\ddot{u})dx = \rho A \int\limits_0^l (-\ddot{u}\dot{u} + \dot{u}\ddot{u})dx = 0.$$

Der letzte Schritt folgt aufgrund der Wellengleichung (3.2.8) mit $q = 0$.   q. e. d.

Nun wenden wir die Energieausdrücke (3.4.1) und (3.4.2) auf die Lösung der beidseits fest eingespannten Saite an:

$$u(x,t) = \sum_{n=1}^\infty \sin\left(\frac{n\pi}{l}x\right) \cdot \left[a_n \sin\left(\frac{nc\pi}{l}t\right) + b_n \cos\left(\frac{nc\pi}{l}t\right) \right]. \qquad (3.4.4)$$

Dies schreiben wir mithilfe von

$$r \cdot \cos u + s \cdot \sin u = \sqrt{r^2 + s^2} \cdot \sin\left[u + \arctan\left(\frac{s}{r}\right)\right]$$

als

$$u(x,t) = \sum_{n=1}^\infty \sin\left(\frac{n\pi}{l}x\right) \cdot c_n \cdot \sin\left(\frac{nc\pi}{l}t + \varphi_n\right), \qquad (3.4.5)$$

wobei $c_n = \sqrt{a_n^2 + b_n^2}$ und $\varphi_n = \arctan(\frac{a_n}{b_n})$ ist.

Damit erhält man

$$u'(x,t) = \sum_{n=1}^\infty \frac{n\pi}{l} \cos\left(\frac{n\pi}{l}x\right) \cdot c_n \cdot \sin\left(\frac{nc\pi}{l}t + \varphi_n\right)$$

und

$$\dot{u}(x,t) = \sum_{n=1}^\infty \frac{nc\pi}{l} \sin\left(\frac{n\pi}{l}x\right) \cdot c_n \cdot \cos\left(\frac{nc\pi}{l}t + \varphi_n\right). \qquad (3.4.6)$$

Für die Energieanteile müssen die Integrale $\int_0^l (u')^2 dx$ und $\int_0^l (\dot{u})^2 dx$ berechnet werden. Aufgrund der Orthogonalität der trigonometrischen Funktionen (Gleichungen (3.3.6) und (3.3.7)) werden nur diejenigen Produkte mit $m = n$ einen von null verschiedenen Wert ergeben, sodass man also

$$\int_0^l (u')^2 dx = \sum_{n=1}^{\infty} \frac{n^2\pi^2}{l^2} \cdot c_n^2 \cdot \sin^2\left(\frac{nc\pi}{l}t + \varphi_n\right) \cdot \int_0^l \cos^2\left(\frac{n\pi}{l}x\right)dx \quad \text{und}$$

$$\int_0^l (\dot{u})^2 dx = \sum_{n=1}^{\infty} \frac{n^2\pi^2}{l^2} \cdot c_n^2 \cdot \cos^2\left(\frac{nc\pi}{l}t + \varphi_n\right) \cdot \int_0^l \sin^2\left(\frac{n\pi}{l}x\right)dx$$

zu berechnen hat. Mit

$$\int_0^l \sin^2\left(\frac{n\pi}{l}x\right)dx = \int_0^l \cos^2\left(\frac{n\pi}{l}x\right)dx = \frac{l}{2},$$

(3.4.1) und (3.4.2) folgt

$$E_{\text{pot}} = \sum_{n=1}^{\infty} c^2\rho A \frac{n^2\pi^2}{4l} \cdot c_n^2 \cdot \sin^2\left(\frac{nc\pi}{l}t + \varphi_n\right) = \sum_{n=1}^{\infty} E_{n\text{pot}} \tag{3.4.7}$$

mit

$$E_{n\text{pot}} = c^2\rho A \frac{n^2\pi^2}{4l} \cdot c_n^2 \cdot \sin^2\left(\frac{nc\pi}{l}t + \varphi_n\right) \quad \text{und}$$

$$E_{\text{kin}} = \sum_{n=1}^{\infty} c^2\rho A \frac{n^2\pi^2}{4l} \cdot c_n^2 \cdot \cos^2\left(\frac{nc\pi}{l}t + \varphi_n\right) = \sum_{n=1}^{\infty} E_{n\text{kin}} \tag{3.4.8}$$

mit

$$E_{n\text{kin}} = c^2\rho A \frac{n^2\pi^2}{4l} \cdot c_n^2 \cdot \cos^2\left(\frac{nc\pi}{l}t + \varphi_n\right).$$

Die Gleichungen (3.4.7) und (3.4.8) stellen die Aufspaltung der Energien in einzelne Oberschwingungsenergien dar.

Die totale Energie ergibt sich demnach zu

$$E_{\text{total}} = \sum_{n=1}^{\infty} \frac{n^2\pi^2}{4l} c^2\rho A \cdot c_n^2 = \sum_{n=1}^{\infty} \frac{n^2\pi^2}{4l} N c_n^2 = \sum_{n=1}^{\infty} E_n. \tag{3.4.9}$$

Dabei besitzen sowohl a_n, b_n als auch c_n die Einheit einer Länge.

Beispiel. Gesucht ist die Gesamtenergie für die mittig ausgelenkte Saite aus Beispiel 2 des vorigen Kapitels.

Lösung. Es gilt $c = 1\frac{\text{m}}{\text{s}}$, $h = 1$, $l = \pi$ (in Meter). Da die Saite anfangs ruht, ist $a_n = 0$ (in Meter).

Weiter hat man gemäß (3.3.9)

$$b_n^2 = \frac{64h^2}{\pi^4} \cdot \frac{\sin^2(\frac{n\pi}{2})}{n^4}$$

und damit $c_n^2 = b_n^2$. Die totale Energie erhält man gemäß (3.4.9) mithilfe von (3.3.10) zu

$$E_{\text{total}} = \sum_{n=1}^{\infty} \frac{n^2\pi^2}{4\pi} c^2 \rho A \cdot \frac{64}{\pi^4} \cdot \frac{\sin^2(\frac{n\pi}{2})}{n^4} = \rho A \frac{16}{\pi^3} \sum_{n=1}^{\infty} \frac{\sin^2(\frac{n\pi}{2})}{n^2}$$

$$= \rho A \frac{16}{\pi^3} \left(1 + \frac{1}{3^2} + \frac{1}{5^2} + \frac{1}{7^2} + \cdots \right) = \rho A \frac{16}{\pi^3} \cdot \frac{\pi^2}{8} = \frac{2}{\pi}\rho A \quad \text{(Einheit Nm)}.$$

3.5 Das frei hängende Seil

Eine etwas anspruchsvolle Anwendung ist das frei hängende Seil, auch das „schwere Seil" genannt. Wir widmen dieser Aufgabe ein ganzes Kapitel, weil hier die Bessel-Funktionen auftreten, für die wir einige allgemeine Zusammenhänge herleiten wollen. In den bisherigen Beispielen war die Saite an beiden Enden fest eingespannt und die Normalkraft N deshalb konstant.

Herleitung von (3.5.1)–(3.5.27)

Nun wird das Seil in eine vertikale Position gebracht, wobei das obere Ende fest eingespannt und das untere Ende frei ist. Dazu drehen wir Abb. 3.3 links um 90° im Uhrzeigersinn. Die x-Achse zeigt dann nach unten und die (kleine) Auslenkung $u(x,t)$ verläuft in horizontaler Richtung.

Wiederum gehen wir von denselben Idealisierungen wie bei der Herleitung von (3.2.8) aus und steigen mit Gleichung (3.2.7) wieder ein. Eine Massenbelegung gibt es nicht, womit $q(x,t) = 0$ ist. Somit verbleibt

$$\rho A \cdot \ddot{u} = \left[N(x) \cdot u'\right]'. \tag{3.5.1}$$

Die Normalkraft wird von der Seilmasse selber erzeugt. Im obersten Punkt ist sie null und in einem Abstand x vom oberen Ende beträgt sie $N(x) = \frac{mg}{l}(l - x)$. Eingesetzt in (3.5.1) erhält man $\rho A \cdot \ddot{u} = \frac{mg}{l}[(l - x) \cdot u']'$ und daraus die DG für das frei hängende Seil der Länge l zu

$$\ddot{u} = g\left[(l - x) \cdot u'\right]'. \tag{3.5.2}$$

Das obere Ende ist eingespannt und führt zur 1. Randbedingung
I. $u(0,t) = 0$.
   Für die 2. Randbedingung beachtet man, dass die vertikale Normalkraftkomponente $N_V(x)$ des horizontalen Seils beim frei hängen Seil nun in horizontale Richtung zeigt. Auf das freie Seil wirkt am unteren Ende keine Kraft, also ist $N_V(l) = N(l) \cdot \sin[\alpha(x)] \approx N(l) \cdot \frac{\partial u}{\partial x}(l) = 0$. Da $N(l) = 0$, gilt diese Bedingung, sofern die Auslenkungsänderung $u'(l,t)$ endlich bleibt. Somit erhalten wir

II. $u'(l, t) < \infty$. Dies ist aber erfüllt, denn bei der Herleitung der Wellengleichung hatten wir $\frac{\partial u}{\partial x} \approx 0$ vorausgesetzt. Damit verbleibt nur die RB I.

Zur Lösung setzen wir wieder den Produktansatz $u(x, t) = v(x) \cdot w(t)$ in (3.5.2) ein. Dies führt nacheinander zu

$$v \cdot \ddot{w} = g\left[(l - x) \cdot v' \cdot w\right]', \quad v \cdot \ddot{w} = w\left[(l - x) \cdot v'' - v'\right] \quad \text{und}$$

$$\frac{\ddot{w}}{w} = \frac{g\left[(l - x) \cdot v'' - v'\right]}{v}.$$

Wie schon in Kap. 3.3 setzen wir

$$\frac{(l - x) \cdot v'' - v'}{v} = -\frac{\omega^2}{g} \quad \text{und} \quad \frac{\ddot{w}(t)}{w(t)} = -\omega^2. \tag{3.5.3}$$

Die Lösung des Zeitteils ist wiederum

$$w(t) = B_1 \cos(\omega \cdot t) + B_2 \sin(\omega \cdot t). \tag{3.5.4}$$

Für den Ortsteil substituieren wir $z := 2\sqrt{\frac{l-x}{g}}$, womit wir $x = l - \frac{g}{4}z^2$ erhalten. Weiter benötigen wir noch

$$\frac{dv}{dx} = \frac{dv}{dz} \cdot \frac{dz}{dx} = -\frac{dv}{dz} \cdot \frac{1}{\sqrt{g(l - x)}} = -\frac{dv}{dz} \cdot \frac{2}{gz} \quad \text{und}$$

$$\frac{d^2v}{dx^2} = -\frac{d}{dx}\left(\frac{dv}{dz} \cdot \frac{2}{gz}\right) = -\frac{d}{dz}\left(\frac{dv}{dz} \cdot \frac{2}{gz}\right) \cdot \frac{dz}{dx}$$

$$= \frac{d}{dz}\left(\frac{dv}{dz} \cdot \frac{2}{gz}\right) \cdot \frac{2}{gz} = \frac{d^2v}{dz^2} \cdot \frac{4}{g^2z^2} - \frac{dv}{dz} \cdot \frac{4}{g^2z^3}.$$

Damit schreibt sich die Gleichung (3.5.3) nacheinander als

$$\frac{g}{4}z^2 \cdot \left(\frac{d^2v}{dz^2} \cdot \frac{4}{g^2z^2} - \frac{dv}{dz} \cdot \frac{4}{g^2z^3}\right) + \frac{dv}{dz} \cdot \frac{2}{gz} + \frac{\omega^2v}{g} = 0,$$

$$\frac{d^2v}{dz^2} - \frac{dv}{dz} \cdot \frac{1}{z} + \frac{dv}{dz} \cdot \frac{2}{z} + \omega^2v = 0,$$

$$\frac{d^2v}{dz^2} + \frac{dv}{dz} \cdot \frac{1}{z} + \omega^2v = 0 \quad \text{und}$$

$$z^2v_{zz} + zv_z + \omega^2z^2v = 0. \tag{3.5.5}$$

Schließlich kann man noch $s := \omega z$ definieren. Daraus folgt

$$\frac{dv}{dz} = \frac{dv}{ds} \cdot \frac{ds}{dz} = \frac{dv}{ds} \cdot \omega \quad \text{und} \quad \frac{d^2v}{dz^2} = \frac{d}{dz}\left(\frac{dv}{ds}\right) \cdot \omega = \frac{d}{ds}\left(\frac{dv}{dz}\right) \cdot \omega = \frac{d^2v}{ds^2} \cdot \omega^2.$$

Eingefügt in (3.5.5) entsteht

$$s^2 v_{ss} + s v_s + s^2 v = 0. \tag{3.5.6}$$

In dieser Form entspricht Gleichung (3.5.6) der Bessel'schen DG mit Ordnung null.

In einem erweiterten Sinn ist $s^2 v_{ss} + s v_s + (s^2 - n^2)v = 0$ die Bessel'sche DG mit Ordnung n.

Für die Lösung der Gleichung (3.5.6) schreibt man

$$v(s) = A_1 \cdot J_0(s) + A_2 \cdot N_0(s). \tag{3.5.7}$$

In Abb. 3.7 ist sowohl die Bessel-Funktion $J_0(x)$ als auch die Neumann-Funktion $N_0(x)$ dargestellt. Dabei sind $J_0(x)$ und $N_0(x)$ die Basislösungen von (3.5.6), sie sind somit linear unabhängig und bilden ein Fundamentalsystem. In Kap. 9.3 werden wir zeigen, dass die Bessel-Funktion die unendliche Potenzreihendarstellung

$$J_0(x) = \sum_{k=0}^{\infty} \frac{(-1)^k}{(k!)^2} \left(\frac{x}{2} \right)^{2k}$$

besitzt und weitere Eigenschaften dieser Funktion kennenlernen. Im Weitern begnügen wir uns, außer der Orthogonalität, die weiter unten folgt, mit Feststellungen. Wie man zu $N_0(x)$ gelangt, zeigen wir erst im Zusammenhang mit der Wärmeleitung in Band 4. Man erkennt, dass sowohl $J_0(x)$ als auch $N_0(x)$ oszillieren und unendlich viele Nullstellen besitzen (Abb. 3.9). Die ersten zehn Nullstellen μ_n der Bessel-Funktion $J_0(x)$ sind

n	1	2	3	4	5	6	7	8	9	10
μ_n	2,405	5,520	8,654	11,792	14,931	18,071	21,212	24,352	27,493	30,634

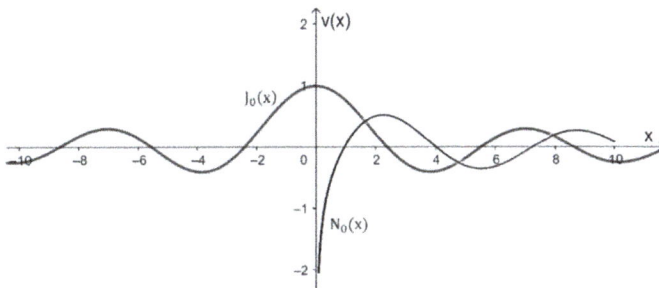

Abb. 3.9: Basislösungen der Bessel'schen DG mit Ordnung null.

Da $N_0(x)$ für $x = 0$ eine Unstetigkeitsstelle besitzt, die Auslenkung aber endlich bleiben muss, verlangt dies in (3.5.7) $A_2 = 0$, womit

$$v(s) = A_1 \cdot J_0(s) \qquad (3.5.8)$$

als Lösung verbleibt. Gemäß RB I. muss noch $u(0) = 0$ oder gleichwertig $v(x = 0) = 0$ erfüllt werden. Dazu gilt es, alle Substitutionen rückgängig zu machen. RB I. lautet demnach $J_0(\omega \cdot 2\sqrt{\frac{l-0}{g}}) = 0$, woraus die charakteristische Gleichung

$$J_0\left(2\omega\sqrt{\frac{l}{g}}\right) = 0 \qquad (3.5.9)$$

entsteht. Der Vergleich des Arguments von (3.5.9) mit den Nullstellen von $J_0(x)$ liefert die zugehörigen Eigenkreisfrequenzen

$$\omega_n = \frac{\mu_n}{2}\sqrt{\frac{g}{l}}. \qquad (3.5.10)$$

Gleichung führt im Fall von $n = 1$ zu $\omega_1 = 1{,}203\sqrt{\frac{g}{l}}$. Im Vergleich dazu lautet die Eigenfrequenz des Fadenpendels mit gleicher Fadenlänge und gleicher Pendelmasse $\omega_0 = \sqrt{\frac{g}{l}}$. Das Seil schwingt somit schneller als das Fadenpendel.

Schließlich interessieren uns noch die Eigenformen. Diese sind

$$v_n(x) = J_0\left(2\omega_n\sqrt{\frac{l-x}{g}}\right) = J_0\left(\mu_n\sqrt{1-\frac{x}{l}}\right). \qquad (3.5.11)$$

Für eine Darstellung der ersten vier Eigenformen (Abb. 3.10) setzen wir $y := \frac{x}{l}$ und stellen $v_n(y) = J_0(\mu_n\sqrt{1-y})$ mit $0 \le y \le 1$ dar.

Bemerkung. Die Eigenformen ähneln denen eines schwingenden Hochhauses, das wir am Ende von Band 2 betrachtet hatten. Dabei wurden die Seitenwände des Hauses als masselos und die Deckplatten als Punktmassen aufgefasst, also einer Perlenkette ähnlich. Denken wir uns die Punktmassen immer näher zusammengerückt, dann berühren sich die Massen und man erhält eine kontinuierliche Massenverteilung wie beim schweren Seil. Der Zusammenhang ist also nicht zufällig.

Die drei Gleichungen (3.5.4), (3.5.8) und (3.5.11) ergeben schließlich die Gesamtlösung der DG (3.5.2):

$$u(x,t) = \sum_{n=1}^{\infty} A_n J_0\left(2\omega_n\sqrt{\frac{l-x}{g}}\right)[B_1\cos(\omega_n t) + B_2\sin(\omega_n t)]$$

oder mit neuen Konstanten

$$u(x,t) = \sum_{n=1}^{\infty} J_0\left(2\omega_n\sqrt{\frac{l-x}{g}}\right)[a_n\cos(\omega_n t) + b_n\sin(\omega_n t)]. \qquad (3.5.12)$$

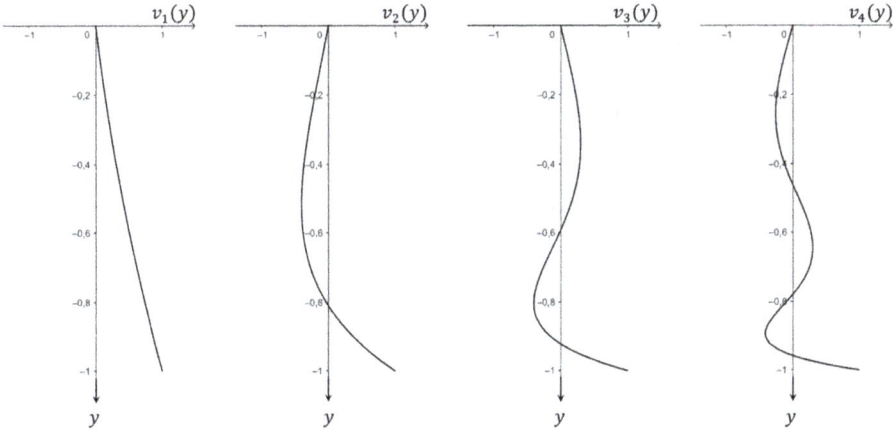

$v_1(y)$ $v_2(y)$ $v_3(y)$ $v_4(y)$

Abb. 3.10: Die ersten vier Eigenformen für das frei hängende Seil.

Für ein konkretes Anfangswertproblem (AWP) benötigen wir noch die Orthogonalitätsrelation der Bessel-Funktionen $v_n(x)$. Es gilt

$$\int_0^1 \xi \cdot J_0(\mu_n\xi)J_0(\mu_m\xi)d\xi = 0 \quad \text{für } m \neq n. \tag{3.5.13}$$

Beweis. Dies folgt aus der Bessel'schen DG selber. Dazu setzen wir $\xi := \sqrt{1-y}$ und erhalten $v_n(\xi) = J_0(\mu_n\xi)$ mit $0 \leq \xi \leq 1$. Jede dieser Funktionen ist Lösung der Gleichung (3.5.5) in der Form $\xi\frac{d^2v}{d\xi^2} + \frac{dv}{d\xi} + \mu^2\xi v = 0$. Letztere kann man auch schreiben als

$$(\xi v')' + \mu^2\xi v = 0, \tag{3.5.14}$$

falls wir $v' := \frac{dv}{d\xi}$ setzen. Wählen wir nun zwei Lösungen der Form $v_n(\xi) = J_0(\mu_n\xi)$ und $v_m(\xi) = J_0(\mu_m\xi)$, fügen beiden Lösungen in (3.5.14) ein, so erhalten wir das System

$$(\xi v_n')' + \mu_n^2\xi v_n = 0, \quad (\xi v_m')' + \mu_m^2\xi v_m = 0.$$

Nun multiplizieren wir die erste Gleichung mit v_m und die zweite mit v_n, woraus

$$v_m(\xi v_n')' + \mu_n^2\xi v_n v_m = 0, \quad v_n(\xi v_m')' + \mu_m^2\xi v_n v_m = 0$$

entsteht. Subtraktion der beiden Gleichungen ergibt

$$v_m(\xi v_n')' - v_n(\xi v_m')' + (\mu_n^2 - \mu_m^2)\xi v_n v_m = 0. \tag{3.5.15}$$

Die Integration über ξ von 0 bis 1 führt zu

$$\int_0^1 v_m(\xi v_n')' d\xi - \int_0^1 v_n(\xi v_m')' d\xi + (\mu_n^2 - \mu_m^2) \int_0^1 \xi v_n v_m d\xi = 0. \qquad (3.5.16)$$

Die ersten beiden Integrale von (3.5.16) verrechnen wir partiell und finden

$$\int_0^1 v_m(\xi v_n')' d\xi = [\xi v_n' v_m]_0^1 - \int_0^1 \xi v_n' v_m' d\xi \quad \text{bzw.}$$

$$\int_0^1 v_n(\xi v_m')' d\xi = [\xi v_m' v_n]_0^1 - \int_0^1 \xi v_n' v_m' d\xi.$$

Da nun μ_n und μ_m Nullstellen von $J_0(x)$ sind, entfallen die eckigen Klammer, die beiden neuen Integrale lösen sich auf und von (3.5.16) verbleibt $(\mu_n^2 - \mu_m^2) \int_0^1 \xi v_n v_m d\xi = 0$. Für $m \neq n$ muss deshalb $\int_0^1 \xi \cdot J_0(\mu_n \xi) J_0(\mu_m \xi) d\xi = 0$ sein. q. e. d.

Nun kann man sämtliche Substitutionen rückgängig machen und erhält beispielsweise mit $\frac{d\xi}{dy} = -\frac{1}{2\sqrt{1-y}}$ die Orthogonalität

$$-\int_1^0 \sqrt{1-y} \cdot J_0(\mu_n \sqrt{1-y}) J_0(\mu_m \sqrt{1-y}) \frac{dy}{2\sqrt{1-y}} = 0 \quad \text{oder}$$

$$\int_0^1 \cdot J_0(\mu_n \sqrt{1-y}) J_0(\mu_m \sqrt{1-y}) dy = 0.$$

Weiter folgen

$$\int_0^l \cdot J_0\left(\mu_n \sqrt{1-\frac{x}{l}}\right) J_0\left(\mu_m \sqrt{1-\frac{x}{l}}\right) dx = 0 \quad \text{und}$$

$$\int_0^l J_0\left(2\omega_n \sqrt{\frac{l-x}{g}}\right) J_0\left(2\omega_m \sqrt{\frac{l-x}{g}}\right) dx = 0. \qquad (3.5.17)$$

Man beachte, dass in der Form (3.5.17), verglichen mit der normierten Form (3.5.13), im Argument nur das Produkt der beiden Bessel-Funktionen steht.

Zusätzlich soll noch der Wert des Integrals $\int_0^1 \xi \cdot J_0^2(\mu_n \xi) d\xi$ ermittelt werden. Dieser beträgt

$$\int_0^1 \xi \cdot J_0^2(\mu_n \xi) d\xi = \frac{J_0'^2(\mu_n)}{2}. \qquad (3.5.18)$$

Den Beweis erbringen wir mit VII. in Kap. 9.3 An gleicher Stelle zeigen wir zudem, dass $J_0'(x) = -J_1(x)$ gilt. Für das folgende Beispiel benötigen noch zwei weitere Integrale. Das erste ist

$$\int_0^1 \xi \cdot J_0(\mu_n \xi) d\xi. \tag{3.5.19}$$

Da $J_0(\mu_n \xi)$ die DG $\mu^2 \xi^2 v'' + \mu \xi v' + \mu^2 \xi^2 v = 0$ bzw. $\mu \xi v'' + v' + \mu \xi v = 0$ löst, ersetzen wir den Term ξv durch $-(\xi v'' + \frac{1}{\mu} v')$, erhalten

$$\int_0^1 \xi \cdot J_0(\mu_n \xi) d\xi = -\int_0^1 \left(\xi \cdot J_0'' + \frac{1}{\mu_n} J_0' \right) d\xi = -\frac{1}{\mu_n} \int_0^1 (\xi \cdot J_0')' d\xi = -\frac{1}{\mu_n} [\xi \cdot J_0'(\mu_n \xi)]_0^1$$

und somit

$$\int_0^1 \xi \cdot J_0(\mu_n \xi) d\xi = -\frac{J_0'(\mu_n)}{\mu_n}. \tag{3.5.20}$$

Das zweite benötigte Integral lautet

$$\int_0^1 \xi^3 \cdot J_0(\mu_n \xi) d\xi. \tag{3.5.21}$$

Da $J_0(\mu_n \xi)$ die Gleichung $\mu^2 \xi^2 v'' + \mu \xi v' + \mu^2 \xi^2 v = 0$ bzw. $\mu^2 \xi^3 v'' + \mu \xi^2 v' + \mu^2 \xi^3 v = 0$ löst, ersetzen wir den Term $\xi^3 v$ durch $-(\xi^3 v'' + \frac{1}{\mu} \xi^2 v')$ und erhalten

$$\int_0^1 \xi^3 \cdot J_0(\mu_n \xi) d\xi = -\int_0^1 \left(\xi^3 \cdot J_0'' + \frac{1}{\mu_n} \xi^2 \cdot J_0' \right) d\xi = -\frac{1}{\mu_n} \int_0^1 \xi^2 (\xi \cdot J_0')' d\xi.$$

$$= -\frac{1}{\mu_n} \left\{ [\xi^2 \cdot \xi \cdot J_0'(\mu_n \xi)]_0^1 - 2 \int_0^1 \xi \cdot \xi \cdot J_0'(\mu_n \xi) d\xi \right\}$$

$$= -\frac{1}{\mu_n} \left\{ J_0'(\mu_n) - 2 \int_0^1 \xi^2 \cdot J_0'(\mu_n \xi) d\xi \right\}$$

$$= -\frac{1}{\mu_n} \left\{ J_0'(\mu_n) - 2 \left(\left[\xi^2 \cdot \frac{1}{\mu_n} J_0(\mu_n \xi) \right]_0^1 - \frac{2}{\mu_n} \int_0^1 \xi \cdot J_0(\mu_n \xi) \cdot d\xi \right) \right\}$$

$$= -\frac{1}{\mu_n} \left\{ J_0'(\mu_n) - 2 \left[\frac{J_0(\mu_n)}{\mu_n} - \frac{2}{\mu_n} \int_0^1 \xi \cdot J_0(\mu_n \xi) \cdot d\xi \right] \right\}. \tag{3.5.22}$$

Gleichung (3.5.22) gilt allgemein. Das Integral wurde für das frei hängende Seil mit (3.5.20) bestimmt. Damit ist zudem $J_0(\mu_n) = 0$ und wir erhalten somit

$$\int_0^1 \xi^3 \cdot J_0(\mu_n\xi)d\xi = \frac{4 - \mu_n^2}{\mu_n^3}J_0'(\mu_n). \qquad (3.5.23)$$

Beispiel. Ein am oberen Ende fixierte und frei hängende Seil der Länge $l = 1\,\text{m}$ wird zur Zeit $t = 0$ in die Form $u(x,0) = 0{,}1x$ und dann sich selber überlassen. Der Grund für den Faktor 0,1 ist darin zu finden, dass damit der Auslenkwinkel klein bleibt. Ermitteln Sie die zugehörige Lösung.

Lösung. Die Gesamtlösung ist mit (3.5.12) gegeben. Da das Seil anfangs vollständig ruht, ist $\dot{u}(x,0) = 0$ für alle x. Damit ist $b_n = 0$ für alle n. Die Koeffizienten a_n werden über die Anfangsauslenkung bestimmt. Es gilt $0{,}1x = \sum_{n=1}^{\infty} a_n \cdot J_0(2\omega_n\sqrt{\frac{1-x}{g}})$. Um zu einer normierten Gleichung zu gelangen, schreiben wir zuerst $y = \frac{x}{1} = x$. Mithilfe von $\xi = \sqrt{1-x}$ gilt dann $x = 1 - \xi^2$ und damit $u(\xi,0) = 0{,}1(1-\xi^2)$. Insgesamt erhalten wir

$$0{,}1(1-\xi^2) = \sum_{n=1}^{\infty} a_n \cdot J_0(\mu_n\xi) \qquad (3.5.24)$$

als Bestimmungsgleichung für die Koeffizienten a_n. Dazu multiplizieren wir (3.5.24) mit $\xi \cdot J_0(\mu_m\xi)$ und finden

$$0{,}1(\xi - \xi^3) \cdot J_0(\mu_m\xi) = \sum_{n=1}^{\infty} a_n\xi \cdot J_0(\mu_n\xi) \cdot J_0(\mu_m\xi). \qquad (3.5.25)$$

Integrieren wir beide Seiten von $\xi = 0$ bis $\xi = 1$, so verbleibt von der rechten Summe in (3.5.25) nach (3.5.15) nur das Produkt mit $m = n$. Es ergibt sich

$$0{,}1\int_0^1 (\xi - \xi^3) \cdot J_0(\mu_n\xi)d\xi = a_n \cdot \int_0^1 \xi \cdot J_0^2(\mu_n\xi)d\xi. \qquad (3.5.26)$$

Unter Verwendung von (3.5.18), (3.5.20) und (3.5.23) erhält man aus (3.5.26)

$$0{,}1\left\{-\frac{J_0'(\mu_n)}{\mu_n} + \frac{4 - \mu_n^2}{\mu_n^3}J_0'(\mu_n)\right\} = a_n \cdot \frac{J_0'^2(\mu_n)}{2} \quad \text{und daraus} \quad a_n = \frac{0{,}4(2 - \mu_n^2)}{\mu_n^3 \cdot J_0'(\mu_n)}.$$

Die zugehörige Lösung lautet somit

$$u(x,t) = \sum_{n=1}^{\infty} \frac{0{,}4(2 - \mu_n^2)}{\mu_n^3 \cdot J_0'(\mu_n)} \cdot J_0\left(2\omega_n\sqrt{\frac{1-x}{g}}\right) \cdot \cos(\omega_n t) \quad \text{oder}$$

$$u(x,t) = \sum_{n=1}^{\infty} \frac{0{,}4(2 - \mu_n^2)}{\mu_n^3 \cdot J_0'(\mu_n)} \cdot J_0(\mu_n\sqrt{1-x}) \cdot \cos\left(\frac{\mu_n}{2}\sqrt{g}t\right). \qquad (3.5.27)$$

3.6 Kugelwellen

Wie schon weiter oben gesagt, erfüllt jede zweimal stetig differenzierbare Funktion der Form $u(x,t) = f(x \pm ct)$ die Wellengleichung (3.1.4) $\frac{\partial^2 u}{\partial t^2} = c^2 \cdot \frac{\partial^2 u}{\partial x^2}$. Speziell gilt dies auch für die harmonischen Wellen $u(x,t) = u_0 \cdot \sin(kx - \omega t)$.

Herleitung von (3.6.1)

Wir können das Ergebnis auf Kugelwellen erweitern. Diese entstehen, wenn man eine punktförmige Anregung vornimmt. Zum Beispiel löst ein ins Wasser geworfener Stein freilich keine Kugelwelle, aber auf der Oberfläche eine Kreiswelle aus. Eine zylinderförmige Welle würde übrigens entstehen, wenn man eine ebene Welle durch einen langen, schmalen Spalt schickt.

Für die Kugelwelle sind Polarkoordinaten angebracht:

$$x = r \cdot \sin\varphi \cdot \cos\theta, \quad y = r \cdot \sin\varphi \cdot \sin\theta, \quad z = r \cdot \cos\theta \quad \text{mit} \quad x^2 + y^2 + z^2 = r^2.$$

Die Kugelwelle soll nicht von der Richtung, sondern nur vom Radius abhängen, also $u(\mathbf{r},t) = u(r,t)$.

Zuerst muss der Laplace-Operator $\Delta = \frac{\partial^2}{\partial x^2} + \frac{\partial^2}{\partial y^2} + \frac{\partial^2}{\partial z^2}$ in Kugelkoordinaten umgeschrieben werden. Hinge dieser nebst von r auch noch von φ und θ ab, wäre die Herleitung wesentlich komplizierter (siehe Band 5). In unserem Fall schreiben wir für die x-Koordinate $\frac{\partial u}{\partial x} = \frac{\partial u}{\partial r} \cdot \frac{\partial r}{\partial x}$.

Die 2. Ableitung ist

$$\frac{\partial^2 u}{\partial x^2} = \frac{\partial}{\partial x}\left(\frac{\partial u}{\partial r} \cdot \frac{\partial r}{\partial x}\right) = \frac{\partial}{\partial x}\left(\frac{\partial u}{\partial r}\right) \cdot \frac{\partial r}{\partial x} + \frac{\partial u}{\partial r} \cdot \frac{\partial^2 r}{\partial x^2}$$

$$= \frac{\partial\left(\frac{\partial u}{\partial r}\right)}{\partial r} \cdot \frac{\partial r}{\partial x} \cdot \frac{\partial r}{\partial x} + \frac{\partial u}{\partial r} \cdot \frac{\partial^2 r}{\partial x^2} = \frac{\partial^2 u}{\partial r^2} \cdot \left(\frac{\partial r}{\partial x}\right)^2 + \frac{\partial u}{\partial r} \cdot \frac{\partial^2 r}{\partial x^2}.$$

Weiter ist $\frac{\partial r}{\partial x} = \frac{2x}{2r} = \frac{x}{r}$ und

$$\frac{\partial^2 r}{\partial x^2} = \frac{\partial}{\partial x}\left(\frac{1}{r} \cdot x\right) = \frac{\partial\left(\frac{1}{r}\right)}{\partial x} \cdot x + \frac{1}{r} \cdot \frac{\partial x}{\partial x} = -\frac{1}{r^2} \cdot \frac{\partial r}{\partial x} \cdot x + \frac{1}{r}$$

$$= -\frac{1}{r^2} \cdot \frac{x}{r} \cdot x + \frac{1}{r} = \frac{1}{r} \cdot \left(1 - \frac{x^2}{r^2}\right).$$

Somit erhält man

$$\frac{\partial^2 u}{\partial x^2} = \frac{\partial^2 u}{\partial r^2} \cdot \frac{x^2}{r^2} + \frac{\partial u}{\partial r} \cdot \frac{1}{r} \cdot \left(1 - \frac{x^2}{r^2}\right).$$

Für die Ableitungen nach y und z gilt Analoges. Zusammen ist dann

$$\Delta u = \frac{\partial^2 u}{\partial r^2} \cdot \frac{x^2 + y^2 + z^2}{r^2} + \frac{\partial u}{\partial r} \cdot \frac{1}{r} \cdot \left(3 - \frac{x^2 + y^2 + z^2}{r^2} \right)$$

$$= \frac{\partial^2 u}{\partial r^2} \cdot \frac{r^2}{r^2} + \frac{\partial u}{\partial r} \cdot \frac{1}{r} \cdot \left(3 - \frac{r^2}{r^2} \right) = \frac{\partial^2 u}{\partial r^2} + \frac{2}{r} \cdot \frac{\partial u}{\partial r} = \frac{1}{r} \cdot \frac{\partial^2 (ru)}{\partial r^2}.$$

Die zugehörige Wellengleichung lautet dann $\frac{\partial^2 u}{\partial t^2} = c^2 \cdot \frac{1}{r} \cdot \frac{\partial^2 (ru)}{\partial r^2}$. Multiplikation mit r liefert schließlich

$$\frac{\partial^2 (ru)}{\partial t^2} = c^2 \cdot \frac{\partial^2 (ru)}{\partial r^2}. \tag{3.6.1}$$

Vergleicht man (3.4.1) mit derjenigen der ebenen Welle (3.1.4), so lautet die Lösung schlicht $u(x,t) = \frac{f_1(x+ct)}{r} + \frac{f_2(x-ct)}{r}$ (Überlagerung einer vom Zentrum hin und vom Zentrum weg laufenden Welle). Speziell für eine harmonische Welle ist $u(x,t) = u_0 \cdot \frac{\sin(kx - \omega t)}{r}$.

Der Radius im Nenner beschreibt die Tatsache, dass die Energie der Welle entlang des gesamten Umfangs bzw. der gesamten Oberfläche gleichmäßig aufgeteilt wird. Mit anwachsendem Radius wird die Amplitude zwangsweise kleiner.

3.7 Erzwungene Saitenschwingungen ohne Dämpfung

Es gibt verschiedene Möglichkeiten, eine Saite anzuregen. Einzelkräfte an verschiedenen Stellen der Saite sowie Streckenlasten sind denkbar. Alle Möglichkeiten werden mit der inhomogenen DG (3.2.8), unter Hinzunahme einer eventuellen Dämpfung, erfasst. Erzwungene Schwingungen wollen wir, trotz immer vorhandener Dämpfung, mit (3.2.8) beschreiben. Die Wirkung wurde in Band 2 für eine Punktmasse schon herausgearbeitet: Die Masse bewegt sich phasenverschoben zur Anregungsfrequenz und die Amplitude wird gegenüber der freien Schwingung etwas herabgesetzt.

Idealisierung: Die Dämpfung wird formal nicht erfasst.

Einschränkung: Die Anregung ist periodisch und von der Form $u_*(t) = h \cdot \cos(\varphi t)$. Gesucht ist also die Lösung der homogenen DG

$$\ddot{u} - c^2 \cdot u'' = 0 \tag{3.7.1}$$

mit der Bedingung $u(a,t) = h \cdot \cos(\varphi t)$.

Bemerkung. Dies entspricht nicht der DG $\ddot{u} - c^2 \cdot u'' = h \cdot \cos(\varphi t)$, denn in diesem Fall würde die Saite über ihre gesamte Länge bis auf die Höhe h ausgelenkt.

Herleitung von (3.7.2)–(3.7.6)

Die allgemeine Lösung des Problems setzt sich aus einer partikulären Lösung der inhomogenen Gleichung und der allgemeinen Lösung der homogenen Gleichung zusammen. Die homogene Lösung beeinflusst nur den Einschwingzustand. Sie klingt aufgrund der immer vorhandenen Dämpfung mit der Zeit ab. Man hat also $u(x,t) = u_p(x,t) + u_h(x,t)$, wobei $\lim_{t\to\infty} u_h(x,t) = 0$ ist und $u_h(x,t)$ die Form (3.3.5) besitzt. Damit können wir die Lösung von (3.7.1) als $u(x,t) = v(x) \cdot \cos(\varphi t)$ ansetzen.

Wir untersuchen nun zwei Fälle genauer.

1. Fall. Man hält einen Punkt der Saite an der Stelle $x = a$ fest und bewegt die Saite mit einer Frequenz φ und der Amplitude h auf und ab.

Fügen wir den Ansatz in (3.7.1) ein, so ergibt sich

$$-\varphi^2 v(x) \cdot \cos(\varphi t) = c^2 \cdot v''(x) \cdot \cos(\varphi t) \quad \text{oder}$$

$$v''(x) + \frac{\varphi^2}{c^2} \cdot v(x) = 0 \quad \text{mit} \quad c = \sqrt{\frac{\sigma}{\rho}}.$$

Gesamthaft erhält die Form der Lösung von (3.7.1) die Gestalt

$$u(x,t) = \left[C_1 \cdot \sin\left(\frac{\varphi}{c}x\right) + C_2 \cdot \cos\left(\frac{\varphi}{c}x\right) \right] \cos(\varphi t). \tag{3.7.2}$$

An dieser Stelle muss man zwei Äste der Schwingungskurve unterscheiden:

$$v_1(x) = C_1 \cdot \sin\left(\frac{\varphi}{c}x\right) + C_2 \cdot \cos\left(\frac{\varphi}{c}x\right) \quad \text{für } 0 \le x \le a \quad \text{und}$$

$$v_2(x) = D_1 \cdot \sin\left(\frac{\varphi}{c}x\right) + D_2 \cdot \cos\left(\frac{\varphi}{c}x\right) \quad \text{für } a \le x \le l - a. \tag{3.7.3}$$

Für beide Funktionen hat man je eine RB und eine gemeinsame Übergangsbedingung:

I. $u_1(0,t) = 0$, II. $u_1(a,t) = h\cos(\varphi t)$, III. $u_2(a,t) = h\cos(\varphi t)$ und IV. $u_2(l,t) = 0$. Mit I. und II. folgen $C_2 = 0$, $C_1 = \frac{h}{\sin(\frac{\varphi}{c}a)}$ und

$$v_1(x) = h \cdot \frac{\sin(\frac{\varphi}{c}x)}{\sin(\frac{\varphi}{c}a)}.$$

Die Bedingungen III. und IV. liefern

$$h = D_1 \cdot \sin\left(\frac{\varphi}{c}a\right) + D_2 \cdot \cos\left(\frac{\varphi}{c}a\right) \quad \text{und}$$

$$0 = D_1 \cdot \sin\left(\frac{\varphi}{c}l\right) + D_2 \cdot \cos\left(\frac{\varphi}{c}l\right),$$

woraus

$$D_1 = h \cdot \frac{\cos(\frac{\varphi}{c}l)}{\sin[\frac{\varphi}{c}(a-l)]} \quad \text{und} \quad D_2 = -h \cdot \frac{\sin(\frac{\varphi}{c}l)}{\sin[\frac{\varphi}{c}(a-l)]}$$

entsteht. Weiter ist

$$v_2(x) = \frac{h}{\sin[\frac{\varphi}{c}(a-l)]} \cdot \left[\cos\left(\frac{\varphi}{c}l\right)\sin\left(\frac{\varphi}{c}x\right) - \sin\left(\frac{\varphi}{c}l\right)\cos\left(\frac{\varphi}{c}x\right) \right]$$

$$= h \cdot \frac{\sin[\frac{\varphi}{c}(x-l)]}{\sin[\frac{\varphi}{c}(a-l)]} = h \cdot \frac{\sin[\frac{\varphi}{c}(l-x)]}{\sin[\frac{\varphi}{c}(l-a)]}.$$

Insgesamt erhält man die Lösungen von (3.7.2) zu

$$u_1(x,t) = h \cdot \frac{\sin(\frac{\varphi}{c}x)}{\sin(\frac{\varphi}{c}a)}\cos(\varphi t) \quad \text{für } 0 \le x \le a \quad \text{und}$$

$$u_2(x,t) = h \cdot \frac{\sin[\frac{\varphi}{c}(l-x)]}{\sin[\frac{\varphi}{c}(l-a)]}\cos(\varphi t) \quad \text{für } a \le x \le l. \tag{3.7.4}$$

2. Fall. An der Stelle $x = a$ greift die periodische Kraft F_0 mit der Frequenz φ an. Gesucht ist die Lösung der homogenen DG (3.7.1) mit der Bedingung

$$F(a,t) = F_0 \cdot \cos(\varphi t). \tag{3.7.5}$$

Sowohl der Orts- als auch der Gesamtteil der Lösung besitzen dieselbe Form wie oben, d. h. (3.7.2) und (3.7.3). Die Bedingungen I. und IV. sind mit dem 1. Fall identisch. Einzig die Übergangsbedingungen müssen angepasst werden. Dies bedarf aber einer Vereinfachung.

Idealisierung: Die Auslenkungen $u(x,t)$ sind klein gegenüber der Saitenlänge l.

Damit kann man (vgl. Abb. 3.11 links) $\sin\alpha \approx \frac{du_1}{dx}(a)$, $\sin\beta \approx -\frac{du_2}{dx}(a)$, $N_1 \approx N_2 \approx N \approx N_0$ setzen, was mit $F_0 = F_1 + F_2$ und $F_1 = N_1\sin\alpha$, $F_2 = N_2\sin\beta$ zu II., bzw. III. $F_0 = N[u_1'(a) - u_2'(a)]$ führt. Mit I. und IV. erhält man $C_2 = 0$ und

$$D_2 = -D_1 \cdot \frac{\sin(\frac{\varphi}{c}l)}{\cos(\frac{\varphi}{c}l)},$$

also zusammen

$$v_1(x) = C_1 \cdot \sin\left(\frac{\varphi}{c}x\right) \quad \text{und} \quad v_2(x) = D_1 \cdot \left[\sin\left(\frac{\varphi}{c}x\right) - \frac{\sin(\frac{\varphi}{c}l)}{\cos(\frac{\varphi}{c}l)} \cdot \cos\left(\frac{\varphi}{c}x\right) \right].$$

Mithilfe von

$$v_1'(a) = C_1\frac{\varphi}{c} \cdot \cos\left(\frac{\varphi}{c}a\right) \quad \text{und} \quad v_2'(a) = D_1 \cdot \frac{\varphi}{c}\left[\frac{\sin(\frac{\varphi}{c}l)}{\cos(\frac{\varphi}{c}l)} \cdot \sin\left(\frac{\varphi}{c}a\right) + \cos\left(\frac{\varphi}{c}a\right) \right]$$

führt die Übergangsbedingung (II. = III.) zu

$$C_1 \cdot \sin\left(\frac{\varphi}{c}a\right) = D_1 \cdot \left[\sin\left(\frac{\varphi}{c}a\right) - \frac{\sin(\frac{\varphi}{c}l)}{\cos(\frac{\varphi}{c}l)} \cdot \cos\left(\frac{\varphi}{c}a\right) \right] \quad \text{oder}$$

$$C_1 = D_1 \cdot \left[1 - \frac{\sin(\frac{\varphi}{c}l)}{\cos(\frac{\varphi}{c}l)} \cdot \frac{\cos(\frac{\varphi}{c}a)}{\sin(\frac{\varphi}{c}a)} \right].$$

Weiter ergibt die Verrechnung von III. und IV.

$$F_0 = -D_1 N \frac{\varphi}{c} \left[\frac{\sin(\frac{\varphi}{c}l)}{\cos(\frac{\varphi}{c}l)} \cdot \frac{\cos^2(\frac{\varphi}{c}a)}{\sin(\frac{\varphi}{c}a)} + \frac{\sin(\frac{\varphi}{c}l)}{\cos(\frac{\varphi}{c}l)} \cdot \sin\left(\frac{\varphi}{c}a\right) \right] \quad \text{und}$$

$$D_1 = -\frac{F_0}{N} \cdot \frac{\cos(\frac{\varphi}{c}l)\sin(\frac{\varphi}{c}a)}{\frac{\varphi}{c} \cdot \sin(\frac{\varphi}{c}l)}.$$

Daraus entsteht

$$C_1 = -\frac{F_0}{N} \cdot \frac{1}{\frac{\varphi}{c}} \left[\frac{\cos(\frac{\varphi}{c}l)\sin(\frac{\varphi}{c}a) - \sin(\frac{\varphi}{c}l)\cos(\frac{\varphi}{c}a)}{\sin(\frac{\varphi}{c}l)} \right] = \frac{F}{N} \cdot \frac{1}{\frac{\varphi}{c}} \left[\frac{\sin[\frac{\varphi}{c}(l-a)]}{\sin(\frac{\varphi}{c}l)} \right]$$

und als Lösung von (3.7.1) mit der Bedingung (3.7.5) endlich

$$u_1(x,t) = \frac{F_0}{N} \cdot \frac{\sin[\frac{\varphi}{c}(l-a)]}{\frac{\varphi}{c}\sin(\frac{\varphi}{c}l)} \cdot \sin\left(\frac{\varphi}{c}x\right)\cos(\varphi t) \quad \text{und}$$

$$u_2(x,t) = \frac{F_0}{N} \cdot \frac{\sin[\frac{\varphi}{c}(l-x)]}{\frac{\varphi}{c}\sin(\frac{\varphi}{c}l)} \cdot \sin\left(\frac{\varphi}{c}a\right)\cos(\varphi t). \tag{3.7.6}$$

Beispiel.
a)   Gegen welche Funktion streben die Teillösungen von (3.7.4) für $\varphi \to 0$?
b)   Für welche Frequenzen φ werden die Amplituden der Teillösungen von (3.7.6) maximal?
c)   Gegen welche Funktion streben die Teillösungen von (3.7.6) für $\varphi \to 0$?
d)   Stellen Sie die Graphen der Funktionen (3.7.4) für $l = 1$, $h = 0{,}1$, $a = 0{,}6$, $c = 1$, $\varphi = 5$, $t = 0, \frac{\pi}{4}, \frac{3\pi}{8}, \frac{7\pi}{16}, \frac{\pi}{2}, \frac{9\pi}{16}, \frac{5\pi}{8}, \frac{3\pi}{4}, \pi$ dar und interpretieren Sie deren Verlauf.

Lösung.
a)   Mit der Regel von de L'Hospital erhält man

$$g_1(x) = \lim_{\varphi \to 0} u_1(x,t) = h \cdot \lim_{\varphi \to 0} \frac{\sin(\frac{\varphi}{c}x)}{\sin(\frac{\varphi}{c}a)}$$

$$= h \cdot \lim_{\varphi \to 0} \frac{\frac{\partial}{\partial \varphi}[\sin(\frac{\varphi}{c}x)]}{\frac{\partial}{\partial \varphi}[\sin(\frac{\varphi}{c}a)]} = h \cdot \lim_{\varphi \to 0} \frac{\frac{x}{c}\cos(\frac{\varphi}{c}x)}{\frac{a}{c}\cos(\frac{\varphi}{c}a)} = \frac{h}{a}x,$$

also die statische Auslenkung.
Analog folgt

$$g_2(x) = \lim_{\varphi \to 0} u_2(x,t) = \frac{h}{l-a}(l-x).$$

b) Die Amplituden werden maximal, wenn der Nenner 0 ist, d. h. für $\sin(\frac{\varphi}{c}l) = 0$. Dies bedeutet $\frac{\varphi}{c}l = n\pi$, $n \in \mathbb{N}$, $\varphi_n = \frac{nc\pi}{l}$ oder $f_n = \frac{n}{2l} \cdot \sqrt{\frac{\sigma}{\rho}}$, was den Eigenfrequenzen der beidseits eingespannten Saite entspricht. In diesem Fall erhält man die bekannte Resonanzkatastrophe.

c) Es gilt

$$g_1(x) = \lim_{\varphi \to 0} u_1(x, t) = \frac{F_0}{N} \lim_{\varphi \to 0} \frac{\sin[\frac{\varphi}{c}(l - a)]}{\sin(\frac{\varphi}{c}l)} \cdot \frac{\sin(\frac{\varphi}{c}x)}{\frac{\varphi}{c}} = \frac{F_0}{N} \cdot \frac{l - a}{l} x$$

in Übereinstimmung mit der statischen Auslenkung (vgl. Band 2). Analog folgt

$$g_2(x) = \lim_{\varphi \to 0} u_2(x, t) = \frac{F_0}{N} \cdot \frac{a}{l}(l - x).$$

d) Die Graphen sind in Abb. 3.11 rechts dargestellt. Aufgrund der Massenträgheit schwingen Teilchen links und rechts von der Auslenkstelle teils über den maximalen Wert h hinaus.

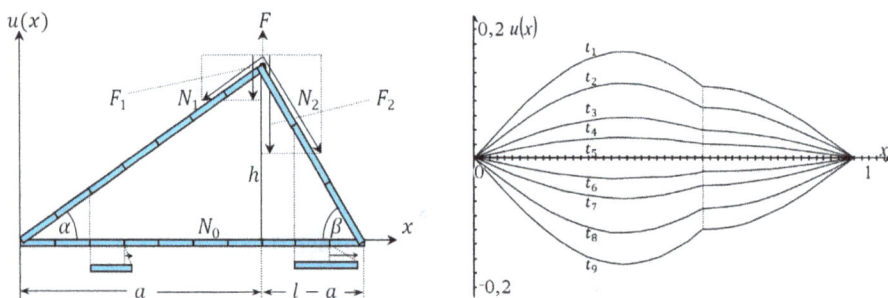

Abb. 3.11: Skizze zur erzwungenen Saitenschwingung und Graphen von (3.7.4).

3.8 Modalanalyse

Im vorigen Kapitel haben wir die Antwort der Saite auf eine ortsfeste Krafteinwirkung behandelt und mit (3.7.6) eine kompakte Lösung hergeleitet. Dabei geht man von der allgemeinen Lösung der homogenen DG aus, teilt diese in zwei Äste auf und verrechnet die durch die vorhandene Kraft erhaltenen zwei Zusatzbedingungen zu einer eindeutigen Lösung. Bei jeder zusätzlich wirkenden Kraft ergeben sich je zwei neue Zusatzbedingungen und eine weitere Aufteilung der Lösungskurve in Form eines Polygons. Nebst Einzelkräften verändern Teillasten die Antwort der Saite ebenfalls. Auf diese Weise können zwar die eben genannten speziellen Fragestellungen angegangen werden, aber damit ist die allgemeine Lösung der inhomogenen DG (3.2.8) noch ausstehend. Wir beachten, dass für die Stabilität von Bauwerken weiterhin die Wirkung periodischer Anregungen von größtem Interesse bleibt, weshalb unser Augenmerk solchen Lasten gilt.

Einschränkung: Die Anregung ist periodisch und von der Form $q_*(x,t) = q(x) \cdot \cos(\varphi t)$. Dabei ist q in $\frac{N}{m}$. Es gilt also, (3.2.8) zu lösen. Wie anhin interessiert uns nur die Lösung $u(x,t)$ nach dem Einschwingzustand.

Bevor wir zur Herleitung schreiten, muss das Konzept der modalen Dämpfung erläutert werden. Das Grundproblem besteht nämlich darin, dass (3.2.8) in der gegebenen Form nicht allgemein lösbar ist. Man behilft sich nun damit, dass die Lösung von (3.2.8) vorerst ohne Dämpfung modal, d. h. für jede Eigenfunktion, ermittelt wird. Erst danach werden die Einzellösungen mit einer entsprechenden modalen Dämpfung versehen, wie bei der erzwungenen gedämpften Schwingung eines EMS.

Definition. Das Konzept der modalen Dämpfung geht von folgenden drei Annahmen aus:

1. Jede Eigenschwingung wird für sich gedämpft.
2. Die Beeinflussung der Eigenschwingungen untereinander aufgrund der Einzeldämpfungen wird vernachlässigt.
3. Die modale Dämpfung wird wie bei einem EMS modelliert.

Herleitung von (3.8.1)–(3.8.11)

Wir versuchen den Ansatz $u(x,t) = v(x) \cdot \cos(\varphi t)$, setzen diesen in (3.2.8) ein und finden

$$\varphi^2 v(x) + c^2 \cdot v''(x) = -\frac{q(x)}{\rho A}. \tag{3.8.1}$$

1. Statisch. Wir betrachten zuerst den statischen Fall ($\varphi = 0$). Dabei geht (3.8.1) in

$$\frac{\sigma}{\rho} \cdot v''(x) = -\frac{q(x)}{\rho A} \quad \text{oder} \quad v''(x) = -\frac{q(x)}{N} \tag{3.8.2}$$

mit der Normalkraft N über. An diesem Punkt setzt die Idee der Modalanalyse an: Sowohl $v(x)$ als auch $q(x)$ zerlegen wir in eine Fourier-Reihe mit den Eigenfunktionen $v_n(x)$ zu

$$v(x) = \sum_{n=1}^{\infty} s_n v_n(x) \quad \text{und} \quad q(x) = \sum_{n=1}^{\infty} q_n v_n(x).$$

Dabei bezeichnen s_n und q_n die statischen Koeffizienten bzw. die Lastkoeffizienten. Eingesetzt in (3.8.2) entsteht

$$\sum_{n=1}^{\infty} s_n v_n''(x) = -\frac{1}{\rho A} \sum_{n=1}^{\infty} q_n v_n(x).$$

Weiter gilt Gleichung (3.3.1) für jede Eigenfunktion v_n, d. h. $c^2 \cdot v_n'' = -\omega_n^2 \cdot v_n$, weswegen man

$$\sum_{n=1}^{\infty} -s_n \omega_n^2 v_n = -\frac{1}{\rho A} \sum_{n=1}^{\infty} q_n v_n$$

erhält. Da die Eigenfunktionen v_n ein Orthogonalsystem bilden, dürfen die Koeffizienten miteinander identifiziert werden und es folgt

$$s_n = \frac{q_n}{\rho A \omega_n^2}. \tag{3.8.3}$$

2. Dynamisch. Die Ortsfunktion $v(x)$ und damit auch die zugehörigen Koeffizienten werden sich gegenüber dem statischen Fall ändern, weshalb wir jetzt $v(x) = \sum_{n=1}^{\infty} d_n v_n(x)$ ansetzen.

Unter Beachtung von (3.3.1) schreibt sich (3.8.2) als

$$\sum_{n=1}^{\infty} d_n \omega_n^2 \cdot v_n - \varphi^2 \sum_{n=1}^{\infty} d_n v_n = \sum_{n=1}^{\infty} \frac{q_n}{\rho A} v_n. \tag{3.8.4}$$

Der Koeffizientenvergleich von (3.8.4) liefert

$$d_n \omega_n^2 - \varphi^2 d_n = \frac{q_n}{\rho A} \quad \text{oder}$$

$$d_n = \frac{q_n}{\rho A (\omega_n^2 - \varphi^2)} = \frac{q_n}{\rho A \omega_n^2} \cdot V(\omega_n) = s_n \cdot V(\omega_n). \tag{3.8.5}$$

Man nennt

$$V(\omega_n) = \frac{1}{|1 - (\frac{\varphi}{\omega_n})^2|} \tag{3.8.6}$$

den Vergrößerungsfaktor (Dieser ist identisch mit dem Vergrößerungsfaktor für eine Punktmasse ohne Dämpfung). Gleichung (3.8.5) besagt, dass man die dynamischen Koeffizienten durch Multiplikation der statischen Koeffizienten mit dem Vergrößerungsfaktor erhält. Zur Bestimmung der Koeffizienten q_n multiplizieren wir die Last mit v_m und integrieren über die Saitenlänge. Das ergibt

$$q(x) v_m = \sum_{n=1}^{\infty} q_n v_n v_m, \quad \int_0^l v_n(x) q(x) dx = q_n \int_0^l v_n^2(x) dx \quad \text{und}$$

$$q_n = \frac{\int_0^l v_n(x) q(x) dx}{\int_0^l v_n^2(x) dx} = \frac{2}{l} \int_0^l v_n(x) q(x) dx. \tag{3.8.7}$$

Dabei muss man beachten, dass sich die Gesamtlast aus einer Streckenlast $q(x)$ und einzelnen Kräften zusammensetzen kann. Im letzten Fall betrachten wir eine Last $p(x)$ der Breite $2s$. Für ein hinreichend kleines Intervall s darf die Last als konstant betrachtet werden: $p(x) = p$. Die zugehörige Kraft ist dann $F_k = 2sp$ und sie wirke an der Stelle x_k. Der zugehörige Beitrag im Zähler von (3.8.7) lautet somit

$$p_k = \int_{x_k-s}^{x_k+s} v_n(x)p(x)dx = p\int_{x_k-s}^{x_k+s} v_n(x)x$$

$$= \frac{F_k}{2s}\int_{x_k-s}^{x_k+s} v_n(x)dx = \frac{F_k}{2s}\cdot[v_n^*(x)]_{x_k-s}^{x_k+s} = F_k\cdot\frac{v_n^*(x_k+s)-v_n^*(x_k-s)}{2s}.$$

Im Grenzfall für $s \to 0$ wird daraus eine Punktkraft und man erhält $p_k = F_k\cdot v_n^{*\prime}(x_k) = v_n(x_k)\cdot F_k$. Insgesamt ergibt sich für die Lastkoeffizienten

$$q_n = \frac{2}{l}\left[\int_0^l v_n(x)q_0(x)dx + \sum_{k=1}^m v_n(x_k)\cdot F_k\right]. \tag{3.8.8}$$

Nun wird noch die fehlende Dämpfung modal eingebaut. Anstelle von (3.8.6) tritt nun der gedämpfte Vergrößerungsfaktor

$$V(\omega_n,\xi_n) = \frac{1}{\sqrt{[1-(\frac{\varphi}{\omega_n})^2]^2 + 4\xi_n^2(\frac{\varphi}{\omega_n})^2}}. \tag{3.8.9}$$

Dabei ist $\xi_n = \frac{\mu}{2m_n^*\omega_n}$ das Lehr'sche Dämpfungsmaß bezogen auf die n-te Eigenfrequenz ω_n und die n-te modale Masse

$$m_n^* = \rho A\int_0^l v_n^2 dx = \rho A\int_0^l \sin^2\left(\frac{n\pi}{l}x\right)dx = \rho A\cdot\frac{l}{2}. \tag{3.8.10}$$

Die Größe ξ_n wird meist für alle n durch einen einzigen Wert abgeschätzt. Gleichung (3.8.5) bleibt weiterhin bestehen. Aufgrund der Dämpfung erfährt jede Eigenschwingung zusätzlich eine Phasenverschiebung $\sigma_n = \arctan(\frac{2\xi_n\omega_n\cdot\varphi}{\varphi^2-\omega_n^2})$. Nun formulieren wir das Ergebnis mithilfe von (3.8.5), (3.8.8) und (3.8.9):

Die Lösung der erzwungenen Schwingung $\ddot{u} + \frac{\mu}{\rho}\dot{u} - \frac{\sigma}{\rho}u'' = \frac{q(x)}{\rho A}\cdot\cos(\varphi t)$ einer Saite besitzt die Form $u(x,t) = \sum_{n=1}^\infty d_n v_n(x)\cos(\varphi t - \sigma_n)$ mit den dynamischen Koeffizienten $d_n = s_n\cdot V(\omega_n,\xi_n)$, den statischen Koeffizienten $s_n = \frac{q_n}{\rho A\omega_n^2}$, den Lastkoeffizienten $q_n = \frac{2}{l}[\int_0^l v_n(x)q(x)dx + \sum_{k=1}^m v_n(x_k)\cdot F_k]$, den Dämpfungsmaßen ξ_n und den Phasenverschiebungen σ_n. $\tag{3.8.11}$

Dabei nennt man s_n, d_n und q_n modale Koeffizienten, weil diese ihren Moden oder Eigenfunktionen zugehörig sind.

Ergebnis. Die Gesamtverschiebung, sowohl statisch als auch dynamisch, wird durch Superposition der einzelnen modalen Verschiebungen zusammengesetzt und die modalen Koeffizienten bestimmen den Anteil der entsprechenden Mode an der Gesamtverschiebung.

Beispiel 1. Gegeben ist die Gleichlast $q(x) = q_0$ ohne zusätzliche Einzelkräfte. Die Dämpfung wird vernachlässigt.

a) Bestimmen Sie mithilfe von (3.8.11) die dynamische Lösung $u(x,t)$.
b) Ermitteln Sie die statische Lösung $g(x)$ für $\varphi \to 0$.
c) Zeigen Sie, dass die Fourier-Reihe von $g(x)$ mit der statischen Auslenkung

$$u(x) = -\frac{q_0 l^2}{2N}\left[\left(\frac{x}{l}\right)^2 - \left(\frac{x}{l}\right)\right]$$

übereinstimmt (vgl. Band 2).

Lösung.
a) Es gilt

$$q_n = q_0 \frac{2}{l}\int_0^l \sin\left(\frac{n\cdot\pi}{l}x\right)dx = \frac{4q_0}{(2n-1)\pi},$$

$$d_n = \frac{q_n}{\rho A(\omega_n^2 - \varphi^2)} = \frac{q_n l^2}{\rho A[c^2\pi^2(2n-1)^2 - (l\varphi)^2]}$$

und damit

$$u(x,t) = \sum_{n=1}^{\infty}\frac{4q_0 l^2}{(2n-1)\pi}\cdot\frac{1}{\rho A[c^2\pi^2(2n-1)^2 - (l\varphi)^2]}\sin\left(\frac{n\cdot\pi}{l}x\right)\cos(\varphi t).$$

b) Man erhält $d_n = s_n$ und

$$g(x) = \frac{4q_0 l^2}{c^2\rho A}\sum_{n=1}^{\infty}\frac{1}{(2n-1)^3\pi^3}\sin\left(\frac{n\cdot\pi}{l}x\right)$$

$$= \frac{4q_0 l^2}{N}\sum_{n=1}^{\infty}\frac{1}{(2n-1)^3\pi^3}\sin\left(\frac{n\cdot\pi}{l}x\right).$$

Zudem gilt wie immer

$$u(x,t) = g(x)\cdot\cos(\omega_n t).$$

c) Man setzt in

$$u(x) = -\frac{q_0 l^2}{2N}\left[\left(\frac{x}{l}\right)^2 - \left(\frac{x}{l}\right)\right]$$

die Funktion in der eckigen Klammer als Fourier-Reihe an:

$$\left(\frac{x}{l}\right)^2 - \left(\frac{x}{l}\right) = \sum_{n=1}^{\infty} a_n \sin\left(\frac{n \cdot \pi}{l}\right).$$

Man erhält

$$a_n^* = \frac{2}{l}\int_0^l \left[\left(\frac{x}{l}\right)^2 - \left(\frac{x}{l}\right)\right] \cdot \sin\left(\frac{n \cdot \pi}{l}x\right)dx = \frac{-8}{(2n-1)^3\pi^3},$$

was mit $-\frac{q_0 l^2}{2N}$ multipliziert, die verlangten Koeffizienten

$$a_n = \frac{4q_0 l^2}{N} \cdot \frac{1}{(2n-1)^3\pi^3}$$

ergibt.

Die folgende Übersicht fasst das Wichtigste (ohne Dämpfung) zusammen:

Statische und dynamische Auslenkung einer ungedämpft schwingenden Saite bei Gleichlast $q(x) = q_0$

Auslenkung	Als geschlossene Funktion	Als Entwicklung in Eigenfunktionen v_n
Statisch	$g(x) = -\frac{q_0 l^2}{2N}[(\frac{x}{l})^2 - (\frac{x}{l})]$	$g(x) = \sum_{n=1}^{\infty} \frac{q_0 l^2}{N} \cdot \frac{4}{(2n-1)^3\pi^3} \cdot \sin[\frac{(2n-1)\cdot\pi}{l}x]$
Dynamisch	$u(x,t) = \frac{4q_0 l^2}{\rho A}\sum_{n=1}^{\infty}\frac{1}{(2n-1)\pi} \cdot \frac{1}{c^2\pi^2(2n-1)^2 - (l\varphi)^2} \cdot \sin[\frac{(2n-1)\cdot\pi}{l}x]\cos(\varphi t)$	

Beispiel 2. Auf die ungedämpft schwingende Saite wirken zwei Einzelkräfte: $F_1 = F_0$ an der Stelle $x_1 = \frac{l}{4}$ und $F_2 = 2F_0$ an der Stelle $x_2 = \frac{3l}{4}$, aber keine zusätzliche Streckenlast.
a) Bestimmen Sie mithilfe von (3.8.11) die dynamische Lösung $u(x,t)$.
b) Ermitteln Sie die statische Lösung $g(x)$ für $\varphi \to 0$.

Lösung.
a) Es gilt

$$q_n = \frac{2F_0}{l}\left[\sin\left(\frac{n\pi}{4}\right) + 2\sin\left(\frac{3n\pi}{4}\right)\right], \quad d_n = \frac{q_n}{\rho A(\omega_n^2 - \varphi^2)} = \frac{q_n l^2}{\rho A[(cn\pi)^2 - (l\varphi)^2]}$$

und damit

$$u(x,t) = \frac{2F_0 l}{\rho A}\sum_{n=1}^{\infty}\frac{[\sin(\frac{n\pi}{4}) + 2\sin(\frac{3n\pi}{4})]}{(cn\pi)^2 - (l\varphi)^2}\sin\left(\frac{n \cdot \pi}{l}x\right)\cos(\varphi t).$$

b) Man erhält

$$g(x) = \frac{2F_0 l^3}{N} \sum_{n=1}^{\infty} \frac{[\sin(\frac{n\pi}{4}) + 2\sin(\frac{3n\pi}{4})]}{n^2 \pi^2} \sin\left(\frac{n \cdot \pi}{l} x\right).$$

Dies entspricht, wie in Band 2 erklärt, einem Polygon, bestehend aus drei abschnittsweise definierten linearen Funktionen, was zu zeigen wäre, aber sehr aufwendig ist.

Beispiel 3. Auf die Saite wirkt eine Einzelkraft F_0 an der Stelle $x_1 = a$, aber keine zusätzliche Streckenlast.
a) Bestimmen Sie mithilfe von (3.8.11) die dynamische Lösung $u(x, t)$.
b) Ermitteln Sie die statische Lösung $g(x)$ für $\varphi \to 0$.
c) Zeigen Sie, dass die Fourier-Reihe von $g(x)$ bis auf das Vorzeichen mit der statischen Auslenkung (3.7.6) übereinstimmt.

Lösung.
a) Es gilt

$$q_n = \frac{2F_0}{l}\left[\sin\left(\frac{an\pi}{l}\right)\right], \quad d_n = \frac{q_n}{\rho A(\omega_n^2 - \varphi^2)} = \frac{q_n l^2}{\rho A[(cn\pi)^2 - (l\varphi)^2]}$$

und damit

$$u(x, t) = \frac{2F_0 l}{\rho A} \sum_{n=1}^{\infty} \frac{\sin(\frac{an\pi}{l})}{(cn\pi)^2 - (l\varphi)^2} \sin\left(\frac{n \cdot \pi}{l} x\right)\cos(\varphi t). \qquad (3.8.12)$$

b) Man erhält $d_n = s_n$ und

$$g(x) = \frac{2F_0 l}{c^2 \rho A} \sum_{n=1}^{\infty} \frac{\sin(\frac{an\pi}{l})}{n^2 \pi^2} \sin\left(\frac{n \cdot \pi}{l} x\right)$$

$$= \frac{2F_0 l}{N} \sum_{n=1}^{\infty} \frac{\sin(\frac{an\pi}{l})}{n^2 \pi^2} \sin\left(\frac{n \cdot \pi}{l} x\right).$$

c) Zuerst entwickelt man

$$v_1(x) = \sum_{n=1}^{\infty} b_{n1} \sin\left(\frac{n \cdot \pi}{l} x\right), \quad v_2(x) = \sum_{n=1}^{\infty} b_{n2} \sin\left(\frac{n \cdot \pi}{l} x\right)$$

und bestimmt

$$b_{n1} = \frac{F_0}{N} \cdot \frac{\sin[\frac{\varphi}{c}(l - a)]}{\frac{\varphi}{c}\sin(\frac{\varphi}{c}l)} \frac{2}{l} \int_0^a \sin\left(\frac{\varphi}{c}x\right)\sin\left(\frac{n\pi}{l}x\right)dx$$

$$= \frac{F_0 c}{N} \cdot \frac{-\sin[\frac{\varphi}{c}(a - l)]}{\frac{\varphi}{c}\sin(\frac{\varphi}{c}l)}\left[\frac{\sin(\frac{\varphi}{c}a - \frac{an\pi}{l})}{cn\pi - \varphi l} + \frac{\sin(\frac{\varphi}{c}a + \frac{an\pi}{l})}{cn\pi + \varphi l}\right]$$

$$= \frac{2F_0 c^2}{N\varphi} \cdot \frac{-\sin[\frac{\varphi}{c}(a-l)]}{\sin(\frac{\varphi}{c}l)} \left[\frac{cn\pi \sin(\frac{\varphi}{c}a)\cos(\frac{an\pi}{l}) - \varphi l \cos(\frac{\varphi}{c}a)\sin(\frac{an\pi}{l})}{(cn\pi)^2 - (\varphi l)^2} \right]$$

und

$$b_{n2} = \frac{F_0}{N} \cdot \frac{\sin(\frac{\varphi}{c}a)}{\frac{\varphi}{c}\sin(\frac{\varphi}{c}l)} \cdot \frac{2}{l} \int_a^l \sin\left[\frac{\varphi}{c}(l-x)\right] \sin\left(\frac{n\pi}{l}x\right) dx$$

$$= \frac{F_0 c}{N} \cdot \frac{\sin(\frac{\varphi}{c}a)}{\frac{\varphi}{c}\sin(\frac{\varphi}{c}l)} \cdot \left[\frac{\sin[\frac{\varphi}{c}(a-l)-\frac{an\pi}{l}]}{cn\pi - \varphi l} + \frac{\sin[\frac{\varphi}{c}(a-l)+\frac{an\pi}{l}]}{cn\pi + \varphi l} \right]$$

$$= \frac{2F_0 c^2}{N\varphi} \cdot \frac{\sin(\frac{\varphi}{c}a)}{\sin(\frac{\varphi}{c}l)} \cdot \left[\frac{cn\pi \sin[\frac{\varphi}{c}(a-l)]\cos(\frac{an\pi}{l}) - \varphi l \cos[\frac{\varphi}{c}(a-l)]\sin(\frac{an\pi}{l})}{(cn\pi)^2 - (\varphi l)^2} \right].$$

Die Addition der Koeffizienten ergibt

$$b_n = b_{n1} + b_{n2}$$

$$= \frac{2F_0 c^2}{N\varphi} \cdot \frac{1}{\sin(\frac{\varphi}{c}l)}$$

$$\times \left[\frac{-cn\pi \sin(\frac{\varphi}{c}a)\sin[\frac{\varphi}{c}(a-l)]\cos(\frac{an\pi}{l}) + \varphi l \cos(\frac{\varphi}{c}a)\sin[\frac{\varphi}{c}(a-l)]\sin(\frac{an\pi}{l})}{(cn\pi)^2 - (\varphi l)^2} \right]$$

$$+ \frac{2F_0 c^2}{N\varphi} \cdot \frac{1}{\sin(\frac{\varphi}{c}l)}$$

$$\times \left[\frac{cn\pi \sin(\frac{\varphi}{c}a)\sin[\frac{\varphi}{c}(a-l)]\cos(\frac{an\pi}{l}) - \varphi l \sin(\frac{\varphi}{c}a)\cos[\frac{\varphi}{c}(a-l)]\sin(\frac{an\pi}{l})}{(cn\pi)^2 - (\varphi l)^2} \right]$$

$$= \frac{2F_0 c^2}{N\varphi} \cdot \frac{\varphi l \sin(\frac{an\pi}{l})}{\sin(\frac{\varphi}{c}l)} \left[\frac{\cos(\frac{\varphi}{c}a)\sin[\frac{\varphi}{c}(a-l)] - \sin(\frac{\varphi}{c}a)\cos[\frac{\varphi}{c}(a-l)]}{(cn\pi)^2 - (\varphi l)^2} \right]$$

$$= \frac{2F_0 c^2 l}{N} \cdot \frac{\sin(\frac{an\pi}{l})}{\sin(\frac{\varphi}{c}l)} \left[\frac{-\sin(\frac{\varphi}{c}l)}{(cn\pi)^2 - (\varphi l)^2} \right] = -\frac{2F_0 c^2 l}{N} \cdot \left[\frac{\sin(\frac{an\pi}{l})}{(cn\pi)^2 - (\varphi l)^2} \right]$$

$$= -\frac{2F_0 l}{\rho A} \cdot \frac{\sin(\frac{an\pi}{l})}{(cn\pi)^2 - (\varphi l)^2}.$$

Insgesamt folgt

$$u(x,t) = u_1(x,t) + u_2(x,t) = -\frac{2F_0 l}{\rho A} \sum_{n=1}^{\infty} \frac{\sin(\frac{an\pi}{l})}{(cn\pi)^2 - (l\varphi)^2} \sin\left(\frac{n\cdot\pi}{l}x\right)\cos(\varphi t).$$

Dies stimmt mit (3.8.12) bis auf das Vorzeichen überein. Das unterschiedliche Vorzeichen rührt daher, dass die Saite bei (3.4.6) nach oben ausgelenkt wurde. Der folgenden Übersicht entnimmt man das Wichtigste für diesen Fall.

Statische und dynamische Auslenkung einer ungedämpft schwingenden Saite bei einer Einzelkraft F_0 an der Stelle $x = a$

Auslenkung	Als geschlossene Funktion	Als Entwicklung in Eigenfunktionen v_n	Koeffizienten
Statisch	$g_1(x) = -\frac{F_0}{N} \cdot \frac{l-a}{l} x$, $g_2(x) = -\frac{F_0}{N} \cdot \frac{a}{l}(l-x)$	$\sum_{n=1}^{\infty} s_n v_n(x)$	$s_n = -\frac{2F_0 l}{N} \cdot \frac{\sin(\frac{an\pi}{l})}{n^2 \pi^2}$
Dynamisch	$u_1(x,t) = -\frac{F_0}{N} \cdot \frac{\sin[\frac{\varphi}{c}(l-a)]}{\frac{\varphi}{c}\sin(\frac{\varphi}{c}l)} \cdot \sin(\frac{\varphi}{c}x)\cos(\varphi t)$	$\sum_{n=1}^{\infty} d_n v_n(x)\cos(\varphi t)$	$d_n = s_n \cdot V(\omega_n)$
	$u_2(x,t) = -\frac{F_0}{N} \cdot \frac{\sin[\frac{\varphi}{c}(l-x)]}{\frac{\varphi}{c}\sin(\frac{\varphi}{c}l)} \cdot \sin(\frac{\varphi}{c}a)\cos(\varphi t)$		

3.9 Schwache Lösungen

Das Konzept schwacher Lösungen bildet die Basis bei der numerischen Behandlung von PDGen mithilfe der Methode der finiten Elemente. Obwohl wir in dieser Bandreihe ausschließlich auf der Suche nach starken Lösungen einer DG sind, soll die schwache Lösungstheorie hier trotzdem Platz finden, damit wir uns den Unterschied vor Augen führen. Betrachtet man die bisherigen Lösungen freier und auch erzwungener Saitenschwingungen, so erkennt man, dass sich die Lösungen u unendlich oft stetig differenzieren lassen, also $u \in C^\infty$ ist (glatte Funktionen). Dies wird aber gar nicht gefordert. Es würde genügen, wenn die Lösung mindestens sovielmal stetig differenzierbar ist, wie die DG es verlangt, in unserem Fall also zweimal: $u \in C^2$.

Definition 1. Die Lösung einer DG nennen wir klassisch oder stark, wenn sie mindestens so oft stetig differenzierbar ist wie der Grad der DG und die Rand- sowie Anfangsbedingungen erfüllt.

Herleitung von (3.9.1) und (3.9.2)

Die stets verwendete Methode der Separation von Bernoulli ist eine mögliche Art, um Lösungen einer PDG zu finden. Das Verfahren liefert nicht nur Lösungen, sondern sie stellen sich sogar als unendlich oft stetig differenzierbar heraus. Für die beidseits eingespannte Saite erhält man mit dieser Methode auch sämtliche Lösungen, nicht aber bei der Wärmeleitungsgleichung (siehe Band 4). Da sich weiter nicht jede PDG separieren lässt, bedarf es zusätzlicher Lösungsmethoden. Hält man dabei an der Forderung der stetigen Differenzierbarkeit gemäß dem Grad der DG wie bei der starken Lösung fest, so stellt dies ein großes Hindernis dar, denn die neu gefundene Lösung dürfte insbesondere keine Knicke oder Sprünge aufweisen. In der Praxis hat man es aber mit eckigen oder kantigen Objekten, Innenräumen, Begrenzungen usw. zu tun, sodass man, sagen wir zur Beschreibung von Wärmeströmen, gewisse Abstriche machen muss. Will man beispielsweise auf die stetige Differenzierbarkeit der Lösung u verzichten, dann darf die Differentiation von u zwangsweise auch nicht mehr in der Bestimmungsgleichung

auftauchen. Diese Gleichung werden wir weiter unten als „schwache Formulierung"
kennzeichnen.

Betrachten wir nun zwei Funktionen $u, v : [a, b] \rightarrow \mathbb{R}$, beide auf einem Intervall
$[a, b]$ stetig differenzierbar. Die partielle Integration lautet dann

$$\int_a^b u'(x)v(x)dx = [u(x)v(x)]_a^b - \int_a^b u(x)v'(x)dx. \tag{3.9.1}$$

Wenn man nun fordert, dass die Funktion $v(x)$ an den Rändern verschwindet, also
$v(a) = v(b) = 0$ gilt, dann reduziert sich (3.9.1) zu

$$\int_a^b u'(x)v(x)dx = -\int_a^b u(x)v'(x)x. \tag{3.9.2}$$

Die Darstellung (3.9.2) bietet nun die Möglichkeit, die Ableitung für Funktionen $u(x)$
zu definieren, bei denen aufgrund von Knicken oder Sprüngen keine klassische Definition der Ableitung möglich ist. Wir kommen in Kürze darauf zurück. Zuerst lösen wir
ein Beispiel.

Beispiel 1. Gegeben ist die DG

$$-u''(x) = f(x) \quad \text{für } x \in [0,1] \quad \text{mit} \quad u(0) = u(1) = 0. \tag{3.9.3}$$

An f sei vorerst keine Bedingung geknüpft. In der Darstellung (3.9.1) muss $u \in C^2$.
Nun wählen wir eine sogenannte Testfunktion $\varphi(x)$, welche dieselben Randbedingun-
gen wie u erfüllt, also $\varphi(0) = \varphi(1) = 0$. Multiplikation von (3.9.1) mit $\varphi(x)$ und Integration
über das Intervall ergibt

$$\int_0^1 -u''(x)\varphi(x)dx = \int_0^1 f(x)\varphi(x)dx. \tag{3.9.4}$$

Die linke Seite von (3.9.4) verrechnen wir zu

$$\int_0^1 -u''(x)\varphi(x)dx = -[u'(x)\varphi(x)]_0^1 + \int_0^1 u'(x)\varphi'(x)dx = \int_0^1 u'(x)\varphi'(x)dx.$$

Eine weitere Integration liefert

$$\int_0^1 u'(x)\varphi'(x)dx = [u(x)\varphi'(x)]_0^1 - \int_0^1 u(x)\varphi''(x)dx = -\int_0^1 u(x)\varphi''(x)dx.$$

Insgesamt folgt

$$\int_0^1 -u''(x)\varphi(x)dx = \int_0^1 u'(x)\varphi'(x)dx = -\int_0^1 u(x)\varphi''(x)dx. \tag{3.9.5}$$

Man erkennt, dass mit jeder Integration eine Differentiation von u auf die Testfunktion φ hinübergeschoben wurde. Nach zwei Integrationen ist u sogar ableitungsfrei. Die DG (3.9.3) ist nun in die Integralgleichung

$$-\int_0^1 u(x)\varphi''(x)dx = \int_0^1 f(x)\varphi(x)dx \tag{3.9.6}$$

übergegangen.

Die Lösungen $u(x)$ von (3.9.6) müssen aber lediglich stetig sein, im Gegensatz zur zweifachen Differenzierbarkeit der Lösung von (3.9.3).

Man nennt die DG (3.9.6) die „schwache Formulierung" der DG (3.9.3).

Den Begriff kann man zwar allgemein definieren, aber es scheint sinnvoller zu sein, dies an einigen Beispielen zu veranschaulichen.

Damit nun die folgende „schwache Ableitung" eine Erweiterung des klassischen Definitionsbegriffs darstellt, legen wir für die Testfunktionen fest, dass diese unendlich oft stetig differenzierbar sein sollen, wie die klassische Lösung. Die folgenden Definitionen formulieren wir an dieser Stelle nur für den eindimensionalen Fall.

Definition 2. Es sei $I \subseteq \mathbb{R}$ ein offenes Intervall. Dann bezeichnen wir den Raum der Testfunktionen mit $C_c^\infty(I) := \{\varphi \in C^\infty(I) \mid \text{supp}(\varphi) \text{ ist eine kompakte Teilmenge von } I\}$.

Dabei ist $\text{supp}(\varphi) := \{x \in I \mid \varphi(x) \neq 0\}$ und heißt „kompakter Träger von φ".

Der kompakte Träger (abgeschlossen und beschränkt) beinhaltet also alle Werte der x-Achse, für die φ nicht verschwindet. Ein Beispiel hierfür wäre

$$\varphi(x) = \begin{cases} \cos^2(x) \text{ für } x \in (-\frac{\pi}{2}, \frac{\pi}{2}) \\ \text{sonst} \end{cases}.$$

In diesem Zusammenhang wird der Lebesgue-Raum L^p definiert, der als Raum der p-fach integrierbaren Funktionen aufgefasst wird.

Definition 3. Es sei $I \subseteq \mathbb{R}$ ein offenes Intervall und $1 \leq p < \infty$. Dann ist

$$L^p(I) := \left\{ f : I \to \mathbb{R} \mid \int_I |f(x)|^p dx < \infty \right\}.$$

In den LP-Raum gehören somit nur diejenigen Funktionen, für die das obenstehende Integral endlich bleibt. Für jeden Raum braucht es eine Norm.

Definition 4. Die LP-Norm ist $\|f\|_p := (\int_I |f(x)|^p dx)^{\frac{1}{p}}$.

Man kann zeigen, dass der Raum L^p mithilfe der LP-Norm zu einem vollständigen Raum, also einem Banach-Raum wird. Weiter gilt, dass die Menge $C_c^\infty(I)$ dicht in $L^p(I)$ ist. Kurz gesagt, lässt sich dann jede p-fach integrierbare Funktion durch Testfunktionen darstellen.

Nun wollen wir angeben, was wir unter einer schwachen Ableitung einer Funktion verstehen wollen. Gleichung (3.9.2) motiviert folgende Abmachung:

Definition 5. Ist $u(x) \in L^p(I)$, dann heisst $w(x) \in L^p(I)$ schwache Ableitung von $u(x)$, wenn für alle Testfunktionen $\varphi \in C^\infty(I)$ gilt: $\int_I w(x)\varphi(x)dx = -\int_I u(x)\varphi'(x)dx$.

Beispiel 2. Gegeben ist $-u''(x) = f(x)$ für $x \in (-1,1)$ mit $u(-1) = u(1) = 0$ und

$$f(x) = \begin{cases} 2 & \text{für } x < 0, \\ -2 & \text{für } x \geq 0. \end{cases}$$

Man kann dies als Modell einer Wärmeleitung in einem eindimensionalen Stab der Länge 2 betrachten, wobei das linke Ende bis zum Zentrum hin geheizt und das rechte Ende bis hin zum Zentrum gekühlt wird. Die Stabenden werden auf der konstanten Temperatur null gehalten.
a) Gesucht ist die Temperaturfunktion $u(x)$.
b) Zeigen Sie, dass die Lösung $u(x)$ aus a) Lösung einer schwachen Formulierung ist. Nehmen Sie dabei eine Testfunktion $\varphi(x)$, die wie $u(x)$ an den Rändern verschwindet: $\varphi(-1) = \varphi(1) = 0$.

Lösung.
a) Da f unstetig ist, existiert keine klassische Lösung.
    Die erste Integration ergibt

$$u'(x) = \begin{cases} -2x - 1 & \text{für } x < 0, \\ 2x - 1 & \text{für } x \geq 0 \end{cases}$$

(Abb. 3.12 links), also eine stetige Funktion. Eine abermalige Integration liefert

$$u(x) = \begin{cases} -x^2 - x & \text{für } x < 0, \\ x^2 - x & \text{für } x \geq 0 \end{cases}$$

(Abb. 3.12 mitte) und somit eine stetig differenzierbare Funktion.
b) Zuerst zeigen wir, dass $-\int_{-1}^{1} u''(x)\varphi(x)dx = \int_{-1}^{1} u'(x)\varphi'(x)dx$ gilt:

$$\int_{-1}^{1} u''(x)\varphi(x)dx = \int_{-1}^{0} u''(x)\varphi(x)dx + \int_{0}^{1} u''(x)\varphi(x)dx$$

$$= [u'(x)\varphi(x)]_{-1}^{-0} - \int_{-1}^{0} u''(x)\varphi'(x)dx + [u'(x)\varphi(x)]_{+0}^{1} - \int_{0}^{1} u''(x)\varphi'(x)dx$$

$$= u'(-0)\varphi(-0) - u'(+0)\varphi(+0) - \int_{-1}^{1} u''(x)\varphi'(x)dx.$$

Aufgrund der Stetigkeit sowohl von $u'(x)$ als auch von $\varphi(x)$ heben sich die Randterme auf und es verbleibt $-\int_{-1}^{1} u''(x)\varphi(x)dx = \int_{-1}^{1} u'(x)\varphi'(x)dx$.

In einem zweiten Schritt genügt es, im Gegensatz zu Beispiel 1, da die Ableitung $u'(x)$ schon stetig ist, die partielle Integration nur einmal durchzuführen. Es gilt also, zu zeigen, dass $u \in L^1(-1,1)$, sodass für alle $\varphi \in C_c^\infty(-1,1)$ die Gleichung

$$\int_{-1}^{1} u'(x)\varphi'(x)dx = \int_{-1}^{1} f(x)\varphi(x)dx \tag{3.9.7}$$

erfüllt ist. Wir berechnen dazu

$$\int_{-1}^{1} u'(x)\varphi'(x)dx = \int_{-1}^{0} u'(x)\varphi'(x)dx + \int_{0}^{1} u'(x)\varphi'(x)dx$$

$$= [u'(x)\varphi(x)]_{-1}^{-0} - \int_{-1}^{0} w'(x)\varphi(x)dx$$

$$+ [u'(x)\varphi(x)]_{+0}^{1} - \int_{0}^{1} w'(x)\varphi(x)dx. \tag{3.9.8}$$

Dabei bezeichnet w' $(= u'')$ die schwache Ableitung von u'.

Ausgeschrieben lautet (3.9.8)

$$\int_{-1}^{1} u'(x)\varphi'(x)dx = u'(-0)\varphi(-0) - u'(-1)\varphi(-1) - \int_{-1}^{0} w'(x)\varphi(x)dx$$

$$+ u'(1)\varphi(1) - u'(+0)\varphi(+0) - \int_{0}^{1} w'(x)\varphi(x)dx. \tag{3.9.9}$$

Nun ist erstens $\varphi(-1) = \varphi(1) = 0$ und zweitens $u'(x)$ stetig, weshalb $u'(-0) = u'(+0)$ gilt.

Somit reduziert sich (3.9.9) zu

$$\int_{-1}^{1} u'(x)\varphi'(x)dx = \int_{-1}^{0} 2\varphi(x)dx - \int_{0}^{1} 2\varphi(x)dx = \int_{-1}^{1} f(x)\varphi(x)dx.$$

Damit ist $u \in L^1(-1,1)$ und $u(x)$ Lösung der schwachen Formulierung (3.9.7) und somit schwache Lösung dieser Gleichung.

Beispiel 3. Finden Sie eine Testfunktion $\varphi(x,y)$ für das Gebiet $G = [-2,6] \times [-4,2]$, die:
a) aus lauter trigonometrischen Funktionen besteht,
b) aus lauter Potenzfunktionen besteht,
c) aus lauter Exponentialfunktionen

besteht.

Lösung.
a) Beispielsweise ist $\varphi(x,y) = \cos^2[\frac{\pi}{8}(x-2)] \cdot \cos^2[\frac{\pi}{6}(y+1)]$ und $\varphi \equiv 0$ für $(x,y) \in \mathbb{R}^2 \setminus G$.
b) Es gilt zum Beispiel $\varphi(x,y) = (x+2)^2 \cdot (x-6)^2 \cdot (y+4)^2 \cdot (y-2)^2$ und $\varphi \equiv 0$ für $(x,y) \in \mathbb{R}^2 \setminus G$.
c) Man erhält beispielsweise $\varphi(x,y) = e^{-\frac{1}{16-(x-2)^2}} \cdot e^{-\frac{1}{9-(y+1)^2}}$ und $\varphi \equiv 0$ für $(x,y) \in \mathbb{R}^2 \setminus G$.

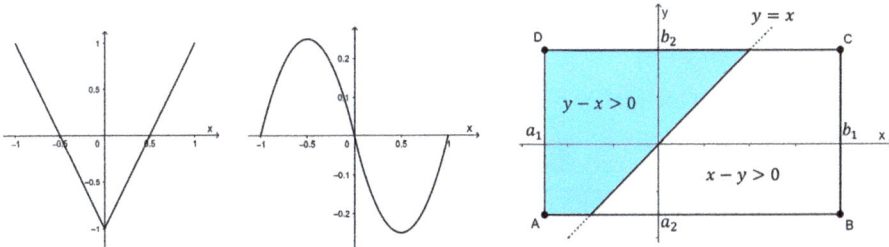

Abb. 3.12: Graphen und Skizze zu den Beispielen 2 und 4.

Beispiel 4. Gegeben ist die DG

$$\frac{\partial u}{\partial x} + \frac{\partial u}{\partial y} = 0 \quad \text{mit} \quad u(x,y). \tag{3.9.10}$$

a) Multiplizieren Sie die DG (3.9.10) mit einer Testfunktion und bestimmen Sie die schwache Formulierung von (3.9.10).
b) Zeigen Sie, dass $u(x,y) = |x-y|$ (schwache) Lösung der schwachen Formulierung aus a) ist.

Lösung.
a) In der Darstellung (3.9.10) ist u einmal stetig differenzierbar, sowohl nach der Zeit als auch nach dem Ort. Einige Lösungen wären beispielsweise $u_1(x,y) = \sin(x-y)$ oder $u_2(x,y) = e^{x-y}$, die auf $\mathbb{R}^2$ definiert ist. Für Testfunktionen φ benötigen wir aber einen kompakten Träger, sodass wir ein endliches Rechteck $G = [a_1, b_1] \times [a_2, b_2]$ als Definitionsbereich für $\varphi(x,y)$ vorgeben müssen. Aus (3.9.10) wird dann

$$\int\limits_{a_2}^{b_2}\int\limits_{a_1}^{b_1} \frac{\partial u}{\partial x}(x,y)\varphi(x,y)dxdy + \int\limits_{a_1}^{b_1}\int\limits_{a_2}^{b_2} \frac{\partial u}{\partial y}(x,y)\varphi(x,y)dydx = 0. \qquad (3.9.11)$$

Dabei haben wir benutzt, dass man die Integrationen vertauschen darf. Das 1. Integral von (3.9.11) wird vorerst nur bezüglich x umgeschrieben. Mit partieller Integration erhalten wir

$$\int\limits_{a_1}^{b_1} \frac{\partial u}{\partial x}(x,y)\varphi(x,y)dx = [u(x,y)\varphi(x,y)]_{x=a_1}^{x=b_1} - \int\limits_{a_1}^{b_1} u(x,y)\frac{\partial \varphi}{\partial x}(x,y)dx. \qquad (3.9.12)$$

Da φ als Testfunktion nach Definition an den Rändern verschwinden muss, also $\varphi(a_1,y) = \varphi(b_1,y) = 0$ gilt, verbleibt von (3.9.12) noch

$$\int\limits_{a_1}^{b_1} \frac{\partial u}{\partial x}(x,y)\varphi(x,y)dx = -\int\limits_{a_1}^{b_1} u(x,y)\frac{\partial \varphi}{\partial x}(x,y)dx.$$

Nimmt man die Integration nach y hinzu, so ergibt sich

$$\int\limits_{a_2}^{b_2}\int\limits_{a_1}^{b_1} \frac{\partial u}{\partial x}(x,y)\varphi(x,y)dxdy = -\int\limits_{a_2}^{b_2}\int\limits_{a_1}^{b_1} u(x,y)\frac{\partial \varphi}{\partial x}(x,y)dxdy. \qquad (3.9.13)$$

Das zweite Integral in (3.9.11) wird vorerst nur bezüglich y umgeschrieben. Es folgt

$$\int\limits_{a_2}^{b_2} \frac{\partial u}{\partial y}(x,t)\varphi(x,y)dy = [u(x,y)\varphi(x,y)]_{y=a_2}^{y=b_2} - \int\limits_{a_2}^{b_2} u(x,y)\frac{\partial \varphi}{\partial y}(x,y)dy. \qquad (3.9.14)$$

Da φ auf dem y-Rand verschwindet, $\varphi(x,a_2) = \varphi(x,b_2) = 0$, reduziert sich (3.9.14) zu

$$\int\limits_{a_2}^{b_2} \frac{\partial u}{\partial y}(x,t)\varphi(x,y)dy = -\int\limits_{a_2}^{b_2} u(x,y)\frac{\partial \varphi}{\partial y}(x,y)dy$$

und die Hinzunahme der Integration über x

$$\int\limits_{a_1}^{b_1}\int\limits_{a_2}^{b_2} \frac{\partial u}{\partial y}(x,t)\varphi(x,y)dydx = -\int\limits_{a_1}^{b_1}\int\limits_{a_2}^{b_2} u(x,y)\frac{\partial \varphi}{\partial y}(x,y)dydx. \qquad (3.9.15)$$

Die Summe aus (3.9.13) und (3.9.15) ergibt die gesuchte schwache Formulierung von (3.9.10) in der Form

$$\int_{a_2}^{b_2}\int_{a_1}^{b_1} u(x,y)\frac{\partial\varphi}{\partial x}(x,y)dxdy + \int_{a_1}^{b_1}\int_{a_2}^{b_2} u(x,y)\frac{\partial\varphi}{\partial y}(x,y)dydx = 0. \tag{3.9.16}$$

Sämtliche starke Lösungen, wie diejenigen aus a), bleiben bestehen.

b) Wir wollen zeigen, dass $u(x,y)=|x-y|$ Lösung von (3.9.16) ist (Lösung von (3.9.10) kann sie nicht mehr sein). Dazu müssen wir unterscheiden:

$$u(x,y)=|y-x|=\begin{cases} x-y & \text{für } y\le x,\\ y-x & \text{für } y> x.\end{cases} \tag{3.9.17}$$

Aufgrund der Zerlegung (3.9.17) wird auch die Integration zerlegt, und zwar muss getrennt über den hellblauen und dann über den weißen Bereich (jeweils zwei Trapeze) integriert werden (Abb. 3.12 rechts). Dabei wurden die Punkte A und C auf verschiedenen Seiten der Gerade $y=x$ gewählt. Im Fall, dass A und C sich auf derselben Seite von $y=x$ befinden, besteht das eine Gebiet aus einem rechtwinkligen Dreieck und das andere aus einem Trapez und einem zusätzlichen Rechteck. Damit hätte man ein zusätzliches Integral auszuwerten, weshalb der Einfachheit halber der kompakte Träger wie in Abb. 3.12 rechts gewählt wurde.

Das innere Integral des ersten Integrals von (3.9.16) schreibt sich dann mithilfe partieller Integration als

$$\int_{a_1}^{b_1} u(x,y)\frac{\partial\varphi}{\partial x}(x,y)dx$$

$$= \int_{x=a_1}^{x=y}(y-x)\frac{\partial\varphi}{\partial x}(x,y)dxdy + \int_{x=y}^{x=b_1}(x-y)\frac{\partial\varphi}{\partial x}(x,y)dxdy$$

$$= \left[(y-x)\varphi(x,y)\right]_{x=a_1}^{x=y} - \int_{x=a_1}^{x=y}-1\cdot\varphi(x,y)dx$$

$$+ \left[(x-y)\varphi(x,y)\right]_{x=y}^{x=b_1} - \int_{x=y}^{x=b_1}1\cdot\varphi(x,y)dx$$

$$= \int_{x=a_1}^{x=y}\varphi(x,y) - \int_{x=y}^{x=b_1}\varphi(x,y)dx. \tag{3.9.18}$$

Durch Hinzunahme der Integration über y wird aus (3.9.18)

$$\int_{y=a_2}^{y=b_2}\int_{x=a_1}^{x=y}\varphi(x,y)dxdy - \int_{y=a_2}^{y=b_2}\int_{x=y}^{x=b_1}\varphi(x,y)dxdy. \tag{3.9.19}$$

Nun berechnen wir das innere Integral des zweiten Integrals von (3.9.16):

$$\int_{a_2}^{b_2} u(x,y)\frac{\partial \varphi}{\partial y}(x,y)dy = \int_{y=a_2}^{y=b_2} (y-x)\frac{\partial \varphi}{\partial y}(x,y)dy + \int_{y=a_2}^{y=b_2} (x-y)\frac{\partial \varphi}{\partial y}(x,y)dy$$

$$= \left[(y-x)\varphi(x,y)\right]_{y=a_2}^{y=b_2} - \int_{y=a_2}^{y=b_2} 1 \cdot \varphi(x,y)dy$$

$$+ \left[(x-y)\varphi(x,y)\right]_{y=b_2}^{y=b_2} - \int_{y=a_2}^{y=b_2} -1 \cdot \varphi(x,y)dy$$

$$= -\int_{y=a_2}^{y=b_2} \varphi(x,y)dy + \int_{y=a_2}^{y=b_2} \varphi(x,y)dy. \tag{3.9.20}$$

Nehmen wir die Integration über x hinzu, so entsteht aus (3.9.20)

$$-\int_{x=a_1}^{x=y}\int_{y=a_2}^{y=b_2} \varphi(x,y)dydx + \int_{x=y}^{x=b_1}\int_{y=a_2}^{y=b_2} \varphi(x,y)dydx. \tag{3.9.21}$$

Schließlich ergibt sie Summe von (3.9.19) und (3.9.21) null.

Zusammenfassung. Ein als Differentialgleichung formuliertes Problem kann mithilfe von Testfunktionen als (schwache) Integralgleichung formuliert werden. Dadurch können Lösungen ermittelt werden, deren Differenzierbarkeitsgrad kleiner als die höchste Ableitung in der gestellten klassischen DG ist. Dafür verliert man, trotz der Randbedingungen, die Eindeutigkeit der Lösung. Jede klassische Lösung ist auch schwache Lösung, aber die Umkehrung gilt nicht.

4 Die Wellengleichung für Longitudinalschwingungen eines Stabs

Herleitung von (4.1)

Wir gehen von einem einseitig fest eingespannten und anderseitig freien Stab aus, wobei es für die Herleitung keine Rolle spielt (Abb. 4.1 links unten oder Abb. 4.2 mitte). Erst wenn man die Eigenfrequenzen aus den RBen bestimmt, dann sind die Lagerungen an den Rändern entscheidend. Der Querschnitt A des Stabs sei konstant. Mit $\rho(x)$ bezeichnen wir die Dichte. Da wir zusätzlich von einem homogenen Material ausgehen, ist ρ = konst.

Idealisierungen:
– Das Material ist homogen.
– Die Verschiebungen $u(x,t)$ sind klein gegenüber der Stablänge.

Bilanz und lineare Approximation: Kraft- oder Impulsänderungsbilanz für eine Stablänge dx.

Es gilt

$$\frac{\partial(dm \cdot \dot{u})}{\partial t} = dm \cdot \ddot{u} = dN = N(x+dx,t) - N(x,t) - F_R(x)$$

(Abb. 10.9 links oben). In der ersten Näherung ergibt sich $N(x+dx,t) \approx N(x,t) + \frac{\partial N}{\partial x}dx$, woraus $dm \cdot \ddot{u} = \frac{\partial N}{\partial x}dx$ entsteht. Mithilfe der Idealisierungen kann man $dm \cdot \ddot{u} = \rho \cdot A \cdot dx \cdot \ddot{u}$ schreiben und das Hooke'sche Gesetz bei kleinen Auslenkungen verwenden (siehe Band 2). Dies liefert $\sigma(x,t) = E \cdot \frac{du}{dx}$, daraus $N(x,t) = \sigma \cdot A = E \cdot A \cdot \frac{du}{dx}$ und somit $\frac{\partial N}{\partial x} = E \cdot A \cdot \frac{d^2u}{dx^2}$. Insgesamt erhält man $\rho \cdot A \cdot dx \cdot \ddot{u} = E \cdot A \cdot \frac{d^2u}{dx^2}dx - \mu \cdot dx \cdot \dot{u}$ und schließlich

$$\frac{\partial^2 u}{\partial t^2} + \delta \cdot \frac{du}{dt} - c^2 \cdot \frac{\partial^2 u}{\partial x^2} = 0 \quad \text{mit der Schallgeschwindigkeit} \quad c = \sqrt{\frac{E}{\rho}} \quad \text{und} \quad \delta = \frac{\mu}{\rho A}. \tag{4.1}$$

Es bezeichnet E den Elastizitätsmodul, ρ die Dichte und μ die Dämpfung in $\frac{\text{kg}}{\text{m·s}}$.

Übersicht über die (wesentlichen) Randbedingungen eines frei schwingenden Stabs

An einem freien Rand ist die Längenänderung null, d. h. mit der relativen Dehnung ε, für die $\varepsilon(x,t) = u'(x,t)$ gilt (siehe Band 2), ist $\varepsilon(l) = u'(l) = 0$. Folglich ist auch die Normalkraft null: $N(l) = EAu'(l) = 0$. Man erhält insgesamt

Eingespannter Rand	$u(l,t) = 0$ (WRB)
Freier Rand	$u'(l,t) = 0$ (WRB)

https://doi.org/10.1515/9783111345857-004

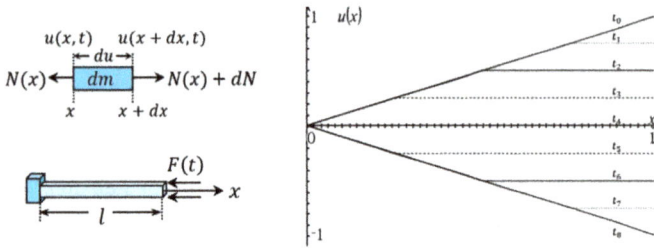

4.1 Freie Longitudinalschwingungen eines Stabs

Um die Eigenfrequenzen anzuregen, bedarf es einer äußeren Einwirkung wie bei der Saite. Der Stab könnte dazu einen kurzen Schlag mit der Kraft F_0 an einem freien Ende erfahren. Wirkt die Kraft einmalig, dann spricht man von freien Schwingungen. Gleichung (4.1) soll für die drei möglichen Fälle gelöst werden, wobei für den beidseits eingespannten Stab auf diese Weise keine Anregung möglich ist.

Herleitung von (4.1.3)–(4.1.5)

Zur Lösung von (4.1) separieren wir wie bei der Saite.

Aus $u(x,t) = v(x) \cdot w(t)$ entsteht $v\ddot{w} + \delta v\dot{w} = c^2 v'' w$ und $\frac{\ddot{w}}{w} + \delta \cdot \frac{\dot{w}(t)}{w(t)} = c^2 \frac{v''}{v}$. Weiter ist $v'' + \frac{\omega^2}{c^2} v = 0$ und $\ddot{w} + \delta \dot{w} + \omega^2 w = 0$.

Die Lösung des Ortsteils lautet

$$v(x) = C_1 \sin(kx) + C_2 \cos(kx) \quad \text{mit} \quad k = \frac{\omega}{c}. \tag{4.1.1}$$

Für die Zeitlösung gilt

$$w(t) = e^{-\frac{\delta}{2} \cdot t} \cdot \left[C_1 \cdot \cos(\varepsilon_n t) + C_2 \cdot \sin(\varepsilon_n t) \right] \tag{4.1.2}$$

mit $\varepsilon_n^2 = \omega_n^2 - \left(\frac{\delta}{2}\right)^2$.

Fall 1. Beidseitig offenes Ende (Balken hängt an einer Schnur, Abb. 4.2 links).

Die RBen sind I. $u'(0,t) = 0$, II. $u'(l,t) = 0$. Aus I. folgt mit (4.1.1) $v'(0) = 0$ und daraus $C_1 = 0$. Die RB II. erzeugt $\sin(kl) = 0$, was $kl = n\pi$ und die Eigenkreisfrequenzen $\omega_n = \frac{cn\pi}{l}$ nach sich zieht. Die zugehörigen Frequenzen lauten dann $f_n = \frac{\omega_n}{2\pi} = \frac{cn}{2l} = \frac{n}{2l}\sqrt{\frac{E}{\rho}}$ und die Eigenfunktionen sind

$$v_n(x) = \cos\left(\frac{n\pi}{l}x\right). \tag{4.1.3}$$

Fall 2. Einseitig fest eingespannt, anderseitig offenes Ende (Abb. 4.2 mitte). Die RBen lauten I. $u(0, t) = 0$, II. $u'(l, t) = 0$. Mit I. ergibt sich $C_2 = 0$ und II. erzeugt $\cos(kl) = 0$, was $kl = \frac{(2n-1)}{2}\pi$ nach sich zieht. Eigenfrequenzen und Eigenfunktionen besitzen die Gestalt

$$f_n = \frac{2n-1}{4l}\sqrt{\frac{E}{\rho}} \quad \text{bzw.} \quad v_n(x) = \sin\left[\frac{(2n-1)\pi}{2l}x\right]. \tag{4.1.4}$$

Fall 3. Beidseitig fest eingespannter Stab (Abb. 4.2 rechts). Die RBen lauten I. $u(0, t) = 0$ und II. $u(l, t) = 0$. Aus I. folgt $v(0) = 0$ und daraus $C_2 = 0$. Mit II. erhält man $v(l) = 0$, $\sin(kl) = 0$ und somit dieselben Eigenfrequenzen wie im Fall 1: $f_n = \frac{n}{2l}\sqrt{\frac{E}{\rho}}$.

Die Eigenfunktionen sind

$$v_n(x) = \sin\left(\frac{n\pi}{l}x\right). \tag{4.1.5}$$

Beispiel 1. Für den Fall eines $l = 1\,\mathrm{m}$ langen, einseitig fest eingespannten, anderseitig freien Stabs soll nun die Lösung ohne Beachtung der Dämpfung für einen gegebenen Anfangszustand berechnet werden. Der Stab sei zur Zeit $t = 0$ auf Zug mit der Kraft N_0 am freien Ende belastet, was der statischen Auslenkung (vgl. Band 2) entspricht:

$$g(x) = u(x, 0) = \frac{N_0}{EA}x. \tag{4.1.6}$$

a) Rückartig entfällt diese Zugkraft. Gesucht ist die einsetzende Schwingungsform.
b) Stellen Sie die normierte Lösung

$$u_*(x, t) = \frac{u(x, t)}{\frac{N_0 l}{EA}}$$

für $t_k = \frac{0{,}25 \cdot k}{c}$ und $k = 0, 1, 2, \ldots 8$ dar.
c) Wie lautet die statische Auslenkung als Entwicklung in Eigenfunktionen?

Lösung.
a) Für den anfangs ruhenden Stab folgt mit (4.1.2) $D_1 = 0$ und somit $w(t) = D_2 \cos(\omega t)$. Die Gesamtlösung besitzt dann die Gestalt

$$u(x, t) = \sum_{n=1}^{\infty} s_n \sin\left[\frac{(2n-1)\pi}{2l}x\right]\cos\left[\frac{(2n-1)\pi}{2l}ct\right]. \tag{4.1.7}$$

Die Anfangsbedingung führt zu

$$g(x) = \sum_{n=1}^{\infty} s_n \sin\left[\frac{(2n-1)\pi}{2l}x\right]$$

mit s_n als Koeffizienten der statischen Auslenkung $g(x)$. Mithilfe der Orthogonalität der Sinusfunktionen (3.3.6) folgt

$$\int_0^l \sin\left[\frac{(2n-1)\pi}{2l}x\right]\sin\left[\frac{(2m-1)\pi}{2l}x\right]dx = \frac{l}{2}$$

für $m = n$ und sonst null. Daraus ergibt sich

$$s_n = \frac{2}{l}\int_0^l g(x)\cdot\sin\left[\frac{(2n-1)\pi}{2l}x\right]dx = \frac{2N_0}{EAl}\int_0^l x\cdot\sin\left[\frac{(2n-1)\pi}{2l}x\right]dx$$

$$= \frac{2N_0}{EAl}\cdot\frac{4l^2(-1)^{n+1}}{(2n-1)^2\pi^2} = \frac{N_0l}{EA}\cdot\frac{8(-1)^{n+1}}{(2n-1)^2\pi^2}. \tag{4.1.8}$$

Somit gilt

$$g(x) = \frac{N_0l}{EA}\sum_{n=1}^{\infty}\frac{8(-1)^{n+1}}{(2n-1)^2\pi^2}\cdot\sin\left[\frac{(2n-1)\pi}{2l}x\right]. \tag{4.1.9}$$

Die Lösung lautet

$$u(x,t) = g(x)\cos(\omega_n t)$$

$$= \frac{N_0l}{EA}\sum_{n=1}^{\infty}\frac{8(-1)^{n+1}}{(2n-1)^2\pi^2}\cdot\sin\left[\frac{(2n-1)\pi}{2l}x\right]\cos\left[\frac{(2n-1)\pi}{2l}ct\right]. \tag{4.1.10}$$

b) Die neun Verläufe entnimmt man Abb. 4.1 rechts.

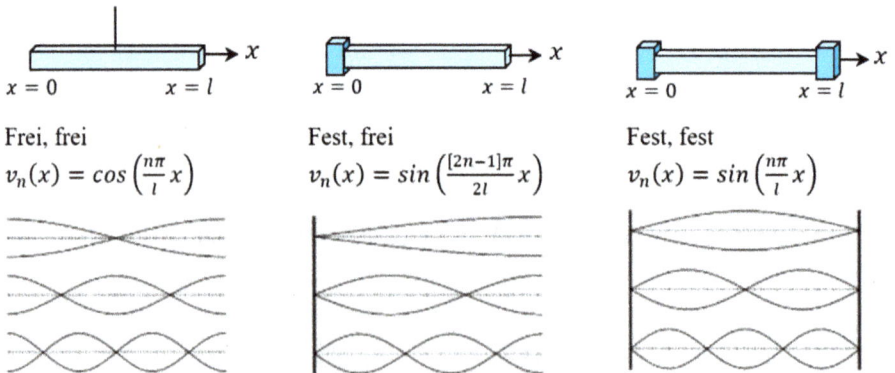

Frei, frei
$$v_n(x) = cos\left(\frac{n\pi}{l}x\right)$$

Fest, frei
$$v_n(x) = sin\left(\frac{[2n-1]\pi}{2l}x\right)$$

Fest, fest
$$v_n(x) = sin\left(\frac{n\pi}{l}x\right)$$

Abb. 4.2: Die Moden eines Stabs.

Der Rayleigh-Quotient eines frei schwingenden Stabs ohne Dämpfung

Herleitung von (4.1.11)

In der Gleichung $v'' + \frac{\omega^2}{c^2}v = 0$ wird insbesondere $v = v_n$ gewählt, woraus $c^2 v_n'' + \omega_n^2 v_n = 0$ entsteht. Multiplikation mit einer Eigenfunktion und Integration über die Stablänge ergibt $c^2 \int_0^l v_n'' v_n \, dx + \omega_n^2 \int_0^l v_n^2 \, dx = 0$. Das linke Integral schreibt sich zu

$$\int_0^l v_n'' v_n \, dx = [v_n' v_n]_0^l - \int_0^l (v_n')^2 \, dx = - \int_0^l (v_n')^2 \, dx.$$

Dabei ist der Wert der eckigen Klammer für jeden der drei Lagerungsfälle null. Man erhält $c^2 \int_0^l (v_n')^2 \, dx = \omega_n^2 \int_0^l v_n^2 \, dx$ und somit den Rayleigh-Quotient:

$$\omega_n^2 = \frac{E}{\rho} \cdot \frac{\int_0^l (f')^2 \, dx}{\int_0^l f^2 \, dx} \tag{4.1.11}$$

zur Abschätzung der Eigenfrequenzen für eine Funktion $f(x)$, welche den RBen genügt.

Beispiel 2. Gegeben ist die Funktion $f(x) = l^3 - (l-x)^3$.

a) Zeigen Sie, dass $f(x)$ die RBen eines einseitig fest eingespannten Stabs mit offenem Ende an der Stelle $x = l$ erfüllt.

b) Bestimmen Sie ω_1 mithilfe von (4.1.11).

Lösung.

a) Es gilt $f'(x) = 3(l-x)^2, f(0) = 0$ und $f'(l) = 0$.

b) Man erhält

$$\omega_1^2 = c^2 \cdot \frac{9 \int_0^l (l-x)^4 \, dx}{\int_0^l [l^6 - 2l^3(l-x)^3 + (l-x)^6] \, dx} = c^2 \cdot \frac{-\frac{9}{5}[(l-x)^5]_0^l}{[l^6 x + \frac{l^3}{2}(l-x)^4 - \frac{(l-x)^7}{7}]_0^l}$$

$$= c^2 \cdot \frac{\frac{9}{5} l^5}{l^7 - \frac{l^7}{2} + \frac{l^7}{7}} = \frac{14}{5} \cdot \frac{c^2}{l^2}$$

und $\omega_1 \sim 1{,}67 \frac{c}{l}$, im Vergleich zum exakten Wert $\omega_1 = \frac{\pi}{2} \cdot \frac{c}{l} = 1{,}57 \cdot \frac{c}{l}$.

Beispiel 3. Ermitteln Sie sowohl die potentielle als auch die kinetische Energie für den Stab aus Beispiel 1.

Lösung. Mit den Gleichungen (3.4.1) und (3.4.2) haben wir die Energien für eine ausgelenkte Saite hergeleitet. Ersetzt man $c = \sqrt{\frac{\sigma}{\rho}}$ durch $c = \sqrt{\frac{E}{\rho}}$, so erhält man

$$E_{\text{pot}} = \frac{1}{2}EA \int_0^l (u')^2 dx = \frac{1}{2}c^2\rho A \int_0^l (u')^2 dx$$

und

$$E_{\text{kin}} = \frac{1}{2}\rho A \int_0^l (\dot{u})^2 dx. \tag{4.1.12}$$

Die Gleichung (3.4.4)–(3.4.8) gelten für die beidseits eingespannte Saite mit den Moden $v_n(x) = \sin(\frac{n\pi}{l}x)$. Für den Stab aus Beispiel 1 lauten die Moden $v_n(x) = \sin[\frac{(2n-1)\pi}{2l}x]$. Dies gilt es, in den erwähnten Gleichungen zu ersetzen. Die Lösung besitzt aufgrund des anfangs ruhenden Stabs in diesem Fall dieselbe Gestalt wie (4.1.4), wir können aber auch ein allgemeineres Ergebnis herleiten und setzen als Lösung

$$u(x,t) = \sum_{n=1}^{\infty} \sin\left[\frac{(2n-1)\pi}{2l}x\right] \cdot \left\{a_n \sin\left[\frac{(2n-1)\pi}{2l}ct\right] + b_n \cos\left[\frac{(2n-1)\pi}{2l}ct\right]\right\} \tag{4.1.13}$$

an. Wie bei der Saite verwenden wir

$$r \cdot \cos u + s \cdot \sin u = \sqrt{r^2 + s^2} \cdot \sin\left[u + \arctan\left(\frac{s}{r}\right)\right],$$

womit sich (4.1.13) schreibt als

$$u(x,t) = \sum_{n=1}^{\infty} \sin\left[\frac{(2n-1)\pi}{2l}x\right] \cdot c_n \cdot \sin\left[\frac{(2n-1)\pi}{2l}ct + \varphi_n\right]. \tag{4.1.14}$$

Dabei ist $c_n = \sqrt{a_n^2 + b_n^2}$ und $\varphi_n = \arctan(\frac{a_n}{b_n})$ ist. Folglich hat man

$$u'(x,t) = \sum_{n=1}^{\infty} \frac{(2n-1)\pi}{2l} \cos\left[\frac{(2n-1)\pi}{2l}x\right] \cdot c_n \cdot \sin\left[\frac{(2n-1)\pi}{2l}ct + \varphi_n\right] \quad \text{und}$$

$$\dot{u}(x,t) = \sum_{n=1}^{\infty} \frac{(2n-1)\pi}{2l} \sin\left[\frac{(2n-1)\pi}{2l}x\right] \cdot c_n \cdot \cos\left[\frac{(2n-1)\pi}{2l}ct + \varphi_n\right]. \tag{4.1.15}$$

Die geforderte Integration (4.1.12) liefert aufgrund der Orthogonalität der trigonometrischen Funktionen (Gleichungen (3.3.6) und (3.3.7)) nur für $m = n$ einen von null verschiedenen Wert. Man erhält

$$\int_0^l (u')^2 dx = \sum_{n=1}^{\infty} \frac{(2n-1)^2\pi^2}{4l^2} \cdot c_n^2 \cdot \sin^2\left[\frac{(2n-1)\pi}{2l}ct + \varphi_n\right] \cdot \int_0^l \cos^2\left[\frac{(2n-1)\pi}{2l}x\right]dx$$

und

$$\int_0^l (\dot{u})^2 dx = \sum_{n=1}^{\infty} \frac{(2n-1)^2\pi^2}{4l^2} \cdot c_n^2 \cdot \cos^2\left[\frac{(2n-1)\pi}{2l}ct + \varphi_n\right] \cdot \int_0^l \sin^2\left[\frac{(2n-1)\pi}{2l}x\right]dx.$$

Mit

$$\int_0^l \sin^2\left[\frac{(2n-1)\pi}{2l}x\right]dx = \int_0^l \cos^2\left[\frac{(2n-1)\pi}{2l}x\right]dx = \frac{l}{2}$$

und (4.1.12) ergibt sich

$$E_{\text{pot}} = \sum_{n=1}^{\infty} c^2\rho A\frac{(2n-1)^2\pi^2}{4l^2} \cdot c_n^2 \cdot \sin^2\left[\frac{(2n-1)\pi}{2l}ct + \varphi_n\right] = \sum_{n=1}^{\infty} E_{n\text{pot}} \qquad (4.1.16)$$

mit

$$E_{n\text{pot}} = c^2\rho A\frac{(2n-1)^2\pi^2}{4l^2} \cdot c_n^2 \cdot \sin^2\left[\frac{(2n-1)\pi}{2l}ct + \varphi_n\right]$$

und

$$E_{\text{kin}} = \sum_{n=1}^{\infty} c^2\rho A\frac{(2n-1)^2\pi^2}{4l^2} \cdot c_n^2 \cdot \cos^2\left[\frac{(2n-1)\pi}{2l}ct + \varphi_n\right] = \sum_{n=1}^{\infty} E_{n\text{kin}} \qquad (4.1.17)$$

mit

$$E_{n\text{kin}} = c^2\rho A\frac{(2n-1)^2\pi^2}{4l^2} \cdot c_n^2 \cdot \cos^2\left[\frac{(2n-1)\pi}{2l}ct + \varphi_n\right].$$

Die Gleichungen (4.1.16) und (4.1.17) stellen die Aufspaltung der Energien in einzelne Oberschwingungsenergien dar.

Die totale Energie ergibt sich demnach zu

$$E_{\text{total}} = \sum_{n=1}^{\infty} \frac{(2n-1)^2\pi^2}{4l^2}c^2\rho A \cdot c_n^2 = \sum_{n=1}^{\infty} \frac{(2n-1)^2\pi^2}{4l^2}EA \cdot c_n^2 = \sum_{n=1}^{\infty} E_n. \qquad (4.1.18)$$

Dabei besitzen sowohl a_n, b_n als auch c_n die Einheit einer Länge.

Nun können wir noch die Koeffizienten c_n einflechten. In der Darstellung (4.1.13) sind alle $a_n = 0$, weil der Stab anfangs vollständig ruht. Die Anfangsausbelastung entspricht der Gleichung (4.1.8), womit man durch Vergleich mit (4.1.13) die Koeffizienten

$$b_n = c_n = \frac{N_0 l}{EA} \cdot \frac{8(-1)^{n+1}}{(2n-1)^2\pi^2}$$

erhält. Damit folgt die Gesamtenergie mit (3.3.11) und (4.1.18) zu

$$E_{\text{total}} = \sum_{n=1}^{\infty} \frac{(2n-1)^2 \pi^2}{4} EA \cdot \left[\frac{N_0 l}{EA} \cdot \frac{8(-1)^{n+1}}{(2n-1)^2 \pi^2} \right]^2$$

$$= \frac{16 N_0^2}{EA\pi^2} \sum_{n=1}^{\infty} \frac{1}{(2n-1)^2} = \frac{16 N_0^2}{EA\pi^2} \cdot \frac{\pi^2}{8} = \frac{2 N_0^2}{EA}.$$

4.2 Erzwungene Longitudinalschwingungen eines Stabs

Man kann einen Stab auf verschiedene Arten zum Schwingen anregen. Beispielsweise schlägt man mit einem Hammer in gleichen Zeitabständen mit der Kraft F_0 kurz auf eines der Enden. Will man eine große Frequenz erzielen, umwickelt man den Stab mit einem Draht, durch den man einen Wechselstrom schickt. Das induzierte wechselnde Magnetfeld erzeugt seinerseits eine (Lorenz-)Kraft parallel zum Stab, das diesen zum Schwingen anregt. Das ist die Funktionsweise einer Quarzuhr. Auf diese Weise wäre eine ortsabhängige Anregungskraft $F(x, t)$ realisierbar.

1. Fall. Ohne Dämpfung.

Einschränkung: Im Weitern betrachten wir einzig den einseitig fest eingespannten Stab (Abb. 4.1 links unten) mit einer rein zeitlich abhängigen periodischen Anregungskraft der Form $F(t) = F_0 \cos(\varphi t)$ am Ende des freien Stabteils.

Gesucht ist somit die Lösung von

$$\ddot{u} - c^2 \cdot u'' = F_0 \cos(\varphi t) \tag{4.2.1}$$

mit der RB

$$F(l, t) = \sigma A \cos(\varphi t).$$

Herleitung von (4.2.3)–(4.2.6)

Wie schon bei der Saite gilt $u(x, t) = u_p(x, t) + u_h(x, t)$, wobei $\lim_{t \to \infty} u_h(x, t) = 0$ ist und $u_h(x, t)$ die Form (3.3.5) besitzt. Wir nennen die partikuläre Lösung nun schlicht $u(x, t)$. Die Lösung bestimmen wir wie bei der Saite auf zwei Arten.

1. Art. Die Lösung wird direkt als $u(x, t) = v(x) \cdot \cos(\varphi t)$ angesetzt und in (4.2.1) eingefügt. Man erhält $-\varphi^2 v(x) \cdot \cos(\varphi t) = c^2 \cdot v''(x) \cdot \cos(\varphi t)$ oder

$$v''(x) + \left(\frac{\varphi}{c} \right)^2 v(x) = 0 \quad \text{mit} \quad c = \sqrt{\frac{E}{\rho}}. \tag{4.2.2}$$

Die Lösung ist

$$u(x,t) = \left[C_1 \cdot \sin\left(\frac{\varphi}{c}x\right) + C_2 \cdot \cos\left(\frac{\varphi}{c}x\right) \right] \cos(\varphi t). \qquad (4.2.3)$$

Die eine RB lautet I. $u(0,t) = 0$. Für die zweite RB gilt $u'(l,t) \neq 0$, denn die Kraft am Ende ist ja vorgegeben und somit das Ende nicht mehr frei. Aus $F(l,t) = EA \cdot u'(l,t) = F_0 \cdot \cos(\varphi t)$ erhält man II. $u'(l,t) = \frac{F_0}{EA}\cos(\varphi t)$. Aus I. folgt $v(0) = 0$ und damit $C_2 = 0$. Mit II. ergibt sich

$$C_1 \frac{\varphi}{c} \cos\left(\frac{\varphi}{c}l\right)\cos(\varphi t) = \frac{F_0}{EA}\cos(\varphi t) \quad \text{und} \quad C_1 = \frac{F_0}{EA \cdot \frac{\varphi}{c}\cos(\frac{\varphi}{c}l)}.$$

Schließlich schreibt sich (4.2.3) als

$$u(x,t) = \frac{F_0}{EA \cdot \frac{\varphi}{c}\cos(\frac{\varphi}{c}l)} \cdot \sin\left(\frac{\varphi}{c}x\right)\cos(\varphi t). \qquad (4.2.4)$$

Insbesondere interessiert die Amplitude für $x = l$, also

$$v(l) = \frac{F_0 \cdot \sin(\frac{\varphi}{c}l)}{EA \frac{\varphi}{c}\cos(\frac{\varphi}{c}l)} = \frac{F_0 \cdot c}{EA \cdot \varphi} \cdot \tan\left(\frac{\varphi}{c}l\right).$$

Die Amplitude wird maximal, wenn der Nenner null ist, d. h. für $\cos(\frac{\varphi}{c}l) = 0$, also falls $\frac{\varphi}{c}l = (2n-1) \cdot \frac{\pi}{2}, n \in \mathbb{N}$. Damit erhalten wir $\varphi_n = \frac{c}{l}(2n-1) \cdot \frac{\pi}{2}$ und schließlich die Frequenzen $f_n = \frac{(2n-1)}{4l}\sqrt{\frac{E}{\rho}}$, was genau den Eigenfrequenzen des einseitig fest eingespannten und anderseitig freien Stabs entspricht. Dies ist die bekannte Resonanzkatastrophe wie das Zerspringen von Glas. Für $\varphi \to 0$ geht die Lösung in die statische Lösung (4.1.6) über:

$$\lim_{\varphi \to 0} u(x,t) = \lim_{\varphi \to 0} \frac{F_0}{EA \frac{\varphi}{c}\cos(\frac{\varphi}{c}l)} \cdot \sin\left(\frac{\varphi}{c}x\right)\cos(\varphi t) = \lim_{\varphi \to 0} \frac{F_0}{EA \frac{\varphi}{c}} \cdot \sin\left(\frac{\varphi}{c}x\right) = \frac{F_0}{EA}x.$$

In diesem Fall ist der Stab entweder auf Zug oder Druck mit der Kraft F_0 belastet.

2. Art. Wie bei der erzwungenen Saitenschwingung führen wir eine Modalanalyse durch. Mit (4.1.9) und (4.1.10) liegt die statische und die dynamische Lösung einer freien Schwingung als Summe von Eigenfunktionen vor. Es soll untersucht werden, welchen Beitrag die einzelnen Eigenfunktionen zur Gesamtverschiebung bei der erzwungenen Schwingung beisteuern. Dazu wird der Ortsteil der Lösung (4.2.4) als Summe von Eigenfunktionen geschrieben:

$$\sin\left(\frac{\varphi}{c}x\right) = \sum_{n=1}^{\infty} a_n \sin\left[\frac{(2n-1)\pi}{2l}x\right].$$

Dabei ist

$$a_n = \frac{2}{l} \int_0^l \sin\left(\frac{\varphi}{c}x\right) \sin\left[\frac{(2n-1)\pi}{2l}x\right] dx$$

$$= 4(-1)^{n+1} \cos\left(\frac{\varphi}{c}l\right)\varphi l \cdot \left\{ \frac{1}{(2n-1)\pi[(2n-1)c\pi + 2l\varphi]} + \frac{1}{(2n-1)\pi[(2n-1)c\pi - 2l\varphi]} \right\}.$$

Somit erhält man

$$\sin\left(\frac{\varphi}{c}x\right) = \sum_{n=1}^{\infty} \frac{8(-1)^{n+1} \cos(\frac{\varphi}{c}l)c\varphi l}{[(2n-1)c\pi]^2 - (2l\varphi)^2} \left[\frac{(2n-1)\pi}{2l}x\right].$$

Weiter folgt

$$\frac{F_0}{EA\frac{\varphi}{c}\cos(\frac{\varphi}{c}l)} \cdot \sin\left(\frac{\varphi}{c}x\right) = \frac{F_0 l}{EA} \sum_{n=1}^{\infty} \frac{8c^2(-1)^{n+1}}{[(2n-1)c\pi]^2 - (2l\varphi)^2} \left[\frac{(2n-1)\pi}{2l}x\right]$$

und schließlich

$$u(x,t) = \frac{F_0 l}{EA} \sum_{n=1}^{\infty} \frac{8(-1)^{n+1}}{(2n-1)^2\pi^2} \cdot \frac{1}{1 - (\frac{\varphi}{\omega_n})^2} \left[\frac{(2n-1)\pi}{2l}x\right] \cos(\varphi t). \qquad (4.2.5)$$

Jeder Koeffizient

$$s_n = \frac{F_0 l}{EA} \cdot \frac{8(-1)^{n+1}}{(2n-1)^2\pi^2}$$

(siehe (4.1.8)) der statischen Lösung wird also mit einem Faktor

$$V(\omega_n) := \frac{1}{|1 - (\frac{\varphi}{\omega_n})^2|},$$

dem Vergrößerungsfaktor, multipliziert. Dieser gibt den Anteil der Verschiebung als Funktion zwischen der Anregungsfrequenz φ und der jeweiligen Eigenfrequenz ω_n an. Zusammen erhält man den dynamischen Faktor $d_n = s_n \cdot V(\omega_n)$ und Gleichung (4.2.5) schreibt sich mit $v_n(x) = [\frac{(2n-1)\pi}{2l}x]$ auch als

$$u(x,t) = \sum_{n=1}^{\infty} s_n \cdot V(\omega_n)v_n(x)\cos(\varphi t).$$

Die folgende Übersicht fasst nochmals alles zusammen.

Statische und dynamische Auslenkung eines Stabs bei einer Einzelkraft F_0 an der Stelle $x = l$

Auslenkung	Als geschlossene Funktion	Als Entwicklung in Eigenfunktionen v_n	Koeffizienten
Statisch	$g(x) = \frac{F_0}{EA}x$	$\sum_{n=1}^{\infty} s_n v_n(x)$	$s_n = \frac{F_0 l}{EA} \cdot \frac{8(-1)^{n+1}}{(2n-1)^2\pi^2}$
Dynamisch	$u(x,t) = \frac{F_0}{EA \cdot \frac{\varphi}{c} \cos(\frac{\varphi}{c}l)} \cdot \sin(\frac{\varphi}{c}x)\cos(\varphi t)$	$\sum_{n=1}^{\infty} d_n v_n(x)\cos(\varphi t)$	$d_n = s_n \cdot V(\omega_n)$

2. Fall. Mit Dämpfung.

Wie bei der Saite benutzen wir dazu das Konzept der modalen Dämpfung. Die Lösung (3.8.11) muss noch angepasst werden.

Die Lösung der erzwungenen Schwingung $\ddot{u} + \frac{\mu}{\rho A}\dot{u} - \frac{E}{\rho}u'' = F_0 \cdot \cos(\varphi t)$ eines Stabs besitzt die Form $u(x,t) = \sum_{n=1}^{\infty} d_n v_n(x)\cos(\varphi t - \sigma_n)$ mit den dynamischen Koeffizienten $d_n = s_n \cdot V(\omega_n, \xi_n)$, den statischen Koeffizienten s_n, den Dämpfungsmaßen ξ_n und den Phasenverschiebungen

$$\sigma_n = \arctan\left(\frac{2\xi_n\omega_n \cdot \varphi}{\varphi^2 - \omega_n^2}\right). \tag{4.2.6}$$

Bemerkungen.
- Im Fall des einseitig fest eingespannten Stabs sind die statischen Koeffizienten s_n mit (4.1.8) bekannt.
- Zudem ist $\xi_n = \frac{\mu}{2m_n^*\omega_n}$ das Lehr'sche Dämpfungsmaß bezogen auf die n-te Eigenfrequenz ω_n und die n-te modale Masse

$$m_n^* = \rho A \int_0^l v_n^2 dx = \rho A \int_0^l \sin^2\left[\frac{(2n-1)\pi}{2l}x\right]dx = \rho A \cdot \frac{l}{2}$$

(vgl. auch (3.8.10)) für den einseitig fest eingespannten Stab.

Die Energien beim einseitig fest eingespannten Stab ohne Dämpfung

Als Ergänzung wollen wir noch die zeitlichen und örtlichen Energieanteile für den einseitig fest eingespannten Stab ermitteln.

Herleitung von (4.2.7) und (4.2.8)
Mit (4.2.5) liegt die Lösung der Wellengleichung (für den beidseits) fest eingespannten Stab ohne Dämpfung vor. Nun berechnen wir die Energieteile mithilfe von (4.1.12) zu

$$E_{\text{pot}}(t) = \frac{1}{2}EA \int_0^l [u'(x,t)]^2 dx = \frac{1}{2}EA\left[\frac{F_0 \cdot \frac{\varphi}{c}}{EA \cdot \frac{\varphi}{c}\cos(\frac{\varphi}{c}l)}\right]^2 \int_0^l \sin^2\left(\frac{\varphi}{c}x\right)dx \cdot \cos^2(\varphi t)$$

$$= \frac{1}{2} \cdot \frac{F_0^2}{EA \cos^2(\frac{\varphi}{c}l)} \cdot \frac{l}{2}\left[\frac{\sin(\frac{2\varphi l}{c})}{\frac{2\varphi l}{c}} + 1\right] \cdot \cos^2(\varphi t) \tag{4.2.7}$$

und

$$E_{\text{kin}}(t) = \frac{1}{2}\rho A \int_0^l [\dot{u}(x,t)]^2 dx = \frac{1}{2}\rho A \left[\frac{F_0 \cdot \varphi}{EA \cdot \frac{\varphi}{c}\cos(\frac{\varphi}{c}l)}\right]^2 \int_0^l \sin^2\left(\frac{\varphi}{c}x\right)dx \cdot \sin^2(\varphi t)$$

$$= \frac{1}{2} \cdot \frac{F_0^2 c}{EA \cos^2(\frac{\varphi}{c}l)} \cdot \frac{l}{2}\left[1 - \frac{\sin(\frac{2\varphi l}{c})}{\frac{2\varphi l}{c}}\right] \cdot \sin^2(\varphi t). \tag{4.2.8}$$

Im statischen Fall ist $\varphi = 0$ und mit

$$\lim_{\varphi \to o} \frac{\sin(\frac{2\varphi l}{c})}{\frac{2\varphi l}{c}} = 1$$

folgen die statischen Energien (vgl. Band 2) zu

$$E_{\text{pot}} = \frac{1}{2} \cdot \frac{F_0^2 l}{EA} = \frac{1}{2} \cdot \frac{(\sigma_0 A)^2 l}{EA} = \frac{1}{2} \cdot \frac{(\varepsilon_0 EA)^2 l}{EA} = \frac{1}{2} \cdot \varepsilon_0^2 EAl = \frac{1}{2}EV\varepsilon_0^2 \tag{4.2.9}$$

und $E_{\text{kin}} = 0$.

4.3 Die Wellengleichung für Torsionsschwingungen eines kreisrunden Stabs

Herleitung von (4.3.1)–(4.3.4)
Dazu betrachten wir Abb. 4.3 links und mitte.

Idealisierungen:

– Es sollen keine Verwölbungen der Querschnitte auftreten. Die Querschnitte tordieren wie starre Scheiben.
– Die Drehwinkel sind so klein, dass die Verdrehung des Materials innerhalb seiner Elastizitätsgrenze liegt.
– Der Körper soll homogen sein.

Bilanz: Momentbilanz oder Drehimpulsänderung des Zylinders mit Höhe dx und lineare Approximation. Für das durch den Winkel $\varphi(x,t)$ erzeugte Drehmoment dM gilt nach der Drehimpulserhaltung $dJ \cdot \ddot{\varphi} = dM$. In der ersten Näherung erhält man für das Moment $M(x + dx, t) = M(x,t) + \frac{\partial M}{\partial x}dx$, damit $dM = M(x + dx, t) - M(x,t) = \frac{\partial M}{\partial x}dx$ und

$$dJ \cdot \ddot{\varphi} = \frac{\partial M}{\partial x}dx. \tag{4.3.1}$$

Weiter schreibt sich das Massenträgheitsmoment (vgl. Band 2) als $dJ = \rho \int_0^V a^2 dV = \rho dx \int_0^A a^2 dA$. Das Integral $I_p = \int_0^A a^2 dA = \int_0^A (x^2 + y^2) dA$ nennt man polares Flächenträgheitsmoment. Damit wird aus (4.3.1) $\rho \cdot I_p \cdot \ddot{\varphi} \cdot dx = \frac{\partial M}{\partial x} dx$. In Band 2 wurde der Zusammenhang $M_T(x,t) = G \cdot I_T \cdot \varphi'(x,t)$ mit dem Torsionsträgheitsmoment $I_T = \int_0^A r^2 dA$ beschrieben. Demnach hat man $\frac{\partial M}{\partial x} dx = G \cdot I_T \cdot \varphi''(x,t) dx$ und somit

$$\rho \cdot I_p \cdot \ddot{\varphi} \cdot dx = G \cdot I_T \cdot \varphi'' \cdot dx. \tag{4.3.2}$$

Schließlich kann man der Bewegung ein bremsendes Drehmoment $dM_R = -\mu \cdot \dot{\varphi} \cdot dx$ entgegensetzen, womit aus (4.3.2) die Gleichung

$$\rho \cdot I_p \cdot \ddot{\varphi} + \mu \cdot \dot{\varphi} = G \cdot I_T \cdot \varphi'' \tag{4.3.3}$$

entsteht. Da für einen Kreis oder einen Kreisquerschnitt $x^2 + y^2 = a^2$ gilt, folgt $I_T = I_p$ (vgl. Band 2). Die endgültige Fassung lautet dann

$$\frac{\partial^2 \varphi}{\partial t^2} + \delta \cdot \frac{\partial \varphi}{\partial t} - c^2 \cdot \frac{\partial^2 \varphi}{\partial x^2} = 0 \quad \text{mit der Schallgeschwindigkeit} \quad c = \sqrt{\frac{G}{\rho}} \quad \text{und} \quad \delta = \frac{\mu}{\rho I_p}. \tag{4.3.4}$$

Es bezeichnet G den Elastizitätsmodul, ρ die Dichte und μ die Dämpfung mit der Einheit $\frac{\text{kg} \cdot \text{m}}{\text{s}}$.

Ergebnis. Im Vergleich zu den Longitudinalschwingungen wird hier der Elastizitätsmodul E durch G, den Schubspannungsmodul, ersetzt.

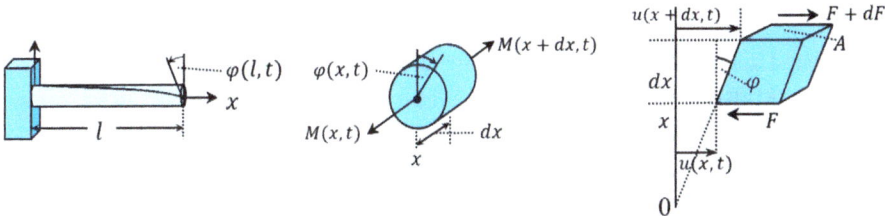

Abb. 4.3: Skizzen zur Torsions- und Schubschwingung.

Beispiel. Bei vielen dynamischen Prozessen an Maschinen treten Drehungleichförmigkeiten (Schwankungen der Drehzahl) auf. Diese entstehen durch periodisch auftretende Drehmomente und können zu Torsionsschwingungen führen. Die Wellen gewinnen an Energie, wirbeln mit rund 5000 Umdrehungen pro Sekunde im Motor umher und können diesen förmlich auseinanderreißen.

a) Wir fassen die Turbine als einen Kreisring auf. Geben Sie den Ausdruck f_n für die n-te Eigenfrequenz eines Kreisrings an, wenn der Stab beidseitig fest eingespannt ist.

b) Der wievielten Eigenfrequenz aus Aufgabe a) entspricht die im Text genannte, zerstörerische Frequenz etwa? Die Länge der Turbine sei $l = 1,3$ m und für Stahl gilt $\rho = 7860 \, \frac{kg}{m^3}$ und $G = 8,2 \cdot 10^{10} \, \frac{N}{m^2}$.

Lösung.

a) Nach Gleichung (4.3.2) gilt $\ddot{\varphi} + \delta \cdot \dot{\varphi} = c^2 \cdot \varphi''$ mit $c = \sqrt{\frac{G}{\rho}}$. Da die Form identisch mit der Wellengleichung eines Stabs ist, erhält man bei den gegebenen RBen dieselben Eigenfrequenzen wie (4.1.4), wenn man E durch G ersetzt: $f_n = \frac{n}{2l} \sqrt{\frac{G}{\rho}}$.

b) Es gilt $f_1 = \frac{1}{2 \cdot 1,3} \sqrt{\frac{8,2 \cdot 10^{10}}{7860}} = 1243$ Hz, $f_2 = 2485$ Hz, $f_3 = 3727$ Hz, $f_4 = 4969$ Hz. Die vierte Eigenfrequenz bezüglich Torsion entspricht etwa 5000 Hz.

4.4 Die Wellengleichung für Scher- oder Schubschwingungen eines Stabs

Herleitung von (4.4.1)–(4.4.4)

In Abb. 4.3 rechts ist die Krafteinwirkung infolge einer Schubspannung quer zur Längsachse eines Stabs oder Balkens dargestellt.

Idealisierungen:

– Die Verschiebungen sind klein, sodass die Elastizitätsgrenze nicht überschritten wird.
– Die Materialschichten sind starr und lassen sich parallel zueinander verschieben.
– Der Körper ist homogen.

Der Stab mit der Querschnittsfläche A stehe unter einer Schubspannung $\tau = \frac{F}{A}$.

Bilanz: Kraft- oder Impulsänderungsbilanz des Volumenelements dV mit einer Länge von dx und zusätzliche lineare Approximation.

Es gilt

$$\frac{\partial(dm \cdot \dot{u})}{\partial t} = dm \cdot \ddot{u} = dF \quad \text{oder} \quad \rho A \cdot dx \cdot \ddot{u} = \frac{\partial F}{\partial x} dx. \tag{4.4.1}$$

Für kleine Auslenkungen gilt das Hook'sche Gesetz $\tau = G \cdot \varphi$, woraus

$$\varphi = \frac{\tau}{G} = \frac{F}{GA} \tag{4.4.2}$$

entsteht. Mit derselben Annahme schreibt man $\varphi \approx \tan \varphi = u'$ und erhält zusammen mit (4.4.2) $F' = GA \cdot \varphi' = GA \cdot u''$. Unter Verwendung von (4.4.1) ergibt sich schließlich

$$\rho A \cdot dx \cdot \ddot{u} = GA \cdot u'' \cdot dx. \tag{4.4.3}$$

Wie schon in allen anderen Wellengleichungen lässt sich noch ein Dämpfungsterm $dF_R = -\mu \cdot \dot{u} \cdot dx$ einbauen, womit aus (4.4.3) die Wellengleichung für Schubschwingungen eines Stabs entsteht.

$$\frac{\partial^2 u}{\partial t^2} + \delta \cdot \frac{\partial u}{\partial t} - c^2 \cdot \frac{\partial^2 u}{\partial x^2} = 0 \quad \text{mit der Schallgeschwindigkeit} \quad c = \sqrt{\frac{G}{\rho}} \quad \text{und} \quad \delta = \frac{\mu}{\rho A}. \tag{4.4.4}$$

Beispiel 1. Vergleichen Sie (4.3.4) mit (4.4.4). Entscheiden Sie, ob bei gleicher Materialdichte die Torsion oder der Schub die höhere Schallgeschwindigkeit im Material hervorruft.

Lösung. Aus Band 2 ist der Zusammenhang $E = 2G(1 + v)$ bekannt. Dabei bezeichnet $0 \leq v \leq 0{,}5$ die Poissonzahl oder Querkontraktionszahl. Damit ist $E > G$, womit die Torsion höhere Schallgeschwindigkeiten erzeugt. Beispielsweise gilt für Stahl $E = 2{,}1 \cdot 10^{11} \frac{N}{m^2}$, $G = 8{,}2 \cdot 10^{10} \frac{N}{m^2}$ und entspricht etwa $E = 2{,}5G$.

Beispiel 2. Ein Gebäude aus Beton mit den Werten $G = 1{,}2 \cdot 10^{10} \frac{N}{m^2}, \rho = 1{,}5 \cdot 10^3 \frac{kg}{m^3}$ wird an seinem Fundament quer durch eine Erschütterung angeregt.
a) Mit welcher Geschwindigkeit breitet sich die Welle entlang des Gebäudes gegen oben aus?
b) Gleichzeitig wird die Erschütterung in das Gestein des Untergrunds getragen. Für diesen liegen die Werte $G_U = 3{,}0 \cdot 10^{10} \frac{N}{m^2}, \rho_U = 2{,}7 \cdot 10^3 \frac{kg}{m^3}, v_U = 0{,}15$ vor. Wie groß wird die Ausbreitungsgeschwindigkeit c_U im Untergrund?

Lösung.
a) Man erhält $c = \sqrt{\frac{1{,}2 \cdot 10^{10}}{1{,}5 \cdot 10^3}} = 2828 \frac{m}{s}$.
b) Da das Gestein eine Querdehnung verhindert, muss man mit dem Kompressionsmodul K_U rechnen. Nach Band 2 gilt

$$K_U = \frac{2G_U(1 + v_U)}{3(1 - 2v_U)} = \frac{2(1 + 0{,}15)}{3(1 - 2 \cdot 0{,}15)} \cdot G_U = 1{,}01 \cdot G_U.$$

Damit folgt

$$c_U = \sqrt{\frac{K_U}{\rho_U}} = \sqrt{\frac{1{,}01 \cdot G_U}{\rho_U}} = \sqrt{\frac{1{,}01 \cdot 3{,}0 \cdot 10^{10}}{2{,}7 \cdot 10^3}} = 3350 \frac{m}{s}.$$

5 Die Gleichung für Biegeschwingungen eines Balkens

Bei der Herleitung der schwingenden Saite wurde diese aufgrund der fehlenden Biegesteifigkeit zwangsweise auf Zug belastet. Beim Balken ist für eine freie Schwingung keine Spannung vonnöten. Man kann indes eine zusätzliche Druckspannung wirken lassen, was den Balken noch weiter auslenkt. In Abb. 5.1 links ist der Balken beidseitig gelenkig gelagert. Bei vorhandener Normalkraft wird sich eine der beiden Halterungen hin zur anderen (falls ein Halterungsfuß fest verankert ist) oder beide aufeinander zu bewegen und die Stellung, wie in Abb. 5.1 links dargestellt, erreichen.

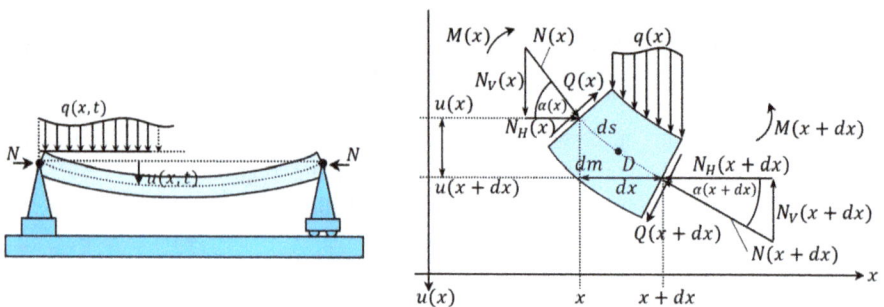

Abb. 5.1: Skizzen zur Balkenschwingung.

Idealisierung:
– Dichte und Elastizitätsmodul sind konstant.

Herleitung von (5.2)–(5.10)

Es bezeichnen $u(x,t)$: Vertikale Verschiebung der Balkenmitte (neutrale Faser) an der Stelle x, $w(x,t)$: Horizontale Verschiebung eines Balkenteilchens an der Stelle x, $q(x,t)$: Orts- und zeitabhängige Streckenlast in $\frac{N}{m}$, N: Normalkraft, N_H und N_V: Zerlegung von N in horizontale und vertikale Richtung respektive. Q: Querkraft, F_R: Dämpfung, M: Drehmoment, E: Elastizitätsmodul, $I_y(x)$: Flächenträgheitsmoment, $A(x)$: Querschnitt und ρ: Dichte. Vorerst gilt lediglich die Annahme konstanter Stoffeigenschaften.

Des Weiteren beachten wir nebst der vertikalen Verschiebung $u(x,t)$ auch die Biegesteifigkeit des Materials, die Dehnung und die damit eingehende absolute horizontale Verschiebung $w(x,t)$, die Drehung und die damit verbundene Rotationsträgheit (Abb. 3.3 rechts). Der Balken befinde sich unter einer Druckspannung $\sigma_0(x) = \frac{N_0(x)}{A(x)}$. Nach einer Auslenkung vollführt dieser Schwingungen um die Gleichgewichtslage. Analog zur Saite gilt nach (3.2.4)

$$N(x,t) = N_0(x,t) + A(x)Ew'(x,t). \tag{5.1}$$

https://doi.org/10.1515/9783111345857-005

Weiter sei wie bei der Saite die Summe aller zusätzlich zur Normalkraft horizontal auf den Balken wirkenden äußeren Kräfte mit $R(x)$ zusammengefasst und $r(x) = \frac{R(x)}{l}$ die zugehörige Lastverteilung. Die Dämpfung μ in $\frac{kg}{m \cdot s}$ ist bezüglich der Balkenlänge normiert und die zugehörige rücktreibende Kraft proportional zur Geschwindigkeit. Am infinitesimalen Element gilt: $F_R(x) = \mu \cdot dx \cdot \dot{u}$.

Bilanzen und lineare Approximation: Wir führen mehrere Bilanzen am infinitesimal kleinen Balkenelement der Länge ds durch (Abb. 5.1 rechts, die Zeitabhängigkeit wurde der Übersicht halber weggelassen): eine horizontale Kraft- oder Impulsänderungsbilanz und in vertikaler Richtung eine Kraft- oder Impulsänderungsbilanz sowie eine Biegemoment- oder Drehimpulsänderungsbilanz.

1. Bilanz: Horizontale Kräfte.

Es gilt

$$\frac{\partial(dm \cdot \dot{w})}{\partial t} = -N_H(x + dx) + N_H(x) + r(x) \cdot dx.$$

Unter Verwendung von (5.1) folgt

$$\rho A ds \cdot \ddot{w} = -N_0(x + dx) \cdot \cos[\alpha(x + dx)] - A(x)Ew'(x + dx) \cdot \cos[\alpha(x + dx)]$$
$$+ N_0(x) \cdot \cos[\alpha(x)] + A(x)Ew'(x) \cdot \cos[\alpha(x)] + r(x)dx.$$

Weiter gilt

$$\rho A \frac{ds}{dx} \cdot \ddot{w} = -\frac{N_0(x + dx) \cdot \cos[\alpha(x + dx)] - N_0(x) \cdot \cos[\alpha(x)]}{dx}$$
$$- E\frac{Aw'(x + dx) \cdot \cos[\alpha(x + dx)] - Aw'(x) \cdot \cos[\alpha(x)]}{dx} + r(x) \quad \text{oder}$$

$$\rho A \ddot{w}(x, t)\frac{ds}{dx} = -(N_0(x, t) \cdot \cos[\alpha(x, t)])' - E(Aw'(x, t) \cdot \cos[\alpha(x, t)])' + r(x). \quad (5.2)$$

Das Ergebnis entspricht Gleichung (3.2.5) bei der Saite.

2. Bilanz: Vertikale Kräfte. Man erhält

$$dm \cdot \ddot{u} = -N_V(x + dx) + N_V(x) - Q_V(x) + Q_V(x + dx) + q(x)ds + dm \cdot g - F_R(x) \quad \text{oder}$$
$$dm \cdot \ddot{u} = -N(x + dx) \cdot \sin[\alpha(x + dx)] + N(x) \cdot \sin[\alpha(x)]$$
$$- Q(x) \cdot \cos[\alpha(x)] + Q(x + dx) \cdot \cos[\alpha(x + dx)] + q(x)ds + dm \cdot g - \mu \cdot dx \cdot \dot{u}.$$

Weiter gilt

$$\rho A \frac{ds}{dx} \cdot \ddot{u} = -\frac{N_0(x + dx) \cdot \sin[\alpha(x + dx)] - N_0(x) \cdot \sin[\alpha(x)]}{dx}$$
$$- E\frac{Aw'(x + dx) \cdot \sin[\alpha(x + dx)] - Aw'(x) \cdot \sin[\alpha(x)]}{dx}$$
$$+ \frac{Q(x + dx) \cdot \cos[\alpha(x + dx)] - Q(x) \cdot \cos[\alpha(x)]}{dx}$$

$$+ q(x)\frac{ds}{dx} + \rho Ag\frac{ds}{dx} - \mu \cdot \ddot{u} \quad \text{oder}$$

$$\rho A[\ddot{u}(x,t) - g]\frac{ds}{dx} = -(N_0(x,t) \cdot \sin[\alpha(x,t)])' - E(Aw'(x,t) \cdot \sin[\alpha(x,t)])'$$

$$+ (Q(x,t) \cdot \cos[\alpha(x,t)])' + q(x)\frac{ds}{dx} - \mu \cdot \ddot{u}. \tag{5.3}$$

3. Bilanz: Biegemomente bezüglich des Drehpunkts *D*, der mit dem Schwerpunkt der Masse *dm* bei einer Länge *ds* zusammenfällt. Es gilt

$$\frac{\partial(dJ \cdot \dot{\alpha})}{\partial t} = -M(x) - Q(x) \cdot \frac{dx}{2} + q(x) \cdot dx \cdot 0 + M(x + dx) - Q(x + dx) \cdot \frac{dx}{2}.$$

In erster Näherung ist $Q(x + dx) = Q(x) + \frac{\partial Q}{\partial x}dx$ und $M(x + dx) = M(x) + \frac{\partial M}{\partial x}dx$. Daraus entsteht nach Vernachlässigung von Änderungen höherer Potenzen

$$\frac{\partial(dJ \cdot \dot{\alpha})}{\partial t} = -Qdx + \frac{\partial M}{\partial x}dx. \tag{5.4}$$

Als Nächstes muss das infinitesimale Massenträgheitsmoment *dJ* ermittelt werden. Für ein Balkenstück der Länge $l = dx$ gilt (siehe Band 2) $dJ = \frac{m}{12}[(dx)^2 + h^2]$ oder $dJ = \frac{\rho \cdot bhdx}{12}[(dx)^2 + h^2]$. Dabei sind *h* und *b* die Höhe und die Tiefe des Balkens respektive. Vernachlässigt man $(dx)^2$, so entsteht $dJ = \rho\frac{bh^3}{12}dx$. Dabei ist $I_y = \frac{bh^3}{12}$ das Flächenträgheitsmoment des Balkens bezüglich der *y*-Achse. Damit ist

$$dJ = \rho I_y dx. \tag{5.5}$$

Das Ergebnis (5.5) besitzt für eine beliebige Querschnittsfläche Gültigkeit, denn für ein infinitesimales *dx* bleibt die Querschnittsfläche auch bei einer Abhängigkeit von *x* nahezu konstant.

Beweis. Es gilt

$$\Delta J = \rho \int_{A\Delta x} r^2 dxdydz = \rho \int_A [(\Delta x)^2 + y^2]dA \int_{\Delta x} dx$$

$$= \rho \Delta x \int_A [(\Delta x)^2 + y^2]dA.$$

Für $\Delta x \to dx$ folgt $dJ = \rho dx \int_A [(dx)^2 + y^2]dA$. Wiederum wird $(dx)^2 \approx 0$ gesetzt und es folgt $dJ = \rho dx \int_A y^2 dA = \rho I_y dx$. \hfill q. e. d.

Die Bilanz (5.4) lautet damit $dJ \cdot \ddot{\alpha} = -Qdx + \frac{\partial M}{\partial x}dx$, $\rho Idx \cdot \ddot{\alpha} = -Qdx + \frac{\partial M}{\partial x}dx$ oder schließlich

$$\rho I \cdot \ddot{\alpha}(x,t) = -Q(x,t) + \frac{\partial M}{\partial x}(x,t). \tag{5.6}$$

Die Gleichungen (5.2), (5.3) und (5.6) stellen ein System für die drei Größen $u(x, t)$, $w(x, t)$ und $\alpha(x, t)$ dar. Wir treffen zusätzliche Vereinfachungen wie schon bei der Saite. *Zusätzliche Idealisierungen:*

- Der Einfluss der Gravitation wird vernachlässigt.
- Die Auslenkungen $u(x, t)$ sind klein gegenüber der Saitenlänge l.

Wie bei der Saite folgt daraus $w(x, t) \equiv 0$, $ds \approx dx$,

$$\alpha(x) \approx \sin[\alpha(x)] \approx \tan[\alpha(x)] \approx \frac{\partial u}{\partial x}(x) \quad \text{und} \quad \cos[\alpha(x + dx)] \approx \cos[\alpha(x)] \approx 1.$$

Gleichung (5.2) reduziert sich dann wie bei der Saite zu $0 = (N_0(x, t))' + r(x)$ oder

$$\frac{\partial N_0}{\partial x} = \frac{\partial N}{\partial x}(x, t) = -r(x). \tag{5.7}$$

Weiter entsteht aus (5.3)

$$\rho A \ddot{u} = -(N \cdot u')' + Q' + q - \mu \cdot \dot{u}. \tag{5.8}$$

Gleichung (5.6) lautet dann

$$\rho I \cdot \ddot{\alpha} = -Q + M' \quad \text{oder} \quad \rho I_y \cdot (\ddot{u})' = -Q + M'. \tag{5.9}$$

Es gilt, die Querkraft zu ersetzen. Dazu differenziert man (5.9) und erhält $[\rho I \cdot (\ddot{u})']' = -Q' + M''$. Benutzt man den Zusammenhang $u''(x) = -\frac{M(x)}{EI}$ (siehe Band 2), so entsteht $[\rho I \cdot (\ddot{u})']' = -Q' - (EIu'')''$. Aufgelöst ergibt sich $Q' = -\rho I \cdot (\ddot{u})'' - EIu''''$. Dies setzt man in (5.8) ein, was zu $\rho A \ddot{u} = -(N \cdot u')' - (EIu'')'' - [\rho I \cdot (\ddot{u})']' + q - \mu \cdot \dot{u}$ führt. Die Ableitungsstriche sind dabei nicht in die Klammer gezogen worden, für den Fall dass die Größen N und I von x abhängen. Auch die Querschnittsfläche darf eine Funktion von x sein. Endlich folgt die Wellengleichung für den schwingenden Balken:

$$\frac{\partial^2}{\partial x^2}\left(EI \cdot \frac{\partial^2 u}{\partial x^2}\right) + \frac{\partial}{\partial x}\left(N \cdot \frac{\partial u}{\partial x}\right) - \frac{\partial}{\partial x}\left[\rho I \cdot \frac{\partial}{\partial x}\left(\frac{\partial^2 u}{\partial t^2}\right)\right] + \mu \cdot \frac{\partial u}{\partial t} + \rho A \cdot \frac{\partial^2 u}{\partial t^2} = q(x, t). \tag{5.10}$$

In dieser Form besitzen die einzelnen Terme die Einheit einer Kraft. Die sechs Terme bezeichnen die Biegung (als elastische Eigenschaft), Druckkraft, Rotationsträgheit, Dämpfung, (vertikale) Trägheit und Streckenlast. Die Gleichung (5.10) vereint in sich alle bisherigen Schwingungen von Saiten und Stäben einschließlich der statischen Lastfälle.

1. Setzt man $EI = 0$, $\dot{u} = 0$, so erhält man mit $N =$ konst. und $N \to -N$ die DG für die statische Auslenkung der Saite bei Zugbelastung: $\frac{\partial^2 u}{\partial x^2} = -\frac{q(x)}{N}$.
2. Für $N = 0$, $\dot{u} = 0$ ergibt sich mit $EI =$ konst. die DG für Biegelinien des Balkens: $\frac{\partial^4 u}{\partial x^2} = \frac{q(x)}{EI}$.

Weiter nehmen wir die grundlegenden Ergebnisse analog zur Saite oder den Stab schon vorweg.

Ergebnisse.
- Die Schwingungsform eines Balkens kann in eine Summe von Eigenfunktionen zerlegt werden.
- Die Eigenfunktionen werden allein über die Randbedingungen bestimmt.
- Die Eigenfrequenzen hängen von der Länge l, vom Material (E, ρ), von der Form (A, I) und von der Lagerung (charakteristische Gleichung) ab.
- Die Frequenzen des Systems werden durch die Dämpfung, die Normalkraft, die aufgeprägte Last oder aufliegende Zusatzmassen verändert.

5.1 Euler'sche Knicklast ohne Eigengewicht

Analytische dynamische Lösungen von (5.10) geben wir ab Kap. 5.3. Wir beginnen damit, ein rein statisches Problem im Zusammenhang mit der Gleichung (5.10) zu untersuchen und betrachten einen Stab oder Balken in horizontaler Position. Der Balken wird aufgrund seines Eigengewichts schon etwas durchhängen. Wirkt nun eine Normalkraft N auf den Balken, so kann dieser irgendwann knicken. Praktisch wichtiger ist hingegen der Balken in einer vertikalen Position. Natürlich gilt es aus Stabilitätsgründen, unbedingt zu vermeiden, dass ein Stab oder Balken ausknickt, weil die Folgen für die gesamte Konstruktion nicht absehbar sind. Zur weiteren Behandlung nimmt man an, der Balken weise aufgrund kleiner Unvollkommenheiten des Materials oder zuvor einwirkender formverändernder Kräfte schon eine Querauslenkung $u(x)$ gegenüber der Vertikalen auf. Ansonsten gäbe es keinen Grund dafür, weshalb der Balken knicken sollte, falls die Normalkraft exakt im Zentrum der Querschnittsfläche angreift. Vorerst soll zudem das Eigengewicht des Balkens keine Beachtung finden.

> *Idealisierungen:*
- Der Balken in vertikaler Position besitzt eine kleine Auslenkung.
- Die Normalkraft greift im Zentrum der Querschnittsfläche an.
- Das Eigengewicht des Balkens wird vernachlässigt.
- Die Größen E, I und N werden als konstant vorausgesetzt.

Euler hat vier Fälle betrachtet. Diese sind (horizontal skizziert) in Abb. 5.3 festgehalten. Sie entsprechen den vier Lagerungsfällen bei den Biegelinien (siehe Band 2).

> 1. Fall: links eingespannt, rechts frei
> 2. Fall: beidseitig gelenkig gestützt
> 3. Fall: links eingespannt, rechts gelenkig gestützt
> 4. Fall: beidseitig eingespannt

Die zu untersuchende DG lautet $u'''' + \frac{N}{EI} \cdot u'' = 0$. Zur Lösung nutzen wir den Ansatz

$$u(x) = A \cdot e^{\lambda x} + Bx + C \quad \text{mit} \quad k = \sqrt{\frac{N}{EI}}. \tag{5.1.1}$$

Eingesetzt erhält man $A \cdot \lambda^4 e^{\lambda x} + A \cdot k^2 \lambda^2 e^{\lambda x} = 0$. Daraus folgt $\lambda^2(\lambda^2 + k^2) = 0$ und die beiden von null verschiedenen Werte $\lambda_{1,2} = \pm i \cdot k$. Für die Lösung gilt demnach $u(x) = A e^{ikx} + B e^{-ikx} + C_3 kx + C_4$. Mithilfe der neuen Konstanten $A = \frac{1}{2}(C_1 - iC_2)$ und $B = \frac{1}{2}(C_1 + iC_2)$ ergibt sich

$$u(x) = \frac{1}{2}(C_1 e^{ikx} + C_1 e^{-ikx} - iC_2 e^{ikx} + iC_2 e^{-ikx}) + C_3 kx + C_4.$$

Somit lauten die vier Schnittgrößen des Knickproblems:

$$u(x) = C_1 \cos(kx) + C_2 \sin(kx) + C_3 kx + C_4,$$
$$u'(x) = -k\big[C_1 \sin(kx) - C_2 \cos(kx) - C_3\big],$$
$$M(x) = -EI \cdot u'' = EIk^2\big[C_1 \cos(kx) + C_2 \sin(kx)\big],$$
$$Q(x) = -EI \cdot u''' = -EIk^3\big[C_1 \sin(kx) - C_2 \cos(kx)\big]. \tag{5.1.2}$$

Daraus lassen sich auch die RBen für die drei verschiedenen Ränder angeben:

Übersicht über die Randbedingungen bei Knickproblemen

Eingespannter Rand	I. $u(x_R) = 0$ (WRB) II. $u'(x_R) = 0$ (WRB)
Gelenkig gestützter Rand	I. $u(x_R) = 0$ (WRB) II. $M(x_R) = 0 \Rightarrow u''(x_R) = 0$ (NRB)
1. Euler-Fall	I. $M(x_R) = 0 \Rightarrow u''(x_R) = 0$ (NRB) II. $Q(x_R) = N \cdot u'(x_R)$ (NRB)

Einen freien Rand gibt es in keinem der vier Euler-Fälle. Deswegen ist der 1. Euler-Fall in die Tabelle aufgenommen worden. Die Bedingung II. folgt aus der Tatsache, dass die Auslenkungen klein sind und man $\alpha(x) \approx \frac{\partial u}{\partial x}(x)$ setzen kann. Man erkennt den Zusammenhang auch in Abb. 5.1 rechts: $Q(x_R) = \sin[\alpha(x_R)] \cdot N(x_R) \approx N \cdot u'(x_R)$.

Beispiel 1. Wir betrachten den 1. Euler-Fall (Abb. 5.2, 1. Skizze).

a) Ermitteln Sie die vier RBen und bestimmen Sie die diejenige kritische Kraft, bei welcher der Balken knicken könnte.

b) Berechnen Sie die kritische Kraft für einen $l = 0,8\,\text{m}$ langen Stahlstab mit einer quadratischen Querschnittsfläche der Kantenlänge $a = 1\,\text{cm}$ ($E = 2,1 \cdot 10^{11}\,\frac{\text{N}}{\text{m}^2}$).

c) Wir nehmen an, dass ein Schilfrohr nahezu fest im Untergrund verankert ist und von oben vertikal belastet wird. Dann können wir die Situation ebenfalls als 1. Euler-Fall deuten. Für die Querschnittsfläche setzen wir einen Kreisring mit $I = \frac{A}{4} \cdot (r_a^2 + r_i^2)$ an. Wann würde die Knickkraft F_{Knick} maximal, wenn man l und A als konstant voraussetzt?

Lösung.

a) Die RBen erhält man aus der obigen Übersicht und (5.1.2) zu
I. $u(0) = 0$, II. $u'(0) = 0$, III. $M(l) = 0$ und IV. $Q(l) = N \cdot u'(l)$.
Aus I. folgt $C_1 + C_4 = 0$ und damit $C_4 = -C_1$. Bedingung II. liefert $k(C_2 + C_3) = 0$ und somit $C_3 = -C_2$. Aus III. folgt $C_1 \cos(kl) + C_2 \sin(kl) = 0$ und IV. liefert $-EIk^3[C_1 \sin(kl) - C_2 \cos(kl)] = -kN[C_1 \sin(kl) - C_2 \cos(kl) - C_3]$. Daraus wird mithilfe von (5.1.1) $C_1 \sin(kl) - C_2 \cos(kl) = C_1 \sin(kl) - C_2 \cos(kl) - C_3$ oder $C_3 = 0$. Somit ist mit II. auch $C_2 = 0$ und III. führt zur Gleichung $C_1 \cos(kl) = 0$, also $\cos(kl) = 0$.
Dies ist genau dann der Fall, wenn $kl = \frac{\pi}{2}(2n - 1)$ oder $k = \frac{\pi}{2l}(2n - 1)$. Die Euler'sche Knicklast ist diejenige Kraft, bei welcher der Stab knicken könnte, was gleichbedeutend mit dem kleinsten n, also $n = 1$ ist. Man erhält somit $k = \frac{\pi}{2l}$ und aus (5.1.1) folgt

$$F_{\text{kr}} = k^2 \cdot EI = EI \cdot \frac{\pi^2}{4l^2}. \tag{5.1.3}$$

Die Euler'sche Knicklast bezeichnet eine kritische Kraft, weswegen ein Stab oder Balken in dieser Lage mit weniger als F_{kr} belastet werden sollte. Für die Knickform ergibt sich aus (5.1.2) die Gleichung

$$u(x) = C_1\left[\cos\left(\frac{\pi}{2l}x\right) - 1\right]. \tag{5.1.4}$$

Die Auslenkung C_1 kann nicht bestimmt werden. Sie lässt sich mit der Methode von Vianello (hier nicht ausgeführt) abschätzen. Man erhält eigentlich für jedes n eine mögliche Knickform des Stabs, aber von praktischem Interesse ist lediglich diejenige für $n = 1$.

b) Gemäß Band 2 ist $I = \frac{bh^3}{12}$. In unserem Fall gilt $b = h = a$, was zu $I = \frac{a^4}{12}$ führt. Mit (5.1.3) folgt

$$F_{\text{kr}} = E\frac{a^4}{12} \cdot \frac{\pi^2}{4l^2} = \frac{Ea^4}{48} \cdot \frac{\pi^2}{l^2} = \frac{2,1 \cdot 10^{11} \cdot 0,01^4}{48} \cdot \frac{\pi^2}{0,8^2} = 674,68\,\text{N}.$$

c) Aus (5.1.3) wird

$$F_{\text{kr}} = EI \cdot \frac{\pi^2}{4l^2} = E \cdot \frac{A}{4} \cdot (r_a^2 + r_i^2)\frac{\pi^2}{4l^2}$$

$$= \frac{E\pi^2}{16l^2} \cdot \pi(r_a^2 - r_i^2) \cdot (r_a^2 + r_i^2) = \frac{E\pi^3}{16l^2}(r_a^4 - r_i^4).$$

Die maximal benötigte Knickkraft würde für $r_i = 0$ erreicht. Dann wäre das Schilfrohr zwar stabiler aber nicht mehr hohl und die Sauerstoffversorgung für den im Wasser liegenden Teil wäre nicht gewährleistet. Deswegen ist $r_i \approx 0$ ein Kompromiss.

Beispiel 2. Wir betrachten den 3. Euler-Fall (Abb. 5.2, 2. Skizze). Ermitteln Sie die vier RBen, bestimmen Sie die diejenige kritische Kraft, bei welcher der Balken knicken könnte und die Knickform.

Lösung. Man erhält I. $u(0) = 0$, II. $u'(0) = 0$, III. $u(l) = 0$ und IV. $M(l) = 0$.

Aus I. folgt $C_1 + C_4 = 0$ und damit $C_4 = -C_1$. Bedingung II. liefert $k(C_2 + C_3) = 0$, woraus $C_3 = -C_2$ entsteht. Mit III. erhält man $C_1 \cos(kl) + C_2 \sin(kl) + C_3 kl + C_4 = 0$ und IV. führt zu $EIk^2[C_1 \cos(kl) + C_2 \sin(kl)] = 0$ oder $-C_1 = C_2 \tan(kl)$. Die Bedingungen I., II., und III. verrechnet, ergeben $C_1 \cos(kl) + C_2 \sin(kl) - C_2 kl - C_1 = 0$, woraus $C_1[\cos(kl) - 1] + C_2[\sin(kl) - kl] = 0$ folgt. Das Ergebnis von IV. eingesetzt, führt nacheinander zu $\tan(kl)[\cos(kl) - 1] = \sin(kl) - kl$, $\sin(kl) - \tan(kl) = \sin(kl) - kl$ und schließlich der charakteristischen Gleichung $\tan(kl) = kl$. Diese lässt sich nur numerisch lösen. Man erhält als kleinsten Wert $kl = 4{,}493 = 1{,}430 \cdot \pi$ oder $k = \frac{1{,}430 \cdot \pi}{l}$.

Zusammen mit (5.1.1) folgt $F_{\mathrm{kr}} = k^2 \cdot EI = EI \cdot \frac{2{,}046 \cdot \pi^2}{l^2}$.

Aus IV. ergibt sich $C_2 = -\frac{C_1}{\tan(kl)} = -\frac{C_1}{kl}$, woraus mit (5.1.2) die Knickform folgt:

$$u(x) = C_1 \left[\cos\left(\frac{1{,}430 \cdot \pi}{l} x\right) - \frac{l}{1{,}430 \cdot \pi} \sin\left(\frac{1{,}430 \cdot \pi}{l} x\right) + \frac{x}{l} - 1 \right].$$

Abermals kann die Auslenkung C_1 nicht bestimmt werden. In Abb. 5.3 sind sämtliche Ergebnisse für die vier Euler-Fälle festgehalten.

Beispiel 3. Gegeben ist ein beidseitig eingespannter Balken, der sich über seine gesamte Länge gleichmäßig erwärmt. Bei welcher kritischen konstanten Temperaturänderung ΔT bricht er? Entnehmen Sie die kritische Last für diesen Fall, ohne sie herzuleiten, direkt der Abb. 5.3. Dabei sind $l = 10\,\mathrm{m}$, $h = 0{,}1\,\mathrm{m}$ und $\alpha = 1{,}2 \cdot 10^{-5}\frac{1}{\mathrm{K}}$ der Wärmeausdehnungskoeffizient.

Lösung. Die Längenänderung aufgrund der steigenden Temperatur wird durch die Druckspannungskraft rückgängig gemacht. Gesamthaft erhält man $\Delta l_{\mathrm{Total}} = 0 = \frac{\sigma}{E} \cdot l + \alpha \cdot l \cdot \Delta T$ (vgl. Band 2). In unserem Fall ist $\sigma = -\frac{N}{A}$ und im Knickfall $N = F_{\mathrm{kr}} = \frac{4EI \cdot \pi^2}{l^2}$. Damit folgt $\Delta T = \frac{4I \cdot \pi^2}{\alpha A l^2}$. Mit $I = \frac{1}{12}Ah^2$ wird daraus $\Delta T = \frac{\pi^2 h^2}{3\alpha l^2} = \frac{\pi^2 0{,}1^2}{3 \cdot 1{,}2 \cdot 10^{-5} \cdot 10^2} = 27{,}42\,\mathrm{K}$.

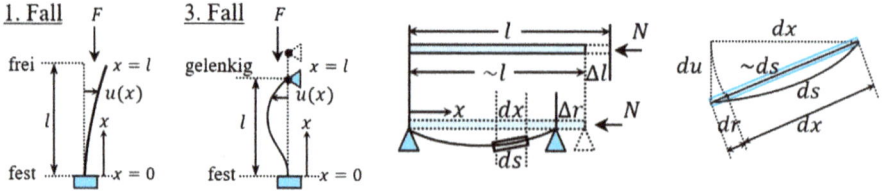

Abb. 5.2: Skizze zu den Beispielen 1 und 2 und zur Energiemethode.

Abb. 5.2: Skizze zu den Beispielen 1 und 2 und zur Energiemethode.

5.2 Euler'sche Knicklast mit Eigengewicht

Soll das Eigengewicht des Stabs oder Balkens berücksichtigt werden, dann setzt sich die Normalkraft aus der konstanten auf den Balken wirkenden Normalkraft N_0 und der Gewichtskraft des Balkens zusammen: $N(x) = N_0 + \rho A g (l - x)$. Fügt man dies in (5.10) ein, so entsteht eine Gleichung der Form $a \cdot u'''' + (b - x) \cdot u'' - u' = 0$, die sich nur numerisch lösen lässt. Rayleighs Energiemethode gestattet es, die gesuchte Größe N_0 zumindest abzuschätzen.

Herleitung von (5.2.1)–(5.2.7)

Mit Gleichung (4.1.12) liegt die durch Dehnung oder Stauchung im Stab gespeicherte Formänderungsenergie oder potentielle Energie vor. Auf ein kleines Volumenstück angewandt lautet sie $dE_{\text{pot}} = \frac{1}{2} E \varepsilon(x)^2 dV$. Beim Balken ist die relative Längenänderung zwar keine Funktion der x-, wohl aber der y-Koordinate, d. h. $\varepsilon = \varepsilon(y)$ mit dem Abstand y zur neutralen Faser. Damit gilt $dE_{\text{pot}} = \frac{1}{2} E \varepsilon(y)^2 dV$. Verwendet man den Zusammenhang $\varepsilon(y) = y \cdot u''(x)$ (siehe Band 2), so erhält man $dE_{\text{pot}} = \frac{1}{2} E \cdot y^2 \cdot u''(x)^2 dA \cdot dx = \frac{1}{2} E \cdot y^2 \cdot dA \cdot u''(x)^2 dx$. Aus Band 2 ist weiter $I = \int_0^l y^2 dA$ bekannt, woraus schließlich folgt:

$$E_{\text{pot},B} = \frac{1}{2} E \int_0^A y^2 dA \int_0^l (u'')^2 dx = \frac{1}{2} EI \int_0^l (u'')^2 dx. \qquad (5.2.1)$$

Dabei bezeichnet $u(x)$ irgendeinen Verformungszustand innerhalb der Elastizitätsgrenze und der Index „B" die Biegung. Nun betrachten wir einen horizontalen Stab oder Balken der Länge l, auf den die Normalkraft N wirkt (Abb. 5.2, 3. Skizze). Der Stab verkürzt sich gemäß (4.1.6) für $x = l$ um $\Delta l = \frac{Nl}{EA}$ und die Formänderungsenergie wird nach (4.2.9) in ihm gespeichert als

$$E_{\text{pot},S} = \frac{1}{2} \cdot \frac{EA}{l} \cdot (\Delta l)^2 = \frac{N^2 l}{2EA}. \qquad (5.2.2)$$

Der Index „S" meint eine Stauchung. Der Stab besitzt danach die Länge $l - \Delta l$.

Idealisierungen:
- Die Verkürzungen Δl und Δr werden gegenüber der Stablänge l vernachlässigt.
- Die Auslenkung $u(x)$ ist klein gegenüber l.

Wenn der Stab nun ausknickt und horizontal um Δr nachgibt, dann verändert sich auch die Normalkraft, und zwar um

$$\Delta N = EA\frac{\Delta r}{l - \Delta l} \approx EA\frac{\Delta r}{l}. \tag{5.2.3}$$

Für ein infinitesimal kleines Balkenstück der Länge ds im ausgeknickten Zustand ergibt sich nach Abb. 5.2, 4. Skizze die Gleichung

$$dr = ds - dx = \sqrt{(dx)^2 + (du)^2} - dx = dx\sqrt{1 + (u')^2} - dx$$

$$= dx\left[1 + \frac{1}{2}(u')^2 - \frac{1}{8}(u')^4 + \cdots\right] - dx \approx dx\left[1 + \frac{1}{2}(u')^2\right] - dx = \frac{1}{2}(u')^2 dx.$$

Daraus folgt

$$\Delta r = \frac{1}{2}\int\limits_0^{l-\Delta r}(u')^2 dx \approx \frac{1}{2}\int\limits_0^l(u')^2 dx. \tag{5.2.4}$$

Weiter wird der Stab durch das Ausknicken entlastet und verliert deshalb einen Teil der gespeicherten Energie. In erster Näherung gilt mit (5.2.2) und (5.2.3)

$$\Delta E_{\text{pot},S} = \frac{dE_{\text{pot},S}}{dN}\Delta N = \frac{Nl}{EA} \cdot EA\frac{\Delta r}{l} = N \cdot \Delta r. \tag{5.2.5}$$

Dies entspricht der von der Kraft N entlang des Weges Δr verrrichteten Verschiebungsarbeit.

Bilanz: Änderung der potentiellen Energie. Insgesamt ändert sich die potentielle Energie gemäß (5.2.1), (5.2.2) und (5.2.5) von anfänglich $E_{\text{pot},S}$ auf $E_{\text{pot},S} - \Delta E_{\text{pot},S} + E_{\text{pot},B}$. Die Änderung beträgt damit

$$\Delta E_{\text{pot,Total}} = E_{\text{pot},B} - \Delta E_{\text{pot},S} \quad \text{oder} \quad \Delta E_{\text{pot},T} = \frac{EI}{2}\int\limits_0^l(u'')^2 dx - \frac{N}{2}\int\limits_0^l(u')^2 dx. \tag{5.2.6}$$

Daraus ergibt sich

$$F_{\text{kr}} \le \frac{EI\int_0^l(u'')^2 dx}{\int_0^l(u')^2 dx}. \tag{5.2.7}$$

Man bezeichnet F_{kr} als kritische Last und die rechte Seite als Rayleigh-Quotient. Es lassen sich drei Fälle unterscheiden. Ist $N < F_{kr}$, so bleibt der Stab vollständig gerade ($\Delta E_{pot,T} > 0$) und der Stab befindet sich in einem stabilen Gleichgewicht. Für $N = F_{kr}$ wird das Gleichgewicht instabil ($\Delta E_{pot,T} = 0$). Es bedeutet, dass mit $N > F_{kr}$ ($\Delta E_{pot,T} < 0$) der Stab zweier stabiler Lagen fähig ist, entweder er bleibt weiterhin gerade oder er knickt aus. Den Wert $N = F_{kr}$ nennt man deshalb auch Verzweigungswert (vgl. Band 1). Das Ungleichheitszeichen in (5.2.7) weist darauf hin: dass man zur Sicherheit die kritische Last etwas tiefer als den ermittelten Wert ansetzen sollte. In (5.2.7) bezeichnet $u(x)$ eine beliebige Funktion, welche die RBen des jeweiligen Eulerfalls erfüllt und sinnvoll ist. Theoretisch müsste man also sämtliche zulässigen Funktionen in (5.2.7) einsetzen und von allen Werten den minimalen auswählen. Meistens geht man so vor, dass man eine Linearkombination einer Handvoll Funktionen $u_n(x)$ aufstellt, den Wert F_{kr} in Abhängigkeit der Koeffizienten berechnet und dann durch Variation der Koeffizienten den minimalen Wert für F_{kr} ermittelt.

Beispiel 1. Betrachten Sie den 1. Euler-Fall.

a) Ermitteln Sie die kritische Last F_{kr} unter Verwendung der exakten Knickform (5.1.4).

b) Wiederholen Sie die Rechnung aus a) für eine parabelförmige Knickform $u(x) = Cx^2$.

Lösung.

a) Es gilt $u(x) = C[\cos(\frac{\pi}{2l}x) - 1]$, $u'(x) = -C\frac{\pi}{2l}\sin(\frac{\pi}{2l}x)$ und $u''(x) = -C\frac{\pi^2}{4l^2}\cos(\frac{\pi}{2l}x)$. Man erhält aus (5.2.7)

$$F_{kr} \leq \frac{C^2 EI \frac{\pi^4}{16l^4} \int_0^l \cos^2(\frac{\pi}{2l}x)dx}{C^2 \frac{\pi^2}{4l^2} \int_0^l \sin^2(\frac{\pi}{2l}x)dx}$$

$$= \frac{EI\,\pi^2 \cdot \frac{l}{2}}{4l^2 \cdot \frac{l}{2}} = EI \cdot \frac{\pi^2}{4l^2} \approx 2{,}47 \cdot \frac{EI}{l^2},$$

was mit (5.1.3) übereinstimmt.

b) Man muss sicherstellen, dass $u(x) = Cx^2$ die RBen des festen Rands erfüllt. Diejenigen des freien Rands kann nur die exakte Lösung erfüllen, weil jene Momente und damit die kritische Last enthält. I. $u(0) = 0$ und II. $u'(0) = 0$ gelten. Dann führt (5.2.7) zu

$$F_{kr} \leq \frac{EI \int_0^l (2C)^2 dx}{\int_0^l (2Cx)^2 dx} = \frac{4EIC^2 l}{4C^2 \frac{l^3}{3}} = 3 \cdot \frac{EI}{l^2}$$

im Vergleich zum Ergebnis von a).

Nun sind wir bereit, das eigentliche Problem dieses Kapitels anzugehen.

Herleitung von (5.2.8)–(5.2.10)

Dazu wird der Stab oder Balken in die vertikale Position gebracht. Die Energiebilanz, die zu Gleichung (5.2.6) führte, muss um die potentielle Energie des Eigengewichts erweitert werden.

Bilanz: Dazu betrachten wir ein Stabstück der Dicke dx auf der Höhe x. In den Gleichungen (5.2.4) und (5.2.5) muss man die konstante Normalkraft N durch die auf den Balken wirkende Eigenlast in dieser Höhe, $G(x) = mg\frac{l-x}{l} = \rho A g(l-x)$, ersetzen. Man erhält

$$dE_{\text{pot},G} = G(x) \cdot dr \quad \text{oder} \quad dE_{\text{pot},G} = \rho A g(l-x) \cdot \frac{1}{2}(u')^2 dx$$

und insgesamt

$$E_{\text{pot},G} = \frac{\rho A g}{2} \int_0^l (l-x) \cdot (u')^2 dx. \tag{5.2.8}$$

Die Gleichungen (5.2.6) und (5.2.7) ändern sich entsprechend. Es folgt

$$\Delta E_{\text{pot},T} = E_{\text{pot},B} - \Delta E_{\text{pot},S} - E_{\text{pot},G} \quad \text{oder}$$

$$\Delta E_{\text{pot},T} = \frac{EI}{2} \int_0^l (u'')^2 dx - \frac{N}{2} \int_0^l (u')^2 dx - \frac{\rho A g}{2} \int_0^l (l-x) \cdot (u')^2 dx. \tag{5.2.9}$$

Daraus ergibt sich

$$F_{\text{kr}} \leq \frac{EI \int_0^l (u'')^2 dx - \rho A g \int_0^l (l-x) \cdot (u')^2 dx}{\int_0^l (u')^2 dx}. \tag{5.2.10}$$

Beispiel 2. Betrachten Sie den 1. Euler-Fall.

Ermitteln Sie die kritische Last F_{kr} mithilfe von (5.2.10) und unter Verwendung der exakten Knickform.

Lösung. Man erhält

$$F_{\text{kr},G} \leq \frac{C^2 EI \frac{\pi^4}{16l^4} \int_0^l \cos^2(\frac{\pi}{2l}x)dx - \rho A g C^2 \frac{\pi^2}{4l^2} \int_0^l (l-x) \cdot \sin^2(\frac{\pi}{2l}x)dx}{C^2 \frac{\pi^2}{4l^2} \int_0^l \sin^2(\frac{\pi}{2l}x)dx}$$

$$= \frac{EI \frac{\pi^2}{4l^2} \cdot \frac{l}{2} - \rho A g \cdot l^2(\frac{1}{4} - \frac{1}{\pi^2})}{\frac{l}{2}} = EI \cdot \frac{\pi^2}{4l^2} - 0,30 \cdot G = F_{\text{kr}} - 0,3 \cdot G.$$

Um Stabilität zu sichern, vermindert man die kritische Last somit um 30 % des Eigengewichts des Balkens.

Für die drei verbleibenden Fälle wird auf dieselbe Weise die entsprechende Korrektur bestimmt. Die gesamten Ergebnisse sind in Abb. 5.3 festgehalten.

	Charakteristische Gleichung	Knickform	Kritische Knicklast	
			ohne Eigengewicht	mit Eigengewicht
←F	$cos(kl) = 0$	$u(x) = C\left(cos\left(\frac{\pi}{2l}x\right) - 1\right)$	$F_{kr} = EI \cdot \frac{\pi^2}{4l^2}$	$F_{kr,G} = F_{kr} - 0{,}3G$
←F	$sin(kl) = 0$	$u(x) = C\, sin\left(\frac{\pi}{l}x\right)$	$F_{kr} = EI \cdot \frac{\pi^2}{l^2}$	$F_{kr,G} = F_{kr} - 0{,}5G$
←F	$tan(kl) - kl = 0$	$u(x) = C\left(cos\left(\frac{1{,}430\cdot\pi}{l}x\right)\right.$ $\left. - \frac{l}{1{,}430\cdot\pi}sin\left(\frac{1{,}430\cdot\pi}{l}x\right) + \frac{x}{l} - 1\right)$	$F_{kr} = EI \cdot \frac{2{,}046\cdot\pi^2}{l^2}$	$F_{kr,G} = F_{kr} - 0{,}35G$
←F	$2 - 2cos(kl) = klsin(kl)$	$u(x) = C\left(cos\left(\frac{2\pi}{l}x\right) - 1\right)$	$F_{kr} = 4EI \cdot \frac{\pi^2}{l^2}$	$F_{kr,G} = F_{kr} - 0{,}5G$

Abb. 5.3: Übersicht zu den Euler'schen Knickfällen.

5.3 Biegeschwingungen ohne Dämpfung und Last

Nun wenden wir uns den dynamischen Problemen der Gleichung (5.10) zu. Die genaue Schwingungsform ist zweitrangig. Viel wichtiger sind neben der Amplitude die Eigenfrequenzen des Systems. Weiter ist $q(x,t) = 0$. Als einziges Zugeständnis bleibt die Dämpfung unbeachtet. In diesem Kapitel wird auch der Einfluss der Rotationsträgheit auf die Eigenfrequenzen ersichtlich.

Herleitung von (5.3.3)–(5.3.7)

Idealisierungen:
– Die Systemdämpfung wird vernachlässigt.
– Die Größen E, I, N, ρ, μ und A werden als konstant vorausgesetzt.

Einschränkung: Der Balken ist lastfrei.
Gleichung (5.10) schreibt sich dann als

$$EIu'''' + Nu'' - \rho I(\ddot{u})'' + \rho A\ddot{u} = 0. \tag{5.3.1}$$

Weiter entsteht $\frac{EI}{\rho A}u'''' + \frac{N}{\rho A}u'' - \frac{I}{A}(\ddot{u})'' + \ddot{u} = 0$ und mit den Abkürzungen $a = \frac{EI}{\rho A}$, $b = \frac{N}{\rho A}$, $c = \frac{I}{A}$ die Gleichung $au'''' + bu'' - c(\ddot{u})'' + \ddot{u} = 0$. Der Produktansatz $u(x,t) = v(x) \cdot w(t)$ führt zu

$$av''''w + bv''w - cv''\ddot{w} + v\ddot{w} = 0 \quad \text{oder}$$

$$a\frac{v''''}{v} + b\frac{v''}{v} - c\frac{v''\ddot{w}}{vw} + \frac{\ddot{w}}{w} = 0. \tag{5.3.2}$$

Da die Dämpfung nicht beachtet wird, besitzt die Zeitlösung die Form $w(t) = \sum_n w_n(t) = \sum_n [b_n \sin(\omega_n t) + c_n \cos(\omega_n t)]$. Man bestätigt $\ddot{w} = -\omega_n^2 w$, weshalb aus (5.3.2) die Gleichung $a\frac{v''''}{v} + b\frac{v''}{v} + c\omega^2\frac{v''}{v} - \omega^2 = 0$ entsteht (den Index kann man vorerst wieder weglassen). Weiter erhält man

$$v'''' + \frac{b + c\omega^2}{a}v'' - \frac{\omega^2}{a}v = 0. \tag{5.3.3}$$

Setzt man noch $j^2 = \frac{b+c\omega^2}{2a}$ und $k^4 = \frac{\omega^2}{a}$, so ergibt sich $v'''' + 2j^2 v'' - k^4 v = 0$. Für $v(x)$ machen wir den Ansatz $v(x) = \beta \cdot e^{\lambda x}$, was zu $\lambda^4 + 2j^2\lambda^2 - k^4 = 0$ führt. Die Lösungen sind

$$\lambda = \pm\sqrt{\frac{-2j^2 \pm \sqrt{4j^4 + 4k^4}}{2}} = \pm\sqrt{\pm\sqrt{j^4 + k^4} - j^2}$$

und mit den Abkürzungen

$$r_1 = \sqrt{\sqrt{j^4 + k^4} - j^2}, \quad r_2 = \sqrt{\sqrt{j^4 + k^4} + j^2} \quad \text{folgt} \quad \lambda_{1,2} = \pm r_1, \quad \lambda_{3,4} = \pm i r_2. \tag{5.3.4}$$

Gleichung (5.3.4) liefert nacheinander $r_i^2 = \sqrt{j^4 + k^4} \mp j^2$, $(r_i^2 \pm j^2)^2 = j^4 + k^4$, $r_i^4 \pm 2r_i^2 j^2 = k^4$, $r_i^4 \pm r_i^2\frac{b+c\omega^2}{a} = \frac{\omega^2}{a}$, $ar_i^4 \pm br_i^2 = \omega^2(1 + cr_i^2)$ und schließlich den Zusammenhang

$$\omega_{n,i}^2 = r_i^2 \frac{ar_i^2 \mp b}{cr_i^2 + 1}. \tag{5.3.5}$$

Hier erkennt man den Einfluss der auf den Balken wirkenden Kräfte auf die Eigenfrequenzen.

Mit (5.3.4) erhält man $v(x) = Ae^{r_1 x} + Be^{-r_1 x} + Ce^{ir_2 x} + De^{-ir_2 x}$. Nun bildet man die neuen Konstanten $A = \frac{1}{2}(C_1 + C_2)$, $B = \frac{1}{2}(C_1 - C_2)$, $C = \frac{1}{2}(C_3 - iC_4)$ und $D = \frac{1}{2}(C_3 + iC_4)$, was

$$\begin{aligned} v(x) = \frac{1}{2}\big(&C_1 e^{r_1 x} + C_1 e^{-r_1 x} + C_2 e^{r_1 x} - C_2 e^{-r_1 x} \\ &+ C_3 e^{ir_2 x} + C_3 e^{-ir_2 x} - iC_4 e^{ir_2 x} + iC_4 e^{-ir_2 x}\big) \end{aligned}$$

und endlich $v(x) = C_1 \cosh(r_1 x) + C_2 \sinh(r_1 x) + C_3 \cos(r_2 x) + C_4 \sin(r_2 x)$ nach sich zieht.

Die allgemeine Lösung von (5.3.1) lautet dann

$$\begin{aligned} u(x,t) = \sum_{n=1}^{\infty} &[b_n \sin(\omega_n t) + c_n \cos(\omega_n t)] \\ &\cdot \lceil C_1 \cosh(r_{1n}x) + C_2 \sinh(r_{1n}x) + C_3 \cos(r_{2n}x) + C_4 \sin(r_{2n}x) \rceil. \end{aligned} \tag{5.3.6}$$

Dabei ergeben sich die vier Koeffizienten C_1 bis C_4 aus den RBen und die Koeffizienten a_n und b_n aus den Anfangsbedingungen.

Des Weiteren folgen die nachstehenden Schnittgrößen:

$$v(x) = C_1 \cosh(r_1 x) + C_2 \sinh(r_1 x) + C_3 \cos(r_2 x) + C_4 \sin(r_2 x),$$

$$v'(x) = r_1 \big[C_1 \sinh(r_1 x) + C_2 \cosh(r_1 x) \big] - r_2 \big[C_3 \sin(r_2 x) - C_4 \cos(r_2 x) \big],$$

$$M(x) = -EI \cdot v''$$

$$= -EI \big(r_1^2 \big[C_1 \cosh(r_1 x) + C_2 \sinh(r_1 x) \big] - r_2^2 \big[C_3 \cos(r_2 x) + C_4 \sin(r_2 x) \big] \big),$$

$$Q(x) = -EI \cdot v'''$$

$$= -EI \big(r_1^3 \big[C_1 \sinh(r_1 x) + C_2 \cosh(r_1 x) \big] + r_2^3 \big[C_3 \sin(r_2 x) - C_4 \cos(r_2 x) \big] \big) \tag{5.3.7}$$

Dabei entnimmt man r_1 und r_2 aus (5.3.4). Eine Klassifikation der vier klassischen Lagerungsfälle folgt in Kap. 5.6.

Zudem ergeben sich die folgenden RBen. Da $u(x,t) = v(x) \cdot w(t)$ gilt, übertragen sich die zeitunabhängigen Bedingungen von u auf v.

Übersicht über die Randbedingungen bei freien Biegeschwingungen

Eingespannter Rand	I. $u(x_R, t) = 0 \Rightarrow v(x_R) = 0$ (WRB) II. $u'(x_R, t) = 0 \Rightarrow v'(x_R) = 0$ (WRB)
Gelenkig gestützter Rand	I. $u(x_R, t) = 0 \Rightarrow v(x_R) = 0$ (WRB) II. $M(x_R, t) = 0 \Rightarrow v''(x_R) = 0$ (NRB)
Freier Rand (falls $N = 0$ und $Q = 0$)	I. $M(x_R, t) = 0 \Rightarrow v''(x_R) = 0$ (NRB) II. $Q(x_R, t) = 0 \Rightarrow v'''(x_R) = 0$ (NRB)
1. Biegeschwingungsfall	II. $Q(x_R, t) = N \cdot u'(x_R, t) = 0 \Rightarrow v'(x_R) = 0$ (NRB)

Ein freier Rand ist keiner Kraft ausgesetzt. Bei vorhandener Normalkraft ist deshalb für den 1. Biegeschwingungsfall die zugehörige Bedingung in die Tabelle aufgenommen worden, um die vier Lagerungsfälle damit zu vervollständigen. Eine Durchbiegung aufgrund des Eigengewichts alleine ohne Normalkraft ist nicht vorhanden, weil im statischen Fall $EIu'''' = 0$, also $u = 0$ verbleibt.

Es soll noch die Orthogonalität der Eigenfunktionen gezeigt werden.

Beweis. Jede Eigenfunktion genügt der Gleichung (5.3.3) oder mit den Abkürzungen $a_n = \frac{b + c\omega_n^2}{a}$ und $\beta_n = -\frac{\omega_n^2}{a}$ der Gleichung

$$v_n'''' + a_n v_n'' + \beta_n v_n = 0. \tag{5.3.8}$$

Multiplikation mit v_m liefert $v_n''''v_m + a_n v_n''v_m + \beta_n v_n v_m = 0$ und durch vertauschen der Indizes $v_m''''v_n + a_m v_m''v_n + \beta v_n v = 0$. Die beiden Gleichungen werden subtrahiert, was zu

$$\int_0^l (v_n''''v_m - v_m''''v_n)dx + a_n \int_0^l v_n''v_m dx - a_m \int_0^l v_m''v_n dx + (\beta_n - \beta_m) \int_0^l v_n v_m dx = 0$$

führt. Die ersten drei Integrale werden mithilfe partieller Integration umgeschrieben:

1. Integral:

$$\int_0^l (v_n''''v_m - v_m''''v_n)dx = [v_n'''v_m - v_m'''v_n]_0^l - \int_0^l (v_n'''v_m' - v_m'''v_n')dx$$

$$= [v_n'''v_m - v_m'''v_n]_0^l - [v_n''v_m' - v_m''v_n']_0^l + \int_0^l (v_n''v_m'' - v_m''v_n'')dx$$

$$= [v_n'''v_m - v_m'''v_n]_0^l - [v_n''v_m' - v_m''v_n']_0^l.$$

2. Integral:

$$\int_0^l v_n''v_m dx = [v_n'v_m - v_m'v_n]_0^l - \int_0^l (v_n'v_m' - v_m'v_n')dx$$

$$= [v_n'v_m - v_m'v_n]_0^l.$$

3. Integral:

$$\int_0^l v_m''v_n dx = [v_m'v_n - v_n'v_m]_0^l - \int_0^l (v_m'v_n' - v_n'v_m')dx$$

$$= [v_m'v_n - v_n'v_m]_0^l.$$

Mithilfe der obigen Tabelle folgen die benötigten Produkte aus RBen:
I. $v(0)v'(0) = 0$, II. $v(l)v'(l) = 0$, III. $v(0)v''(0) = 0$, IV. $v(l)v''(l) = 0$, V. $v(0)v'''(0) = 0$ und VI. $v(l)v'''(l) = 0$.

Das 1. Integral ist null aufgrund von III. – VI. und die beiden anderen Integrale sind null unter Verwendung von I. und II. Insgesamt verbleibt $(\beta_n - \beta_m)\int_0^l v_n v_m dx = 0$, was im Fall von $n \neq m$ bedeutet, dass $\int_0^l v_n v_m dx = 0$ sein muss. q. e. d.

Beispiel 1. Der Balken sei beidseitig gelenkig gelagert (Abb. 5.4, 3. Skizze).
a) Bestimmen Sie aus den vier RBen die Eigenfunktionen $v_n(x)$.
b) Der Balken wird aus der Ruhelage mittig mit der Kraft F ausgelenkt und dann entfällt die Kraft wieder. Bestimmen Sie daraus die Schwingungsform $u(x,t)$.

c) Der Balken ist durch die Werte $l = 1\,\text{m}$, $E = 2{,}1 \cdot 10^{11}\,\frac{\text{N}}{\text{m}^2}$, $\rho = 7{,}8 \cdot 10^3\,\frac{\text{kg}}{\text{m}^3}$, $I = \frac{1}{12}Ah^2$, $N = 10^6\,\text{N}$, $h = 0{,}05\,\text{m}$ und $b = 10\,\text{cm}$ gegeben. Könnte der Balken knicken?

d) Ermitteln Sie für die Werte aus c) die Frequenzen f_n für die Fälle
   i) $c = 0$ (ohne Rotationsträgheit), ii) $b = 0$ (ohne Normalkraft) und iii) $b = c = 0$
   (ohne Rotationsträgheit und Normalkraft).

Lösung.

a) Es gilt I. $v(0) = 0$, II. $M(0) = 0$, III. $v(l) = 0$ und IV. $M(l) = 0$. Aus I. und II. folgen zuerst (5.3.7) $C_1 + C_3 = 0$ und $r_1^2 C_1 - r_2^2 C_3 = 0$ respektive und daraus $C_1 = 0, C_3 = 0$. Bedingung III. liefert $C_2 \sinh(r_1 l) + C_4 \sin(r_2 l) = 0$ und IV. führt zu $C_2 r_1^2 \sinh(r_1 l) - C_4 r_2^2 \sin(r_2 l) = 0$. Multipliziert man III. mit r_1^2 und subtrahiert das Ergebnis von IV., so folgt $(r_1^2 + r_2^2) \cdot \sin(r_2 l) = 0$ und die charakteristische Gleichung $\sin(r_2 l) = 0$, da gleichzeitig $r_1 = r_2 = 0$ unmöglich ist. Damit ergibt sich $r_2 = \frac{n\pi}{l}$. Aus III. entnimmt man $r_1 = 0$, was zu $k = 0$, $\omega = 0$ führt und nicht sein kann. Demnach ist $C_2 = 0$. Insgesamt verbleibt $v_n(x) = \sin(r_2 x) = \sin(\frac{n\pi}{l}x)$.

b) Der Ansatz lautet

$$u(x,t) = \sum_{n=1}^{\infty} \sin\left(\frac{n\pi}{l}x\right)\left[b_n \sin(\omega_n t) + cos(\omega_n t)\right].$$

Die Anfangsbedingung $\dot{u}(x,0)$ ergibt $b_n = 0$. Es verbleibt, die Anfangsauslenkung einzubauen, um die Koeffizienten c_n zu bestimmen. Band 2 entnimmt man die zugehörige Biegelinie und es gilt

$$-\frac{Fl^3}{48EI}\left[4\left(\frac{x}{l}\right)^3 - 3\left(\frac{x}{l}\right)\right] = u(x,0) = \sum_{n=1}^{\infty} c_n \sin\left(\frac{n\pi}{l}x\right).$$

Unter Verwendung der Orthogonalität der Sinusfunktion erhält man

$$c_n = \frac{2}{l} \cdot \int_0^l u(x,0) \cdot \sin\left(\frac{n \cdot \pi}{l}x\right)dx = -\frac{F}{24EI \cdot l}\int_0^l (4x^3 - 3l^2 x) \cdot \sin\left(\frac{n \cdot \pi}{l}x\right)dx$$

$$= -\frac{F}{24EI \cdot l} \cdot \left[4 \cdot l^4 (-1)^{n+1}\frac{n^2\pi^2 - 6}{n^3\pi^3} - 3l^2 \cdot (-1)^{n+1}\frac{l^2}{n\pi}\right]$$

$$= \frac{Fl^3}{24EI}(-1)^n\left[4 \cdot \frac{n^2\pi^2 - 6}{n^3\pi^3} - \frac{3}{n\pi}\right] = \frac{Fl^3}{24EI}(-1)^n\left(\frac{n^2\pi^2 - 24}{n^3\pi^3}\right).$$

Damit lautet die Lösung

$$u(x,t) = \frac{Fl^3}{24EI}\sum_{n=1}^{\infty}(-1)^n\left(\frac{n^2\pi^2 - 24}{n^3\pi^3}\right)\sin\left(\frac{n\pi}{l}x\right) \cdot \cos(\omega_n t) = g(x) \cdot \cos(\omega_n t).$$

c) Für die kritische Last gilt für diesen Fall nach Abb. 5.3

$$F_{kr} = EI\frac{\pi^2}{l^2} = \frac{Ebh^3}{12} \cdot \frac{\pi^2}{l^2}$$

$$= \frac{2,1 \cdot 10^{11} \cdot 0,1 \cdot 0,05^3}{12} \cdot \frac{\pi^2}{1^2} = 2,16 \cdot 10^6 \text{ N},$$

also mehr als halb so groß wie N. Man kann davon ausgehen, dass die Biegeschwingungen knickfrei verlaufen.

d) i) Mit (5.3.5) ergibt sich

$$\omega_n^2 = r_2^2(ar_2^2 - b) = \left(\frac{n\pi}{l}\right)^2\left[\frac{EI}{\rho A}\left(\frac{n\pi}{l}\right)^2 - \frac{N}{\rho A}\right]$$

und daraus

$$f_n = \frac{n}{2l}\sqrt{\frac{EI}{\rho A}\left(\frac{n\pi}{l}\right)^2 - \frac{N}{\rho A}}. \tag{5.3.9}$$

Die ersten fünf Frequenzen in Hz lauten 86,19, 442,48, 1031,17, 1854,82, 2913,67. Natürlich sind die Frequenzen mit Einbezug der Normalkraft stark abhängig von der Größe N.

   ii) In diesem Fall hat man

$$\omega_n^2 = r_2^4 \cdot \frac{a}{cr_2^2 + 1} = \frac{EI}{\rho A} \cdot r_2^4 \cdot \frac{12}{\frac{I}{A}r_2^2 + 12} = \frac{Eh^2}{12\rho} \cdot r_2^4 \cdot \frac{12}{h^2r_2^2 + 12}$$

$$= \left(\frac{n\pi}{l}\right)^4 \cdot \frac{Eh^2}{\rho[h^2(\frac{n\pi}{l})^2 + 12]}$$

und damit

$$f_n = \frac{1}{2\pi}\left(\frac{n\pi}{l}\right)^2\sqrt{\frac{Eh^2}{\rho[h^2(\frac{n\pi}{l})^2 + 12]}}.$$

Man erhält für f_1 bis f_5 die Werte 117,52, 468,64, 1049,11, 1852,05, 2868,25 jeweils in Hz.

   iii) Hier ergibt sich $\omega_n^2 = ar_2^4 = \frac{Eh^2}{12\rho}(\frac{n\pi}{l})^4$ und für f_1 bis f_5 die Werte 117,64, 470,57, 1058,78, 1882,27, 2941,04 jeweils in Hz.

Ergebnis. Für höhere Frequenzen nimmt der Einfluss der Rotationsträgheit zu.

Dies kann man sich auch überzeugend erklären, denn mit Erhöhung der Frequenz steigt die Anzahl der Krümmungsänderungen entlang der Balkenlänge an.

Beispiel 2. Der Balken sei beidseitig fest verankert (Abb. 5.4, 2. Skizze).

a) Bestimmen Sie aus den vier RBen die zugehörige charakteristische Gleichung.

b) Nehmen Sie dieselben konkreten Werte wie in Beispiel 1.c) und ermitteln Sie mithilfe von (5.3.5) die zwei Funktionen $r_1(\omega)$ und $r_2(\omega)$. Setzen Sie die Ausdrücke in die charakteristische Gleichung von a) ein und bestimmen Sie die ersten fünf Eigenfrequenzen für die Fälle i) $c = 0$, ii) $b = 0$ und iii) $b = c = 0$ wie in Beispiel 1.

Lösung.

a) Es gilt I. $v(0) = 0$, II. $v'(0) = 0$, III. $v(l) = 0$ und IV. $v'(l) = 0$.

Aus I. und II. entstehen $C_1 + C_3 = 0$ und $r_1 C_2 + r_2 C_4 = 0$ respektive. Die Bedingungen III. und IV. liefern ihrerseits

> III. $C_1 \cosh(r_1 l) + C_2 \sinh(r_1 l) + C_3 \cos(r_2 l) + C_4 \sin(r_2 l) = 0$ und
>
> IV. $r_1[C_1 \sinh(r_1 l) + C_2 \cosh(r_1 l)] - r_2[C_3 \sin(r_2 l) - C_4 \cos(r_2 l)] = 0$.

Mit I. und II. wird daraus

> III. $C_1 r_2[\cosh(r_1 l) - \cos(r_2 l)] = -C_2[r_2 \sinh(r_1 l) - r_1 \sin(r_2 l)]$ und
>
> IV. $C_1[r_1 \sinh(r_1 l) + r_2 \sin(r_2 l)] = -r_1 C_2[\cosh(r_1 l) - \cos(r_2 l)]$.

Die weitere Verrechnung ergibt

$$r_1 r_2[\cosh(r_1 l) - \cos(r_2 l)]^2 - r_1 r_2 \sin^2 h(r_1 l)$$
$$+ (r_1^2 - r_2^2) \sinh(r_1 l) \sin(r_2 l) + r_1 r_2 \sin^2(r_2 l) = 0$$

und die charakteristische Gleichung

$$1 - \cosh(r_1 l) \cos(r_2 l) + \frac{r_1^2 - r_2^2}{2 r_1 r_2} \sinh(r_1 l) \sin(r_2 l) = 0. \tag{5.3.10}$$

Leider lässt sich aus dieser Gleichung r_2 nicht mit r_1 ausdrücken, weswegen man zur Bestimmung der Eigenfrequenzen gemäß Fragestellung b) vorgehen muss.

b) Gleichung (5.3.5) liefert die Ausdrücke

$$r_{1,2}^2(\omega) = \sqrt{\left(\frac{b + c\omega^2}{2a}\right)^2 + \frac{\omega^2}{a}} \mp \frac{b + c\omega^2}{2a}$$

mit den entsprechenden Werten für a, b und c. Eingesetzt in die charakteristische Gleichung erhält man die Kreisfrequenzen ω_n und daraus die Frequenzen f_n. Die ersten fünf lauten jeweils in Hz:
i) 252, 711, 1404, 2324, 3438, ii) 266, 732, 1426, 2341, 3465 und iii) 266, 732, 1426, 2341, 3465. Wiederum wird der Einfluss der Rotationsträgheit mit anwachsender Eigenfrequenz deutlich.

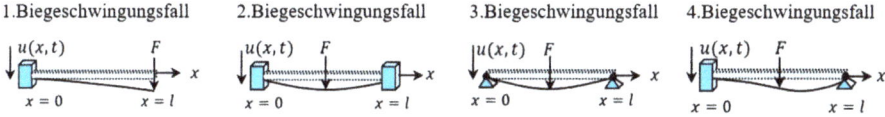

Abb. 5.4: Skizzen zu den Biegeschwingungsfällen.

5.4 Biegeschwingungen ohne Rotationsträgheit und Last

Die Behandlung dieses Problems liefert, verglichen mit dem letzten Kapitel, keine wesentlichen neuen Ergebnisse: Der Einfluss der Rotation auf die Eigenfrequenzen wurde gezeigt und die Eigenformen sind dieselben, weil sie durch die RBen alleine bestimmt werden. Somit bleibt die Gültigkeit sämtlicher Gleichungen von (5.3.7) bestehen. Lediglich die Eigenfrequenzen erfahren durch die Dämpfung eine Veränderung, analog zu den bisherigen gedämpften Schwingungen von Pendel, Saite, Stab usw. Die Schwingungsform (5.3.6) wird dabei durch eine zeitlich exponentiell fallende Funktion ergänzt. Wir beschränken uns deshalb darauf, die allgemeine Schwingungsform herzuleiten.

Herleitung von (5.4.2)

Gemäß Überschrift sind die Vereinfachungen gegeben.

Idealisierungen:

– Die Rotationsträgheit wird vernachlässigt.
– Die Größen E, I, N, ρ, μ und A werden als konstant vorausgesetzt.

Einschränkung: Der Balken ist lastfrei.

Gleichung (5.10) erhält dann die Form $EIu'''' + Nu'' + \mu\dot{u} + \rho A\ddot{u} = 0$ oder $\frac{EI}{\rho A}u'''' + \frac{N}{\rho A}u'' + \frac{\mu}{\rho A}\dot{u} + \ddot{u} = 0$. Mit dem Ansatz $u(x,t) = v(x) \cdot w(t)$ und den Abkürzungen $a = \frac{EI}{\rho A}$, $b = \frac{N}{\rho A}$, $\delta = \frac{\mu}{\rho A}$ folgt $av''''w + bv''w + \delta v\dot{w} + v\ddot{w} = 0$ oder $a\frac{v''''}{v} + b\frac{v''}{v} = -\delta\frac{\dot{w}}{w} - \frac{\ddot{w}}{w}$. Beide Seiten müssen gleich einer Konstante ω^2 sein. Man erhält

$$a\frac{v''''}{v} + b\frac{v''}{v} = \omega^2 \quad \text{und} \quad -\delta\frac{\dot{w}}{w} - \frac{\ddot{w}}{w} = \omega^2. \qquad (5.4.1)$$

Daraus wird $v'''' + \frac{b}{a}v'' - \frac{\omega^2}{a}v = 0$, was (5.3.3) für $c = 0$ und der Lösung gemäß (5.3.6) oder (5.3.7) für den Ortsteil $v(x)$ entspricht. Der Zeitteil erhält die Gestalt $\ddot{w} + \delta\dot{w} + \omega^2 w = 0$. Mithilfe von (3.3.5), (5.3.6) und $\varepsilon_n^2 = \omega_n^2 - (\frac{\delta}{2})^2$ folgt insgesamt

$$u(x,t) = \sum_{n=1}^{\infty} e^{-\frac{\delta}{2}\cdot t} \cdot \left[D_1 \cdot \cos(\varepsilon_n t) + D_2 \cdot \sin(\varepsilon_n t) \right]$$

$$\cdot \left[C_1 \cosh(r_{1n}x) + C_2 \sinh(r_{1n}x) + C_3 \cos(r_{2n}x) + C_4 \sin(r_{2n}x) \right]. \qquad (5.4.2)$$

Beispiel. Ermitteln Sie die Eigenfunktionen $v_n(x)$, die Frequenzen $\omega_n(x)$ und die Schwingungsform $u(x, t)$ für den mittig und einmalig mit der Kraft F aus der Ruhelage ausgelenkten, beidseitig gelenkig gelagerten Balken aus Beispiel 1, Kap. 5.3. Eine Durchbiegung aufgrund des Eigengewichts existiert nicht.

Lösung. Die Eigenformen sind wie beim erwähnten Beispiel $v_n(x) = \sin(r_{2n}x)$ mit $r_{2n} = \frac{n\pi}{l}$. Die Frequenzen ergeben sich aus (5.3.5) zu $\omega_n^2 = r_2^2(ar_2^2 - b)$ und die Schwingungsform mit (5.3.6) zu $u(x, t) = \sum_{n=1}^{\infty} c_n \sin(r_{2n}x) \cdot e^{-\frac{\delta}{2} \cdot t} \cos(\varepsilon_n t)$. Aus der Anfangsbedingung $u(x, 0) = \sum_{n=1}^{\infty} c_n \sin(\frac{n\pi}{l}x)$ folgen dieselben Koeffizienten wie im erwähnten Beispiel und damit die Gesamtlösung

$$u(x, t) = \frac{Fl^3}{24EI} \sum_{n=1}^{\infty} (-1)^n \left(\frac{n^2\pi^2 - 24}{n^3\pi^3} \right) \sin(r_{2n}x) \cdot e^{-\frac{\delta}{2} \cdot t} \cos(\varepsilon_n t).$$

5.5 Biegeschwingungen ohne Dämpfung, Rotationsträgheit und Last

Dieser Fall entspricht dem Spezialfall des Kap. 5.4 für $\mu = 0$.

Idealisierungen:

- Rotationsträgheit und Dämpfung werden vernachlässigt.
- Die Größen E, I, N, ρ und A werden als konstant vorausgesetzt.

Einschränkung: Der Balken ist lastfrei.

Herleitung von (5.5.1)

Gleichung (5.10) erhält dann die Form $EIu'''' + Nu'' + \rho A\ddot{u} = 0$ und die Lösung lautet in Anlehnung an (5.4.2)

$$u(x, t) = \sum_{n=1}^{\infty} [D_1 \cdot \cos(\omega_n t) + D_2 \cdot \sin(\omega_n t)]$$

$$\cdot \left[C_1 \cosh(r_{1n}x) + C_2 \sinh(r_{1n}x) + C_3 \cos(r_{2n}x) + C_4 \sin(r_{2n}x) \right]. \tag{5.5.1}$$

Beispiel. Ermitteln Sie Eigenfunktionen, die Eigenfrequenzen und die Schwingungsform $u(x, t)$ des Balkens aus dem Beispiel, Kap. 5.4.

Lösung. Wieder gilt $v_n(x) = \sin(r_{2n}x)$ mit $r_{2n} = \frac{n\pi}{l}$. Weiter erhält man $\omega_n^2 = r_2^2(ar_2^2 - b)$ mit $a = \frac{EI}{\rho A}$, $b = \frac{N}{\rho A}$ und $u(x, t) = \sum_{n=1}^{\infty} c_n \sin(r_{2n}x) \cos(\omega_n t)$. Aus der Anfangsbedingung folgen abermals dieselben Koeffizienten und es ergibt sich die Schwingungsform

$$u(x, t) = \frac{Fl^3}{24EI} \sum_{n=1}^{\infty} (-1)^n \left(\frac{n^2\pi^2 - 24}{n^3\pi^3} \right) \sin(r_{2n}x) \cos(\omega_n t).$$

5.6 Freie Biegeschwingungen ohne Rotationsträgheit

Wirkt auf das System keine äußere Kraft, dann nennt man die Schwingungen frei. Damit ist weder eine Normalkraft noch eine Dämpfung oder eine zusätzliche Last gestattet. In diesem Kapitel steht die Form der Eigenfunktionen im Mittelpunkt. Sie sollen für die vier Lagerungsfälle (Abb. 5.4) ermittelt werden.

Idealisierungen:

- Rotationsträgheit und Dämpfung werden vernachlässigt.
- Die Größen E, I, ρ und A werden als konstant vorausgesetzt.

Einschränkung: Normalkraft und zusätzliche Last entfallen.

Herleitung von (5.6.2) **und** (5.6.3)

Die zugehörige DG lautet demnach

$$EIu'''' + \rho A \ddot{u} = 0. \tag{5.6.1}$$

Fast die gesamte Vorarbeit wurde schon in Kap. 5.3 geleistet. Gleichung (5.4.1) reduziert sich dann für $\delta = 0$ zu $\ddot{w} + \omega^2 w = 0$ und

$$\frac{EI}{\rho A} v'''' = \omega^2 v. \tag{5.6.2}$$

Setzt man weiter gemäß Situation $N = \mu = 0$, bzw. $b = c = 0$, so liefern (5.3.4) und (5.3.5) $r_1^4 = r_2^4 = k^4 = \frac{\omega^2}{a} = \frac{\rho A}{EI} \omega^2$ und die Schnittgrößen aus (5.3.7) folgen zu

$$v(x) = C_1 \cosh(kx) + C_2 \sinh(kx) + C_3 \cos(kx) + C_4 \sin(kx),$$
$$v'(x) = k\left[C_1 \sinh(kx) + C_2 \cosh(kx) - C_3 \sin(kx) + C_4 \cos(kx)\right],$$
$$M(x) = -EI \cdot v'' = -EIk^2\left[C_1 \cosh(kx) + C_2 \sinh(kx) - C_3 \cos(kx) - C_4 \sin(kx)\right],$$
$$Q(x) = -EI \cdot v''' = -EIk^3\left[C_1 \sinh(kx) + C_2 \cosh(kx) + C_3 \sin(kx) - C_4 \cos(kx)\right]. \tag{5.6.3}$$

Beispiel 1. Für den dritten Biegeschwingungsfall (Abb. 5.5, beidseitig gelenkig) lauten die schon mehrmals genannten Eigenfunktionen $v_n(x) = \sin(\frac{n\pi}{l}x)$ (Man entnimmt sie beispielsweise aus Beispiel 1, Kap. 5.3). Die Eigenfrequenzen folgen aus der charakteristischen Gleichung $\sin(kl) = 0$. Man erhält nacheinander $kl = n\pi$, $k^4 = (\frac{n\pi}{l})^4$, $\frac{\rho A}{EI}\omega_n^2 = (\frac{n\pi}{l})^4$ und schließlich $f_n = \frac{n^2\pi}{2l^2}\sqrt{\frac{EI}{\rho A}}$.

Beispiel 2. Mit Beispiel 2 Kap. 5.3 wurde der zweite Biegeschwingungsfall (Abb. 5.5, beidseitig fest) schon besprochen. Im jetzigen Fall setzt man in Gleichung (5.3.10) $r_1 = r_2 = k$ und erhält die charakteristische Gleichung $\cosh(kl)\cos(kl) - 1 = 0$ mit den ersten drei Lösungen $k_1 l = 1{,}506 \cdot \pi$, $k_2 l = 2{,}500 \cdot \pi$ und $k_3 l = 3{,}500 \cdot \pi$. Diese entsprechen schon ab $n \geq 2$ ziemlich genau $k_n l \approx \frac{2n+1}{2} \cdot \pi$. Aus $k_n^4 = \frac{\rho A}{EI}\omega_n^2 = \frac{\rho A}{EI}4\pi^2 f_n^2$

folgen die Frequenzen $f_1 = 1{,}133 \cdot \frac{\pi}{l^2}\sqrt{\frac{EI}{\rho A}}$, $f_2 = 3{,}124 \cdot \frac{\pi}{l^2}\sqrt{\frac{EI}{\rho A}}$ und $f_3 = 6{,}125 \cdot \frac{\pi}{l^2}\sqrt{\frac{EI}{\rho A}}$ mit $f_n \approx \frac{(2n+1)^2\pi}{8l^2}\sqrt{\frac{EI}{\rho A}}$. Zur Angabe der Eigenfunktionen muss man wieder zurück zu den RBen:

I. $v(0) = 0$, II. $v'(0) = 0$, III. $v(l) = 0$ und IV. $v'(l) = 0$. Die Bedingungen I. und II. führen zu $C_3 = -C_1$ und $C_4 = -C_2$. Verrechnet man die Bedingungen III. und IV., so erhält man

$$C_2 = -C_1 \frac{\sinh(kl) + \sin(kl)}{\cosh(kl) - \cos(kl)} \quad \text{oder} \quad C_2 = -C_1 \cdot \frac{\cosh(kl) - \cos(kl)}{\sinh(kl) - \sin(kl)},$$

was aufgrund der charakteristischen Gleichung, wie man sich überzeugen kann, dasselbe ist. Insgesamt folgt

$$v_n(x) = \cosh(k_n x) - \cos(k_n x) - \frac{\cosh(k_n l) - \cos(k_n l)}{\sinh(k_n l) - \sin(k_n l)}[\sin(k_n x) - \sinh(k_n x)]. \quad (5.6.4)$$

Für die restlichen beiden Biegeschwingungsfälle verfährt man analog zu den Beispielen 1 und 2 aus Kap. 5.3. Sämtliche Ergebnisse entnimmt man Abb. 5.5. Dabei ist $k_n^4 = 4\pi^2 \frac{\rho A}{EI} f_n^2$.

Lagerung	Charakteristische Gleichung, Eigenformen	Eigenfrequenzen
fest, frei	$cosh(kl)cos(kl) + 1 = 0$ $v_n(x) = cos(k_n x) - cosh(k_n x)$ $- \frac{cosh(k_n l)+cos(k_n l)}{sinh(k_n l)+sin(k_n l)}[sin(k_n x) - sinh(k_n x)]$	$f_1 = 0{,}178 \cdot \frac{\pi}{l^2}\sqrt{\frac{EI}{\rho A}}$, $f_2 = 1{,}116 \cdot \frac{\pi}{l^2}\sqrt{\frac{EI}{\rho A}}$ $f_3 = 3{,}126 \cdot \frac{\pi}{l^2}\sqrt{\frac{EI}{\rho A}}$ $f_n \approx \frac{(2n-1)^2\pi}{8l^2}\sqrt{\frac{EI}{\rho A}}$, $n = 2,3,4,\ldots$
fest, fest	$cosh(kl)cos(kl) - 1 = 0$ $v_n(x) = cosh(k_n x) - cos(k_n x)$ $- \frac{cosh(k_n l)-cos(k_n l)}{sinh(k_n l)-sin(k_n l)}[sinh(k_n x) - sin(k_n x)]$	$f_1 = 1{,}133 \cdot \frac{\pi}{l^2}\sqrt{\frac{EI}{\rho A}}$, $f_2 = 3{,}124 \cdot \frac{\pi}{l^2}\sqrt{\frac{EI}{\rho A}}$ $f_3 = 6{,}125 \cdot \frac{\pi}{l^2}\sqrt{\frac{EI}{\rho A}}$ $f_n \approx \frac{(2n+1)^2\pi}{8l^2}\sqrt{\frac{EI}{\rho A}}$, $n = 1,2,3,\ldots$
gelenkig, gelenkig	$sin(kl) = 0$, $v_n(x) = sin\left(\frac{n\pi}{l}x\right)$	$f_n = \frac{n^2\pi}{2l^2}\sqrt{\frac{EI}{\rho A}}$, $n = 1,2,3,\ldots$
fest, gelenkig	$tanh(kl) - tan(kl) = 0$ $v_n(x) = cos(k_n x) - cosh(k_n x)$ $- \frac{1}{tan(k_n l)}[sin(k_n x) - sinh(k_n x)]$	$f_1 = 0{,}781 \cdot \frac{\pi}{l^2}\sqrt{\frac{EI}{\rho A}}$, $f_2 = 2{,}531 \cdot \frac{\pi}{l^2}\sqrt{\frac{EI}{\rho A}}$ $f_3 = 5{,}281 \cdot \frac{\pi}{l^2}\sqrt{\frac{EI}{\rho A}}$ $f_n \approx \frac{(4n+1)^2\pi}{32l^2}\sqrt{\frac{EI}{\rho A}}$, $n = 1,2,3,\ldots$

Abb. 5.5: Übersicht über Eigenformen und -frequenzen der freien Biegeschwingung.

Beispiel 3. An einem Kragbalken wird eine Punktmasse m am freien Ende befestigt (Abb. 5.6, 1. Skizze). Es existiert keine analytische Lösung für die Schwingungsform dieses Problems, weil auch die Balkenmasse mitschwingt. Setzt man hingegen $m \gg m_{\text{Balken}}$, so kann die Balkenmasse in einer Näherung vernachlässigt werden. Demnach fasst man das Problem als eine freie Balkenschwingung gemäß (5.6.1) mit einer zusätzlichen RB für $x = l$ auf.

Idealisierung: Es gilt $m \gg m_{\text{Balken}}$ und der Balken kann als masselos betrachtet werden.

a)   Stellen Sie die vier RBen auf.
b)   Ermitteln Sie die charakteristische Gleichung.
c)   Bestimmen Sie die Eigenfunktionen und die ersten drei Eigenfrequenzen für das Massenverhältnis $\frac{m}{m_{\text{Balken}}} = \gamma = 10$.

Lösung.

a)   Die ersten drei RBen lauten I.$u(0) = 0$, II. $u'(0) = 0$ und III. $M(l) = 0$.
Aus I. und II. folgen $C_3 = -C_1$ und $C_4 = -C_2$. Bedingung II. liefert

$$C_1 \cosh(kl) + C_2 \sinh(kl) - C_3 \cos(kl) - C_4 \sin(kl) = 0$$

und

$$C_2 = -C_1 \cdot \frac{\cosh(kl) + \cos(kl)}{\sinh(kl) + \sin(kl)}.$$

Da das rechte Ende nicht mehr frei ist, muss die 4. RB aus einem Kräftevergleich am Balkenende ermittelt werden.

Bilanz: Aus $F_{G,\text{Punktmasse}}(l) + Q(l,t) = 0$ folgt mit (5.6.2) und (5.6.3) nacheinander
IV. $m \cdot \ddot{u}(l,t) - EIu'''(l,t) = 0$, $m \cdot v(l)\ddot{w}(t) - EIv'''(l)w(t) = 0$, $-m \cdot \omega^2 v(l)w(t) - EIv'''(l)w(t) = 0$ und damit $-m \cdot \omega^2 v(l) - EIv'''(l) = 0$.

b)   Verwendet man $k^4 = \frac{\rho A}{EI}\omega^2$ oder $EIk^4 \gamma l = m\omega^2 = m\omega^2$ und (5.6.3), so schreibt sich IV. als

$$\gamma l k \left[C_1 \cosh(kl) + C_2 \sinh(kl) - C_1 \cos(kl) - C_2 \sin(kl) \right]$$
$$+ \left[C_1 \sinh(kl) + C_2 \cosh(kl) - C_1 \sin(kl) + C_2 \cos(kl) \right] = 0.$$

Die weitere Verrechnung mithilfe von I.–III. liefert

$$\gamma kl \left[\cosh(kl) - \cos(kl) \right] + \sinh(kl) - \sin(kl).$$
$$= \frac{\cosh(kl) + \cos(kl)}{\sinh(kl) + \sin(kl)} \cdot \left[\mu kl(\sinh(kl) - \sin(kl)) + \cosh(kl) + \cos(kl) \right]$$

und die charakteristische Gleichung

$$\gamma kl \left[\cos(kl)\sinh(kl) - \sin(kl)\cosh(kl) \right] + \cos(kl)\cosh(kl) + 1 = 0.$$

Für $\gamma = 0$ geht die Gleichung über in diejenige des rechts freien Balkens.

c) Für $\gamma = 10$ erhält man $k_1 l = 0{,}234 \cdot \pi$, $k_2 l = 1{,}254 \cdot \pi$, $k_3 l = 2{,}252 \cdot \pi$.

Damit ändern sich auch die Eigenformen gegenüber denjenigen eines freien rechten Rands zu

$$v_n(x) = \cos(k_n x) - \cosh(k_n x) - \frac{\cosh(k_n l) + \cos(k_n l)}{\sinh(k_n l) + \sin(k_n l)}(\sin(k_n x) - \sinh(k_n x)).$$

Beispiel 4. Im Jahre 1940 wurde in den USA im Bundesstaat Washington über den Fluss Tacoma-Narrows eine Hängebrücke gebaut. Um Material zu sparen, hielt man die Brücke extrem schlank, was eine sehr niedrige Steifigkeit und ein niedriges Gewicht bedeutete. Schon vor der Öffnung für den Verkehr führte das Hauptsegment der Brücke von 853 m Länge eine Vertikalschwingung mit einer Frequenz von etwa 1,67 Hz und einer Amplitude von etwa 60 cm aus. Letztlich stürzte die Brücke aber aufgrund von vom Wind verursachten Torsionsschwingungen zusammen. Fassen Sie die Brücke als Balken mit den Lagerungen gemäß Fall 2 auf (Abb. 5.5, beidseitig gelenkig). Folgende Werte sind gegeben: $\rho = 1{,}25 \cdot 10^3 \frac{\text{kg}}{\text{m}^3}$ (Leichtbeton), $E = 3{,}0 \cdot 10^{10} \frac{\text{N}}{\text{m}^2}$, $I = \frac{1}{12}Ah^2$, $h = 2{,}4\,\text{m}$ ($b = 11{,}9\,\text{m}$).

Ermitteln Sie die Eigenfrequenzen bezüglich Vertikalschwingung der Brücke als Funktion von $n \in \mathbb{N}$ und bestimmen Sie die wievielte Eigenfrequenz laut Text etwa angeregt wurde.

Lösung. Gemäß Fall 2 ist

$$f_n = \frac{n^2 \pi}{2l^2}\sqrt{\frac{EI}{\rho A}} = \frac{n^2 \pi}{2l^2}\sqrt{\frac{Eh^2}{12\rho}} \cong n^2 \cdot 0{,}00733\,\text{Hz}.$$

Speziell für $n = 9$ folgt $f_9 = 81 \cdot 0{,}00733\,\text{Hz} = 0{,}59\,\text{Hz}$, was etwa dem Wert im Text entspricht.

Der Rayleigh-Quotient eines frei schwingenden Balkens ohne Dämpfung

Herleitung von (5.6.5)–(5.6.9)

Die Dämpfung beeinflusst die Eigenfunktionen nicht, weshalb es nur Gleichung (5.4.1) zu betrachten gilt: $av'''' + bv'' = \omega^2 v$ mit $a = \frac{EI}{\rho A}$ und $b = \frac{N}{\rho A}$.

Jede Eigenfunktion v_n erfüllt (5.4.1), womit wir $av_n'''' + bv_n'' = \omega_n^2 v$ erhalten.

Multiplikation mit v_n und Integration über die Balkenlänge liefert

$$a\int_0^l v_n'''' v_n\,dx + b\int_0^l v_n'' v_n\,dx = \omega_n^2 \int_0^l v_n^2\,dx. \tag{5.6.5}$$

Zuerst formen wir die beiden Integrale auf der linken Seite von (5.6.5) um:

$$\int_0^l v_n''''v_n\,dx = [v_n'''v_n]_0^l - \int_0^l v_n'''v_n'\,dx = [v_n'''v_n]_0^l - [v_n''v_n']_0^l + \int_0^l (v_n'')^2\,dx, \tag{5.6.6}$$

$$\int_0^l v_n''v_n\,dx = [v_n'v_n]_0^l - \int_0^l (v_n')^2\,dx. \tag{5.6.7}$$

1. Fall. $N \neq 0$. Sämtliche Randterme in (5.6.6) und (5.6.7) entfallen nur für die ersten beiden der vier Lagerungsfälle, wie man der Tabelle in Kap. 5.3 entnimmt.

Dies vorausgesetzt, entsteht aus (5.6.5) $a \int_0^l (v_n'')^2 dx - b \int_0^l (v_n')^2 dx = \omega_n^2 \int_0^l v_n^2 dx$, womit sich der Rayleigh-Quotient schreibt als

$$\omega_n^2 = \frac{EI \int_0^l (f'')^2 dx - N \int_0^l (f')^2 dx}{\rho A \int_0^l f^2 dx}. \tag{5.6.8}$$

Gleichung (5.6.8) stellt eine Abschätzung der Eigenfrequenzen mit einer Funktion $f(x)$ dar, die den RBen genügt.

2. Fall. $N = 0$. Da (5.6.7) entfällt, verbleibt (5.6.6) allein und die beiden Randterme sind null für alle vier Lagerungsfälle. Damit gilt

$$\omega_n^2 = \frac{EI}{\rho A} \cdot \frac{\int_0^l (f'')^2 dx}{\int_0^l f^2 dx} = \frac{D_n^*}{m_n^*}. \tag{5.6.9}$$

Beispiel 5. Berechnen Sie für jeden der vier Lagerungsfälle die modale Masse m_n^*.

Lösung. Wir führen die Rechnung exemplarisch für den zweiten Biegeschwingungsfall (beidseitig fest) durch. Aus Beispiel 2 sind $k_1 = \frac{1{,}506\cdot\pi}{l}$, $k_2 = \frac{2{,}500\cdot\pi}{l}$, $k_3 = \frac{3{,}500\cdot\pi}{l}$ usw. bekannt. Nun ersetzt man in (5.6.4) nacheinander den Wert k_n durch die oberen drei Ausdrücke und erhält in jedem Fall $m_n^* = \rho A \int_0^l v_n^2(x)dx = \rho A \cdot l = m$, also für jedes n. Damit schwingt die gesamte Masse bei jeder Eigenform. Dasselbe Ergebnis erhält man auch für die Lagerungsfälle fest-frei und fest-gelenkig gelagert. Für den beidseitig gelenkig gelagerten Balken ist wie bei der Saite $m_n^* = \frac{1}{2}m$. Die folgende Übersicht fasst die Ergebnisse zusammen.

Lagerungsfall	fest, frei	fest, fest	gelenkig, gelenkig	fest, gelenkig
Modale Masse m_n^*	m	m	$0{,}5m$	m

Beispiel 6. Für den vierten Biegeschwingungsfall (Abb. 5.5) soll mithilfe von (5.6.9) f_1 abgeschätzt werden, wenn man anstelle der exakten Eigenfunktion $v_1(x)$ die mit $\frac{q_0 l^4}{48EI}$ normierte Biegelinie für Gleichlast verwendet.

Lösung. Die gesuchte Funktion lautet $f(x) = 2(\frac{x}{l})^4 - 5(\frac{x}{l})^3 + 3(\frac{x}{l})^2$ und erfüllt $f(0) = 0$, $f'(0) = 0, f(l) = 0$ und $f''(0)$.

Man erhält

$$\omega_1^2 = k^4 \cdot \frac{\frac{1}{l^4} \int_0^l [576(\frac{x}{l})^4 - 1440(\frac{x}{l})^3 + 1188(\frac{x}{l})^2 - 360(\frac{x}{l}) + 36]\, dx}{\int_0^l [4(\frac{x}{l})^8 - 20(\frac{x}{l})^7 + 37(\frac{x}{l})^6 - 30(\frac{x}{l})^5 + 9(\frac{x}{l})^4]dx}$$

$$= k^4 \cdot \frac{\frac{1}{l^3}(\frac{576}{5} - 360 + 396 - 180 + 36)}{l(\frac{4}{9} - \frac{5}{2} + \frac{37}{7} - 5 + \frac{9}{5})} = \frac{k^4}{l^4} \cdot \frac{\frac{36}{5}}{\frac{19}{630}} = 238{,}73 \cdot \frac{k^4}{l^4}$$

und daraus $\omega_1 \approx \frac{15{,}41}{l^2} \sqrt{\frac{EI}{\rho A}}$ oder

$$f_1 \approx \frac{15{,}41 \cdot \pi}{2\pi^2 \cdot l^2} \sqrt{\frac{EI}{\rho A}} = 0{,}783 \cdot \frac{\pi}{l^2} \sqrt{\frac{EI}{\rho A}}$$

verglichen mit dem genauen Wert $f_1 = 0{,}781 \cdot \frac{\pi}{l^2} \sqrt{\frac{EI}{\rho A}}$.

Beispiel 7. In Beispiel 1d) i), Kap. 5.3 wurde für den zweiten Biegeschwingungsfall (beidseitig gelenkig gelagert) die erste Eigenfrequenz zu $f_1 = 86{,}19$ Hz bei Vernachlässigung der Rotationsträgheit berechnet. Zusätzlich waren folgende Werte gegeben: $l = 1$, $E = 2{,}1 \cdot 10^{11} \frac{N}{m^2}, \rho = 7{,}8 \cdot 10^3 \frac{kg}{m^3}, I = \frac{1}{12}Ah^2, N = 10^6$ N, $h = 0{,}05$ m und $b = 10$ cm. Schätzen Sie f_1 mithilfe von (5.6.8) für den zweiten Biegeschwingungsfall ab, falls man anstelle der genauen Eigenfunktion $v_1(x) = \sin(\frac{\pi}{l}x)$ die Funktion $f(x) = \frac{4}{l^2}x(l - x)$ verwendet.

Lösung. Man erhält $\int_0^1 f^2 dx = \frac{8}{15}$, $\int_0^1 (f')^2 dx = \frac{16}{3}$ und $\int_0^1 (f'')^2 dx = 64$. Gleichung (5.6.8) liefert damit

$$\omega_1^2 = \frac{EI \cdot 64 - N \cdot \frac{16}{3}}{\rho A \cdot \frac{8}{15}} = \frac{2{,}1 \cdot 10^{11} \cdot \frac{1}{12} \cdot 0{,}05 \cdot 0{,}1 \cdot 0{,}05^2 \cdot 64 - 10^6 \cdot \frac{16}{3}}{7{,}8 \cdot 10^3 \cdot 0{,}05 \cdot 0{,}1 \cdot \frac{8}{15}} = 416666{,}67$$

und $f_1 = 102{,}7$ Hz.

5.7 Erzwungene Biegeschwingungen eines Balkens

Wir betrachten dazu einen Balken mit örtlich verteilter Last und beliebiger Lagerung (Abb. 5.6, 2. Skizze). Die zu lösende DG lautet

$$\ddot{u} + \frac{EI}{\rho A} \cdot u'''' = \frac{q(x)}{\rho A} \cdot \cos(\varphi t). \tag{5.7.1}$$

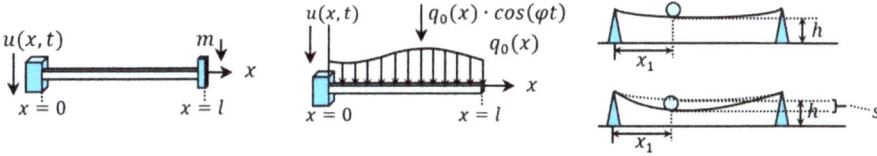

Abb. 5.6: Skizzen zum Beispiel 3, Kap. 5.6, zu den erzwungenen Biegeschwingungen und den Biegeschwingungen mit verteilten Massen.

Dabei ist q in $\frac{N}{m}$. Wie schon bei der Saite und dem Stab bauen wir die Dämpfung modal für jede Eigenfrequenz erst mit vorhandener Lösung des ungedämpften Systems ein. Uns interessiert nur die Lösung nach dem Einschwingzustand. Diese nennen wir ab jetzt $u(x,t)$. Bei der folgenden Herleitung lässt sich fast alles von der Saite auf den Balken übertragen.

1. Variante. Die Lösung von (5.7.1) wird über einen Ansatz gewonnen.

Herleitung von (5.7.2)–(5.7.8)
Wir versuchen den Ansatz $u(x,t) = v(x) \cdot \cos(\varphi t)$ und finden

$$EIv''''(x) - \rho A \varphi^2 v(x) = q(x). \tag{5.7.2}$$

Sowohl $v(x)$ als auch $q(x)$ werden in eine Fourier-Reihe mit den Eigenfunktionen der entsprechenden Lagerung zerlegt: $v(x) = \sum_{n=1}^{\infty} d_n v_n(x)$ und $q(x) = \sum_{n=1}^{\infty} q_n v_n(x)$. Weiter beachtet man, dass Gleichung (5.6.2) für jede Eigenfunktion v_n gilt: $v_n'''' = \frac{\rho A}{EI} \omega_n^2 \cdot v_n$. Damit schreibt sich (5.7.2) als

$$\rho A \sum_{n=1}^{\infty} d_n \omega_n^2 \cdot v_n - \rho A \varphi^2 \sum_{n=1}^{\infty} d_n v_n = \sum_{n=1}^{\infty} q_n v_n. \tag{5.7.3}$$

Um die Koeffizienten miteinander identifizieren zu können, muss zuerst gezeigt werden, dass die Eigenfunktionen v_n ein Orthogonalsystem bilden. Dies haben wir schon mit (5.3.8) bewiesen, und zwar für alle Eigenfunktionen v_n mit $v_n'''' + \alpha_n v_n'' + \beta_n v_n = 0$. Setzt man $\alpha_n = 0$, so ergibt sich die gewünschte Aussage. Der Koeffizientenvergleich in (5.7.3) liefert $\rho A d_n \omega_n^2 - \rho A \varphi^2 d_n = q_n$ und

$$d_n = \frac{q_n}{\rho A(\omega_n^2 - \varphi^2)} = \frac{q_n}{\rho A \omega_n^2} \cdot V(\omega_n) = s_n \cdot V(\omega_n) \tag{5.7.4}$$

mit dem Vergrößerungsfaktor

$$V(\omega_n) = \frac{1}{|1 - (\frac{\varphi}{\omega_n})^2|}. \tag{5.7.5}$$

Zur Bestimmung der Koeffizienten q_n multiplizieren wir die Last mit v_m und integrieren über die Balkenlänge. Das ergibt nacheinander

$$q(x)v_m = \sum_{n=1}^{\infty} q_n v_n v_m,$$

$$\int_0^l v_n(x)q(x)dx = q_n \int_0^l v_n^2(x)dx \quad \text{und}$$

$$q_n = \frac{\int_0^l v_n(x)q(x)dx}{\int_0^l v_n^2(x)dx}. \tag{5.7.6}$$

Analog zur Saite kann sich die Gesamtlast aus einer Streckenlast $q(x)$ und einzelnen Kräften zusammensetzen. Deshalb wird der Zähler von (5.7.6) mit Beiträgen aus Punktkräften der Form $q_k = v_n(x_k) \cdot F_k$ ergänzt. Für die fehlende Dämpfung ersetzen wir (5.7.5) durch den Vergrößerungsfaktor

$$V(\omega_n, \xi_n) = \frac{1}{\sqrt{[1 - (\frac{\varphi}{\omega_n})^2]^2 + 4\xi_n^2(\frac{\varphi}{\omega_n})^2}}. \tag{5.7.7}$$

Dabei ist $\xi_n = \frac{\mu}{2m_n^*\omega_n}$ das Lehr'sche Dämpfungsmaß bezogen auf die n-te Eigenfrequenz ω_n und die n-te modale Masse $m_n^* = \rho A \int_0^l v_n^2 dx$ mit der n-ten Eigenfrequenz $v_n(x)$, die sich aus der Lagerung ergibt. Aufgrund der Dämpfung erfährt jede Eigenschwingung zusätzlich eine Phasenverschiebung $\sigma_n = \arctan(\frac{2\xi_n\omega_n\cdot\varphi}{\varphi^2-\omega_n^2})$. Die Gleichungen (5.7.4), (5.7.6) und (5.7.7) führen zu folgendem Ergebnis:

Die Lösung der erzwungenen Biegeschwingung $\ddot{u} + \frac{\mu}{\rho A}\dot{u} + \frac{EI}{\rho A} \cdot u'''' = \frac{q(x)}{\rho A} \cdot \cos(\varphi t)$ eines Balkens besitzt die Form $u(x,t) = \sum_{n=1}^{\infty} d_n v_n(x) \cos(\varphi t - \sigma_n)$ mit den dynamischen Koeffizienten $d_n = s_n \cdot V(\omega_n, \xi_n)$, den statischen Koeffizienten $s_n = \frac{q_n}{\rho A \omega_n^2}$, den Lastkoeffizienten

$q_n = \frac{\int_0^l v_n(x)q(x)dx + \sum_{k=1}^{m} v_n(x_k)\cdot F_k}{\int_0^l v_n^2 dx}$, den Dämpfungsmaßen ξ_n und den Phasenverschiebungen σ_n. $\quad$ (5.7.8)

2. Variante. Die Lösung wird über die schwache Formulierung von (5.7.1) gewonnen.

Herleitung von (5.7.9)–(5.7.15)

Dieselben nachstehenden Überlegungen hätten wir schon mit der Herleitung von (3.8.11) bei der erzwungenen Saitenschwingung hinzufügen können. Wie in Kap. 3.9 schon mehrfach durchgeführt, multiplizieren wir (5.7.1) mit einer beliebigen Testfunktion $z(x)$ und integrieren über die Balkenlänge. Man erhält

$$EI \int_0^l z(x)v(x)''''dx - \rho A\varphi^2 \int_0^l z(x)v(x)dx = \int_0^l z(x)q(x)dx. \tag{5.7.9}$$

Für das erste Integral von (5.7.9) benutzen wir zweimal eine partielle Integration:

$$\int_0^l zv''''dx = [zv''']_0^l - \int_0^l z'v'''dx = [zv''']_0^l - \left([z'v'']_0^l - \int_0^l z''v''dx\right)$$

$$= [zv''']_0^l - [z'v'']_0^l + \int_0^l z''v''dx. \tag{5.7.10}$$

Benutzt man $EI \cdot u''' = -Q_0(x)$ und $EI \cdot u'' = -M_0(x)$, so folgt aus (5.7.10)

$$EI\int_0^l zv''''dx = -[z(x)Q_0(x)]_0^l + [z'(x)M_0(x)]_0^l + EI\int_0^l z''v''dx. \tag{5.7.11}$$

Insgesamt schreibt sich (5.7.9) mithilfe von (5.7.11) als

$$EI\int_0^l z''v''dx - \rho A\varphi^2\int_0^l zvdx = [z(x)Q_0(x)]_0^l - [z'(x)M_0(x)]_0^l + \int_0^l z(x)q(x)dx. \tag{5.7.12}$$

Zur Gleichung (5.7.12) gesellen sich noch die Einzelkräfte. Die endgültige Fassung der schwachen Formulierung (SF) von (5.7.1) lautet somit

$$EI\int_0^l z''v''dx - \rho A\varphi^2\int_0^l zvdx$$

$$= [z(x)Q_0(x)]_0^l - [z'(x)M_0(x)]_0^l + \int_0^l z(x)q(x)dx + \sum_{k=1}^m z(x_k)\cdot F_k. \tag{5.7.13}$$

Jede Lösung $v(x)$ von (5.7.13) ist auch Lösung von (5.7.1), aber nicht umgekehrt. Man erkennt, dass v nur noch zweimal stetig differenzierbar sein muss.

Im Fall einer freien Schwingung ist $\varphi = \omega, q_0(x) = 0$ und somit auch $Q_0(x) = M_0(x) = 0$. Es verbleibt $EI\int_0^l z''v''dx = \rho A\omega_n^2\int_0^l zvdx$. Wird insbesondere $z = v = v_n$ gewählt, so ergibt sich $EI\int_0^l(v_n'')^2dx = \rho A\omega_n^2\int_0^l v_n^2dx$ und somit der Rayleigh-Quotient aus (5.6.8):

$$\omega_n^2 = \frac{EI}{\rho A}\cdot\frac{\int_0^l(f'')^2dx}{\int_0^l f^2dx} \tag{5.7.14}$$

für eine Funktion $f(x)$, welche die Randbedingungen erfüllt.

Nehmen wir nun speziell $z(x) = v_n(x)$ (jede Eigenfunktion ist Lösung der schwachen Formulierung), setzt dies unter Benutzung von (5.7.14) in (5.7.13) ein, dann folgt

$$\rho A(\omega_n^2 - \varphi^2)d_n \int_0^l v_n^2 dx$$

$$= [v_n(x)Q_0(x)]_0^l - [v_n'(x)M_0(x)]_0^l + \int_0^l v_n(x)q(x)dx + \sum_{k=1}^m v_n(x_k) \cdot F_k. \tag{5.7.15}$$

Für alle vier Lagerungsfälle ist die zweite Klammer von (5.7.15) null. Die erste Klammer liefert nur im Fall des Kragbalkens einen Beitrag $v_n(l)Q_0(l)$. Diesen Beitrag können wir auch in die Summe der Einzelkräfte implementieren, sodass von (5.7.15) nur

$$\rho A(\omega_n^2 - \varphi^2)d_n \int_0^l v_n^2 dx = \int_0^l v_n(x)q(x)dx + \sum_{k=1}^m v_n(x_k) \cdot F_k$$

verbleibt. Daraus folgen dieselben Lastkoeffizienten q_n wie in (5.7.6). Die Dämpfung erfasst man wiederum mithilfe der modalen Dämpfung.

Beispiel 1.

a) Für den beidseitig gelenkig gelagerten Balken soll die Lösung einer erzwungenen Schwingung mit der Frequenz φ bei Gleichlast $q(x) = q_0$ ermittelt werden.

b) Bestimmen Sie die statische Lösung für $\varphi \to 0$ und zeigen Sie die Gleichheit mit der entsprechenden Biegelinie

$$u(x) = \frac{q_0 l^4}{24EI}\left[\left(\frac{x}{l}\right)^4 - 2\left(\frac{x}{l}\right)^3 + \left(\frac{x}{l}\right)\right].$$

Lösung.

a) Es gilt

$$q_n = \frac{q_0 \int_0^l \sin(\frac{n\pi}{l}x)dx}{\int_0^l \sin^2(\frac{n\pi}{l}x)dx} = q_0 \frac{\frac{2l}{(2n-1)\pi}}{\frac{l}{2}} = \frac{4q_0}{(2n-1)\pi}$$

und

$$s_n = \frac{q_n}{\rho A\omega_n^2} = \frac{4q_0 l^4}{EI(2n-1)^5\pi^5} \quad \text{mit} \quad \omega_n = \frac{n^2\pi^2}{l^2}\sqrt{\frac{EI}{\rho A}}.$$

Es folgt

$$u(x,t) = \frac{4q_0 l^4}{EI} \sum_{n=1}^{\infty} \frac{1}{(2n-1)^5\pi^5} \cdot \frac{1}{1-(\frac{\varphi}{\omega_n})^2} \sin\left(\frac{n\pi}{l}x\right)\cos(\varphi t).$$

b) Man erhält $d_n = s_n$ und

$$u(x) = \frac{4q_0 l^4}{EI} \sum_{n=1}^{\infty} \frac{1}{(2n-1)^5 \pi^5} \cdot \sin\left(\frac{n\pi}{l} x\right).$$

Dies muss der Biegelinie

$$u(x) = \frac{q_0 l^4}{24EI}\left[\left(\frac{x}{l}\right)^4 - 2\left(\frac{x}{l}\right)^3 + \left(\frac{x}{l}\right)\right]$$

entsprechen. Durch Multiplikation beider Seiten mit $\sin(\frac{m\pi}{l} x)$ und Benutzung der Orthogonalität der Sinusfunktion, rechnet man nach, dass

$$\frac{48l}{(2n-1)^5 \pi^5} = \int_0^l \left[\left(\frac{x}{l}\right)^4 - 2\left(\frac{x}{l}\right)^3 + \left(\frac{x}{l}\right)\right] \sin\left(\frac{n\pi}{l} x\right)$$

gilt.

Beispiel 2.

a) Für den beidseitig gelenkig gelagerten Balken soll die Lösung einer erzwungenen Schwingung mit der Frequenz φ ermittelt werden, wobei je eine Einzelkraft F_0 an den Stellen $x_1 = \frac{l}{4}$ und $x_2 = \frac{3l}{4}$ wirkt.

b) Bestimmen Sie die statische Lösung für $\varphi \to 0$.

Lösung.

a) Man erhält

$$q_n = \frac{F_0[\sin(\frac{n\pi}{4}) + \sin(\frac{3n\pi}{4})]}{\int_0^l \sin^2(\frac{n\pi}{l} x)\,dx} = \frac{F_0[\sin(\frac{n\pi}{4}) + \sin(\frac{3n\pi}{4})]}{\frac{l}{2}},$$

$$s_n = \frac{2F_0 l^3}{EI} \cdot \frac{[\sin(\frac{n\pi}{4}) + \sin(\frac{3n\pi}{4})]}{n^4 \pi^4}$$

und

$$u(x,t) = \frac{2F_0 l^3}{EI} \sum_{n=1}^{\infty} \frac{[\sin(\frac{n\pi}{4}) + \sin(\frac{3n\pi}{4})]}{n^4 \pi^4} \cdot \frac{1}{1 - (\frac{\varphi}{\omega_n})^2} \cdot \sin\left(\frac{n\pi}{l} x\right) \cos(\varphi t).$$

b) Es gilt $d_n = s_n$ und folglich

$$u(x) = \frac{2F_0 l^3}{EI} \sum_{n=1}^{\infty} \frac{[\sin(\frac{n\pi}{4}) + \sin(\frac{3n\pi}{4})]}{n^4 \pi^4} \cdot \sin\left(\frac{n\pi}{l} x\right)$$

(Dies stimmt mit dem Ergebnis aus dem 2. Band überein).

5.8 Biegeschwingungen mit verteilten Massen

Die freien Schwingungen eines Balkens wurden ausführlich behandelt, sofern der reine Balken mit Masse M nach einmaliger Anregung schwingt. Platziert man aber eine Zusatzmasse m an irgendeine Stelle des Balkens, so ändern sich Biegelinie und Eigenfunktionen. Die Änderungen sind für $m \ll M$ unerheblich, nehmen aber mit der Masse m und mit weiteren auf dem Balken verteilten Massen zu. Die zugehörigen exakten Eigenfunktionen und Eigenfrequenzen bleiben dann unbekannt. Um Letztere zumindest abschätzen zu können, behilft man sich wie schon bei der Euler'schen Knicklast mit Rayleighs Energiemethode. Die potentielle Energie eines Balkens im Verformungszustand $u(x,t)$ liegt mit (5.2.1) vor, hingegen wurde die kinetische Energie des Balkens bisher noch nicht benötigt, sodass wir diese kurz herleiten.

Herleitung von (5.8.1)
Es gilt

$$dE_{kin} = \frac{1}{2}dm \cdot \dot{u}^2(x,t) = \frac{1}{2}\rho A dx \cdot \dot{u}^2(x,t)$$

und durch Integration über die Balkenlänge erhält man

$$E_{kin} = \frac{1}{2}\int_m dm \cdot \dot{u}^2(x,t) = \frac{1}{2}\rho A \int_0^l \dot{u}^2(x,t)dx. \qquad (5.8.1)$$

Nun soll der Rayleigh-Quotient für das beschriebene Problem ermittelt werden.

Herleitung von (5.8.2)–(5.8.5)
Dazu betrachten wir einen Balken in einer beliebigen Auslenkung $u(x,t)$ zu einem Zeitpunkt t zusammen mit einer Masse m, kurz bevor die Masse auf dem Balken an einer Stelle $x = x_1$ platziert wird.

Bilanz 1: Potentielle Energiebilanz von Balken und Zusatzmasse. Die gesamte potentielle Energie des Balkens inklusive Masse beträgt mit (5.2.1) $E_{pot1} = \frac{1}{2}EI \int_0^l (u'')^2 dx + mgh$ (Abb. 5.6 rechts oben und unten). Wird die Masse auf den Balken gelegt, dann verrichtet sie Arbeit am Balken und erhöht seine Spannungsenergie. Für eine Feder gilt bekanntlich $F = Ds$, wenn s die Auslenkung, F die Zugkraft und D die Federkonstante bezeichnet. In unserem Fall ist $F = F_G = mg$ und somit $D = \frac{mg}{s}$, woraus für die Spannungsenergie

$$E_{pot,2a} = \frac{1}{2}Ds^2 = \frac{1}{2}\left(\frac{mg}{s}\right)s^2 = \frac{1}{2}mgs$$

folgt. Gleichzeitig sinkt aber die Lageenergie der Masse auf $E_{pot,2b} = mg(h-s)$. Insgesamt liegt die potentielle Energie von Balken und Masse somit bei

$$E_{\text{pot2}} = \frac{1}{2}EI \int\limits_0^l (u'')^2 dx + \frac{1}{2}mgs + mg(h-s) = E_{\text{pot1}} - \frac{1}{2}mgs.$$

Damit ist die potentielle Energie gesunken, was wir als Zusatzergebnis zur Kenntnis nehmen. Identifiziert man noch $s = u(x_1, t)$, dann ist die potentielle Energie

$$E_{\text{pot2}} = \frac{1}{2}EI \int\limits_0^l [u''(x,t)]^2 dx - \frac{1}{2}mg \cdot u(x_1, t). \tag{5.8.2}$$

Bilanz 2: Kinetische Energiebilanz von Balken und Zusatzmasse. Es gilt $E_{\text{kin1}} = \frac{1}{2}\rho A \int_0^l \dot{u}^2(x,t)dx$ und die kinetische Energie erhöht sich auf

$$E_{\text{kin2}} = \frac{1}{2}\rho A \int\limits_0^l \dot{u}^2(x,t)dx + \frac{1}{2}m \cdot \dot{u}^2(x_1, t). \tag{5.8.3}$$

Nun formen wir mithilfe der Separation $u(x,t) = v(x)w(t)$ (5.8.2) und (5.8.3) um zu

$$E_{\text{pot2}} = \frac{1}{2}\left\{ EI \int\limits_0^l [v''(x)]^2 dx - mg \cdot v(x_1) \right\} w^2(t) = \frac{1}{2}D^* w^2(t) \quad \text{und}$$

$$E_{\text{kin2}} = \frac{1}{2}\left\{ \rho A \int\limits_0^l v^2(x)dx + m \cdot v^2(x_1) \right\} \dot{w}^2(t) = \frac{1}{2}m^* \dot{w}^2(t).$$

Die Größen D^* und m^* kann man als Ersatzsteifigkeit und Ersatzmasse interpretieren und demnach $\omega^2 = \frac{D^*}{m^*}$ wie bei einem Einmasseschwinger schreiben. An dieser Stelle greift die Modalanalyse wieder ein. Wir interessieren uns für die modalen Verschiebungen und betrachten $\omega_n^2 = \frac{D_n^*}{m_n^*} := \frac{D_n}{m_n}$. Man nennt D_n und m_n die generalisierten oder modalen Steifigkeiten bzw. Massen. Somit erhalten wir den Rayleigh-Quotienten

$$\omega_n^2 = \frac{EI \int_0^l [v_n''(x)]^2 dx - mg \cdot v_n(x_1)}{\rho A \int_0^l v_n^2(x)dx + m \cdot v_n^2(x_1)}. \tag{5.8.4}$$

Der zweite Term im Zähler gibt die Verminderung der potentiellen Energie der Masse m durch Absenkung um die Strecke s an. Diese ist verglichen mit dem ersten Term viel kleiner, weil s sehr klein ist, sofern m klein gegenüber der Balkenmasse ist. Vernachlässigt man den zweiten Term, dann erübrigt sich eine eventuelle Normierung der Eigenfunktionen v_n, weil der Normierungsfaktor sowohl im Zähler als auch im Nenner von (5.8.4) quadriert wird und damit wegfällt. Das Ergebnis (5.8.4) kann man für beliebig viele Massen $m_1, m_2, \ldots, m_k$ an den Stellen $x_1, x_2, \ldots, x_k$ erweitern. Zudem lässt sich die potentielle Energie bezüglich einer vorhandenen Normalkraft N gemäß (5.2.6) ergänzen. Insgesamt ergibt sich:

Der verallgemeinerte Rayleigh-Quotient $\omega_n^2 = \dfrac{EI\int_0^l [v_n''(x)]^2 dx - N\int_0^l [v_n'(x)]^2 dx - g\sum_{i=0}^k m_i v_n(x_i)}{\rho A\int_0^l v_n^2(x)\,dx + \sum_{i=0}^k m_i v_n^2(x_i)}$ lautet

Die Funktion v_n muss nicht normiert werden, falls der letzte Term im Zähler vernachlässigt wird, ansonsten schon. Bei mehreren Massen normiert man bezüglich der Stelle größter statischer Auslenkung. (5.8.5)

Beispiel 1. Ein beidseitig gelenkig gelagerter Balken wird in der Mitte mit einer Masse m belastet. Die genauen Eigenformen sind unbekannt. Für den Balken gilt $l = 10\,\text{m}$, $E = 2{,}1 \cdot 10^{11}\,\frac{\text{N}}{\text{m}^2}$, $\rho = 7{,}8 \cdot 10^3\,\frac{\text{kg}}{\text{m}^3}$, $I = \frac{1}{12}Ah^2$ und $h = 0{,}05\,\text{m}$.

a) Verwenden Sie für die Eigenfunktionen diejenigen der freien Schwingung und normieren Sie die Moden bezüglich der Stelle $x = \frac{l}{2}$.

b) Die aufgelegte Masse m soll als Vielfaches γ der Balkenmasse $m_B = \rho A l$ variiert werden, d.h. es ist $\gamma = \frac{m}{\rho A l}$. Bestimmen Sie die Eigenfrequenzen f_n mithilfe von (5.8.5) einmal ohne Einbezug des letzten Terms von (5.8.5) und einmal mit Einbezug für $\gamma = 0{,}1,\ 0{,}2,\ 0{,}5$ und 1.

Lösung.

a) Die Eigenfunktionen der freien Schwingung lauten gemäß Abb. 5.5 $v_n(x) = \sin(\frac{n\pi}{l}x)$ und sie sind schon normiert bezüglich dem Kontrollpunkt $x = \frac{l}{2}$.

b) Man erhält

$$\omega_n^2 = \frac{EI \cdot \frac{(2n-1)^4\pi^4}{2l^3} - mg \cdot 1}{\rho A \cdot \frac{l}{2} + m \cdot 1^2}.$$

Für gerade Frequenzen liefert der Quotient kein Ergebnis, weil die gewählten Funktionen $v_n(x)$ bei $x = \frac{l}{2}$ einen Knoten besitzen. Hier muss man sich mit anderen Funktionen, die den RBen genügen, behelfen. Zumindest für ungerade n mit $m = \gamma\rho A l$ folgt

$$\omega_n^2 = \frac{EI \cdot \frac{(2n-1)^4\pi^4}{2l^3} - \gamma\rho A l g}{\rho A \cdot \frac{l}{2} + \gamma\rho A l} = \frac{\frac{EI}{\rho A} \cdot \frac{(2n-1)^4\pi^4}{2l^4} - \gamma g}{\frac{1}{2} + \gamma} \quad \text{und}$$

$$f_n = \frac{1}{2\pi}\sqrt{\frac{\frac{Eh^2}{12\rho} \cdot \frac{(2n-1)^4\pi^4}{2l^4} - \gamma g}{\frac{1}{2} + \gamma}}.$$

Die Ergebnisse für die erste Eigenfrequenz sind in nachstehender Tabelle festgehalten. Zum Vergleich ist die erste Eigenfrequenz der freien Schwingung in die Tabelle mit aufgenommen worden. Der Einfluss der Absenkung um s nimmt mit wachsendem γ zu.

$\gamma = 0$	Massenverhältnis γ	$\gamma = 0{,}1$	$\gamma = 0{,}2$	$\gamma = 0{,}5$	$\gamma = 1$
$f_1 = 1{,}664$	f_1 ohne Absenkung s in [Hz]	1,519	1,406	1,176	0,961
	f_1 mit Absenkung s in [Hz]	1,505	1,381	1,122	0,870

Bemerkung. Der Zähler von f_n kann null werden (keine potentielle Energie), falls

$$\gamma \geq \frac{Eh^2}{12\rho} \cdot \frac{(2n-1)^4 \pi^4}{2gl^4}.$$

Das ist beispielsweise bei $n = 1$ für $\gamma \geq 2{,}78$ der Fall.

Beispiel 2. Eine Brücke sei beidseitig gelenkig gelagert und besitze folgende spezifischen Werte: $b = 5\,\text{m}$, $h = 0{,}5\,\text{m}$, $I = \frac{1}{12}Ah^2$, $E = 3{,}0 \cdot 10^{10}\,\frac{\text{N}}{\text{m}^2}$, $\rho = 2{,}5 \cdot 10^3\,\frac{\text{kg}}{\text{m}^3}$. Wir nehmen eine konzentrierte Masse m in Brückenmitte an.

a) Die Länge der Brücke ist $l = 40\,\text{m}$. Wie groß muss m sein, damit die erste Eigenfrequenz 0,49 Hz beträgt? Nehmen Sie dazu die Eigenfunktion der freien Schwingung $v_n(x) = \sin(\frac{n\pi}{l}x)$ und als $x = \frac{l}{2}$ als Normierungsstelle.

b) Wie groß muss die Länge l der Brücke sein, damit bei einer konzentrierten Masse von 500 kg in Brückenmitte die erste Eigenfrequenz 0,4 Hz beträgt?

Lösung.

a) Die Normierung entfällt. Es gilt

$$\omega_n^2 = \frac{EI \cdot \frac{(2n-1)^4 \pi^4}{2l^3} - mg \cdot 1}{\rho A \cdot \frac{l}{2} + m \cdot 1^2}$$

wie in Beispiel 1. Speziell für $n = 1$ wird daraus

$$f_1^2 = \frac{1}{4\pi^2} \cdot \frac{EI \cdot \frac{\pi^4}{2l^3} - mg}{\rho A \cdot \frac{l}{2} + m}$$

und

$$m = \frac{EI \cdot \frac{\pi^4}{2l^3} - 4\pi^2 f_1^2 \rho A \cdot \frac{l}{2}}{4\pi^2 f_1^2 + g}$$

$$= \frac{3{,}0 \cdot 10^{10} \cdot \frac{1}{12} \cdot 5 \cdot 0{,}5^3 \cdot \frac{\pi^4}{2 \cdot l^3} - 4\pi^2 \cdot 0{,}5^2 \cdot 2{,}5 \cdot 10^3 \cdot 5 \cdot 0{,}5 \cdot \frac{l}{2}}{4\pi^2 \cdot 0{,}49^2 + 9{,}81} - 219{,}29\,\text{kg}.$$

b) Obige Gleichung,

$$f_1^2 = \frac{1}{4\pi^2} \cdot \frac{EI \cdot \frac{\pi^4}{2l^3} - mg}{\rho A \cdot \frac{l}{2} + m},$$

wird mit den gegebenen Werten numerisch nach der Länge l aufgelöst. Man erhält $l = 44{,}21$ m.

Beispiel 3. Als Anwendung des Ergebnisses aus Beispiel 1.b) betrachten wir zwei gleich große Massen m an den Stellen $x_1 = \frac{l}{4}$, $x_2 = \frac{3l}{4}$. Bestimmen Sie eine Näherung für f_1, wobei wiederum $\gamma = 0{,}1$ und $l = 10$ m gelten soll.

Lösung. Wieder nehmen wir $v_n(x) = \sin(\frac{n\pi}{l}x)$, die schon bezüglich $x = \frac{l}{2}$ normiert sind. Für $n = 1$ erhält man $v_1(\frac{l}{4}) = \sin(\frac{\pi}{l} \cdot \frac{l}{4}) = \frac{\sqrt{2}}{2}$ und $v_1(\frac{3l}{4}) = \frac{\sqrt{2}}{2}$. Es folgt

$$\omega_1^2 = \frac{EI \cdot \frac{(2n-1)^4\pi^4}{2l^3} - \sqrt{2}\gamma\rho Alg}{\rho A \cdot \frac{l}{2} + \gamma\rho Al} = \frac{\frac{EI}{\rho A} \cdot \frac{\pi^4}{2l^4} - \sqrt{2}\gamma g}{\frac{1}{2} + \gamma}.$$

Mit $\gamma = 0{,}1$ und $l = 10$ m ergibt sich

$$\omega_1^2 = \frac{\frac{EI}{\rho A} \cdot \frac{\pi^4}{2l^4} - \sqrt{2} \cdot 0{,}1g}{\frac{1}{2} + 0{,}1}$$

und somit

$$f_1 = \frac{1}{2\pi}\sqrt{\frac{\frac{EI}{\rho A} \cdot \frac{\pi^4}{2l^4} - \sqrt{2} \cdot 0{,}1g}{\frac{1}{2} + 0{,}1}} = 1{,}046\,\text{Hz}.$$

Beispiel 4. Auf einer Brücke sind an den Stellen $x_1, x_2, \ldots, x_k$ die entsprechenden Massen $m_1, m_2, \ldots, m_k$ platziert. Weiter sei $v^*(x)$ eine Ersatzeigenfunktion, die den Randbedingungen genügt. Welche Normierungsstelle wird man sinnvollerweise wählen und wie lautet die normierte Ersatzeigenfunktion?

Lösung. Als Normierungsstelle wird man den Massenmittelpunkt x_S der k Einzelmassen wählen. Dabei gilt $x_S = \frac{\sum_{i=1}^k x_i \cdot m_i}{\sum_{i=1}^k m_i}$ und die normierte Ersatzeigenfunktion ist $\bar{v}_n(x) = \frac{\bar{v}_n(x)}{\bar{v}_n(x_S)}$.

Beispiel 5. In diesem Beispiel kommen wir nochmals auf den Kragbalken mit Endmasse m zurück (Beispiel 3, Kap. 5.6). Damals wurde der Balken als masselos angenommen, sofern man die Endmasse viel größer als die Balkenmasse m_B wählt. Der Rayleigh-Quotient (5.8.5) erlaubt es nun, ohne die Zusatzbedingung $m \gg m_B$ die Frequenzen auch für kleinere Massen abzuschätzen. In der Formel (5.8.5) wird jetzt also auch die schwingende Balkenmasse miteinbezogen, aber die genauen Moden bleiben weiterhin unbekannt. Wir wählen $\gamma = \frac{m}{\rho Al} = 0{,}1$. Nehmen Sie als Eigenfunktion die Biegelinie für die entsprechende Lagerung und bestimmen Sie damit die erste Eigenfrequenz mit Einbezug des letzten Terms von (5.8.5).

Lösung. Es gilt

$$v(x) = -\frac{mgl^3}{6EI}\left[\left(\frac{x}{l}\right)^3 - 3\frac{x}{l}\right]$$

und bei $x = l$ normiert $\bar{v}(x) = -\frac{1}{2l^3}(x^3 - 3l^2x)$.

Man erhält

$$\omega_1^2 = \frac{EI \cdot \frac{3}{l^3} - mg \cdot 1}{\rho A \cdot \frac{17}{35}l + m \cdot 1^2}$$

und mit $m = 0{,}1\rho Al$ folgt

$$\omega_1^2 = \frac{EI \cdot \frac{3}{l^3} - 0{,}1g\rho Al}{\rho A \cdot \frac{17}{35}l + 0{,}1\rho Al} = \frac{\frac{EI}{\rho A} \cdot \frac{3}{l^4} - 0{,}1g}{\frac{17}{35} + 0{,}1}$$

und schließlich

$$f_1 = \frac{1}{2\pi}\sqrt{\frac{\frac{2{,}1\cdot10^{11}\cdot0{,}05^2}{12\cdot7{,}8\cdot10^3} \cdot \frac{3}{10^4} - 0{,}1 \cdot 9{,}81}{\frac{17}{35} + 0{,}1}} = 0{,}174\,\text{Hz}.$$

6 Personeninduzierte Schwingungen von Fußgängerbrücken

Im Zusammenhang mit der Tacoma-Narrows-Brücke ist die Anregung von Brücken dramatisch in Erscheinung getreten. Aufgrund der großen Spannweite waren die berechneten Eigenfrequenzen klein. Fußgängerbrücken sind dagegen kürzer. Die Eigenfrequenzen steigen dann in den gefährlichen Bereich von 2 Hz, der durchschnittlichen Schrittfrequenz eines Menschen. Bei der Anregung von Fußgängerbrücken sind drei wesentliche Einflüsse für das Aufschaukeln von Schwingungen maßgebend:

1. Die Eigenfrequenzen. Das ist nichts Neues, da bei jedem Balken die Eigenfrequenzen eine Rolle spielen.
2. Die Steifigkeit. Auch das ist bekannt. Hier kann man hervorheben, dass eine Brücke, die Eigenfrequenzen außerhalb des Gefahrenbereichs von 2 Hz besitzt, trotzdem anfällig sein kann, wenn sie dünn gebaut ist, also ihre Steifigkeit niedrig ist.
3. Der Einfluss der Masse der Fußgänger. Untersuchungen haben gezeigt, dass gerade bei leichten Brücken die zusätzliche Masse der Fußgänger einen wesentlichen Einfluss auf die Eigenfrequenz der Brücke besitzt. Es bedeutet insbesondere, dass Eigenfrequenzen > 2 Hz bei Personenströmen aufgrund ihrer Zusatzmasse in den Bereich 2 Hz fallen können. Maßgeblich für diesen Effekt ist das Verhältnis zwischen der Masse des Brückendecks und der Fußgängermasse. Der Effekt wird dabei umso größer, je leichter das Brückendeck ist.

Unbedeutend im Hinblick auf Anregung sind dagegen die Einwirkungen von Radfahrern. Beim Gehen treten durch die rhythmische Körperbewegung vertikale und horizontale Kräfte auf. Die Anregungsfrequenz in vertikaler Richtung liegt im Bereich zwischen 1,4 und 2,4 Hz, also im Mittel etwa bei 2,0 Hz. Die Werte der folgenden Tabelle sind in Hertz angegeben.

	langsam	normal	rasch
Gehen	1,4–1,7	1,7–2,2	2,2–2,4
Laufen	1,9–2,2	2,2–2,7	2,7–3,3
Hüpfen	1,3–1,9	1,9–3,0	3,0–3,4

In horizontaler Richtung übt eine gehende Person sowohl in Längs- als auch in Querrichtung Kräfte auf den Boden aus, die auf das Pendeln des Massenschwerpunktes zurückzuführen sind. Die Anregungsfrequenz ist demzufolge genau halb so groß wie in vertikaler Richtung und liegt im Bereich zwischen 0,7 und 1,2 Hz. Quer zur Fortbewegungsrichtung treten dabei Verschiebungsamplituden des Massenschwerpunkts von etwa 1–2 cm auf. Dies entspricht bei einer Frequenz von 1,0 Hz im Durchschnitt

https://doi.org/10.1515/9783111345857-006

etwa einer dynamischen Anregungskraft von 25 N für eine Einzelperson mit einer Gewichtskraft von 60 kg. Bei Brücken kommt hinzu, dass die Auslenkung des Oberkörpers abhängig von der Bodenbewegung ist, sodass die dynamische Kraft einer Person zwar auch größere Werte annehmen kann, diese jedoch relativ klein im Vergleich zu den Vertikalkräften ist.

Die Vertikalkomponente der Fußgängeranregung nimmt mit steigender Personenanzahl zu, da sie nur eine einzige Wirkungsrichtung besitzt. Im Gegensatz dazu muss die Horizontalkomponente nicht automatisch mit steigender Personenanzahl anwachsen. Die rein zufällig verteilten horizontalen Einwirkungen der Person in zwei Richtungen werden sich teils überlagern, aber auch kompensieren, sodass sich die Kräfte der Personen, über die Zeit gemittelt, gegenseitig aufheben.

Selbst wenn der Takt vorgegeben wird, kann synchrones Gehen einer größeren Personengruppe nur schwer erreicht werden. Ein mutwilliges Aufschaukeln in horizontaler Richtung ist allerdings nur mit wenigen Personen möglich.

Die genannten Zusammenhänge gelten für einen unbeweglichen bzw. sich nahezu in Ruhe befindlichen Untergrund. Erfährt der Untergrund jedoch größere Bewegungen, so kann es zu einer Interaktion (Rückkopplungseffekt = „Lock-In-Effekt") zwischen Person und Bauwerk kommen, da sich eine Person beim Gehen und Laufen den Bewegungen eines vertikal oder horizontal schwingenden Untergrunds automatisch anpasst. Eine Synchronisation der einzelnen Person an die Bodenbewegung erfolgt, sobald ein bestimmter Schwellenwert der Schwingamplitude überschritten ist. In diesem Zustand ist kein unbeeinflusstes Gehen mehr möglich. Der Schwellenwert hängt von der Konstitution der betreffenden Person sowie der Einwirkungsrichtung ab. Bei der hier betrachteten Horizontalrichtung beginnt die Anpassung bereits bei Amplituden von 2–3 mm.

Beispiel Dreiländerbrücke Weil am Rhein. Es soll kurz umrissen werden, wie bei der Bestimmung der maßgebenden Eigenfrequenzen, die als kritisch hinsichtlich Fußgängeranregung zu betrachten sind, vorgegangen wird. Bei besagter Brücke wurden dazu zwei verschiedenartige Versuche durchgeführt.

Versuch 1. Zunächst simulierte man ein mutwilliges Anregen der Brücke in vertikale und horizontale Richtung mit einer Gruppe von 14 Personen. Die Taktvorgabe erfolgte dabei durch ein Metronom. Eine maximale Beschleunigung von 0,5 $\frac{m}{s^2}$ wurde zwar in horizontaler Richtung erreicht, ein richtiges Aufschaukeln der Brücke war aber nicht möglich.

Versuch 2. Im Anschluss fanden fünf Schwingungsversuche unter Beteiligung von mehr als 800 Testpersonen statt. Ohne Taktvorgabe ließ man die Personen, gleichmäßig verteilt, in eine einzige Richtung über die Brücke laufen. Damit wurde „normales" Gehen mit unterschiedlichen Schrittfrequenzen gewährleistet. Über einen Zeitraum von 30 min mass man die Brückenschwingung, sodass die Auflösung im Frequenzbereich groß genug war, um die eng zusammenliegenden Eigenfrequenzen unterscheiden zu können. Dabei kamen sogenannte Geophone zum Einsatz, die selbst kleinste Schwingungsamplituden im Bereich <1 Mikrometer aufzeichnen können und für den

Frequenzbereich 0,5–315 Hz kalibriert sind. Die kleinen vertikalen Eigenfrequenzen wurden somit nicht erfasst, aber beim Gehen werden solch kleine Frequenzen eh nie erzeugt.

Die Messung ergab die nachstehenden ersten 11 Resonanzfrequenzen (in Hertz):

Frequenznummer	1	2	3	4	5	6	7	8	9	10	11
Ohne Verkehrslast (max. 5 Pers.)	0,53	0,70	0,90	0,95	1,00	1,38	1,47	1,65	1,94	2,19	2,27
Mit Verkehrslast (>800 Pers.)	0,53	0,68	0,90	0,93	0,98	1,37	1,43	1,62	1,90	2,18	2,25

Aufgrund der Messergebnisse hat man Folgendes festgestellt:
1. Die Wahrscheinlichkeit, dass die Brücke unaufhaltsam in Resonanz gerät, ist verschwindend klein.
2. Die Brücke schwingt zwar, und das bei 800 Personen, aber mit kleinen Amplituden. Der Ausschwingvorgang ist nach höchstens einer Minute beendet.
3. Nur bei seltenen Großveranstaltungen wie ein Marathon (dann befänden sich etwa 800 Personen auf der Brücke), würde die Brücke etwas unangenehm schwanken.
4. Folgen von Vandalismus konnten aufgrund von Versuch 1 ausgeschlossen werden.

Man hat deshalb in diesem Fall auf die Verwendung jeglicher Tilger verzichtet. Dies ist eine absolute Ausnahme. Die Regel sieht anders aus: Bis zu 50 oder mehr Tilger können oder müssen unter Umständen in eine solche Brücke eingebaut werden.

Zusammenfassend kann man Folgendes zur Identifizierung kritischer Eigenfrequenzen sagen:

Ergebnisse. Die Gebrauchstauglichkeit einer Brücke mit Fußgängerverkehr sollte untersucht werden, wenn Eigenfrequenzen f_n in folgenden Bereichen liegen:
1. Bei Vertikal- und Längsschwingungen: $1{,}25\,\text{Hz} \leq f_n \leq 2{,}3\,\text{Hz}$ und
2. bei seitlichen Schwingungen: $0{,}5\,\text{Hz} \leq f_n \leq 1{,}2\,\text{Hz}$.
3. Bei Fußgängerbrücken mit Eigenfrequenzen der vertikalen und Längsschwingungen im Bereich von $2{,}5\,\text{Hz} \leq f_n \leq 4{,}6\,\text{Hz}$ ist es im Prinzip möglich, dass durch die zweite Harmonische der Fußgängerschrittfrequenz (z. B. für $f_1 = 2\,\text{Hz}$, also $f_2 = 4\,\text{Hz}$) Resonanzeffekte auftreten. In diesem Fall vergrößert sich das Frequenzband für die kritischen Eigenfrequenzen der Vertikal- und Längsschwingungen auf $2{,}5\,\text{Hz} \leq f_n \leq 4{,}6\,\text{Hz}$.
4. Seitliche Schwingungen sind von diesem Effekt nicht betroffen. Es ist theoretisch ebenfalls möglich, dass vertikale Schwingungen durch die zweite Harmonische der Schrittfrequenz erzeugt werden. Bis heute ist jedoch in der Literatur kein Hinweis darauf zu finden, dass aufgrund dieses Effekts wesentliche Schwingungen aufgetreten sind.

6.1 Abschätzung der Amplitude bei Resonanz

Zum besseren Verständnis tragen wir einige Ergebnisse im Zusammenhang mit einer erzwungenen Schwingung aus dem 2. Band zusammen.

Herleitung von (6.1.1)–(6.1.9)

1. Wir betrachten zuerst einen Einmasseschwinger (EMS) mit der Masse m, der Federkonstanten D und einer Dämpfung μ. Dieser besitzt die Eigenfrequenz $\omega_0^2 = \frac{D}{m}$. Bei einer Anregung mit einer Kraft F_0 und einer Frequenz ω wird die Auslenkung $u(t)$ mit der Zeit beschrieben durch

$$u(t) = \frac{F_0}{m\omega_0^2} \cdot \frac{1}{\sqrt{(1 - \Omega^2)^2 + 4\xi^2\Omega^2}} \cdot \cos(\omega t - \varphi) + e^{-\xi\omega_0 \cdot t} \cdot f(t). \qquad (6.1.1)$$

Dabei ist $f(t) = C_1 \cdot \cos(\omega_d t) + C_2 \cdot \sin(\omega_d t)$ und $\varphi = \arctan(\frac{2\xi\Omega}{1 - \Omega^2})$, $\omega_d = \omega_0\sqrt{1 - \xi^2}$. Die Konstanten C_1 und C_2 werden durch die Anfangsbedingungen festgelegt. Zudem ist $\Omega = \frac{\omega}{\omega_0}$ und $\xi = \frac{\mu}{2m\omega_0}$ das Lehr'sche Dämpfungsmaß. Weiter bezeichnet

$$V(\Omega) = D \cdot U(\Omega) = \frac{1}{\sqrt{(1 - \Omega^2)^2 + 4\xi^2\Omega^2}} \qquad (6.1.2)$$

die Vergrößerungsfunktion.

Im Weitern interessiert uns nur die Amplitude der Lösung im eingeschwungenen Zustand:

$$A(\Omega, \xi) = \frac{F_0}{m\omega_0^2} \cdot \frac{1}{\sqrt{(1 - \Omega^2)^2 + 4\xi^2\Omega^2}}. \qquad (6.1.3)$$

Zur weiteren Abschätzung der Amplitude bei einer Kraftanregung müssen wir vom schlimmsten anzunehmenden Fall ausgehen, dass nämlich eine der Eigenfrequenzen angeregt wird und dabei das System eine schwache Dämpfung besitzt.

Einschränkungen:

– Die Dämpfung ist < 2 %.
– Die Anregungsfrequenz entspricht gerade einer Eigenfrequenz ω_n der Struktur.

Für den EMS bedeutet das $\Omega = \frac{\omega}{\omega_0} = 1$ und Gleichung (6.1.3) reduziert sich zu

$$A(\xi) = \frac{F_0}{m\omega_0^2} \cdot \frac{1}{2\xi} = \frac{F_0}{D} \cdot \frac{1}{2\xi}. \qquad (6.1.4)$$

Man bezeichnet $Q = \frac{1}{2\xi}$ als Qualitätsfaktor oder maximaler Vergrößerungsfaktor.

2. Nun gehen wir zu einer kontinuierlich verteilten Masse über, insbesondere einem Balken. Ein solcher besitzt unendlich viele Eigenfrequenzen ω_n. Zudem müssen wir

nochmals die Ersatzmasse (generalisierte Masse), wie auch eine Ersatzsteifigkeit festsetzen. Dies haben wir schon mit dem Rayleigh-Quotient (5.7.13) bewerkstelligt:

Als Ersatzsteifigkeit oder modale Steifigkeit D_n^* für die n-te Eigenfrequenz können wir

$$D_n^* := EI \int_0^l (h_n'')^2 dx \qquad (6.1.5)$$

definieren, wobei $h_n(x)$ irgendeine Funktion bezeichnet, die den Randbedingungen genügt. Insbesondere eignen sich dazu natürlich die Eigenfunktionen $h_n(x) = v_n(x)$ der freien Schwingung mit entsprechender Lagerung. Analog definiert man

$$m_n^* := \rho A \int_0^l (h_n)^2 dx. \qquad (6.1.6)$$

Im Anregungsfall ist dann $\omega = \omega_n$ und $\Omega = 1$. Weiter hat man $\xi_n = \frac{\mu}{2m_n^* \omega_n}$ und

$$A(\xi_n) = x_{\text{Max},n} = \frac{F_0}{D_n^*} \cdot \frac{1}{2\xi_n} = \frac{F_0}{m_n^* \omega_n^2} \cdot \frac{1}{2\xi_n} \qquad (6.1.7)$$

mit der statischen Auslenkung $u_{\text{stat}} = \frac{F_0}{D_n^*}$ und $Q(\xi_n) = \frac{1}{2\xi_n}$. Die statische Auslenkung wird hier mithilfe der entsprechenden Eigenform gewonnen. Man erhält u_{stat} korrekterweise über die Biegelinie, aber der Unterschied ist vernachlässigbar.

Theoretisch dauert es unendlich lange, bis das System die Anregungsfrequenz annimmt. Ein schönes Ergebnis kann man erzielen, wenn man die Einschwingzeit t_E dahin gehend vorgibt, dass die maximale Amplitude bis auf 4 % erreicht wird. Nach dieser Zeit beträgt der Exponentialterm in (6.1.1) $e^{-\xi_n \omega_n \cdot t_E} = 0{,}04$. Aufgelöst erhält man $\xi_n \omega_n \cdot t_E = 3{,}22 \approx \pi$, weiter $\xi_n 2\pi f_n \cdot t_E \approx \pi$ und schließlich

$$t_E \approx \frac{1}{2\xi_n f_n} = \frac{T_n}{2\xi_n}. \qquad (6.1.8)$$

Mit diesen Ergebnissen können wir zudem eine maximale Geschwindigkeits- und Beschleunigungsamplitude angeben. Ausgehend von der Lösung (6.1.1) im stationären Zustand $u_n(t) = A(\xi_n) \cdot \cos(\omega t - \varphi)$ erhält man

$$\dot{u}_n = \omega_n u_{\text{Max},n} = \frac{\omega_n F_0}{D_n^*} \cdot \frac{1}{2\xi_n} = \frac{F_0}{m_n^* \omega_n} \cdot \frac{1}{2\xi_n} \quad \text{und}$$

$$\ddot{u}_n = \omega_n \dot{u}_{\text{Max},n} = \frac{\omega_n^2 F_0}{D_n^*} \cdot \frac{1}{2\xi_n} = \frac{F_0}{m_n^*} \cdot \frac{1}{2\xi_n} = \omega_n^2 \cdot u_{\text{Max},n}. \qquad (6.1.9)$$

Als Kriterium für den Komfort bei schwingenden Fußgängerbrücken wird die Beschleunigung verwendet. Dazu gibt es vier Komfortklassen mit genormten Bandbreiten für die Beschleunigung (siehe nachfolgende Tabelle).

Komfortklasse	Grad des Komforts	Vertikal a_{limit} in $\frac{m}{s^2}$	Seitlich a_{limit} in $\frac{m}{s^2}$
CL 1	Maximum	< 0,50	< 0,10
CL 2	Mittel	0,50–1,00	0,10–0,30
CL 3	Minimum	1,0–2,50	0,30–0,80
CL 4	Nicht akzeptabel	> 2,50	> 0,80

Beispiel. Eine beidseitig gelenkig gelagerte Brücke aus Leichtbeton besitzt folgende Werte: $l = 17\,\text{m}$, $b = 3\,\text{m}$, $h = 0{,}4\,\text{m}$, $I = \frac{1}{12}Ah^2$, $E = 1 \cdot 10^{10}\,\frac{N}{m^2}$, $\rho = 1 \cdot 10^3\,\frac{kg}{m^3}$ und $\xi_n = \xi = 0{,}017$.

a) Welche Eigenfrequenz ist gegenüber einer Kraftanregung mit 2 Hz im Hinblick auf Anregung gefährdet?

b) In welcher Zeit müsste die Kraftanregung mit 2 Hz in Brückenmitte erfolgen, damit während dieser Zeit die Eigenfrequenz gleichmäßig bis auf 96 % der maximalen Amplitude angeregt wird?

c) Ermitteln Sie die generalisierte Masse und die modale Steifigkeit der Brücke für diesen Fall. Nehmen Sie dazu die Eigenfunktion der freien Schwingung $v_1(x) = \sin(\frac{\pi}{l}x)$.

d) Eine Masse $m_0 = 75\,\text{kg}$ befindet sich in Brückenmitte. Berechnen Sie zuerst die dadurch hervorgerufene statische Auslenkung des Brückendecks und danach die maximale dynamische Auslenkung, falls die Brücke mit der ersten Eigenfrequenz in Resonanz versetzt wird.

e) Nach den Richtlinien der Komfortklasse CL3 dürfte die maximale Beschleunigung $2{,}5\,\frac{m}{s^2}$ betragen. Prüfen Sie dies!

Lösung.

a) Abb. 5.5 entnimmt man die Eigenfrequenzen

$$f_n = \frac{n^2\pi}{2l^2}\sqrt{\frac{EI}{\rho A}} = \frac{n^2\pi}{2l^2}\sqrt{\frac{Eh^2}{12\rho}}.$$

Für $n = 1$ erhält man

$$f_1 = \frac{1^2\pi}{2 \cdot 17^2}\sqrt{\frac{10^{10} \cdot 0{,}4^2}{12 \cdot 10^3}} = 2\,\text{Hz}.$$

b) Gleichung (6.1.8) liefert $t_E = \frac{1}{2 \cdot 0{,}017 \cdot 2} = 14{,}70\,\text{s}$.

c) Man erhält

$$m_1^* = \rho A \int_0^l (v_1)^2 dx = \rho A \cdot \frac{l}{2} = 10^3 \cdot 3 \cdot 0{,}4 \cdot \frac{17}{2} = 1{,}02 \cdot 10^4 \, \text{kg}$$

und mit (6.1.5)

$$D_1^* = EI \int_0^l (v_1'')^2 dx = EI \cdot \frac{1^4 \pi^4}{l^4} \cdot \frac{l}{2} = \frac{\pi^4 EI}{2l^3} = 1{,}59 \cdot 10^6 \frac{\text{N}}{\text{m}}.$$

d) Die statische Durchbiegung bei mittiger Kraft F_0 ist gegeben durch $u_{\text{stat}} = \frac{F_0 l^3}{48 EI}$ (Mithilfe der Biegelinie, siehe Band 2). Aus $F_0 = m_0 g$ folgt

$$u_{\text{stat}} = \frac{75 \cdot 9{,}81 \cdot 17^3}{48 \cdot 10^{10} \cdot \frac{1}{12} \cdot 3 \cdot 0{,}4^3} = 0{,}47 \, \text{mm}.$$

Gleichung von (6.1.7) liefert

$$u_{\text{dyn,max}} = \frac{m_0 g}{D_1^*} \cdot \frac{1}{2\xi} = \frac{75 \cdot 9{,}81}{1{,}59 \cdot 10^6} \cdot \frac{1}{2 \cdot 0{,}017} = 1{,}36 \, \text{cm}.$$

Insgesamt ist $u_{\text{max}} = u_{\text{stat}} + u_{\text{dyn,max}} = 1{,}41 \, \text{cm}$.

e) Mit der zweiten Gleichung von (6.1.9) folgt dann

$$\ddot{u}_1 = 4\pi^2 f_1^2 \cdot u_{\text{Max},d} = 4\pi^2 \cdot 2^2 \cdot 1{,}41 \cdot 10^{-2} = 2{,}23 \frac{\text{m}}{\text{s}^2}.$$

Das Ergebnis liefert einen für die CL3-Komfortklasse noch akzeptablen Wert.

6.2 Gehen und Laufen

Fußgängerbrücken müssen gegenüber mutwilliger Schwingungsanregung gerüstet sein. Entscheidend für die Belastung ist auch die Dauer des Bodenkontakts. In diesem Sinne unterscheiden sich Gehen und Laufen. Beim Laufen wird der Bodenkontakt unterbrochen und beim Gehen ist der Kraftverlauf, der von der gehenden Person auf den Boden aufgebracht wird, kontinuierlich. Der zeitliche Kraftverlauf lässt sich innerhalb eines Intervalls nach Gleichung (3.3.3) als Fourier-Reihe darstellen.

Herleitung von (6.2.1) und (6.2.2)

Ist demnach $F(t)$ eine innerhalb eines Intervalls periodische Funktion mit der Periode T bzw. der Frequenz $f = \frac{1}{T}$ oder der Kreisfrequenz $\omega = \frac{2\pi}{T} = 2\pi f$, so besitzt die zugehörige Fourier-Reihe die Gestalt

$$F(t) = \sum_{n=0}^{\infty} [a_n \cos(n\omega t) + b_n \sin(n\omega t)] = \sum_{n=0}^{n} [a_n \cos(2\pi n f t) + b_n \sin(2\pi n f t)]. \qquad (6.2.1)$$

Diese Darstellung können wir mithilfe der Identität

$$r \cdot \cos u + s \cdot \sin u = \sqrt{r^2 + s^2} \cdot \sin\left[u + \arctan\left(\frac{s}{r}\right)\right]$$

umschreiben zu

$$F(t) = \sum_{n=0}^{\infty} c_n \sin(2\pi n f t + \varphi_n), \qquad (6.2.2)$$

wobei $c_n = \sqrt{a_n^2 + b_n^2}$ und $\varphi_n = \arctan(\frac{b_n}{a_n})$ ist.

Die Darstellung (6.2.2) gestattet es, über Messungen die Koeffizienten c_n für die Frequenzanteile $2\pi n f$ zu ermitteln. Für den periodischen Ablauf des Gehens ist c_0 natürlich gleich der Gewichtskraft G. Die Werte der folgenden Tabelle stammen von Baumann/Bachmann (1988). Sie gelten für die vertikale Kraftverteilung zur Zeit t mit Gehfrequenzen von 1,5–2,5 Hz. Messungen ergaben für die Anteile $c_n = \frac{\Delta G_n}{G}$ die Werte (Abb. 6.1 links):

c_1	c_2	c_3	c_4	φ_1	φ_2	φ_3	φ_4
0,4	0,1	0,1	0	0	$-0,5\pi$	$-0,5\pi$	0

Offenbar wird die vierte Harmonische nicht angeregt. Die Anregung der zweiten und dritten Harmonischen tritt zeitlich verzögert ein.

Beispiel 1.
a) Ermitteln Sie die Fourier-Reihe für den vertikalen Kräfteverlauf $F(t)$ bei einer Frequenz von $f = 2$ Hz mithilfe der Abb. 6.1 links.
b) Tragen Sie die Funktion $F^*(t) = \frac{F(t)}{G}$ nach t auf.

Lösung.
a) Die Kraftverteilung bis zur zweiten Oberschwingung lautet $F(t) = G + F_1(t) + F_2(t) + F_3(t)$.
Mit der Grundfrequenz von $f = 2$ Hz schreibt sich (6.2.2) als

$$F(t) = G\left[1 + 0,4\sin(4\pi t) + 0,1\sin\left(8\pi t - \frac{\pi}{2}\right) + 0,1\sin\left(12\pi t - \frac{\pi}{2}\right)\right]. \qquad (6.2.3)$$

b) Den Verlauf mit $G = 584$ N entnimmt man Abb. 6.1 rechts. Die beiden Maxima entsprechen dem Auftreten mit der Ferse und dem Abstoßen mit dem Ballen. Die maximale Amplitude für eine Person mit der Gewichtskraft G wird somit $F_{max} = 1{,}54\,G$, also 154 % seines Eigengewichts.

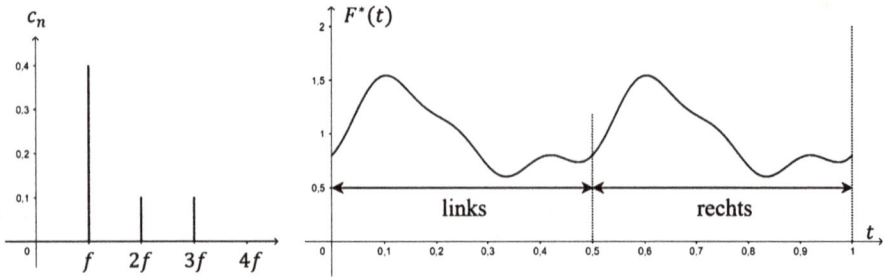

Abb. 6.1: Skizze zu den Frequenzanteilen beim Gehen und normierter Graph von (6.2.3).

Nun betrachten wir die Kräfteverteilungen in horizontaler Richtung vorwärts und seitwärts. Dabei fällt die statische Komponente $c_0 = G$ weg. Zusätzlich gilt es zu beachten, dass der Schwerpunkt des Körpers beim Gehen sowohl längs als auch quer um etwa 1–2 cm hin und her pendelt. Die Pendelfrequenz entspricht also der halben Gehfrequenz. Wenn f weiterhin die Gehfrequenz ist, dann müssen die Kraftanteile der Frequenzen $\frac{f}{2}, f, \frac{3f}{2}, 2f, \frac{5f}{2}$ usw. beachtet werden. Abb. 6.2 enthält die absoluten Beträge für eine Versuchsperson mit $G = 584\,N$ und der Gehfrequenz $f = 2\,Hz$.

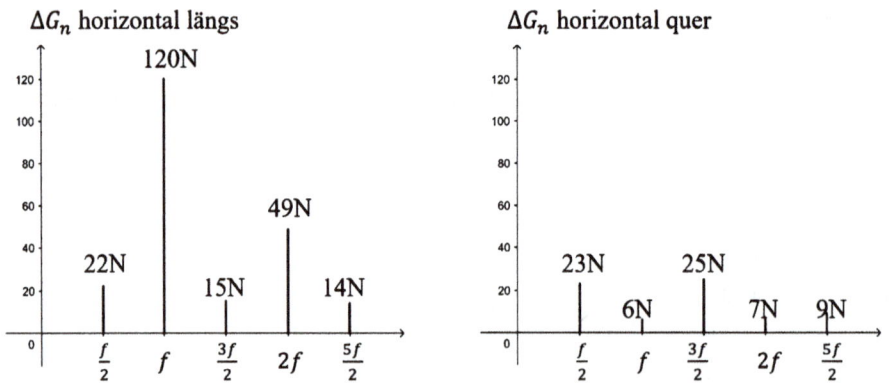

Abb. 6.2: Skizze zu den Frequenzanteilen in Längs- und Querrichtung beim Gehen.

Beispiel 2.

a) Bestimmen Sie die Fourier-Reihe für den Kräfteverlauf $F_l(t)$ horizontal längs bei einer Frequenz von $f = 2\,Hz$ mithilfe der Abb. 6.2 links und tragen Sie danach die Funktion $F_l^*(t) = \frac{F_l(t)}{G}$ nach t auf.

b) Beantworten Sie dieselben Fragen aus a) für den Kräfteverlauf $F_q(t)$ horizontal quer und stellen Sie $F_q^*(t) = \frac{F_q(t)}{G}$ dar.

Lösung.

a) Aus Abb. 6.2 links entnimmt man die absoluten Kraftanteile für die entsprechende Oberschwingung und Abb. 6.1 links liefert die zugehörigen Phasenverschiebungen. Für die Kraftverteilung horizontal längs erhält man

$$F_l(t) = G\left[\frac{22}{584}\sin(2\pi t) + \frac{120}{584}\sin\left(4\pi t - \frac{\pi}{2}\right) + \frac{15}{584}\sin\left(6\pi t - \frac{\pi}{2}\right) + \frac{49}{584}\sin(8\pi t)\right].$$
(6.2.4)

Der Graph ist in Abb. 6.3 dargestellt. Die maximale Amplitude in Richtung horizontal längs für eine Person mit der Gewichtskraft G beträgt $F_{max} = 0{,}27\,G$, also 27 % seines Eigengewichts.

b) Mithilfe von Abb. 6.1 links und Abb. 6.2 links folgt die Kraftverteilung horizontal quer zu

$$F_q(t) = G\left[\frac{23}{584}\sin(2\pi t) + \frac{6}{584}\sin\left(4\pi t - \frac{\pi}{2}\right) + \frac{25}{584}\sin\left(6\pi t - \frac{\pi}{2}\right) + \frac{7}{584}\sin(8\pi t)\right].$$
(6.2.5)

Den Verlauf von $F_q^*(t)$ entnimmt man Abb. 6.4. Interessant bei der horizontalen Querbewegung ist, dass obwohl mit der Frequenz f gelaufen wird, die Frequenzen $\frac{f}{2}$ und $\frac{3f}{2}$ stärker angeregt werden. Die maximale Amplitude in Richtung horizontal längs für eine Person mit der Gewichtskraft G beträgt $F_{max} = 0{,}07\,G$, also 7 % seines Eigengewichts.

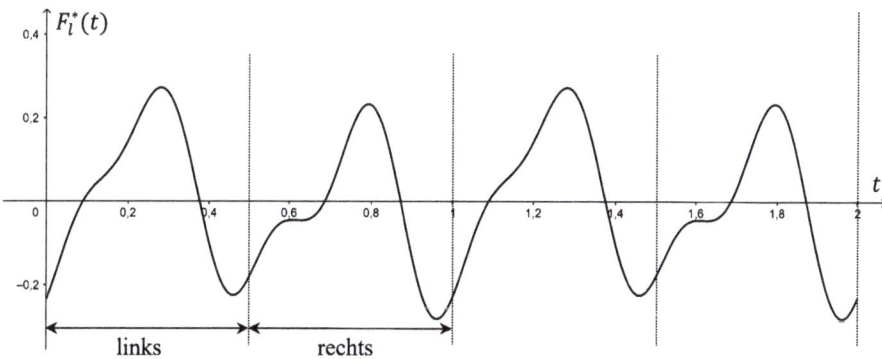

Abb. 6.3: Normierter Graph von (6.2.4).

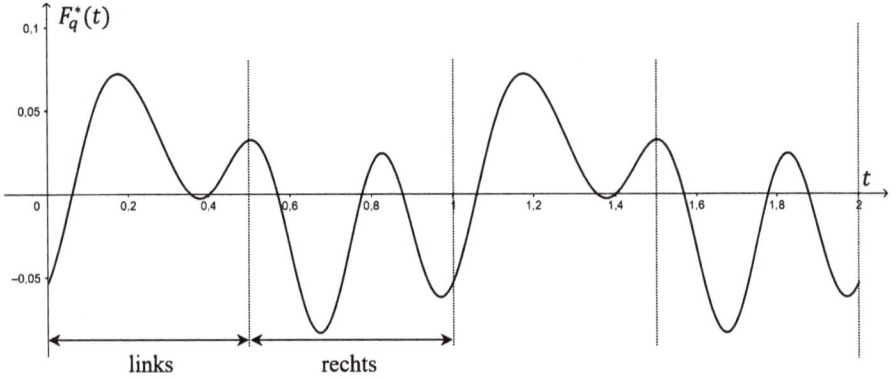

Abb. 6.4: Normierter Graph von (6.2.5).

6.3 Hüpfen

Beim Hüpfen ist der Bodenkontakt für eine gewisse Zeit aufgehoben. Als Kontaktzeit wird nach Bachmann durchschnittlich $t_K = 0,16\,\mathrm{s}$ gemessen. Für eine Versuchsperson mit $G = 584\,\mathrm{N}$ und einer Hüpffrequenz von $f = 2\,\mathrm{Hz}$ ergaben sich die Anteile $c_n = \frac{\Delta G_n}{G}$ gemäss untenstehender Tabelle von Baumann/Bachmann (1988). Sie dazu auch Abb. 6.5 links.

c_1	c_2	c_3	c_4	φ_1	φ_2	φ_3	φ_4
1,8	1,3	0,7	0,3	0	$-0,68\pi$	$-0,68\pi$	0

Dabei bestimmt man die Phasendifferenzen mittels $\varphi_2 = \varphi_3 = \pi(1 - f \cdot t_K)$.

Beispiel.

a) Ermitteln Sie die Fourier-Reihe für den vertikalen Kräfteverlauf $F(t)$ des Hüpfens bei einer Frequenz von $f = 2\,\mathrm{Hz}$ mithilfe der Abb. 6.5 links.

b) Tragen Sie die Funktion $F^*(t) = \frac{F(t)}{G}$ nach t auf.

Lösung.

a) Die Fourierreihe ergibt sich zu

$$F(t) = G\big[1 + 1,8\sin(4\pi t) + 1,3\sin(8\pi t - 0,68\pi)$$
$$+ 0,7\sin(12\pi t - 0,68\pi) + 0,3\sin(16\pi t)\big]. \tag{6.3.1}$$

b) Der Verlauf ist in Abb. 6.5 rechts dargestellt. Häufig wird das Hüpfen durch das Modell einer Halbsinuskurve mit Breite 0,16 s ersetzt.

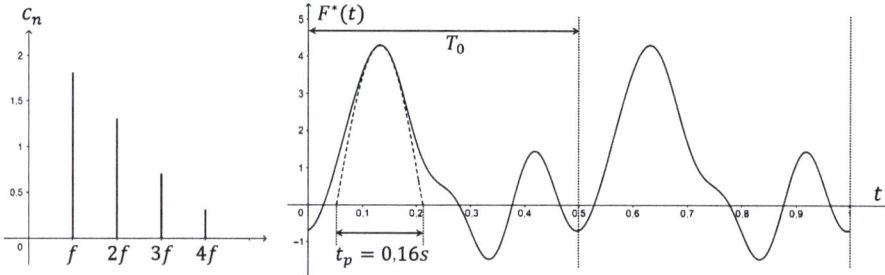

Abb. 6.5: Skizze zu den Frequenzanteilen beim Hüpfen und normierter Graph von (6.3.1).

6.4 Die Antwort des Systems beim Gehen an einem festen Ort

Nun wollen wir die Stoßantwort $u(t)$ des Systems betrachten, die sich ergibt, wenn ein Fußgänger oder eine Fußgängerin mit einer Frequenz f in irgendeinem Punkt der Brücke auf- und abgeht und diese vertikal belastet.

Die folgenden Ergebnisse gelten für eine beliebige Kraft G, sofern es sich um eine einzige Person handelt. Versuchen mehrere Personen synchron, also mit einheitlicher Frequenz zu laufen oder zu hüpfen, dann werden zwangsweise Abweichungen bezüglich der oberen Harmonischen entstehen, die eine Verminderung der Gesamtantwort zur Folge haben.

Herleitung von (6.4.1)–(6.4.6)

Der Tabelle in Kap. 6.2 oder der Gleichung (6.2.2) entnimmt man, dass beim Gehen die Grundschwingung und die beiden Oberschwingungen enthalten sind. Damit kann ein System über eine der drei in der Fourier-Zerlegung (6.2.2) enthaltenen Frequenzen f, $2f$ oder $3f$ angeregt werden. Um die Stoßantwort etwas einfacher zu gestalten, konzentrieren wir uns auf die Grundgehfrequenz und benutzen anstelle von (6.2.2) eine Ersatzfunktion.

Einschränkung: Maßgebend für die Stoßantwort beim Gehen ist die Grundfrequenz f.

Um den dynamischen Anregungsteil in eine einzige harmonische Anregung zu fassen, ersetzen wir in (6.2.3) den dynamischen Teil

$$F_{d1}(t) = 0{,}4\sin(2\pi f t) + 0{,}1\sin\left(4\pi f t - \frac{\pi}{2}\right) + 0{,}1\sin\left(6\pi f t - \frac{\pi}{2}\right)$$

(durchgezogene Linie in Abb. 6.6 links) durch $F_{d2}(t) = 0{,}45\sin(2\pi f t)$ (gestrichelte Linie in Abb. 6.6 links). Damit schreibt sich (6.2.3) zu

$$F(t) = G\left[1 + 0{,}45\sin(2\pi f t)\right]. \tag{6.4.1}$$

Annahmen:

– Die Person befindet sich in Brückenmitte (A1).
– Die Brücke ist beidseitig gelenkig gelagert (A2).
– Die Dämpfungsmaße werden als gleich groß angenommen (A3).

Die erste Annahme wird hier getroffen, damit die statische Auslenkung explizit angegeben werden kann. Mit (6.4.1) liegt die periodische Anregungskraft $F(t)$ vor. Wir nehmen nun an, die Person bewege sich mit dieser Kraft mindestens so lange im Zentrum auf und ab wie die aus Kap. 6.1 bekannte Einschwingzeit t_E. Nach dieser Zeit wird das Brückendeck die Anregung bis zu 96 % übernommen haben. Die Antwort eines gedämpften Schwingers mit Anregungskraft G und Anregung ω bei einer Eigenfrequenz ω_n wurde schon mit (6.1.1) angegeben. Ausgeschrieben lautet sie (Sinus anstatt Cosinus, weil auch die Anregung aus Sinusfunktionen besteht)

$$u_n(t) = \frac{G}{m} \cdot \frac{1}{\sqrt{(\omega^2 - \omega_n^2)^2 + (2\xi_n\omega_n)^2\omega^2}} \cdot \sin\left[\omega t - \arctan\left(\frac{2\xi_n\omega_n \cdot \omega}{\omega^2 - \omega_n^2}\right)\right]$$

$$= \frac{G}{m} \cdot \frac{1}{\sqrt{(4\pi^2 f^2 - 4\pi^2 f_n^2)^2 + 64\pi^4 \xi_n^2 f^2 f_n^2}} \cdot \sin\left[2\pi f t - \arctan\left(\frac{2\xi_n f f_n}{f^2 - f_n^2}\right)\right]. \quad (6.4.2)$$

Dies soll auf (6.4.1) angewandt werden. Für die statische Auslenkung u_stat können wir schlicht $G = D u_\text{stat}$ schreiben und erhalten mit (A1) und der zugehörigen Biegelinie $u_\text{stat} = \frac{Gl^3}{48EI}$. Für die dynamischen Anteile müssten wir eigentlich beachten, dass sich aufgrund der Zusatzmasse der Person die Eigenfrequenzen der Brücke gemäß (5.8.5) und Beispiel 2 aus Kap. 5.8 leicht verringern. Auch bei mehreren Personen ist das Massenverhältnis zwischen Personenmasse und Brückenmasse derart klein, dass die Frequenzen praktisch unangetastet bleiben. Da es sich bei einem Balken um keinen EMS mehr handelt, muss m durch die generalisierte Masse m_n^* nach (6.1.6) für diesen Lagerungsfall ersetzt werden, was mit $h_n(x) = \sin(\frac{n\pi}{l}x)$ immer $m_n^* = \rho A \cdot \frac{l}{2} = \frac{1}{2}m$ liefert. Man erhält folgende Tabelle:

Anregung (mittig)	Antwort
G	$\frac{Gl^3}{48EI}$ statische Auslenkung
$0{,}45G \cdot \sin(2\pi f t)$	$\frac{0{,}45G}{m_n^*} \cdot \frac{1}{\sqrt{(4\pi^2 f^2 - 4\pi^2 f_n^2)^2 + 64\pi^4 \xi_n^2 f^2 f_n^2}} \cdot \sin[2\pi f t - \arctan(\frac{2\xi_n f f_n}{f^2 - f_n^2})]$

Nun schätzen wir die Vergrößerungsfunktion bei Resonanz mit einer beliebigen Eigenfrequenz durch die maximal mögliche über den Qualitätsfaktor $\frac{1}{2\xi_n}$ ab. Dieser ist für die Praxis wichtiger als die genaue Amplitude. Beachtet man, dass $m_n^* = \omega_n^2 D_n^*$ gilt, dann vereinfacht sich die obige Tabelle zu

Anregung (mittig)	Antwort
G	$\frac{Gl^3}{48EI}$ statische Auslenkung
$0{,}45G \cdot \sin(2\pi f t)$	$\frac{0{,}45G}{D_n^*} \cdot \frac{1}{2\xi_n} \cdot \sin(2\pi f t - \frac{\pi}{2})$

Die modale Steifigkeit D_n^* lässt sich aufgrund von (A2) ebenfalls bestimmen, weil man, wie schon für die statische Auslenkung, die Eigenfunktionen $v_n(x) = \sin(\frac{n\pi}{l}x)$ für den freien Schwingungsfall verwenden kann. Damit ergibt sich

$$D_n^* := EI \int_0^l \left(v_n''\right)^2 dx = \frac{n^4\pi^4}{l^4}EI \cdot \frac{l}{2} = \frac{n^4\pi^4}{2l^3}EI. \tag{6.4.3}$$

Die Antwort des Systems in Brückenmitte lautet mithilfe der letzten Tabelle, (6.4.1) und (6.4.3) demnach

$$u_Z(t) = \frac{Gl^3}{48EI} + \frac{0{,}45 \cdot Gl^3}{n^4\pi^4 EI\xi_n} \cdot \cos(2\pi f t) = \frac{Gl^3}{48EI}\left[1 + \frac{21{,}6}{n^4\pi^4\xi_n} \cdot \cos(2\pi f t)\right]. \tag{6.4.4}$$

Das Problem, das sich noch stellt, betrifft die Dämpfungen. Diese kann man nur schätzen oder messen. Gehen wir davon aus, dass zur optimalen Dämpfung drei Tilger eingebaut werden könnten, dann wäre (siehe Band 2) $\xi_{nopt.} = \sqrt{\frac{3\gamma}{8(1+\gamma)}}$ und $\gamma = \frac{m_{nTilger}}{m_{Brücke}}$. Weiter nehmen wir der Einfachheit halber an, dass $\frac{m_{nTilger}}{m_{Brücke}} = 0{,}05$ für alle n ist. Folglich hat man

$$\xi_{nopt.} = \sqrt{\frac{3\gamma}{8(1+\gamma)}} = 0{,}134. \tag{6.4.5}$$

Das optimale Dämpfungsmaß mit Einbau von Tilgern (6.4.5) wurde nur zum Vergleich berechnet. Die Systemdämpfung für Stahlbetonbrücken beträgt etwa $\xi_{sys} = 0{,}017$, also ist mit (A3) $\xi = \xi_1 = \xi_2 = \xi_3$. Insgesamt erhält man aus (6.4.4) für die Auslenkung in Brückenmitte

$$u_Z(t) = \frac{Gl^3}{48EI}\left[1 + \frac{21{,}6}{n^4\pi^4\xi} \cdot \cos(2\pi f t)\right]. \tag{6.4.6}$$

Beispiel 1. Auf einer beidseitig gelenkig gelagerten Brücke mit $l = 19{,}5\,\mathrm{m}$, $b = 3\,\mathrm{m}$, $h = 0{,}1\,\mathrm{m}$, $E = 1 \cdot 10^{10}\,\frac{\mathrm{N}}{\mathrm{m}^2}$, $\rho = 1 \cdot 10^3\,\frac{\mathrm{kg}}{\mathrm{m}^3}$, $I = \frac{1}{12}Ah^2$ und der Dämpfung $\xi = 0{,}017$ befindet sich in der Mitte eine Person mit der Gewichtskraft von $G = 750\,\mathrm{N}$. Sie geht auf und ab mit einer Frequenz von $f = 1{,}5\,\mathrm{Hz}$.
a) Welche Eigenfrequenz der Brücke liegt diesbezüglich im kritischen Bereich?
b) Ermitteln Sie die Funktion für die vertikale Auslenkung $u_Z(t)$ und stellen Sie den Verlauf von $u_Z(t)$ dar.

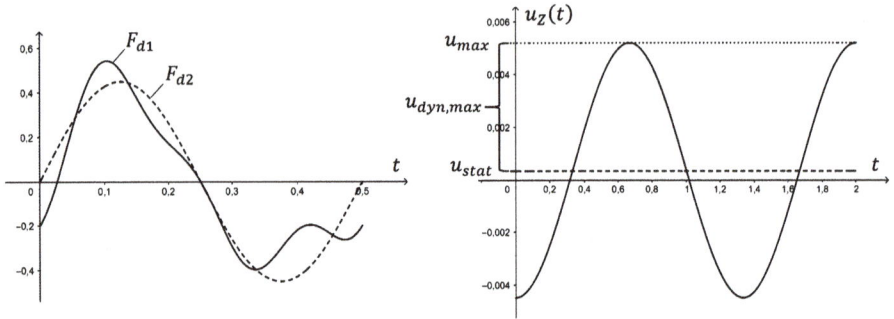

Abb. 6.6: Ersatzfunktion für die Kraftanregung beim Gehen und Graph von (6.4.7).

c) Bestimmen Sie die statische Auslenkung, die dynamische, modale Amplitude und die maximale Gesamtauslenkung.

Lösung.

a) Für $n = 1$ erhält man

$$f_1 = \frac{1^2 \pi}{2l^2} \sqrt{\frac{Eh^2}{12\rho}} = 1{,}5 \,\text{Hz}.$$

b) Die gesamte Auslenkung schreibt sich mithilfe von (6.4.6) als

$$u_Z(t) = \frac{700 \cdot 19{,}5^3}{48 \cdot 10^{10} \cdot \frac{1}{12} \cdot 3 \cdot 0{,}4^3}\left[1 + \frac{21{,}6}{1^4 \pi^4 \cdot 0{,}017} \cdot \cos(1{,}5\pi t)\right] \quad \text{oder}$$

$$u_Z(t) = 6{,}75 \cdot 10^{-4}\left[1 + 13{,}04 \cdot \cos(1{,}5\pi t)\right]. \tag{6.4.7}$$

Den Verlauf von (6.4.7) entnimmt man Abb. 6.6 rechts.

c) Die statische Auslenkung beträgt $u_{\text{stat}} = 6{,}75 \cdot 10^{-4}\,\text{m} = 0{,}68\,\text{mm}$. Die dynamische, modale Auslenkung ergibt $u_{\text{dyn,max}} = 13{,}04 \cdot 0{,}68\,\text{mm} = 8{,}81\,\text{mm}$. Die größte Amplitude erreicht einen Wert von $u_{\text{max}} = u_{\text{stat}} + u_{\text{dyn,max}} = 9{,}95\,\text{mm}$.

Beispiel 2. Wir betrachten eine beidseitig gelenkig gelagerte Brücke mit $l = 22\,\text{m}$, $b = 2{,}5\,\text{m}$, $h = 0{,}3\,\text{m}$, $E = 5 \cdot 10^9\,\frac{\text{N}}{\text{m}^2}$, $\rho = 1{,}5 \cdot 10^3\,\frac{\text{kg}}{\text{m}^3}$, $I = \frac{1}{12}Ah^2$ und der Dämpfung $\xi = 0{,}017$.

a) Welche Eigenfrequenz der Brücke beträgt 2 Hz?

b) Eine Person mit der Gewichtskraft $G = 750\,\text{N}$ geht in Brückenmitte mit der Schrittfrequenz auf und ab. Bestimmen Sie die maximale Amplitude der Brückenauslenkung.

c) Nun geht die Person an der Stelle $x = \frac{l}{4}$ mit der Frequenz $f = 2\,\text{Hz}$ auf und ab. Ermitteln Sie die statische und die dynamische Auslenkung, die Auslenkfunktion und die maximale Auslenkung?

d) Die Person verschiebt sich an die Stelle $x = \frac{l}{8}$. Beantworten Sie dieselben Fragen wie bei c).

Lösung.

a) Für $n = 2$ erhält man

$$f_2 = \frac{2^2\pi}{2l^2}\sqrt{\frac{Eh^2}{12\rho}} = 2\,\text{Hz}.$$

b) Für die statische Auslenkung erhält man mit (6.4.3)

$$u_{\text{stat}} = \frac{Gl^3}{48EI} = \frac{750 \cdot 22^3}{48 \cdot 5 \cdot 10^9 \cdot \frac{1}{12} \cdot 2,5 \cdot 0,3^3} = 5,92\,\text{mm}.$$

Da die eingenommene Brückenform der Funktion $v_2(x) = \sin(\frac{2\pi}{l}x)$ entspricht und diese im Zentrum einen Knoten besitzt, ist die dynamische Auslenkung null. Es verbleibt damit nur die statische Auslenkung.

c) Für die statische Auslenkung greifen wir auf ein Ergebnis aus dem 2. Band zurück. Wirkt eine Kraft G im Abstand $x = a$, vom linken Ende gemessen, auf einen beidseitig gelenkig gelagerten Balken, so muss die Biegelinie zerlegt werden in

$$u_1(x) = -\frac{G}{6EI}\left[\left(1 - \frac{a}{l}\right)x^3 - a\left(\frac{a^2}{l} + 2l - 3a\right)x\right], \quad 0 \le x \le a,$$

$$u_2(x) = -\frac{G}{6EI}\left[-\frac{a}{l}x^3 + 3ax^2 - a\left(\frac{a^2}{l} + 2l\right)x + a^3\right], \quad a \le x \le l. \tag{6.4.8}$$

Für $a = x = \frac{l}{4}$ ergibt sich eine Durchbiegung von

$$u_{\text{stat}} = \frac{3Gl^3}{256EI} = \frac{3 \cdot 750 \cdot 22^3}{256 \cdot 5 \cdot 10^9 \cdot \frac{1}{12} \cdot 2,5 \cdot 0,3^3} = 3,33\,\text{mm}.$$

Der Koeffizient für den dynamischen Teil folgt mit (6.4.4) oder (6.4.6) zu

$$u_{\text{dyn,max}} = \frac{0,45Gl^3}{2^4\pi^4EI \cdot 0,017} = 4,82\,\text{mm}.$$

Die Schwingungsgleichung ist dann

$$u_{x-\frac{l}{4}}(t) = \frac{3Gl^3}{256EI}\left[1 + 1,45 \cdot \cos(4\pi t)\right]$$

und die maximale Auslenkung $u_{\text{max}} = u_{\text{stat}} + u_{\text{dyn,max}} = 8,15\,\text{mm}.$

d) Mit (6.4.8) ergibt sich

$$u_{\text{stat}} = u_1\left(\frac{l}{8}\right) = \frac{77Gl^3}{12288EI} = 1,78\,\text{mm}.$$

Für den dynamischen Teil muss, im Vergleich zu c), der Koeffizient

$$\frac{0{,}45Gl^3}{16\pi^4 EI \cdot 0{,}017}$$

mit

$$v_2\left(\frac{l}{8}\right) = \sin\left(\frac{2\pi}{l} \cdot \frac{l}{8}\right) = \sin\left(\frac{\pi}{4}\right) = \frac{\sqrt{2}}{2}$$

gewichtet werden. Man erhält dann $u_{\text{dyn,max}} = 3{,}41\,\text{mm}$,

$$u_{x=\frac{l}{8}}(t) = \frac{77Gl^3}{12288EI}\left[1 + 1{,}92 \cdot \cos(4\pi t)\right]$$

und $u_{\text{max}} = u_{\text{stat}} + u_{\text{dyn,max}} = 5{,}19\,\text{mm}$.

6.5 Die Antwort des Systems beim Hüpfen an einem festen Ort

Anders als beim Gehen kann die Fourier-Reihe (6.3.1) nicht sinnvoll durch eine einzige harmonische Funktion ersetzt werden. Folgende Möglichkeiten bieten sich an:

1. Das Hüpfen wir durch einen Halbsinus ersetzt und die Antwort stückweise aus angeregten und freien Schwingungen zusammengesetzt (siehe Kurze Anregungen, Band 2). Für eine lang andauernde Anregung ist der Rechenaufwand relativ groß, weswegen wir hier von dieser Variante absehen.
2. Die Funktion (6.3.1) wird beibehalten und eine Modalanalyse durchgeführt. Da (6.3.1) auch zwei Phasenverschiebungen beinhaltet, werden viele für die Gesamtauslenkung maßgebende Koeffizienten berechnet werden müssen, was ebenfalls zusätzliche Rechenarbeit erfordert. Besser noch ist die folgende Methode:
3. Das Hüpfen wird durch einen Halbsinus ersetzt, von diesem die Fourier-Reihe bestimmt und damit die Stoßantwort ermittelt. Da die Fourier-Reihe keine Phasenverschiebungen enthält, sinkt der Rechenaufwand gegenüber der Variante 2. Diesen letzten Weg wollen wir beschreiten.

Herleitung von (6.5.1)–(6.5.12)
Für die Halbsinus in Abb. 6.5 rechts (gestrichelt gezeichnet) schreiben wir

$$F(t) = \begin{cases} F_0 \sin(\frac{\pi}{t_p}t), & 0 \le t < t_p, \\ 0, & t_p \le t < T_0. \end{cases} \tag{6.5.1}$$

Die Kraft F_0 kann man über die Impulserhaltung bestimmen: $\int_0^{T_0} G\,dt = \int_0^{t_p} F(t)\,dt$. Man erhält

$$GT_0 = -F_0 \frac{t_p}{\pi} \left[\cos\left(\frac{\pi}{t_p} t\right) \right]_0^{t_p}, \quad GT_0 = -F_0 \frac{t_p}{\pi} (-2)$$

und damit $F_0 = \frac{\pi T_0}{2 t_p} G$. Definiert man $\tau := \frac{t_p}{T_0}$, so folgt

$$F_0 = \frac{\pi}{2\tau} G. \tag{6.5.2}$$

Der Quotient $\frac{\pi}{2\tau}$ heißt auch „Stoßfaktor". Damit nun $F(t)$ nicht stückweise definiert bleibt, sondern eine T_0-periodische Funktion wird, müssen wir $F(t)$ als Fourier-Reihe schreiben und setzen an:

$$F(t) = a_0 + \sum_{n=1}^{\infty} [a_n \cos(n\omega_0 t) + b_n \sin(n\omega_0 t)]. \tag{6.5.3}$$

Dabei ist $n\omega_0 = \frac{2n\pi}{T_0}$.

Bestimmen von a_n. Gleichung (6.5.3) wird mit $\cos(m\omega_0 t)$ multipliziert und beide Seiten über die Periode T_0 integriert. Man erhält

$$\int_0^{T_0} F(t) \cos(m\omega_0 t) dt = a_0 \int_0^{T_0} \cos(m\omega_0 t) dt$$

$$+ \sum_{n=1}^{\infty} \left[a_n \int_0^{T_0} \cos(n\omega_0 t) \cos(m\omega_0 t) dt + b_n \int_0^{T_0} \sin(n\omega_0 t) \cos(m\omega_0 t) dt \right].$$

$$\tag{6.5.4}$$

Fall $m = 0$. Gleichung (6.5.4) reduziert sich aufgrund von

$$\int_0^{T_0} \sin(n\omega_0 t) dt = \int_0^{T_0} \cos(n\omega_0 t) dt = 0$$

zu $F_0 \int_0^{T_0} \sin(\frac{\pi}{t_p} t) dt = a_0 \int_0^{T_0} dt$. Die linke Seite des Integrals liefert nur bis t_p einen von null verschiedenen Beitrag, sodass sich zuerst $F_0 \int_0^{t_p} \sin(\frac{\pi}{t_p} t) dt = a_0 T_0$, daraus $\frac{2 F_0 t_p}{\pi} = a_0 T_0$ und mit (6.5.2) $a_0 = \frac{2 F_0 t_p}{\pi T_0} = G$ ergibt. Der erste Koeffizient entspricht sinnvollerweise der statischen Komponente, der Gewichtskraft.

Fall $m \neq n$. In diesem Fall entsteht kein Beitrag zur Fourier-Reihe.

Fall $m = n$. Aus (6.5.4) wird

$$\int_0^{T_0} F(t) \cos(n\omega_0 t) dt = a_n \int_0^{T_0} \cos^2(n\omega_0 t) dt.$$

Daraus folgt

$$\int_0^{t_p} F(t)\cos(n\omega_0 t)dt = a_n \frac{T_0}{2} \quad \text{und} \quad a_n = \frac{2}{T_0}\int_0^{t_p} F(t)\cos(n\omega_0 t)dt. \tag{6.5.5}$$

Die Koeffizienten (6.5.5) besitzen dieselbe Form wie bei der Saite (3.3.8). Speziell für den Halbsinus ergibt sich

$$\begin{aligned}
a_n &= \frac{2F_0}{T_0}\int_0^{t_p}\sin\left(\frac{\pi}{t_p}t\right)\cos(n\omega_0 t)dt \\
&= \frac{F_0}{T_0}\left\{\int_0^{t_p}\sin\left[\left(\frac{\pi-t_p n\omega_0}{t_p}\right)t\right]dt + \int_0^{t_p}\sin\left[\left(\frac{\pi+t_p n\omega_0}{t_p}\right)t\right]dt\right\} \\
&= -\frac{F_0}{T_0}\left\{\frac{t_p}{\pi-t_p n\omega_0}\left[\cos\left[\left(\frac{\pi-t_p n\omega_0}{t_p}\right)t\right]\right]_0^{t_p} + \frac{t_p}{\pi+t_p n\omega_0}\left[\cos\left[\left(\frac{\pi+t_p n\omega_0}{t_p}\right)t\right]\right]_0^{t_p}\right\} \\
&= -\frac{F_0 t_p}{T_0}\left[\frac{\cos(\pi-t_p n\omega_0)-1}{\pi-t_p n\omega_0} + \frac{\cos(\pi+t_p n\omega_0)-1}{\pi+t_p n\omega_0}\right] \\
&= \frac{F_0 t_p}{T_0}\left[\frac{\cos(t_p n\omega_0)}{\pi-t_p n\omega_0} + \frac{\cos(t_p n\omega_0)}{\pi+t_p n\omega_0} + \frac{2\pi}{\pi^2-t_p^2 n^2\omega_0^2}\right] \\
&= \frac{2\pi F_0 t_p}{T_0}\left[\frac{\cos(t_p n\omega_0)+1}{\pi^2-t_p^2 n^2\omega_0^2}\right] = \frac{2F_0\tau}{\pi}\left[\frac{\cos(2n\pi\tau)+1}{1-4n^2\tau^2}\right] = \frac{4F_0\tau\cos^2(n\pi\tau)}{\pi(1-4n^2\tau^2)}
\end{aligned}$$

und schließlich

$$a_n = \frac{2G\cos^2(n\pi\tau)}{1-4n^2\tau^2}. \tag{6.5.6}$$

Bestimmen von b_n. Dazu wird (6.5.4) mit $\sin(m\omega_0 t)$ multipliziert und man erhält

$$\int_0^{T_0} F(t)\sin(m\omega_0 t)dt = a_0\int_0^{T_0}\sin(m\omega_0 t)dt$$

$$+ \sum_{n=1}^{\infty}\left[a_n\int_0^{T_0}\cos(n\omega_0 t)\sin(m\omega_0 t)dt + b_n\int_0^{T_0}\sin(n\omega_0 t)\sin(m\omega_0 t)dt\right]. \tag{6.5.7}$$

Fall $m = n$. Nur in diesem Fall ergeben sich von null verschiedene Beiträge. Von (6.5.7) verbleibt

$$\int_0^{T_0} F(t)\sin(n\omega_0 t)dt = b_n \int_0^{T_0} \sin^2(n\omega_0 t)dt, \quad \int_0^{t_p} F(t)\sin(n\omega_0 t)dt = b_n \frac{T_0}{2}$$

und folglich

$$b_n = \frac{2}{T_0}\int_0^{T_0} F(t)\sin(n\omega_0 t)dt. \tag{6.5.8}$$

Den Halbsinus in (6.5.8) eingefügt, führt zu

$$b_n = \frac{2F_0}{T_0}\int_0^{t_p}\sin\left(\frac{\pi}{t_p}t\right)\sin(n\omega_0 t)dt$$

$$= \frac{F_0}{T_0}\left\{\int_0^{t_p}\cos\left[\left(\frac{\pi - t_p n\omega_0}{t_p}\right)t\right]dt - \int_0^{t_p}\cos\left[\left(\frac{\pi + t_p n\omega_0}{t_p}\right)t\right]dt\right\}$$

$$= \frac{F_0}{T_0}\left\{\frac{t_p}{\pi - t_p n\omega_0}\left[\sin\left[\left(\frac{\pi - t_p n\omega_0}{t_p}\right)t\right]\right]_0^{t_p} - \frac{t_p}{\pi + t_p n\omega_0}\left[\sin\left[\left(\frac{\pi + t_p n\omega_0}{t_p}\right)t\right]\right]_0^{t_p}\right\}$$

$$= \frac{F_0 t_p}{T_0}\left[\frac{\sin(\pi - t_p n\omega_0)}{\pi - t_p n\omega_0} - \frac{\sin(\pi + t_p n\omega_0)}{\pi + t_p n\omega_0}\right]$$

$$= \frac{2\pi F_0 t_p}{T_0}\cdot\frac{\sin(t_p n\omega_0)}{\pi^2 - t_p^2 n^2 \omega_0^2} = \frac{2F_0 t_p}{\pi T_0}\cdot\frac{\sin(2n\pi\tau)}{1 - 4n^2\tau^2}$$

und schließlich

$$b_n = \frac{G\sin(2n\pi\tau)}{1 - 4n^2\tau^2}. \tag{6.5.9}$$

Insgesamt lautet die Fourierreihe von (6.5.1) mithilfe von (6.5.6) und (6.5.9)

$$F(t) = G\left\{1 + \sum_{n=1}^{\infty}\left[\frac{2\cos^2(n\pi\tau)}{1 - 4n^2\tau^2}\cos(n\omega_0 t) + \frac{\sin(2n\pi\tau)}{1 - 4n^2\tau^2}\sin(n\omega_0 t)\right]\right\}. \tag{6.5.10}$$

In Abb. 6.7 ist der Graph $F^*(t) = \frac{F(t)}{G}$ mit $t_p = 0{,}16$ und $T_0 = 0{,}5$ bis $n = 4$ dargestellt. Man erkennt, dass der Stoßfaktor in diesem Fall $\frac{\pi}{2\tau} = \frac{\pi}{2\cdot 0{,}32} = 4{,}91$ beträgt.

Um nun die Stoßantwort der Kraftfunktion (6.5.10) mit einem Brückendeck zu berechnen, untersuchen wir die Auswirkung auf jede Eigenfrequenz ω_n der Brücke und setzen die Antworten zusammen. Wie immer sind wir nur an der stationären Lösung interessiert. Zu lösen sind demnach $\ddot{u} + 2\xi_n\omega_n\dot{u} + \omega_n^2 u = \frac{F(t)}{m_n^*}$ mit $\omega_n^2 = \frac{D_n^*}{m_n^*}$. Für die einzelnen Komponenten löst man

$$\ddot{u} + 2\xi_n\omega_n\dot{u} + \omega_n^2 u = \frac{a_k\cos(k\omega_0 t)}{m_n^*}, \quad \ddot{u} + 2\xi_n\omega_n\dot{u} + \omega_n^2 u = \frac{b_k\sin(k\omega_0 t)}{m_n^*}$$

und erhält

$$u_{kn,\cos}(t) = \frac{a_k}{D_n^*} \cdot \frac{1}{\sqrt{(1-\Omega_{kn}^2)^2 + 4\xi_n^2\Omega_{kn}^2}} \cdot \cos\left[k\omega_0 t - \arctan\left(\frac{2\xi_n\Omega_{kn}}{1-\Omega_{kn}^2}\right)\right],$$

$$u_{kn,\sin}(t) = \frac{b_k}{D_n^*} \cdot \frac{1}{\sqrt{(1-\Omega_{kn}^2)^2 + 4\xi_n^2\Omega_{kn}^2}} \cdot \sin\left[k\omega_0 t - \arctan\left(\frac{2\xi_n\Omega_{k,n}}{1-\Omega_{kn}^2}\right)\right]$$

mit $\Omega_{k,n} = \frac{k\omega_0}{\omega_n}$ und dem statischen Anteil

$$u_0 = \frac{G}{D_n^*}. \tag{6.5.11}$$

Der statische Anteil kann auch über die Biegelinie ermittelt werden. Die Gesamtantwort des Systems beim Hüpfen lautet demnach

$$u(t) = \sum_{n=1}^{\infty}\sum_{k=1}^{\infty}\left[u_{kn,\cos}(t) + u_{kn,\sin}(t)\right]. \tag{6.5.12}$$

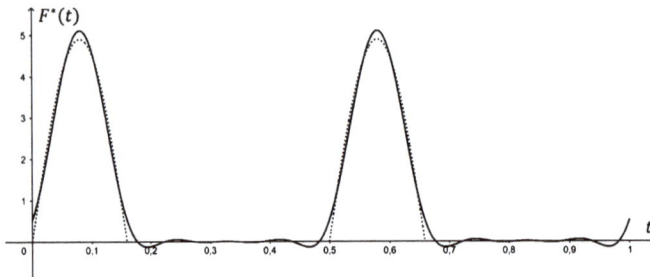

Abb. 6.7: Ersatzfunktion für die Kraftanregung beim Hüpfen.

Beispiel. Folgende Daten einer Brücke sind gegeben: $b = 4\,\mathrm{m}$, $h = 0,5\,\mathrm{m}$, $I = \frac{1}{12}Ah^2$, $E = 2,5 \cdot 10^{10}\,\frac{\mathrm{N}}{\mathrm{m}^2}$, $\rho = 2 \cdot 10^3\,\frac{\mathrm{kg}}{\mathrm{m}^3}$ und $\xi_n = \xi = 0,017$.

a) Berechnen Sie die ersten drei Eigenfrequenzen der Brücke für $l = 28,3\,\mathrm{m}$.

b) Eine Person mit $G = 750\,\mathrm{N}$ hüpft in Brückenmitte mit der Frequenz $f_0 = 2\,\mathrm{Hz}$ (und $t_p = 0,16\,\mathrm{s}$). Bestimmen Sie die Gesamtantwort des Systems unter Beachtung der ersten sechs Harmonischen und der ersten drei Eigenfrequenzen, weiter die maximale Auslenkung und stellen Sie den Verlauf von $u^*(t) = \frac{u(t)}{u_{\mathrm{stat}}}$ dar.

c) Beantworten Sie dieselben Fragen aus b) mit $l = 20\,\mathrm{m}$. Beachten Sie für die Gesamtantwort die Teilantworten bis zu den ersten acht Harmonischen und bis zur vierten Eigenfrequenz.

d) Führen Sie dieselben Berechnungen wie bei b) und c) für eine Brückenlänge von $l = 16{,}35\,\text{m}$ durch und beachten Sie nur Teilantworten bis zu den ersten sechs Harmonischen und bis zur dritten Eigenfrequenz.

Lösung.

a) Es gilt

$$f_n = \frac{n^2\pi}{2l^2}\sqrt{\frac{Eh^2}{12\rho}}$$

und man erhält nacheinander $f_1 = 1\,\text{Hz}$, $f_2 = 4\,\text{Hz}$ und $f_3 = 9\,\text{Hz}$.

b) Zuerst wird $D_n^* = \frac{n^4\pi^4 EI}{2l^3}$ nach (6.4.3) verwendet. Weiter ist $\tau = \frac{t_p}{T_0} = \frac{0{,}16}{0{,}5} = 0{,}32$. Daraus folgen

$$a_k = \frac{2G\cos^2(0{,}32k\pi)}{1 - 4k^2 0{,}32^2} \quad \text{und} \quad b_k = \frac{G\sin(0{,}64k\pi)}{1 - 4k^2 0{,}32^2}.$$

Zudem hat man

$$\Omega_{kn} = \frac{k\omega_0}{\omega_n} = \frac{2\pi k f_0}{2\pi f_n} = \frac{2k}{n^2},$$

$\Omega_{11} = \frac{2}{1} = 2$, $\Omega_{12} = \frac{2}{4} = 0{,}5$, $\Omega_{21} = \frac{4}{1} = 4$, $\Omega_{22} = \frac{4}{4} = 1$ usw.
Demnach lautet die Kraftfunktion gemäß (6.5.10)

$$F(t) = 750\left\{1 + \sum_{k=1}^{3}\left[\frac{2G\cos^2(0{,}32k\pi)}{1 - 4k^2 0{,}32^2}\cos(4\pi k t) + \frac{G\sin(0{,}64k\pi)}{1 - 4k^2 0{,}32^2}\sin(4\pi k t)\right]\right\}.$$

$$(6.5.13)$$

Gleichung (6.5.11) liefert

$$\begin{aligned}
u_{kn,\cos}(t) &= \frac{2G\cos^2(0{,}32k\pi)}{1 - 4k^2 0{,}32^2} \cdot \frac{2l^3}{n^4\pi^4 EI} \cdot \frac{1}{\sqrt{[1 - (\frac{2k}{n^2})^2]^2 + 4\xi^2(\frac{2k}{n^2})^2}} \\
&\quad \cdot \cos\left\{4\pi k t - \arctan\left[\frac{2\xi\frac{2k}{n^2}}{1 - (\frac{2k}{n^2})^2}\right]\right\} \\
&= \frac{2Gl^3}{\pi^4 EI} \cdot \frac{2\cos^2(0{,}32k\pi)}{1 - 4k^2 0{,}32^2} \cdot \frac{1}{\sqrt{(n^4 - 4k^2)^2 + 16\xi^2 k^2 n^2}} \\
&\quad \cdot \cos\left[4\pi k t - \arctan\left(\frac{4\xi k n^2}{n^4 - 4k^2}\right)\right] \\
&= u_{\text{stat}} \cdot \frac{a_k}{G} \cdot V(k,n) \cdot \cos(4\pi k t - \varphi_{kn}) \qquad (6.5.14)
\end{aligned}$$

und

$$u_{kn,\sin}(t) = \frac{G\sin(0{,}64k\pi)}{n^4(1-4k^20{,}32^2)} \cdot \frac{2l^3}{n^4\pi^4 EI} \cdot \frac{1}{\sqrt{(1-\Omega_{kn}^2)^2 + 4\xi_n^2\Omega_{kn}^2}}$$

$$\cdot \sin\left[k\omega_0 t - \arctan\left(\frac{2\xi_n\Omega_{k,n}}{1-\Omega_{kn}^2}\right)\right]$$

$$= \frac{2Gl^3}{\pi^4 EI} \cdot \frac{\sin(0.64k\pi)}{1-4k^20{,}32^2} \cdot \frac{1}{\sqrt{(n^4-4k^2)^2 + 16\xi^2 k^2 n^2}}$$

$$\cdot \sin\left[4\pi kt - \arctan\left(\frac{4\xi kn^2}{n^4-4k^2}\right)\right]$$

$$= u_{\text{stat}} \cdot \frac{b_k}{G} \cdot V(k,n) \cdot \sin(4\pi kt - \varphi_{kn}), \tag{6.5.15}$$

Einzeln berechnet, führen die Ausdrücke (6.5.14) und (6.5.15) zu:

$$\frac{a_1}{G} = 0{,}973, \quad \frac{a_2}{G} = -0{,}568, \quad \frac{a_3}{G} = -0{,}733,$$

$$\frac{b_1}{G} = 1{,}533, \quad \frac{b_2}{G} = 1{,}207, \quad \frac{b_3}{G} = 0{,}093,$$

$$V(1,1) = 0{,}333, \quad V(1,2) = 0{,}083, \quad V(1,3) = 0{,}013,$$

$$V(2,1) = 0{,}067, \quad V(2,2) = 3{,}676, \quad V(2,3) = 0{,}015,$$

$$V(3,1) = 0{,}029, \quad V(3,2) = 0{,}050, \quad V(3,3) = 0{,}022,$$

$$\varphi_{11} = -0{,}023, \quad \varphi_{12} = 0{,}023, \quad \varphi_{13} = 0{,}008,$$

$$\varphi_{21} = -0{,}009, \quad \varphi_{22} = \frac{\pi}{2}, \quad \varphi_{23} = 0{,}019,$$

$$\varphi_{31} = -0{,}006, \quad \varphi_{32} = -0{,}041, \quad \varphi_{33} = 0{,}041.$$

Insgesamt ergibt sich mit (6.5.12) die Antwort:

$$\begin{aligned} u(t) = u_{\text{stat}}[&1 + 0{,}324\cos(4\pi t + 0{,}023) + 0{,}511\sin(4\pi t + 0{,}023) \\ &+ 0{,}081\cos(4\pi t - 0{,}023) + 0{,}128\sin(4\pi t - 0{,}023) \\ &+ 0{,}013\cos(4\pi t - 0{,}008) + 0{,}020\sin(4\pi t - 0{,}008) \\ &- 0{,}038\cos(8\pi t + 0{,}009) + 0{,}080\sin(8\pi t + 0{,}009) \\ &- 2{,}088\cos(8\pi t - 1{,}571) + 4{,}438\sin(8\pi t - 1{,}571) \\ &- 0{,}009\cos(8\pi t - 0{,}019) + 0{,}019\sin(8\pi t - 0{,}019) \\ &- 0{,}021\cos(12\pi t + 0{,}006) + 0{,}003\sin(12\pi t + 0{,}006) \\ &- 0{,}037\cos(12\pi t + 0{,}041) + 0{,}005\sin(12\pi t + 0{,}041) \\ &- 0{,}016\cos(12\pi t - 0{,}041) + 0{,}002\sin(12\pi t - 0{,}041)]. \end{aligned} \tag{6.5.16}$$

Man erkennt, dass die zweite Harmonische der Hüpffrequenz und die zweite Eigenfrequenz ($k = n = 2$) in Resonanz zueinander stehen. Deshalb ist $\varphi_{22} = \frac{\pi}{2}$ und

$V(2,2)$ liefert den größten Beitrag. Maßgebend für den Verlauf sind nur fünf Terme, weshalb man anstelle von (6.5.16) schreiben kann:

$$u(t) \approx u_{\text{stat}}\{1 + 0{,}324 \cdot \cos(4\pi t + 0{,}023) + 0{,}511 \cdot \sin(4\pi t + 0{,}023)$$
$$+ 0{,}128 \cdot \sin(4\pi t - 0{,}023) - 2{,}088 \cdot \sin(8\pi t) + 4{,}438 \cdot \cos(8\pi t)\}. \qquad (6.5.17)$$

In Abb. 6.8 links ist die Funktion $u^*(t)$ aufgetragen. Aufgrund der Resonanz mit der zweiten Harmonischen erreicht die Brücke viermal pro Sekunde die Maximalauslenkung. Eine weitere Resonanz erhält man mit ($k = 8$, $n = 4$). Die Vergrößerungsfunktion wäre zwar mit $V(8,4) = \frac{1}{4\xi kn} = 0{,}46$ noch einflussreich, aber die Faktoren $\frac{a_8}{G} = -0{,}003$ und $\frac{b_8}{G} = 0{,}015$ führen zu sehr kleinen Produkten. Für die statische Auslenkung bietet sich wie immer die Biegelinie oder alternativ $u_{\text{stat}} = \frac{G}{D_n^*}$, in unserem Fall $u_{\text{stat}} = \frac{G}{D_1^*} = \frac{2Gl^3}{\pi^4 EI}$, an. Für die einzelnen Auslenkungen erhält man $u_{\text{stat}} = \frac{2Gl^3}{\pi^4 EI} = 0{,}34$ mm, $u_{\text{dyn,max}} = 1{,}58$ mm und zusammen $u_{\text{max}} = u_{\text{stat}} + u_{\text{dyn,max}} = 1{,}92$ mm.

c) Die Eigenfrequenzen sind doppelt so groß wie bei b): $f_1 = 2$ Hz, $f_2 = 8$ Hz, $f_4 = 18$ Hz und $f_4 = 32$ Hz. Die Kraftfunktion (6.5.13) bleibt dieselbe. Weiter gilt

$$\frac{a_1}{G} = 0{,}973, \quad \frac{a_2}{G} = -0{,}568, \quad \frac{a_3}{G} = -0{,}733, \quad \frac{a_4}{G} = -0{,}146,$$
$$\frac{b_1}{G} = 1{,}533, \quad \frac{b_2}{G} = 1{,}207, \quad \frac{b_3}{G} = 0{,}093, \quad \frac{b_4}{G} = -0{,}177.$$

Da nun $\Omega_{kn} = \frac{k}{n^2}$, muss man für die Vergrößerungsfunktionen und Phasenverschiebungen $2k$ durch k ersetzen und erhält

$$V(k,n) = \frac{1}{\sqrt{(n^4 - k^2)^2 + 4\xi^2 k^2 n^2}}, \quad \varphi_{kn} = \arctan\left(\frac{2\xi kn^2}{n^4 - k^2}\right). \qquad (6.5.18)$$

Es folgen:

$$V(1,1) = 29{,}412, \quad V(1,2) = 0{,}067, \quad V(1,3) = 0{,}012, \quad V(1,4) = 0{,}004,$$
$$V(2,1) = 0{,}333, \quad V(2,2) = 0{,}083, \quad V(2,3) = 0{,}013, \quad V(2,4) = 0{,}004,$$
$$V(3,1) = 0{,}125, \quad V(3,2) = 0{,}143, \quad V(3,3) = 0{,}014, \quad V(3,4) = 0{,}004,$$
$$V(4,1) = 0{,}067, \quad V(4,2) = 3{,}676, \quad V(4,3) = 0{,}015, \quad V(4,4) = 0{,}004,$$
$$\varphi_{11} = \frac{\pi}{2}, \quad \varphi_{12} = 0{,}009, \quad \varphi_{13} = 0{,}004, \quad \varphi_{14} = 0{,}002,$$
$$\varphi_{21} = -0{,}023, \quad \varphi_{22} = 0{,}023, \quad \varphi_{23} = 0{,}008, \quad \varphi_{24} = 0{,}004,$$
$$\varphi_{31} = -0{,}013, \quad \varphi_{32} = 0{,}058, \quad \varphi_{33} = 0{,}013, \quad \varphi_{34} = 0{,}007,$$
$$\varphi_{41} = -0{,}009, \quad \varphi_{42} = \frac{\pi}{2}, \quad \varphi_{43} = 0{,}019, \quad \varphi_{44} = 0{,}009.$$

Die Antwort lautet gemäß (6.5.12):

$$u(t) = u_{\text{stat}}[1 + 28{,}606 \cos(4\pi t - 1{,}571) + 45{,}075 \sin(4\pi t - 1{,}571)$$
$$+ 0{,}065 \cos(4\pi t - 0{,}009) + 0{,}102 \sin(4\pi t - 0{,}009)$$
$$+ 0{,}012 \cos(4\pi t - 0{,}004) + 0{,}019 \sin(4\pi t - 0{,}004)$$
$$+ 0{,}004 \cos(4\pi t - 0{,}002) + 0{,}006 \sin(4\pi t - 0{,}002)$$
$$- 0{,}189 \cos(8\pi t + 0{,}023) + 0{,}402 \sin(8\pi t + 0{,}023)$$
$$- 0{,}047 \cos(8\pi t - 0{,}023) + 0{,}101 \sin(8\pi t - 0{,}023)$$
$$- 0{,}007 \cos(8\pi t - 0{,}008) + 0{,}016 \sin(8\pi t - 0{,}008)$$
$$- 0{,}002 \cos(8\pi t - 0{,}004) + 0{,}005 \sin(8\pi t - 0{,}004)$$
$$- 0{,}092 \cos(12\pi t + 0{,}013) + 0{,}012 \sin(12\pi t + 0{,}013)$$
$$- 0{,}105 \cos(12\pi t - 0{,}058) + 0{,}013 \sin(12\pi t - 0{,}058)$$
$$- 0{,}010 \cos(12\pi t - 0{,}013) + 0{,}001 \sin(12\pi t - 0{,}013)$$
$$- 0{,}003 \cos(12\pi t - 0{,}007) + 0{,}000 \sin(12\pi t - 0{,}007)$$
$$- 0{,}010 \cos(16\pi t + 0{,}009) - 0{,}012 \sin(16\pi t + 0{,}009)$$
$$- 0{,}538 \cos(16\pi t - 1{,}571) - 0{,}650 \sin(16\pi t - 1{,}571)$$
$$- 0{,}002 \cos(16\pi t - 0{,}019) - 0{,}003 \sin(16\pi t - 0{,}019)$$
$$- 0{,}001 \cos(16\pi t - 0{,}009) - 0{,}001 \sin(16\pi t - 0{,}009)]. \qquad (6.5.19)$$

Die Grundhüpffrequenz und die erste Eigenfrequenz ($k = n = 1$) sind in Resonanz und $V(1,1)$ erzeugt den größten Beitrag. Die Anteil $V(4,2)$ der Resonanz $k = 4, n = 2$ fällt vergleichsmässig klein aus. Deshalb schreiben wir anstelle von (6.5.19)

$$u(t) \approx u_{\text{stat}}[1 + 28{,}606 \cdot \sin(4\pi t) + 45{,}075 \cdot \cos(4\pi t)]. \qquad (6.5.20)$$

Abb. 6.8 rechts entnimmt man den Graphen von $u^*(t)$.

Die einzelnen Auslenkungen sind $u_{\text{stat}} = 0{,}34$ mm, $u_{\text{dyn,max}} = 1{,}79$ cm und zusammen $u_{\text{max}} = u_{\text{stat}} + u_{\text{dyn,max}} = 1{,}82$ cm.

d) Die Eigenfrequenzen betragen $f_1 = 3$ Hz, $f_2 = 12$ Hz, $f_4 = 27$ Hz und $f_4 = 48$ Hz. Nun ist $\Omega_{kn} = \frac{2k}{3n^2}$, womit man in den beiden Ausdrücken von (6.5.18) k durch $\frac{2}{3}k$ ersetzen muss. Man erhält

$$V(k,n) = \frac{9}{\sqrt{(9n^4 - 4k^2)^2 + 144\xi^2 k^2 n^2}}, \quad \varphi_{kn} = \arctan\left(\frac{12\xi kn^2}{9n^4 - 4k^2}\right). \qquad (6.5.21)$$

Wie bei a) und b) ist

$$\frac{a_1}{G} = 0{,}972596, \quad \frac{a_2}{G} = -0{,}567945, \quad \frac{a_3}{G} = -0{,}732796,$$

$$\frac{b_1}{G} = 1{,}532566, \quad \frac{b_2}{G} = 1{,}206944, \quad \frac{b_3}{G} = 0{,}092574.$$

Mit (6.5.21) folgen:

$$V(1,1) = 1{,}798504, \quad V(1,2) = 0{,}064285, \quad V(1,3) = 0{,}012414,$$
$$V(2,1) = 1{,}283536, \quad V(2,2) = 0{,}070311, \quad V(2,3) = 0{,}012623,$$
$$V(3,1) = 0{,}333248, \quad V(3,2) = 0{,}083328, \quad V(3,3) = 0{,}012987,$$
$$\varphi_{11} = 0{,}040778, \quad \varphi_{12} = 0{,}005829, \quad \varphi_{13} = 0{,}002532,$$
$$\varphi_{21} = -0{,}058220, \quad \varphi_{22} = 0{,}012749, \quad \varphi_{23} = 0{,}005150,$$
$$\varphi_{31} = -0{,}022663, \quad \varphi_{32} = 0{,}022663, \quad \varphi_{33} = 0{,}007948$$

Gleichung (6.5.12) liefert die Antwort:

$$\begin{aligned}
u(t) = u_{\text{stat}}\big[&1 + 1{,}749\cos(4\pi t - 0{,}041) + 2{,}756\sin(4\pi t - 0{,}041) \\
&+ 0{,}063\cos(4\pi t - 0{,}006) + 0{,}099\sin(4\pi t - 0{,}006) \\
&+ 0{,}012\cos(4\pi t - 0{,}003) + 0{,}019\sin(4\pi t - 0{,}003) \\
&- 0{,}729\cos(8\pi t + 0{,}058) + 1{,}549\sin(8\pi t + 0{,}058) \\
&- 0{,}040\cos(8\pi t - 0{,}013) + 0{,}085\sin(8\pi t - 0{,}013) \\
&- 0{,}007\cos(8\pi t - 0{,}005) + 0{,}015\sin(8\pi t - 0{,}005) \\
&- 0{,}244\cos(12\pi t + 0{,}023) + 0{,}031\sin(12\pi t + 0{,}023) \\
&- 0{,}061\cos(12\pi t - 0{,}023) + 0{,}008\sin(12\pi t - 0{,}023) \\
&- 0{,}040\cos(12\pi t - 0{,}008) + 0{,}001\sin(12\pi t - 0{,}008)\big].
\end{aligned} \tag{6.5.22}$$

Resonanzen entstehen erst bei höheren Frequenzen. Als Näherung von (6.5.22) schreiben wir

$$\begin{aligned}
u(t) \approx u_{\text{stat}}\big[&1 + 1{,}749\cdot\cos(4\pi t - 0{,}041) + 2{,}756\cdot\sin(4\pi t - 0{,}041) \\
&- 0{,}729\cdot\cos(8\pi t + 0{,}058) + 1{,}549\cdot\sin(8\pi t + 0{,}058) \\
&- 0{,}244\cdot\cos(12\pi t + 0{,}023)\big].
\end{aligned} \tag{6.5.23}$$

Abb. 6.9 links zeigt den Verlauf von $u^*(t)$.

Für die einzelnen Auslenkungen erhält man $u_{\text{stat}} = 0{,}34$ mm, $u_{\text{dyn,max}} = 1{,}75$ mm und zusammen $u_{\text{max}} = u_{\text{stat}} + u_{\text{dyn,max}} = 2{,}08$ mm.

Ergebnis. Für die Systemantwort beim Hüpfen kann man sich nebst der statischen Auslenkung auf die Einzelantworten der Grundhüpffrequenz (unabhängig von Resonanz) und die ersten paar Resonanzen zwischen Harmonischen der Hüpffrequenz und Eigenfrequenzen der Brücke beschränken.

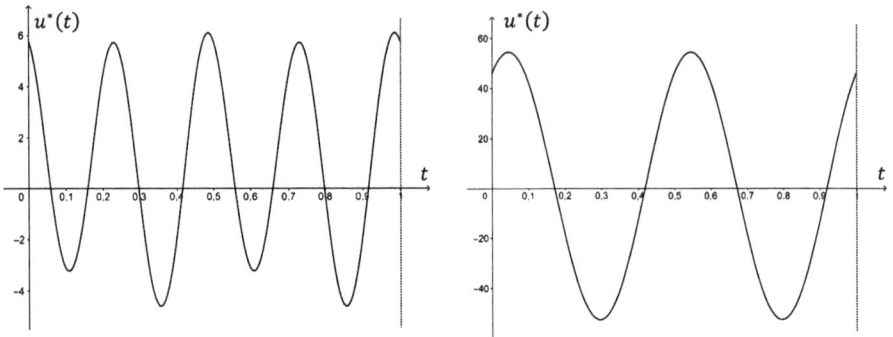

Abb. 6.8: Normierte Graphen von (6.5.17) und (6.5.20).

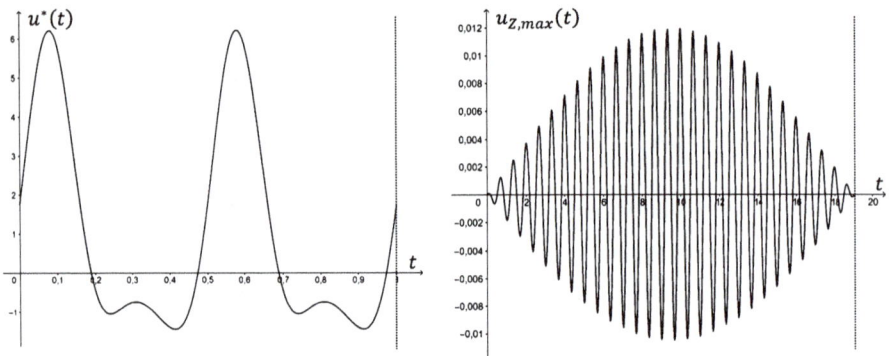

Abb. 6.9: Normierter Graph von (6.5.23) und Graph von (6.6.8).

6.6 Die Antwort des Systems bei bewegter Last

Die obigen Kraftverläufe $F(t)$ und folglich auch die Antworten $u(t)$ des Systems gelten für den Fall, dass die Person an Ort und Stelle auf- und abgeht. Im Allgemeinen wird sich der Fußgänger oder die Fußgängerin mit der Geschwindigkeit v fortbewegen.

Einschränkungen:

– Die Brücke ist beidseitig gelenkig gelagert (A1).
– Die Dämpfungsmaße werden als gleich groß angenommen (A2).

Herleitung von (6.6.1)–(6.6.8)

Nehmen wir die Schrittfrequenz f, die Schrittlänge s und die Brückenlänge l, dann ergibt sich eine Geschwindigkeit von $v = \frac{s}{T} = s \cdot f$ und eine Überquerungszeit von

$$t_0 = \frac{l}{v} = \frac{l}{s \cdot f}. \tag{6.6.1}$$

Die veränderliche statische Auslenkung können wir aufgrund von (A1) mithilfe von (6.4.8) erfassen. Dabei ersetzen wir $a = x$ durch $v \cdot t$ und erhalten

$$u_{\text{stat}}(t) = \frac{G}{3EI} \cdot \frac{(vt)^2}{l}\left[(vt)^2 - 2lvt + l^2\right] = \frac{G}{3EI} \cdot \frac{(vt)^2}{l}(vt - l)^2 = \frac{G}{3EI \cdot l} \cdot \left[sft(sft - l)\right]^2.$$
$$(6.6.2)$$

Gemäß (6.4.1) erzeugt eine Person auf die Unterlage die zeitlich abhängige Kraft $F(t) = 0{,}45G\sin(2\pi ft)$. Interessant ist wie immer die Antwort der Unterlage bei Resonanz mit der n-ten Eigenfrequenz der Brücke. Mit (6.4.3), (6.4.4) und der Tabelle ergibt sich die dynamische, mit der Zeit schwankende, Auslenkung

$$u_{n,\text{dyn,max}} = \frac{0{,}45Gl^3}{n^4\pi^4 EI\xi_n} \cdot \cos(2\pi ft),$$
$$(6.6.3)$$

falls die Person sich an einem Ort $x_0 = \frac{l}{2n}$ befindet, wo die Eigenform ein Maximum besitzt. Für eine sich bewegende Person kann man deshalb den Ausdruck (6.6.3) noch mit $\sin(\frac{n\pi}{l}x) = \sin(\frac{n\pi}{l}vt)$ gewichten und erhält

$$u_{n,\text{dyn,max}}(t) = \frac{0{,}45Gl^3}{n^4\pi^4 EI\xi_n} \cdot \cos(2\pi ft)\sin\left(\frac{n\pi}{l}sft\right).$$
$$(6.6.4)$$

Gleichung (6.6.2) und (6.6.4) kombiniert, liefert mit (A2)

$$u_{\text{max}}(t) = \frac{G}{3EI \cdot l} \cdot \left[sft(sft - l)\right]^2 + \frac{0{,}45Gl^3}{n^4\pi^4 EI\xi_n} \cdot \cos(2\pi ft) \cdot \sin\left(\frac{n\pi}{l}sft\right).$$
$$(6.6.5)$$

Gleichung (6.6.5) beschreibt die Auslenkung für den Fall, dass die Resonanz unmittelbar, also mit dem ersten Schritt auf die Brücke, erfolgt. Dies ist natürlich falsch, denn die Antwort des Systems erfolgt verzögert. Die Verzögerung können wir mit der Einschwingzeit (6.1.8) abschätzen. Nach dieser Zeit beträgt die Amplitude bekanntlich 96 % der maximalen Amplitude. Ist $t_E = \frac{T}{2\xi} = \frac{1}{2\xi f}$ die Verzögerungs- oder Einschwingzeit und $t_0 = \frac{l}{2nsf}$ die benötigte Zeit des Fußgängers oder der Fußgängerin bis zum Ort $x_0 = \frac{l}{2n}$, dann bezeichnet

$$t_* = t_E - t_0 = \frac{1}{2\xi f} - \frac{l}{2nsf} = \frac{1}{2f}\left(\frac{1}{\xi} - \frac{l}{ns}\right)$$
$$(6.6.6)$$

die Zeit bis zum maximalen Ausschlag der Brücke. Das Argument $\frac{\pi}{l}vt$ lautet mithilfe von (6.6.6) nun

$$\frac{\pi}{l}sf(t - t_*) = \frac{\pi}{l}sf\left[t - \frac{1}{2f}\left(\frac{1}{\xi} - \frac{l}{ns}\right)\right] = \frac{\pi}{l}sft - \frac{\pi s}{2l}\left(\frac{1}{\xi} - \frac{l}{ns}\right)$$

und die Phasenverschiebung ist

$$\varphi = \frac{\pi s}{2l}\left(\frac{1}{\xi} - \frac{l}{ns}\right).\tag{6.6.7}$$

Schließlich erhält man mit (6.6.5) und (6.6.7) die Auslenkung der Brücke in Abhängigkeit der Zeit, wobei $t = 0$ dem ersten Schritt auf die Brücke entspricht, zu

$$u_{\max}(t) = \frac{G}{3EI \cdot l} \cdot \left\{sf(t - t_*)[sf(t - t_*) - l]\right\}^2$$
$$+ \frac{0{,}45Gl^3}{n^4\pi^4 EI\xi_n} \cdot \sin\left[2\pi f(t - t_*) - \frac{\pi}{2}\right] \cdot \sin\left[\frac{n\pi}{l}sf(t - t_*)\right].\tag{6.6.8}$$

Beispiel. Gegeben ist eine beidseitig gelenkig gelagerte Brücke mit den Werten $l = 20\,\text{m}$, $b = 3\,\text{m}$, $h = 0{,}4\,\text{m}$, $I = \frac{1}{12}Ah^2$, $E = 1{,}1 \cdot 10^{10}\,\frac{\text{N}}{\text{m}^2}$, $\rho = 1 \cdot 10^3\,\frac{\text{kg}}{\text{m}^3}$ und $\xi_n = \xi = 0{,}015$. Eine Person mit $G = 800\,\text{N}$ überquert die Brücke mit einer Schrittfrequenz von $f = 1{,}5\,\text{Hz}$ und einer Schrittlänge von $s = 0{,}7\,\text{m}$.

a)   Wie lange dauert die Überquerung der Brücke?

b)   Welche Eigenfrequenz ist gegenüber der Schrittfrequenz im Hinblick auf Anregung gefährdet?

c)   Ermitteln Sie die Auslenkung in Brückenmitte in Abhängigkeit der Zeit mithilfe von (6.6.5), falls die Resonanz unmittelbar einsetzen würde, und stellen Sie den Verlauf dar. Wie groß werden die maximale statische und dynamische Auslenkung und die Gesamtauslenkung?

d)   Bestimmen Sie die Verzögerungszeit t_*.

e)   Geben Sie nun die Auslenkung in Brückenmitte mithilfe von (6.6.8) an.

f)   Welche effektive Kraft wirkt während der Überquerung der Person auf die Brücke?

g)   Wie groß ist die effektive Beschleunigung auf die Brücke?

Lösung.

a)   Man erhält mit (6.6.1) $t_0 = \frac{l}{s \cdot f} = \frac{20}{0{,}7 \cdot 1{,}5} = 19{,}05\,\text{s}$.

b)   Für $n = 1$ ergibt sich

$$f_1 = \frac{1^2\pi}{2l^2}\sqrt{\frac{Eh^2}{12\rho}} = 1{,}5\,\text{Hz}.$$

Damit ist die Brückenmitte der Referenzpunkt mit maximaler Auslenkung.

c)   Es gilt

$$u_{Z,\max}(t) = \frac{800}{3 \cdot 1{,}1 \cdot 10^{10} \cdot \frac{1}{12} \cdot 3 \cdot 0{,}4^3 \cdot 20} \cdot \left[1{,}05t(1{,}05t - 20)\right]^2$$
$$+ \frac{0{,}45 \cdot 800 \cdot 20^3}{\pi^4 \cdot 1{,}1 \cdot 10^{10} \cdot \frac{1}{12} \cdot 3 \cdot 0{,}4^3 \cdot 0{,}015} \cdot \sin\left(3\pi t - \frac{\pi}{2}\right) \cdot \sin\left(\frac{\pi}{20}1{,}05t\right)$$

oder

$$u_{Z,\text{max}}(t) = 8{,}06 \cdot 10^{-8} \cdot \left[1{,}05t(1{,}05t - 20)\right]^2$$

$$+ 1{,}12 \cdot 10^{-2} \cdot \sin\left(3\pi t - \frac{\pi}{2}\right) \cdot \sin(0{,}16t). \tag{6.6.9}$$

Damit folgen $u_{Z,\text{stat,max}} = 0{,}76\,\text{mm}$, $u_{Z,\text{dyn,max}} = 1{,}12\,\text{cm}$ und $u_{Z,\text{max}} = u_{Z,\text{stat,max}} + u_{Z,\text{dyn,max}} = 1{,}20\,\text{cm}$. Den Graphen von (6.6.9) entnimmt man Abb. 6.9 rechts.

d) Die Gleichung (6.6.6) liefert

$$t_* = \frac{1}{2f}\left(\frac{1}{\xi} - \frac{l}{ns}\right) = \frac{1}{2 \cdot 1{,}5}\left(\frac{1}{0{,}015} - \frac{20}{0{,}7}\right) = 12{,}70\,\text{s}.$$

e) Man erhält mithilfe von (6.6.8)

$$u_{Z,\text{max}}(t) = 8{,}06 \cdot 10^{-8} \cdot \left\{1{,}05(t - 12{,}7)\left[1{,}05(t - 12{,}7) - 20\right]\right\}^2$$

$$+ 1{,}12 \cdot 10^{-2} \cdot \sin\left[3\pi(t - 12{,}7) - \frac{\pi}{2}\right] \cdot \sin\left[0{,}16(t - 12{,}7)\right]. \tag{6.6.10}$$

Die in c) angegebene dynamische und maximale Auslenkung tritt mit einer Verzögerung von 12,7 s ein, womit der Graph von (6.6.10) gegenüber demjenigen von (6.6.9) um t_* verschoben wird. Die Person verlässt die Brücke also, bevor der Ausschlag in Brückenmitte maximal wird.

f) Auf die Brücke wirkt während der Überquerung einer Person nicht ständig die gleiche Kraft, sondern die Kraft

$$F_{\text{eff}} = \frac{G}{l} \int_0^l \sin(\frac{\pi}{l}x)dx = \frac{2}{\pi}G \approx 0{,}63 \cdot G.$$

g) Die maximale Beschleunigung wird ebenfalls nur zu einem Zeitpunkt erreicht. Für die effektive Beschleunigung der Brücke bestimmt man mit (6.1.9) zuerst

$$\ddot{u}_{\text{Max}} = \omega_1^2 \cdot u_{Z,\text{dyn,Max}} = 4\pi^2 \cdot 1{,}5^2 \cdot 1{,}12 \cdot 10^{-2} = 1\frac{\text{m}}{\text{s}^2}.$$

Damit folgt

$$\ddot{u}_{\text{eff}} = \frac{\ddot{u}_{\text{Max}}}{l} \int_0^l \sin\left(\frac{\pi}{l}x\right)dx = \frac{2}{\pi}\ddot{u}_{\text{Max}} \sim 0{,}63 \cdot \ddot{u}_{\text{Max}} = 0{,}63\frac{\text{m}}{\text{s}^2} \quad \text{(entspricht CL2)}.$$

Bemerkung. Das beschriebene Prinzip der Gewichtung mit $\sin(\frac{n\pi}{l}sft)$ für den Ort der wirkenden Kraft und dasjenige mit der Zeit $t_* = \frac{1}{2f}(\frac{1}{\xi} - \frac{l}{ns})$ verzögert einsetzenden Wirkung kann für jede Art von Bewegung eingesetzt werden, also auch für das Hüpfen.

6.7 Einwirkung mehrerer Personen

Zur Modellierung mehrerer Fußgänger könnte man nun die Zeitfunktion $u(t)$ eines einzelnen Fußgängers nehmen und nach der Zeit t eine andere Person mit anderer Gewichtskraft folgen lassen usw. und alle Antworten superponieren. Die Wirklichkeit sieht aber anders aus, denn es entstehen Wechselwirkungen zwischen den Passanten.

Wir unterscheiden folgende Fälle:

I.   Regellose Einwirkung.
II. Synchronisierte Einwirkung.
III. „Lock-In-Effekt".

I. Bei asynchroner Einwirkung gehen oder laufen n Personen auf der Brücke mit unterschiedlicher Masse. Wichtiger aber ist, dass die Phasenverschiebung der erten Harmonischen der n Passanten eine rein zufällige Verteilung aufweist, weil die Phasenverschiebung von der Gehfrequenz abhängt. Somit werden sich die möglichen Anregungen teils vergrößern und teils eliminieren. In der Literatur findet sich nur ein Ansatz, der für praktische Zwecke gute Werte liefert (Matsumoto, 1978).

Herleitung von (6.7.1) **und** (6.7.3)

Es bezeichnet λ bezeichnet die mittlere Passierrate in Personen pro Sekunde über die ganze Breite des Brückendecks und über eine gewisse Zeitspanne gerechnet. Man kann dies auch als Personenstrom bezeichnen. Weiter ist $t_0 = \frac{l}{s \cdot f}$ nach (6.6.1) die erforderliche Zeit, um eine Brücke der Länge l bei einer Schrittweite s zu überqueren. Dann bezeichnet das Produkt $n = \lambda \cdot t_0$ die Anzahl der Personen, die sich bei einer Passierrate λ gleichzeitig auf der Brücke befinden. Folglich multipliziert man (gemäß Matsumoto) die für einen einzigen Fußgänger berechnete Schwingungsamplitude in Brückenmitte mit der Zahl

$$m = \sqrt{n} = \sqrt{\frac{\lambda \cdot l}{\bar{s} \cdot \bar{f}}} \quad \text{für } 1{,}8\,\text{Hz} \leq \bar{f} \leq 2{,}2\,\text{Hz}. \tag{6.7.1}$$

Dabei schließt (6.7.1) bereits die Tatsache mit ein, dass eine gleichmäßige, über die ganze Brücke verteilt wirkende Kraft nur etwa 60 % der maximalen Durchbiegung in Brückenmitte mithilfe derselben Kraft erzeugt. Für Frequenzen < 1,6 Hz und > 2,4 Hz wird der Wert $m = 2$ empfohlen. Für alle anderen Frequenzen wird linear interpoliert. Wir bestimmen also die eine lineare Funktion zwischen ($f = 1{,}6$, $m = 2$) und ($f = 1{,}8$, $m = \sqrt{\frac{\lambda \cdot l}{s \cdot 1{,}8}}$) bzw. die andere lineare Funktion zwischen ($f = 2{,}2$, $m = \sqrt{\frac{\lambda \cdot l}{s \cdot 2{,}2}}$) und ($f = 2{,}4$, $m = 2$). Wir finden

$$m(f) = \sqrt{\frac{\lambda \cdot l}{\overline{s}}(3{,}73f - 5{,}96)} - 10f + 18 \quad \text{für } 1{,}6\,\text{Hz} \le \overline{f} \le 1{,}8\,\text{Hz} \quad \text{und} \qquad (6.7.2)$$

$$m(f) = \sqrt{\frac{\lambda \cdot l}{\overline{s}}(8{,}09 - 3{,}37f)} + 10f - 22 \quad \text{für } 2{,}2\,\text{Hz} \le \overline{f} \le 2{,}4\,\text{Hz}. \qquad (6.7.3)$$

Beispiel 1. Gegeben ist die Brückenlänge l = 22,5 m und man zählt 100 Personen pro Minute, welche die Brücke überqueren.

a) Bestimmen Sie den Überhöhungsfaktor m, falls die durchschnittliche Gehfrequenz $\overline{f}$ = 2 Hz und die durchschnittliche Schrittweite $\overline{s}$ = 0,75 m beträgt.

b) Wiederum zählt man 100 Personen pro Minute, welche die Brücke überqueren. Man schätzt oder misst $\overline{f}$ = 2,3 Hz und $\overline{s}$ = 0,8 m. Wie groß wird der Faktor m und wie viele Personen befinden sich durchschnittlich auf der Brücke?

Lösung.

a) Man erhält $\lambda = \frac{5}{3}\,\frac{\text{Personen}}{\text{s}}$. Demnach folgt mit (6.7.1)

$$m = \sqrt{\frac{\lambda \cdot l}{\overline{s} \cdot \overline{f}}} = \sqrt{\frac{5 \cdot 22{,}5}{3 \cdot 0{,}75 \cdot 2}} = 5.$$

Mit den gemachten Annahmen hätten sich gleichzeitig etwa 25 Personen auf der Brücke befinden müssen.

b) Gleichung (6.7.3) führt zu

$$m(2{,}3) = \sqrt{\frac{5 \cdot 22{,}5}{3 \cdot 0{,}8}(8{,}09 - 3{,}37 \cdot 2{,}3)} + 10 \cdot 2{,}3 - 22 = 3{,}32.$$

II. Für eine Synchronisierung bei vertikaler Schwingung des Brückendecks ergaben Untersuchungen, dass ab einer Untergrundbewegung von etwa 10 mm – 20 mm Fußgänger und Fußgängerinnen ihren Gang anpassen. Weiter kann man für eine kleine Personenzahl n, die sich auf der Brücke befindet, die Amplitudenvergrößerung bezüglich der ersten Harmonischen einer einzigen Person mit n multiplizieren. Dies haben wir in den Kap. 6.5 und 6.6 ausführlich beschrieben.

Mit steigender Personenzahl wird eine Synchronisierung der Grundfrequenz automatisch erschwert. Für höhere Harmonische treten dann Unterschiede in den Phasenverschiebungen auf, sodass es in diesem Fall wiederum auf I. zu verweisen gilt.

III. Schwingt der Untergrund seitlich aus, dann liegt der Schwellenwert für den Beginn einer Anpassung schon bei Amplituden von etwa 5 mm. Die Person passt nicht nur ihre Frequenz, sondern eben auch die Phase an. Man geht etwas breitbeiniger, wodurch die Amplituden noch mehr zunehmen. Es entsteht ein „Lock-In-Effekt".

Ein Paradebeispiel dafür ist die im Jahre 2000 eröffnete Millennium-Hängebrücke über die Themse in London. Sie wurde schlank gebaut und besteht aus drei Brückendecks: 81 m (Norddeck), 144 m (Mitteldeck) und 108 m (Süddeck). Zudem wurden die Tragseile, welche zwischen zwei Pfeilern das jeweilige Brückendeck halten, sogar unterhalb des Brückendecks gespannt, um die Sicht auf die St.-Pauls-Kathedrale nicht zu versperren. Aufgrund der zusätzlichen Spannung in der Brücke sanken die Eigenfrequenzen unbeabsichtigt. Wahrscheinlich wurde die Brücke auch eher unter statischen Gesichtspunkten gebaut und die dynamischen Eigenschaften unterschätzt, sodass man vom Einbau jedweder Tilger absah. Die ersten Eigenfrequenzen der drei Decks bezüglich seitlicher Schwingung wurden später zu f_{1N} = 1,05 Hz (Norddeck), f_{1M} = 0,5 Hz (Mitteldeck) und f_{1S} = 0,8 Hz (Süddeck) gemessen (Dallard, 2001). Bei einer durchschnittlichen Gehfrequenz von f_{Geh} = 2 Hz kam die Schrittfrequenz $f_{Schritt}$ = 1 Hz gefährlich nahe an die Eigenfrequenzen zu liegen. Es verwundert deshalb nicht, dass die erste Eigenfrequenz des Nord- und Süddecks und die zweite Eigenfrequenz des mittleren Decks (über die zweite Harmonische beim horizontalen Gehen seitwärts) angeregt wurde, sodass die Brücke schon am Eröffnungstag seitlich mit einer maximalen Amplitude von 7 cm ausschwang. Nach nur zwei Tagen wurde die Brücke geschlossen und sie konnte erst zwei Jahre später nach einer teuren Sanierung, die den Einbau von 58 Tilgern miteinbezog, wiedereröffnet werden.

Herleitung von (6.7.4)–(6.7.11)

Einschränkung: Die Brücke ist beidseitig gelenkig gelagert.

Die darauffolgenden Untersuchungen lieferten als Erstes den einfachen Zusammenhang, dass die seitliche Brückenauslenkung etwa proportional mit der Personenanzahl auf der Brücke anwächst. Des Weiteren wurde die seitliche Kraft $F_1(\frac{l}{2})$ einer Person in Brückenmitte mit der lokalen Geschwindigkeit $v(x)$ an der Stelle x für $0 \leq x \leq l$ verglichen. Eine grobe Interpolation führte zu dem linearen Zusammenhang

$$F_1\left(\frac{l}{2}\right) = C \cdot v(x) \tag{6.7.4}$$

mit $C \approx 300 \frac{Ns}{m}$. Dabei wurden nur Frequenzen von 0,5 Hz–1 Hz zugelassen.

Für die örtlich abhängige Geschwindigkeit $v(x)$ selber kann man den Zuwachs mit der ersten Eigenform (seitlich) $y_1(x) = \sin(\frac{\pi}{l}x)$ erfassen. Wir schreiben also $v(x) = v \cdot \sin(\frac{\pi}{l}x)$, wobei $v(\frac{l}{2}) = v_{Max} := v$ die maximale Geschwindigkeit bezeichnet. Damit wird aus (6.7.4)

$$F_1\left(\frac{l}{2}\right) = Cv \cdot \sin\left(\frac{\pi}{l}x\right). \tag{6.7.5}$$

Auch für die lokale Kraft $F_1(x)$ kann man $F_1(\frac{l}{2})$ mit $\sin(\frac{\pi}{l}x)$ gewichten und erhält mit (6.7.5) die seitlich ausgeübte Kraft

$$F_1(x_i) = Cv \cdot \sin^2\left(\frac{\pi}{l}x_i\right) \tag{6.7.6}$$

für eine Person an der Stelle x_i.

Nun nehmen wir an, dass sich N Personen auf der Brücke aufhalten und sich gleichmäßig auf der Brücke verteilen. Demnach gilt

$$\Delta N = \frac{N}{l}\Delta x. \tag{6.7.7}$$

Folglich werden sich durchschnittlich ΔN Personen an der Stelle x_i aufhalten und die Gesamtkraft wächst mit (6.7.6) auf

$$F_{\Delta N}(x_i) = \Delta N \cdot Cv \cdot \sin^2\left(\frac{\pi}{l}x_i\right) = \frac{N}{l}Cv \cdot \sin^2\left(\frac{\pi}{l} \cdot i\Delta x\right)\Delta x \tag{6.7.8}$$

an. Schließlich summieren wir über die Stellen für i von 1 bis n mit $l = n\Delta x$ und finden

$$F_N = \frac{N}{l}Cv \sum_{i=1}^{n} \sin^2\left(\frac{\pi}{l} \cdot i\Delta x\right)\Delta x. \tag{6.7.9}$$

Für (6.7.9) können wir im Mittel auch $F_N = \frac{N}{l}Cv \int_0^l \sin^2(\frac{\pi}{l}x)dx$ schreiben und erhalten

$$F_N = \frac{N}{l}Cv \cdot \frac{l}{2} = \frac{NCv}{2}. \tag{6.7.10}$$

Da die Dämpfungskraft $F_\mu = \mu \cdot v$ mindestens so groß wie beschleunigende Kraft sein muss, um die Auslenkung zu verunmöglichen, gilt im Grenzfall
Bilanz: $F_N = F_\mu$.
Dabei muss die Dämpfung bezüglich der ersten Eigenfrequenz (seitlich) und der entsprechenden modalen Masse der Brücke, die dann in Resonanz mit der Grundgehfrequenz f_1 gerät, ermittelt werden. Damit folgt

$$\frac{NCv}{2} = 2\xi_1\omega_1 m_1^* v$$

und aufgelöst nach der kritischen Personenzahl, ergibt sich

$$N < \frac{8\pi\xi_1 m_1^* f_1}{C}. \tag{6.7.11}$$

Beispiel 2. Die Millennium-Brücke in London besteht, wie schon gesagt, aus drei Decken der Länge 81 m, 144 m und 108 m (von Norden nach Süden). Die einzelnen Laufplattformen sind aus Aluminium mit einer Breite von $b = 4$ m gefertigt. Wir gehen deshalb davon aus, dass die Dichte durchwegs derjenigen von Aluminium entspricht, und setzen $\rho = \rho_{Al} = 2,7 \cdot 10^3 \frac{kg}{m^3}$. Der Querschnitt A des Brückendecks entspricht nur idealisiert einem Rechteck mit gleicher Höhe h. So findet sich über diese Größe auch keine Angabe. Wir wählen dafür etwa $h = 0,3$ m und setzen für das Trägheitsmoment dasjenige eines Rechtecks mit $I = \frac{1}{12}Ab^2 = \frac{1}{12}hb^3$ an. Dabei muss beachtet werden, dass es sich um das Trägheitsmoment in horizontaler Richtung handelt. Ebenso sucht man vergebens nach einem Wert für das Elastizitätsmodul. Näherungsweise verwenden wir auch in diesem Fall denjenige von Aluminium und setzen $E = E_{Al} = 0,7 \cdot 10^{11} \frac{N}{m^2}$. Da die Tragseile wenig durchhängen durften, musste man auch die Spannung in ihnen sehr groß halten. Damit übertrug man aber die Spannung auf die gesamte Konstruktion und verminderte damit die Eigenfrequenzen. Die Spannung in den Tragseilen entsprach einer Last von 2000 t. Schließlich nehmen wir der Einfachheit halber $\xi_1 = \xi_2 = \xi = 0,017$.

a) Schätzen Sie mit den Werten die erste Eigenfrequenz in den drei Brückendecks bezüglich seitlicher Schwingung ab.

b) Welche kritische Personenzahl für einen (seitlichen) „Lock-In-Effekt" ergibt sich beispielsweise für das Süddeck mit $l = 108$ m?

Lösung.

a) Zuerst muss noch die Spannung N ermittelt werden. Es gilt

$$N = \frac{F}{A} = \frac{mg}{bh} = \frac{2 \cdot 10^6 \cdot 9,81}{4 \cdot 0,3} = 1,635 \cdot 10^6 \frac{N}{m^2}.$$

Für die erste Eigenfrequenz ziehen wir Gleichung (5.3.9) zurate und finden bis auf die Decklänge

$$f_1 = \frac{1}{2l} \sqrt{\frac{E \cdot b^2}{12 \cdot \rho} \left(\frac{\pi}{l}\right)^2 - \frac{N}{\rho \cdot A}} = \frac{1}{2l} \sqrt{\frac{0,7 \cdot 10^{11} \cdot 4^2}{12 \cdot 2700} \left(\frac{\pi}{l}\right)^2 - \frac{1,635 \cdot 10^7}{2700 \cdot 1,2}}.$$

Damit folgt $f_{1N} = 1,34$ Hz (+27 %), $f_{1M} = 0,37$ Hz (−26 %) und $f_{1S} = 0,72$ Hz (−10 %). In Klammern sind die Abweichungen gegenüber den gemessenen Werten festgehalten.

b) Es gilt (siehe (3.8.10))

$$m_1^* = \rho A = \int_0^l v_1^2(x)dx = \rho A \int_0^l \sin^2\left(\frac{\pi}{l}x\right)dx = \rho A \cdot \frac{l}{2} = \frac{1}{2}m$$

$$= \rho \cdot b \cdot h \cdot \frac{l}{2} = 174960 \text{ kg}.$$

Mit (6.7.11) folgt

$$N < \frac{8\pi\xi_1 m_1^* f_1}{C} = \frac{8\pi \cdot 0,017 \cdot 174960 \cdot 0,72}{300} \approx 179 \text{ Personen}.$$

Sämtliche Anforderungen sind in der nachstehenden Tabelle unter der Zusatzbedingung für einen CL1-Komfort nochmals zusammengetragen:

Anregungsart	Auslenkung	Beschleunigung in $\frac{m}{s^2}$
1 Person in der Mitte gehend	$u_{Max} = \frac{F}{D^*} \cdot \frac{1}{2\xi}$	$\ddot{u}_{Max} = \omega^2 \cdot u_{Max} < 0{,}5$
1 Person über Brücke gehend	$u_{eff} = \frac{2}{\pi} u_{Max}$	$\ddot{u}_{eff} = \frac{2}{\pi}\omega^2 \cdot u_{Max} < 0{,}5$
n Personen über Brücke gehend, asynchron	$u_{eff} = \sqrt{n} \cdot u_{Max}$	$\ddot{u}_{eff} = \sqrt{n} \cdot \omega^2 \cdot u_{Max} < 0{,}5$
synchron vertikal	$u_{eff} = n \cdot u_{Max}$	$\ddot{u}_{eff} = n \cdot \omega^2 \cdot u_{Max} < 0{,}5$
synchron seitlich (Lock-in)	$u_{eff} = n \cdot u_{Max}$	$\ddot{u}_{eff} = n \cdot \omega^2 \cdot u_{Max} < 0{,}1$ Kritische Personenzahl $N < \frac{8\pi\xi_1 m_1^* f_1}{C}$

Abklärung für den allfälligen Einbau eines Tilgers bei Fußgängerbrücken

Zum Schluss sollen im letzten Beispiel dieses Kapitels alle Punkte zur Optimierung des Tilgers durchgerechnet werden, falls eine Fußgängerbrücke dies erfordert.

Beispiel 3. Wir betrachten eine beidseitig gelenkig gelagerte Brücke mit den Werten: $l = 20\,\text{m}$, $b = 3\,\text{m}$, $h = 0{,}5\,\text{m}$, $E = 3{,}0 \cdot 10^{10}\,\frac{N}{m^2}$, $I = \frac{1}{12}Ah^2$ und $\rho = 2{,}5 \cdot 10^3\,\frac{kg}{m^3}$. Ausnahmsweise formulieren wir die einzelnen Fragen mithilfe von Zahlen in Form einer Checkliste.
1. Bestimmen Sie diejenigen Eigenfrequenzen, die nahe bei 2 Hz liegen. Dabei ist die erste Eigenfrequenz die wichtigste, weil diese am einfachsten anzuregen ist.
2. Wie groß ist die Masse des Hauptsystems?
3. Bestimmen Sie die modale Steifigkeit und die modale Masse bezüglich der ersten Eigenfrequenz.
4. Nehmen Sie für die Dämpfung des Hauptsystems einen sinnvollen Wert an.
5. Bestimmen Sie die Tilgermasse m_2.
6. Wie groß ist die optimale Tilgerfrequenz?
7. Berechnen Sie die Federkonstante des Tilgers.
8. Ermitteln Sie schließlich die Dämpfungskonstante μ_2 des Tilgers.

Lösung.
1. Wir erhalten als erste Eigenfrequenz $f_1 = \frac{\pi}{2l^2}\sqrt{\frac{EI}{\rho A}} = 1{,}96\,\text{Hz}$. Sie liegt bezüglich der Fußgängeranregung im kritischen Bereich.
2. Diese beträgt $m_1 = \rho lbh = 75000\,\text{kg}$.
3. Für die modale Masse folgt mit (3.8.10) $m_1^* = \frac{1}{2}m_1 = 37500\,\text{kg}$. Die modale Steifigkeit erhält man beispielsweise mit $D_1^* = \omega_1^2 m_1^* = 4\pi^2 f_1^2 \cdot m_1^* = 5{,}92 \cdot 10^6\,\frac{N}{m}$.
4. Wir wissen, dass sie kleiner als 2 % sein sollte, damit die folgenden Rechenschritte gute Werte liefern.
5. Übliche Massenverhältnisse sind beispielsweise $\frac{m_2}{m_1^*} = \gamma = 0{,}05$, womit man $m_2 = \gamma m_1^* = 1875\,\text{kg}$ erhält.
6. In Band 2 wurde das Frequenzverhältnis $\beta = \frac{f_2}{f_1^*}$ zwischen Tilgermasse und modaler Masse definiert und bewiesen, dass das optimale Verhältnis $\beta_{opt.} = \frac{1}{1+\gamma}$ beträgt. Damit folgt $f_{opt,2} = \frac{f_1}{1+\gamma} = \frac{2}{1+0{,}05} = 1{,}90\,\text{Hz}$.

7. Auch dies wurde in Band 2 bewiesen. Es gilt $D_2 = \beta^2 \gamma D_1^* = \frac{\gamma D_1^*}{(1+\gamma)^2} = 2{,}69 \cdot 10^6 \frac{N}{m}$. Alternativ geht auch $D_2 = m_2(2\pi f_{opt,2})^2 = 2{,}69 \cdot 10^6 \frac{N}{m}$.

8. Zuerst wird das Dämpfungsmaß mithilfe von (6.4.5) zu $\xi_{opt,2} = \sqrt{\frac{3\gamma}{8(1+\gamma)}} = 0{,}134$ bestimmt. Damit ergibt sich die Dämpfungskonstante

$$\mu_2 = 2\xi_{opt,2}\omega_2 m_2 = 2\xi_{opt,2}\sqrt{D_2 m_2} = 2 \cdot 1{,}90\sqrt{2{,}69 \cdot 10^6 \cdot 1875} = 5997\frac{Ns}{m}.$$

Die Tilger werden dann an den entsprechenden Stellen platziert. Für die erste Eigenform in Brückenmitte, für die zweite Eigenform an den Stellen $x_1 = \frac{l}{4}$ und $x_1 = \frac{3}{4}l$ usw.

7 Dynamische Belastungen von Eisenbahnbrücken

Die dampfbetriebene Lokomotive war für den Schienenverkehr bis etwa um 1950 bestimmend, bevor sie endgültig durch die strombetriebene abgelöst wurde. Bereits um 1850 gab es theoretische Untersuchungen über Schadensfälle an Eisenbahnbrücken, die man mit den Schwingungswirkungen bei der Zugüberfahrt in Zusammenhang brachte.

Damals führte man die Berechnungen an einer Eisenbahnbrücke noch mit statischen Ersatzlasten durch, welche die dynamische Wirkung durch den überfahrenden Zug auf eine beliebige Systemantwort u mittels eines Schwingfaktors $\Psi > 1$ abdeckten: $u_{dyn} = \Psi \cdot u_{stat}$. Dabei wurden die Schwingungen nicht der Überfahrt selber, sondern nur den periodischen Stößen der Triebräder auf die Schiene zugeschrieben.

Eine der ersten theoretischen Arbeiten stammt von Joseph Merlan (1893). Bei der Überfahrt der Lokomotive wird die Brücke eine sich zeitlich ändernde Form einnehmen (Abb. 7.1 links). Dabei ist Merlan letztlich nicht an vertikalen, lokalen Beschleunigungen des Brückendecks, sondern an der maximalen Beschleunigung $\ddot{u}_{max}$, die sich in Brückenmitte ergibt, interessiert.

Herleitung von (7.1)–(7.5)

Einschränkung: Die Brücke ist beidseitig gelenkig gelagert.

An jeder Stelle x für $0 \leq x \leq l$ wird die Lokomotive eine statische Auslenkung $u(x)$ der Brücke gemäß (6.4.8) $a = x$ bewirken. Diese beträgt dann

$$u(x) = \frac{G}{3EI \cdot l} x^2 (x - l)^2. \tag{7.1}$$

In dieser Form ist $u(x) \geq 0$.

Kräftebilanz in Brückenmitte: $F_{Total} = G - M \cdot \ddot{u}_{max}$.

Dabei wirkt die Beschleunigung der Gewichtskraft entgegen und man erhält

$$F_{Total} = G\left(1 - \frac{\ddot{u}_{max}}{g}\right) = \Psi \cdot G. \tag{7.2}$$

In der Literatur findet sich auch die Bezeichnung $\Psi = 1 + \varphi$ mit dem prozentualen Zuwachs φ.

An jeder Stelle ermittelt Melan nun, in dieser Momentaufnahme, die lokalen Beschleunigungen $\ddot{u}(x)$ über die lokalen, statischen Auslenkungen $u(x)$. Gesucht ist somit $\ddot{u} = \frac{du(x(t))}{dt^2}$.

Es gilt

$$\frac{du}{dt} = \frac{du}{dx} \cdot \frac{dx}{dt} = \frac{du}{dx} \cdot v.$$

Weiter ist

https://doi.org/10.1515/9783111345857-007

$$\ddot{u} = \frac{d^2u}{dt^2} = \frac{d}{dt}\left(\frac{du}{dx} \cdot v\right) = \frac{d}{dt}\left(\frac{du}{dx}\right) \cdot v + \frac{du}{dx} \cdot \frac{dv}{dt}$$

$$= \frac{d}{dt}\left(\frac{du}{dx}\right) \cdot v + 0 = \frac{d}{dx}\left(\frac{du}{dt}\right) \cdot v = \frac{d}{dx}\left(\frac{du}{dx} \cdot v\right) \cdot v = \frac{d}{dx}\left(\frac{du}{dx}\right) \cdot v \cdot v,$$

also insgesamt

$$\ddot{u} = \frac{d^2u}{dx^2} \cdot v^2. \tag{7.3}$$

Gleichung (7.3) angewandt auf (7.1), ergibt

$$\ddot{u}(x) = \frac{G}{3EI \cdot l} \cdot 2(6x^2 - 6lx + l^2) \cdot v^2$$

und in der Mitte ausgewertet

$$\ddot{u}_{\max} = \ddot{u}\left(\frac{l}{2}\right) = \frac{G}{3EI \cdot l} \cdot (-l^2) \cdot v^2 = -\frac{Gl}{3EI} \cdot v^2.$$

Gleichung (7.2) liefert dann den Schwingfaktor

$$\Psi = 1 + \frac{Mlv^2}{3EI}. \tag{7.4}$$

Für praktische Zwecke ist (7.4) aufgrund der Abhängigkeit vieler Einflussgrößen unhandlich. Mithilfe durchgeführter Messungen entwickelte Melan eine vereinfachte, von M, v, E und I unabhängige Formel:

$$\Psi = 1{,}14 + \frac{8}{l + 10}. \tag{7.5}$$

Die „10" in Gleichung (7.5) steht für die Höchstgeschwindigkeit zur damaligen Zeit, etwa $36\frac{\text{km}}{\text{h}} = 10\frac{\text{m}}{\text{s}}$. Dies entspricht mindestens einem Schienenstoß bei einer Mindestbrückenlänge von 10 m.

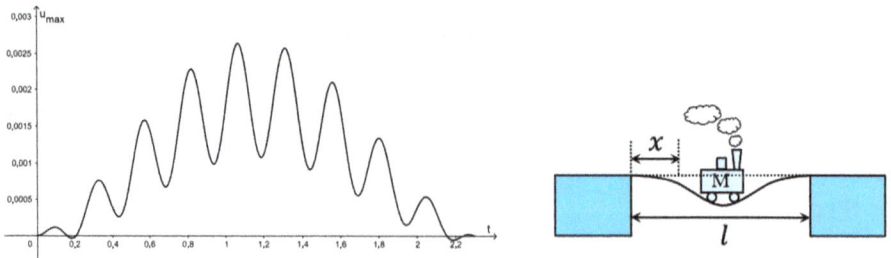

Abb. 7.1: Skizze zur Herleitung des Schwingfaktors und Graph von (7.1.9).

7.1 Die Brückenantwort bei dynamischer Belastung mit einer Lokomotive

Die dynamische Wirkung auf eine Brücke bei Überfahrt mit einer Lokomotive können wir mit derjenigen einer über eine Brücke laufenden Person vergleichen. Beide besitzen eine Lauf- bzw. Fahrgeschwindigkeit und beide üben eine periodische Anregung auf den Untergrund aus: Der Fußgänger durch seine Gehfrequenz, die Lokomotive durch das Schwingen seiner Triebräder.

Herleitung von (7.1.1)–(7.1.8)

Einschränkungen:

– Die Brücke ist beidseitig gelenkig gelagert (A1).
– Die Dämpfungsmaße werden als gleich groß angenommen (A2).

Die Masse der Brücke sei m_B, die Gewichtskraft der Lokomotive $G = Mg$ und die Frequenz der Triebräder f_T. Weiter bezeichnen wir mit r den Umfang eines Triebrades, womit die Zuggeschwindigkeit $v = \omega \cdot r = 2\pi f_T r$ beträgt. Daraus folgt die Zentripetalkraft der Triebräder

$$F_Z = \frac{m_u v^2}{r} = m_u \cdot 4\pi^2 \cdot f_T^2 \cdot r \tag{7.1.1}$$

mit der Schwung- oder Unwuchtmasse m_u. Die periodisch auf die Schienen wirkende Kraft lautet demnach

$$F(t) = Mg + F_Z \cdot \cos(\omega_T t). \tag{7.1.2}$$

Nun betrachten wir die dynamische Antwort von $F_Z \cdot \cos(\omega_T t)$ bezüglich der n-ten Eigenfrequenz ω_n der Brücke. Dazu muss die DG

$$\ddot{u}_n + 2\xi_n \omega_n \cdot \dot{u}_n + \omega_n^2 \cdot u_n = \frac{F_Z}{m_n^*} \sin(\omega_T t) \tag{7.1.3}$$

mit $\omega_n^2 = \frac{D_n^*}{m_n^*}$ gelöst werden. Im stationären Zustand ergibt sich mit (6.4.2)

$$u_n(t) = \frac{F_Z}{m_n^*} \cdot \frac{1}{\sqrt{(4\pi^2 f_T^2 - 4\pi^2 f_n^2)^2 + 64\pi^4 \xi_n^2 f_T^2 f_n^2}} \cdot \cos\left[2\pi f_T t - \arctan\left(\frac{2\xi_n f_T f_n}{f_T^2 - f_n^2}\right)\right]. \tag{7.1.4}$$

Nun betrachten wir einzig den Resonanzfall $f_T = f_n$, dass also eine Eigenfrequenz mit der Anregungsfrequenz übereinstimmt, und erhalten

$$u_{n,\max}(t) = \frac{F_Z}{D_n^*} \cdot \frac{1}{2\xi_n} \sin(2\pi f_T t). \tag{7.1.5}$$

Aufgrund von (A1) kann man $D_n^* = \omega_T^2 m_n^* = 4\pi^2 f_T^2 \frac{1}{2} m_B$ schreiben und (7.1.1) in (7.1.5) eingefügt, ergibt

$$u_{n,\max}(t) = \frac{m_u r}{m_B \xi} \cdot \sin(2\pi f_T t), \tag{7.1.6}$$

falls man noch (A2) verwendet. In der Form (7.1.6) entspricht dies der Antwort des Untergrunds bei einer Unwuchtanregung (siehe Band 2).

Bewegt sich die Lokomotive mit der Geschwindigkeit v, so kann man die statisch wirkende Kraft in Abhängigkeit der Zeit, wie schon beim Gehen, mithilfe von (6.6.2) oder (7.1) erfassen:

$$u_{\text{stat}}(t) = \frac{G}{3EI \cdot l} \cdot \left[vt(vt - l)\right]^2. \tag{7.1.7}$$

Um die dynamische Wirkung auf die Brücke am Ort $x = vt$ zu beschreiben, multiplizieren wir (7.1.5) mit $\sin(\frac{n\pi}{l}vt)$ und erhalten mit (7.1.7) insgesamt

$$u_{\max}(t) = u_{\text{stat}} + u_{n,\text{dyn},\max}(t)$$
$$= \frac{G}{3EI \cdot l} \cdot \left[vt(vt - l)\right]^2 + \frac{F_Z}{D_n^*} \cdot \frac{1}{2\xi_n} \sin(2\pi f_T t) \cdot \sin\left(\frac{n\pi}{l}vt\right) \quad \text{oder}$$
$$u_{n,\max}(t) = \frac{Mg}{3EI \cdot l} \cdot \left[vt(vt - l)\right]^2 + \frac{m_u r}{m_B \xi} \sin(2\pi f_T t) \cdot \sin\left(\frac{n\pi}{l}vt\right). \tag{7.1.8}$$

Beispiel. Eine Eisenbahnbrücke bestehend aus einem Einfeldträger besitzt folgende Größen: $l = 23\,\text{m}$, $EI = 10^{10}\,\text{Nm}^2$, $\rho A = 5500\,\frac{\text{kg}}{\text{m}}$ und $\xi = 0,02$. Die Lokomotive besitzt eine Masse von $M = 75\,\text{t}$, eine Schwungmasse von $m_u = 10\,\text{kg}$ mit exzentrischem Abstand $r = 0,2$ und sie bewegt sich mit der Geschwindigkeit $v = 10\,\frac{\text{m}}{\text{s}}$. Die Frequenz der Triebräder beträgt $f_T = 4\,\text{Hz}$.
a) Die wievielte Eigenfrequenz der Brücke wird angeregt?
b) Bestimmen Sie die Auslenkung der Brücke in Abhängigkeit der Zeit, die maximal statische und dynamische Auslenkung, die Gesamtauslenkung und den Schwingfaktor.
c) Stellen Sie die Auslenkung aus b) dar.

Lösung.
a) Man erhält

$$f_1 = \frac{\pi}{2l^2}\sqrt{\frac{EI}{\rho A}} = 4\,\text{Hz} = f_T.$$

b) Gleichung (7.1.8) liefert

$$u_{\max}(t) = \frac{75000 \cdot 9,81}{3 \cdot 10^{10} \cdot 23} \cdot \left[10t(10t - 23)\right]^2$$
$$+ \frac{10 \cdot 0,2}{5500 \cdot 23 \cdot 0,02} \sin(8\pi t) \cdot \sin\left(\frac{\pi}{23}10t\right) \quad \text{oder}$$

$$u_{max}(t) = 1{,}07 \cdot 10^{-7} \cdot \left[10t(10t-23)\right]^2 + 7{,}91 \cdot 10^{-4} \sin(8\pi t) \cdot \sin\left(\frac{\pi}{23}10t\right). \quad (7.1.9)$$

Zudem gilt $u_{stat,max} = 1{,}86$ cm, $u_{dyn,max} = 0{,}78$ mm und $u_{max} = 1{,}94$ cm.
Der Schwingfaktor ergibt sich zu $\Psi = \frac{1{,}94cm}{1{,}86cm} = 1{,}04$. Theoretisch wäre mit (7.5)

$$\Psi = 1{,}14 + \frac{8}{25+10} = 1{,}37.$$

c)   Den Verlauf von (7.1.9) entnimmt man Abb. 7.1 rechts.

7.2 Die Brückenantwort bei dynamischer Belastung mit modernen Zügen

Im Laufe der letzten Jahrzehnte wurde die Bestimmung des Schwingfaktors Ψ aufgrund längerer Brücken, höherer Fahrgeschwindigkeiten und veränderter Zugformationen laufend angepasst. Die heutzutage gültigen Formeln unterscheiden noch bezüglich der Gleisqualität.
   Für sorgfältig instand gehaltene Gleise:

$$\Psi = \frac{1{,}44}{\sqrt{l_\Psi} - 0{,}2} + 0{,}82, \quad 1{,}00 \le \Psi \le 1{,}67$$

und für Gleise mit normaler Instandhaltung:

$$\Psi = \frac{2{,}16}{\sqrt{l_\Psi} - 0{,}2} + 0{,}73, \quad 1{,}00 \le \Psi \le 2{,}00. \quad (7.2.1)$$

   Die Größe l_Ψ ist dabei abhängig von Bauform und den Bauteilen der Brücke (hier nicht abgedruckt). Besteht der Hauptträger, also das Brückendeck, aus einem einzigen Trägerstück, dann darf $l_\Psi = l$ gesetzt werden.

Die 1. kritische Geschwindigkeit. Mit Entwicklung der Diesellokomotiven und der Elektrifizierung der Bahn trat erstmals das Phänomen der vertikalen Trägeranregung allein aufgrund von höheren Fahrgeschwindigkeiten in Erscheinung. Die charakteristische Größe hierzu ist der Abstand der Achslasten oder die Waggonlänge d. Museros und Alarcon (2005) geben die zugehörigen kritischen Geschwindigkeiten an als

$$v_n^i = \frac{f_n \cdot d}{i} \quad \text{für } n = 1, 2, i \in \mathbb{N}. \quad (7.2.2)$$

Dabei bezeichnen f_n die n-te Eigenfrequenz des Einfeldträgers und i die Anzahl Zyklen bei einer Lauflänge von d. Eigenfrequenzen mit $n > 2$ spielen in der Praxis keine Rolle.

Beispiel 1. Zur Illustration von (7.2.2) betrachten wir die von Hauser und Adam (2007) veröffentlichten Beschleunigungsantworten für eine Waggonlänge $d = 24,34$ m. Der beidseitig gelenkig gelagerte Einfeldträger besitzt die folgenden Werte: $l = 35$ m, $\rho A = 2 \cdot 10^5 \frac{\text{kg}}{\text{m}}$ und $EI = 7,6 \cdot 10^{10} \frac{\text{kg}}{\text{m}}$. Betrachtet wurde die Überfahrt des Hochgeschwindigkeitszugs ICE ET 410 bei verschiedenen Fahrgeschwindigkeiten. Berechnen Sie die erste Eigenfrequenz der Brücke und die kritischen Geschwindigkeiten $V_1^1, V_1^2, V_1^3, V_2^3, V_2^4, V_2^5$ und V_2^6.

Lösung. Für die erste Eigenfrequenz erhält man $f_1 = \frac{\pi}{2l^2}\sqrt{\frac{EI}{\rho A}} = 2,5$ Hz. Damit schreibt sich (7.2.2) als $V_n^i = \frac{2,5 \cdot n^2 \cdot 24,34}{i}$. Damit ergibt sich $V_1^1 = 60,9\frac{\text{m}}{\text{s}}$, $V_1^2 = 30,4\frac{\text{m}}{\text{s}}$, $V_1^3 = 20,3\frac{\text{m}}{\text{s}}$, $V_2^3 = 81,1\frac{\text{m}}{\text{s}}$, $V_2^4 = 60,9\frac{\text{m}}{\text{s}}$, $V_2^5 = 48,7\frac{\text{m}}{\text{s}}$ und $V_2^6 = 40,6\frac{\text{m}}{\text{s}}$. Höhere Fahrgeschwindigkeiten als V_2^3 kann der Zug gar nicht erreichen und tiefere Geschwindigkeiten wurden nicht betrachtet.

Ergebnis. Die ersten drei kritischen Geschwindigkeiten V_1^1, V_1^2 und V_1^3 beziehen sich auf die erste Eigenform $v_1 = \sin(\frac{\pi}{l}x)$ und die letzten drei kritischen Geschwindigkeiten V_2^4, V_2^5 und V_2^6 auf die zweite Eigenform $v_2 = \sin(\frac{2\pi}{l}x)$. Es sollte ermittelt werden, wie stark die Resonanzerscheinungen für jede der beiden Moden sind, weshalb man die Messpunkte an die beiden Stellen $x_1 = \frac{l}{2}$ und $x_2 = \frac{3}{4}l$ setzte. In Abb. 7.2 ist die Beschleunigung an der Stelle x_1 durchgezogen und bei x_2 gestrichelt gezeichnet. Die Grössen V_1^1, V_1^2 und V_1^3 zeigen bei x_1 einen eindeutigen Anstieg der Beschleunigung.

Insbesondere liefert $V_1^1 = V_2^4$ an beiden Stellen einen Anstieg. Die Zunahme für V_2^6 lässt sich, wenn auch nicht stark, identifizieren. Die Geschwindigkeit V_2^5 führt zwar zu keinem Ausschlag des Beschleunigungswerts, aber eine Zunahme ist ersichtlich. Bei V_2^3 erkennt man, dass die Beschleunigung an der Stelle x_2 fast doppelt so groß ist wie die in der Feldmitte, womit also die zweite Eigenform dominiert. Diese letzte Tatsache er-

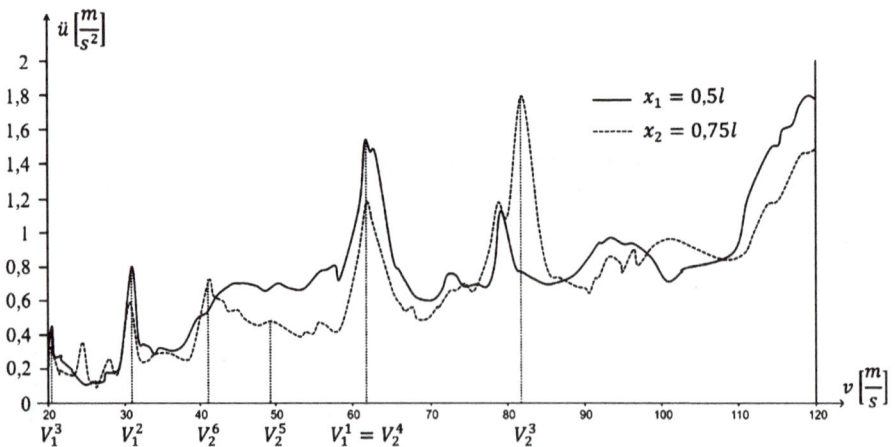

Abb. 7.2: Beschleunigungen eines Einfeldträgers insbesondere für die 1. kritische Geschwindigkeit.

fordert, dass eine Modalanalyse bei einer Anregung mithilfe eines der nachstehenden Lastmodelle mit Einbezug der zweiten Eigenform durchzuführen ist (vgl. hierzu Beispiel, Kap. 6.5).

Die 2. kritische Geschwindigkeit. Eine weitere Resonanzart wird von Ziegler (1998) beschrieben. Sie entsteht allein durch die Überfahrt über eine Brücke. Die charakteristische Größe ist die Brückenlänge l und die zugehörigen kritischen Geschwindigkeiten sind

$$V_n^* = \frac{2 \cdot l \cdot f_n}{n} \quad \text{für } n = 1, 2. \tag{7.2.3}$$

Da Hochgeschwindigkeitszüge Spitzengeschwindigkeiten von bis zu $320 \frac{\text{km}}{\text{h}}$ erreichen, ist seit einigen Jahrzehnten in seltenen Fällen auch die Anregung der zweiten Eigenform möglich.

Tilgung der Resonanz. Bei richtiger Anpassung der Waggonlänge im Verhältnis zur Brückenlänge ist es möglich, dass trotz Erreichen einer kritischen Geschwindigkeit die Resonanz praktisch ausbleibt. Dies beschreiben Yang et al. (2004) für einen Einfeldträger mithilfe der Formel

$$\frac{l}{d} = \frac{2k - 1}{2i} \quad \text{für } i = 1, 2, 3, 4, \quad k \in \mathbb{N}. \tag{7.2.4}$$

Beispiel 2.
a) Ein beidseitig gelagerter Einfeldträger der Länge l = 10 m besitzt die ersten Eigenfrequenz f_1 = 2,5 Hz. Wie groß werden die 2. kritischen Geschwindigkeiten für $n = 1, 2$?
b) Für einen anderen Einfeldträger ist l = 40 m. Die Waggonlängen betragen d = 26,67 m. Zeigen Sie, dass dadurch eine Resonanz ausbleibt.

Lösung.
a) Nach (7.2.3) gilt $V_n^* = \frac{2 \cdot 10 \cdot n^2 \cdot 2,5}{n} = 50\,n$. Damit ist $V_1^* = 50 \frac{\text{m}}{\text{s}} = 180 \frac{\text{km}}{\text{h}}$ und $V_2^* = 100 \frac{\text{m}}{\text{s}} = 360 \frac{\text{km}}{\text{h}}$.
b) Gleichung (7.2.4) liefert $\frac{l}{d}$ = 1,5. Für $i = 1$, $k = 2$ erhält man ein passendes Zahlenpaar.

Ausschlusskriterium für den dynamischen Nachweis. Die Überprüfung des Resonanzverhaltens einer Zugbrücke kann mit dem folgenden vereinfachten Nachweis gemäß dem Modul 3101, Richtlinie 804 aus dem Jahr 2003 erfolgen. Man bestimmt zuerst, ob die erste Eigenfrequenz f_1 der Brücke mit der Länge l innerhalb des nachstehenden Frequenzbandes zu liegen kommt. Dabei gilt:
– obere Begrenzung: $f_1 = 94,76 \cdot l^{-0,748}$.

– untere Begrenzung:

$$f_1 = \frac{80}{l} \quad \text{für } 4\,\text{m} \le l \le 20\,\text{m},$$

$$f_1 = 23{,}58 \cdot l^{-0{,}592} \quad \text{für } 20\,\text{m} < l \le 100\,\text{m}. \tag{7.2.5}$$

In doppeltlogarithmischer Skala aufgetragen, erhält man drei lineare Funktionen (Abb. 7.3).

Vereinfachter Nachweis. Liegt f_1 im von (7.2.5) begrenzten Frequenzband und ist zusätzlich eine der folgenden Bedingungen erfüllt, so kann von einem dynamischen Nachweis abgesehen werden.

1. Die örtliche zulässige Geschwindigkeit für beliebige Träger ist $v_{\text{ört}} \le 200\,\frac{\text{km}}{\text{h}}$.
2. Die Brücke besteht aus einem balkenartigen Einfeldträger mit $l \ge 40\,\text{m}$.
3. Die Brücke besteht aus einem balkenartigen Durchlaufträger, wobei für die einzelnen Träger gilt: $l_{\min} \ge 40\,\text{m}$ und $l_{\max} \le 1{,}5 \cdot l_{\min}$.

Gelingt der vereinfachte Nachweis nicht, so muss eine dynamische Analyse erfolgen. Die Bezeichnungen der dabei verwendeten Lastmodelle lauten LM71, SW/0, SW/2 und die beiden Modelle HSLM-A und HSLM-B für Hochgeschwindigkeitszüge.

Beispiel 3. Ein Einfeldträger der Länge $l = 25\,\text{m}$ wird mit einer Höchstgeschwindigkeit von $v = 130\,\frac{\text{km}}{\text{h}}$ überquert. Die erste Eigenfrequenz der Brücke beträgt $f_1 = 4\,\text{Hz}$. Entscheiden Sie, ob eine genaue dynamische Analyse der Brückenschwingung im Hinblick auf Resonanz notwendig ist.

Lösung. Eine Bedingung des vereinfachten Nachweises ist erfüllt, nämlich die erste Bedingung. Weiter erhält man mit (7.2.5) $f_{1,u} = 23{,}58 \cdot 25^{-0{,}592} = 3{,}51\,\text{Hz}$ und $f_{1,o} = 94{,}76 \cdot 25^{-0{,}748} = 8{,}53\,\text{Hz}$. Da $f_{1,u} < f_1 < f_{1,o}$, kann man auf eine Analyse verzichten und die Brücke wird bezüglich Resonanz unauffällig bleiben.

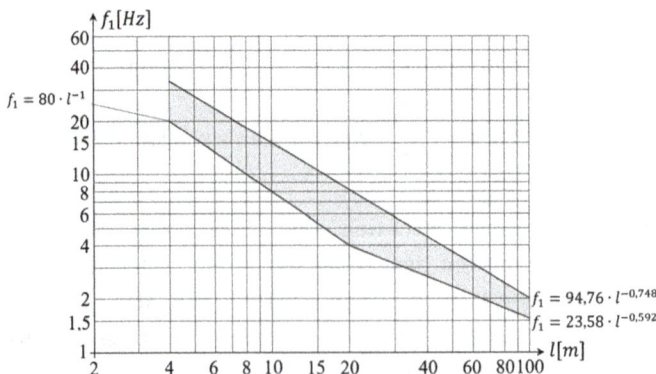

Abb. 7.3: Ausschlusskriterium für den dynamischen Nachweis.

8 Unebenheiten von Fahrbahnen

Die Unebenheiten einer Straße stellen im Frequenzbereich bis etwa 30 Hz die größte Erregerquelle für Fahrzeuge dar. Umgekehrt werden die Straßen durch die Schwingungen der Fahrzeuge beansprucht. Da die Fahrbahnunebenheiten in unregelmäßigen Abständen mit verschiedener Amplitude und Wellenlänge auftreten, spricht man von einer stochastischen Anregung.

Herleitung von (8.1)–(8.13)

Zur Definition von Zeitkreisfrequenz und Wegkreisfrequenz betrachten wir eine einzige harmonische Anregung und definieren in Analogie die Zeitkreisfrequenz als $\omega = \frac{2\pi}{T}$ mit der Einheit $\frac{1}{s}$ und die Wegkreisfrequenz $\Omega = \frac{2\pi}{v}$ mit der Einheit $\frac{1}{m}$. Da $v = \frac{l}{T} = \frac{x}{t}$, folgt $x = vt$, $\omega = v\Omega$ und daraus $\omega t = v\Omega \cdot t = v\Omega \cdot \frac{x}{v} = \Omega x$.

Beliebige periodische Anregungen $h(t)$ bzw. $h(x)$ können wir bekanntlich mithilfe der Fourier-Reihe darstellen (vgl. (6.2.1)):

$$h(t) = \frac{H_0}{2} + \sum_{n=1}^{\infty} H_{n,\cos} \cos(n\omega t) + \sum_{n=1}^{\infty} H_{n,\sin} \sin(n\omega t). \tag{8.1}$$

Mithilfe der komplexen Schreibweise kann man dafür auch

$$h(t) = \sum_{n=-\infty}^{+\infty} H_n e^{in\omega t} \quad \text{mit} \quad H_n = \frac{1}{T} \int_{-\frac{T}{2}}^{\frac{T}{2}} h(t) e^{-in\frac{2\pi}{T}t} dt \tag{8.2}$$

schreiben (siehe Band 2). Analog ergibt sich für das Ortsbild

$$h(x) = \sum_{n=-\infty}^{+\infty} H_n e^{in\Omega x} \quad \text{mit} \quad H_n = \frac{1}{l} \int_{-\frac{l}{2}}^{\frac{l}{2}} h(x) e^{-in\frac{2\pi}{l}x} dx. \tag{8.3}$$

In Wirklichkeit sind Fahrbahnen natürlich nicht periodisch. Um dennoch die Gleichungen (8.2) und (8.3) zu verwenden, verlegt man die Wiederholung des Straßenverlaufs ins Unendliche. Man betrachtet also $h(t)$ und $h(x)$ für $T \to \infty$ und $l \to \infty$ resp. Im 2. Band wird gezeigt, dass sich

$$h(t) = \frac{1}{2\pi} \int_{-\infty}^{\infty} H(\omega) e^{i\omega t} d\omega \quad \text{mit} \quad H(\omega) = \int_{-\infty}^{\infty} h(t) e^{-i\omega t} dt \quad \text{und}$$

$$h(x) = \frac{1}{2\pi} \int_{-\infty}^{\infty} H(\Omega) e^{i\Omega x} d\Omega \quad \text{mit} \quad H(\Omega) = \int_{-\infty}^{\infty} h(x) e^{-i\Omega x} dx \tag{8.4}$$

ergibt. Dabei bezeichnen $H(\Omega)$ und $H(\omega)$ Unebenheitsdichten.

https://doi.org/10.1515/9783111345857-008

Zum Beispiel ist

$$H(-\omega) = \int\limits_{-\infty}^{\infty} h(t)e^{i\omega t}dt = H(\omega), \tag{8.5}$$

da von $-\infty$ bis ∞ integriert wird.

Ersetzt man nun $x = vt$, $\Omega x = \omega t$ und $\omega = v\Omega$ in der Gleichung (8.4), dann ergibt sich

$$h(vt) = \frac{1}{2\pi} \int\limits_{-\infty}^{\infty} H(\Omega)e^{i\omega t}\frac{1}{v}d\omega. \tag{8.6}$$

Mithilfe der neuen Variable $\tau = vt$ schreibt sich (8.6) als

$$h(\tau) = \frac{1}{2\pi} \int\limits_{-\infty}^{\infty} H(\Omega)e^{i\frac{\omega}{v}\tau}\frac{1}{v}d\omega. \tag{8.7}$$

Da mit ω auch $\frac{\omega}{v}$ alle Werte von $-\infty$ bis ∞ durchläuft, entspricht (8.7) schlicht $h(\tau) = \frac{1}{2\pi}\int_{-\infty}^{\infty} H(\Omega)e^{i\omega\tau}\frac{1}{v}d\omega$ und mit einem Variablenwechsel $\tau = t$ letztlich

$$h(t) = \frac{1}{2\pi} \int\limits_{-\infty}^{\infty} H(\Omega)e^{i\omega t}\frac{1}{v}d\omega. \tag{8.8}$$

Ein Vergleich von (8.8) mit (8.4) ergibt den Zusammenhang

$$H(\omega) = \frac{1}{v} \cdot H(\Omega) \tag{8.9}$$

oder $H(v\Omega) = \frac{1}{v} \cdot H(\Omega)$. Diese Gleichung besagt, dass die Unebenheitsdichte mit anwachsender Wegkreisfrequenz bzw. mit sinkender Unebenheitswellenlänge sinkt. Umgekehrt ist demnach die Dichte langwelliger Unebenheiten höher. Da es sich um stochastische Größen handelt, kann man auch sagen, dass im Mittel langwellige Unebenheiten wahrscheinlicher sind als kurzwellige. Entsprechend ist $H(\omega) = \frac{1}{v} \cdot H(\frac{\omega}{v})$, was wiederum bedeutet, dass die Dichte mit größeren Zeitkreisfrequenzen höher ist.

Für Untersuchungen der durch Fahrbahnunebenheiten verursachten Fahrzeugschwingungen ist die Kenntnis des Unebenheitsverlaufs $h(x)$ oder $h(t)$ zweitrangig. Vielmehr interessiert, welche Amplituden Straßenunebenheiten aufweisen und mit welcher Häufigkeit sie im Mittel auftreten. Als Maß verwendet man den Effektivwert, d. h. den zeitlichen quadratischen Mittelwert

$$\bar{h} = \sqrt{\lim_{T\to\infty}\frac{1}{T}\int\limits_{-T}^{T} h^2(t)dt}. \tag{8.10}$$

Es ist dabei notwendig, dass man in (8.10) $h^2(t)$ verwendet, damit man über positive Größen mittelt, weil ein Straßenprofil bezüglich der Nulllage sowohl aus Erhebungen wie auch aus Vertiefungen besteht. Nun bestimmen wir den Wert von $\overline{h}^2$. Mithilfe von (8.4) und (8.5) folgt

$$\overline{h}^2 = \lim_{T\to\infty} \frac{1}{T} \int_{-T}^{T} h^2(t)dt = \lim_{T\to\infty} \frac{1}{T} \int_{-T}^{T} h(t)\cdot h(t)dt = \lim_{T\to\infty} \frac{1}{T} \int_{-T}^{T} h(t)\left(\int_{-\infty}^{\infty} H(\omega)e^{i\omega t}d\omega\right)dt$$

$$= \lim_{T\to\infty} \frac{1}{T} \int_{-\infty}^{\infty} H(\omega)\left(\int_{-T}^{T} h(t)e^{i\omega t}dt\right)d\omega = \lim_{T\to\infty} \frac{1}{T} \int_{-\infty}^{\infty} H(\omega)\cdot 2\pi H(-\omega)d\omega$$

$$= \lim_{T\to\infty} \int_{-\infty}^{\infty} \frac{2\pi}{T}H^2(\omega)d\omega = \lim_{T\to\infty} \int_{0}^{\infty} \frac{4\pi}{T}H^2(\omega)d\omega = \lim_{\omega\to 0} \int_{0}^{\infty} 2\omega H^2(\omega)d\omega$$

oder schließlich

$$\overline{h}^2 = \int_{0}^{\infty} \Phi_H(\omega)d\omega \quad \text{mit} \quad \Phi_H(\omega) = \lim_{T\to\infty} \frac{4\pi}{T}H^2(\omega). \tag{8.11}$$

Man nennt $\Phi_H(\omega)$ die Spektraldichte ($H(\omega)$ ist eine komplexwertige Funktion). Analog erhält man

$$\overline{h}^2 = \int_{0}^{\infty} \Phi_H(\Omega)d\Omega \quad \text{mit} \quad \Phi_H(\Omega) = \lim_{l\to\infty} \frac{4\pi}{l}H^2(\Omega). \tag{8.12}$$

Die Gleichungen (8.11) und (8.12) liefern zusammen mit (8.9) den zu (8.9) entsprechenden Zusammenhang

$$\Phi_H(\omega) = \lim_{T\to\infty} \frac{4\pi}{T}\cdot\frac{1}{v^2}\cdot H^2(\Omega) = \lim_{l\to\infty} \frac{4\pi}{l}\cdot\frac{1}{v}\cdot H^2(\Omega) = \frac{1}{v}\cdot\Phi_H(\Omega). \tag{8.13}$$

Einige Begriffsklärungen.
- Die Wahrscheinlichkeitsdichtefunktionen $\Phi_H(\omega)$ und $\Phi_H(\Omega)$ geben an, wie dicht die ω- bzw. Ω-Werte um einen beliebigen ω_*- bzw. Ω_*-Wert verteilt sind.
- Der Wert $\overline{h}^2$ ist verglichen mit der Kenntnis der Dichtefunktion zweitrang. Es gilt, $\Phi_H(\Omega)$ über eine Messung zu bestimmen (siehe Kap. 8.1).
- Das Integral $\int_0^\infty \Phi_H(\omega)d\omega$ ergibt hier nicht 1, weil $\Phi_H(\omega)$ nicht normiert ist.
- Solche Spektraldichten sind in Band 2 im Zusammenhang mit der Fourier-Transformation bei kurzen Anregungen besprochen worden. Beispielsweise erhielten wir für einen Rechteckimpuls $\Phi_H(\omega) = si(\frac{\omega}{2})$.
- Die Spektraldichte muss für $\omega \to \infty$ bzw. $\Omega \to \infty$ verschwinden, damit $\overline{h}^2$ endlich bleibt.

Beispiel. Wir gehen von einer exponentiell verteilten Dichtefunktion $\Phi_H(\Omega) = \Phi_H(\Omega_0) \cdot e^{-2\Omega}$ mit $\Phi_H(\Omega_0) = 10^{-6}\,\mathrm{m}^3$ aus. Bestimmen Sie den Mittelwert $\overline{h}^2$.

Lösung. Man erhält $\overline{h}^2 = \Phi_H(\Omega_0) \int_0^\infty e^{-2\Omega} d\Omega = \frac{1}{2}\Phi_H(\Omega_0) = 5 \cdot 10^{-7}\,\mathrm{m}^3$.

8.1 Bemessung von Fahrbahnen

Der genaue Profilverlauf einer Straße (und somit auch der Wert von $\overline{h}^2$) über einen größeren Abschnitt ist von untergeordnetem Interesse. Dies könnte man mithilfe der Abtastwerte über eine Interpolation bewerkstelligen. Dazu setzt man die Funktion $f(x) = \sum_{k=0}^{n} a_k \cos(kx) + \sum_{l=1}^{n-1} b_l \sin(lx)$ an und fügt die Abtastwerte ein.

Viel wichtiger ist die Bestimmung der Dichtefunktion $\Phi_H(\Omega)$, welche die im Straßenprofil auftretenden Weg- und Zeitkreisfrequenzen enthält. Um $\Phi_H(\Omega)$ zu ermitteln, misst man beispielsweise im Abstand von jeweils $\Delta x = 0{,}1\,\mathrm{m}$ die Auslenkung $h(x)$. Bei 1024 Messungen hätte man das Profil der ersten $l = 102{,}4\,\mathrm{m}$ der Fahrbahn. Dann bildet man das Längenintervall l auf das Intervall $[0, 2\pi]$ ab. Mithilfe der FFT (schnelle Fourier-Transformation, siehe Band 2) erhält man aus den 1024 Abtastwerten 511 Wegkreisfrequenzen Ω_n für $n = 1, 2, \ldots, 511$, von denen die kleinste eine Wellenlänge von $0{,}2\,\mathrm{m}$ ($2 \cdot \Delta x$) und die größte eine Wellenlänge von $102{,}4\,\mathrm{m}$ ($1024 \cdot \Delta x$) aufweist. Die Frequenzstützpunkte liegen dabei zwischen $\Omega_{\min} = \frac{2\pi}{102{,}4}\frac{1}{\mathrm{m}}$ und $\Omega_{\min} = \frac{2\pi}{0{,}2}\frac{1}{\mathrm{m}}$ in Schrittweiten zu $\Delta\Omega = \Omega_{\min}$. Mithilfe von (8.13) lässt sich auch das zugehörige Frequenzspektrum $\Phi_H(\omega)$ aus demjenigen von $\Phi_H(\Omega)$ gewinnen, wobei hierzu die Geschwindigkeit berücksichtigt werden muss.

Herleitung von (8.1.1) und (8.1.2)

Um die gemessenen Wegkreisfrequenzen richtig einzuordnen, bedarf es einer Bezugsfrequenz Ω_0. Vielfach wird sie mit $\Omega_0 = 1\frac{1}{\mathrm{m}}$ angesetzt (womit auch $l_0 = \frac{2\pi}{\Omega_0} = 6{,}28\,\mathrm{m}$ bestimmt wäre). Um den Straßenkomfort zu bestimmen, vergleicht man $\Phi_H(\Omega)$ mit $\Phi_H(\Omega_0)$, wenn Ω gegenüber einem sich ändernden Ω_0 wächst. Man nennt $\Phi_H(\Omega_0)$ das Unebenheitsmaß (AUN), wobei ein Wert von $\Phi_H(\Omega_0) = 1\,\mathrm{cm}^3 = 10^{-6}\,\mathrm{m}^3$ eine gute Straße kennzeichnet (Abb. 8.1). Da die Werte auf beiden Achsen mehrere Zehnerpotenzen durchschreiten, trägt man $\log_{10}[\frac{\Phi_H(\Omega)}{\Phi_H(\Omega_0)}]$ gegenüber $\log_{10}(\frac{\Omega}{\Omega_0})$ auf doppeltlogarithmisches Papier auf. Für jede Straße ergibt sich ein vergleichbarer Verlauf. Mithilfe einer Ausgleichsgeraden gelangt man zu $\log_{10}[\frac{\Phi_H(\Omega)}{\Phi_H(\Omega_0)}] = -w \cdot \log_{10}(\frac{\Omega}{\Omega_0})$. Daraus wird $\frac{\Phi_H(\Omega)}{\Phi_H(\Omega_0)} = (\frac{\Omega}{\Omega_0})^{-w}$ und schließlich

$$\Phi_H(\Omega) = \Phi_H(\Omega_0) \cdot \left(\frac{\Omega}{\Omega_0}\right)^{-w}. \tag{8.1.1}$$

Man erhält annähernd eine potentielle Abnahme. w heißt Welligkeit und schwankt zwischen den Werten 1,7 und 2,9, wohingegen die AUN-Werte zwischen 0,3 cm³ (sehr gut) und 18 cm^3 (sehr schlecht) variieren. Der Zielwert beträgt $\Phi_H(\Omega_0) = 1$ cm^3. Bei einem Schwellenwert von 9 cm^3 wird die Prüfung baulicher Maßnahmen eingeleitet.

Gleichung (8.1.1) besitzt den Makel, dass $\lim_{\Omega\to 0}\Phi_H(\Omega) = \infty$ ($\Omega \to 0$ entspricht $l \to \infty$). Bei einem Mittelwert von $w \approx 2$ schreibt sich (8.1.1) als $\Phi_H(\Omega) = \frac{\Phi_H(\Omega_0)\cdot\Omega_0^2}{\Omega^2}$. Aufgrund des angenommenen Mittelwerts für w kann man einen Korrekturwert β^2 hinzunehmen und erhält

$$\Phi_H(\Omega) = \frac{\Phi_H(\Omega_0)\cdot\Omega_0^2}{\beta^2 + \Omega^2}. \tag{8.1.2}$$

Beispiel.

a) Bestimmen Sie die Dichtefunktion $\Phi_H(\Omega)$ mithilfe von (8.1.2), falls also $w \approx 2$ angenommen wird, $\Omega_0 = 1\frac{1}{m}$, $\Phi_H(\Omega_0) = 10^{-6}$ m^3 und $\beta = 1$ gilt.

b) Wie groß wird $\overline{h}^2$?

Lösung.

a) Gleichung (8.1.2) führt zu $\Phi_H(\Omega) = 10^{-6}$ m$^3 \cdot \frac{1}{1+\Omega^2}$.

b) Es ergibt sich $\overline{h}^2 = 10^{-6}$ m$^3 \int_0^\infty \frac{1}{1+\Omega^2}\, d\Omega = 10^{-6}$ m$^3 [\arctan(\Omega)]_0^\infty = \frac{\pi}{2}\cdot 10^{-6}$ m^3.

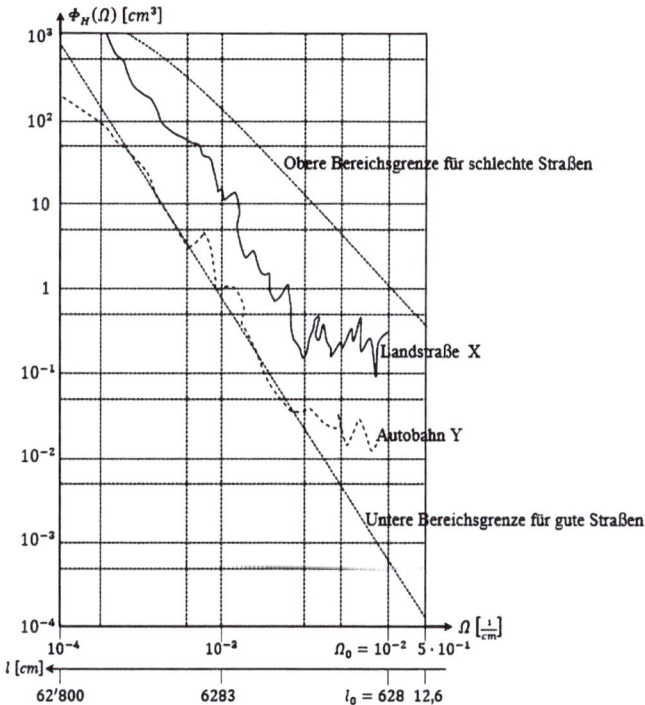

Abb. 8.1: Bemessung von Fahrbahnen.

9 Die Gleichung für Schwingungen einer Membran

Die Schwingung einer dünnen Membran wird häufig als zweidimensionale Analogie zur Saitenschwingung bezeichnet. Das ist, die Form der DG betrachtet, richtig, man muss aber beachten, dass sowohl die Dichte als auch die auf die Membran wirkende Spannung als bestimmende Größen der Wellengeschwindigkeit – anders als bei der Saite – definiert werden müssen. Der Grund liegt darin, dass die Membran keine Dicke besitzt. Die Volumendichte $\rho\,[\frac{kg}{m^3}]$, die Flächenspannung $\sigma\,[\frac{N}{m^2}]$ und die Liniendämpfung $\xi\,[\frac{kg}{m\cdot s}]$ der Saite werden nun durch eine Flächendichte $\mu\,[\frac{kg}{m^2}]$, eine Linienspannung $\tau\,[\frac{N}{m}]$ und einer Flächendämpfung $\xi\,[\frac{kg}{m^2\cdot s}]$ der Membran abgelöst. Die eventuelle Last ist nun eine Flächenlast $q(x,y)\,[\frac{N}{m^2}]$ (Abb. 9.1 links, die Zeitabhängigkeit wird der Übersicht halber weggelassen).

Einschränkung: Die Membran sei vorerst rechteckig.

Um die folgende Bilanz kurz zu halten, gehen wir direkt von allen bei der Saite gemachten Vereinfachungen aus.

Idealisierungen:

- Die Membran besitzt keine Steifigkeit.
- Die Flächendichte ist konstant.
- Der Einfluss der Gravitation wird vernachlässigt.
- Die Auslenkungen $u(x,t)$ sind klein gegenüber den Abmessungen der Membran.

Herleitung von (9.1) und (9.2)

Bilanz und lineare Approximation: Vertikale Kraft- oder Impulsänderungsbilanz einer Membranfläche der Länge dx und der Breite dy.

Wenn τ_x und τ_y die Linienspannungen in die Richtung der entsprechenden Koordinatenachsen sind, so bezeichnen $\tau_x dy$ und $\tau_y dx$ die Normalkräfte tangential zur Membran in dieselben Richtungen. In vertikaler Richtung erhält man (Abb. 9.1 links)

$$\frac{\partial(dm \cdot \dot{u})}{\partial t} = \tau_x(x+dx,y)dy \cdot \sin[\alpha(x+dx,y)] - \tau_x(x)dy \cdot \sin[\alpha(x,y)]$$
$$+ \tau_y(x,y+dy)dx \cdot \sin[\beta(x,y+dy)] - \tau_y(x,y)dx \cdot \sin[\beta(x,y)] - F_R(x,y)$$
$$+ q(x,y)dxdy \quad \text{und}$$
$$\mu dxdy \cdot \ddot{u} = \{\tau_x(x+dx,y) \cdot \sin[\alpha(x+dx,y)] - \tau_x(x,y) \cdot \sin[\alpha(x,y)]\}dy$$
$$+ \{\tau_y(x,y+dy) \cdot \sin[\beta(x,y+dy)] - \tau_y(x,y)dx \cdot \sin[\beta(x,y)]\}dx$$
$$- \xi \cdot dxdy \cdot \dot{u} + q(x,y)dxdy$$
$$= 0.$$

Weiter folgt

$$\mu \cdot \ddot{u} = \frac{\tau_x(x+dx,y) \cdot \sin[\alpha(x+dx,y)] - \tau_x(x,y) \cdot \sin[\alpha(x,y)]}{dx}$$

https://doi.org/10.1515/9783111345857-009

$$+ \frac{\tau_y(x, y + dy) \cdot \sin[\beta(x, y + dy)] - \tau_y(x, y)dx \cdot \sin[\beta(x, y)]}{dy} - \xi \cdot \dot{u} + q(x, y)$$

und somit

$$\mu \cdot \ddot{u} = \frac{\partial}{\partial x}\{\tau_x(x, y) \cdot \sin[\alpha(x, y)]\} + \frac{\partial}{\partial y}\{\tau_y(x, y) \cdot \sin[\beta(x, y)]\} - \xi \cdot \dot{u} + q(x, y).$$

Aufgrund kleiner Auslenkungen gilt $\sin[\alpha(x, y)] \approx \frac{\partial u}{\partial x}$ und $\sin[\beta(x, y)] \approx \frac{\partial u}{\partial y}$, woraus

$$\mu \cdot \ddot{u} + \xi \cdot \dot{u} = \frac{\partial}{\partial x}\left(\tau_x \cdot \frac{\partial u}{\partial x}\right) + \frac{\partial}{\partial y}\left(\tau_y \cdot \frac{\partial u}{\partial y}\right) + q(x, y) \quad \text{entsteht.} \tag{9.1}$$

Zusätzliche Idealisierung: Falls die Membran in Richtung beider Koordinatenachsen gleich stark gespannt wird und keine zusätzlichen von außen wirkenden Kräfte wirksam sind, so gilt $\tau_x = \tau_y = $ konst.

Damit ergibt sich

$$\mu \cdot \frac{\partial^2 u}{\partial t^2} + \xi \cdot \frac{\partial u}{\partial t} = \tau\left[\frac{\partial^2 u(x, y, t)}{\partial x^2} + \frac{\partial^2 u(x, y, t)}{\partial y^2}\right] + q(x, y)$$

und mit $\delta = \frac{\xi}{\mu}, c^2 = \frac{\tau}{\mu}$ die DG der zweidimensionalen Wellengleichung oder die DG für Membranschwingungen zu

$$\frac{\partial^2 u}{\partial t^2} + \delta \cdot \frac{\partial u}{\partial t} - c^2\left(\frac{\partial^2 u}{\partial x^2} + \frac{\partial^2 u}{\partial y^2}\right) = \frac{q(x, y)}{\mu}. \tag{9.2}$$

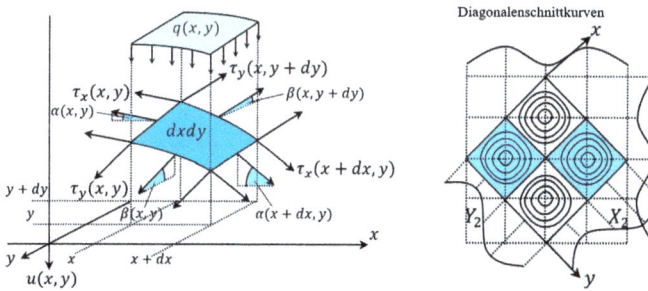

Abb. 9.1: Skizze zur Membranschwingung und zum Beispiel Kap. 9.1.

9.1 Schwingungen der Rechteckmembran ohne Last

Es soll die Lösung von (9.2) mit $q(x, y) = 0$ für eine überall fest eingespannte rechteckige Membran mit Länge a und Breite b ermittelt werden. Mit dem Laplace-Operator $\Delta = \frac{\partial^2}{\partial x^2} + \frac{\partial^2}{\partial y^2}$ schreibt sich (9.2) für $\delta = 0$ auch als $\ddot{u} - c^2 \cdot \Delta u = \frac{q}{\mu}$.

Einschränkung: Die Membran ist lastfrei.

Herleitung von (9.1.1)

Es bezeichnet $u(x, y, t)$ die Auslenkung in z-Richtung. Als RBen erhält man I. $u(0, y, t) = 0$, II. $u(a, y, t) = 0$, III. $u(x, 0, t) = 0$ und IV. $u(x, b, t) = 0$. Die Anfangsbedingungen sind A1. $u(x, y, 0) = g(x, y)$ und A2. $\frac{\partial u}{\partial t}(x, y, 0) = h(x, y)$. Wir versuchen eine Lösung mittels Separation $u(x, y, t) = v(x, y) \cdot w(t)$. Eingesetzt in (9.2) ergibt sich

$$v \cdot \ddot{w} + \delta \cdot v \cdot \dot{w} = c^2(v_{xx} + v_{yy}) \cdot w \quad \text{oder} \quad \frac{\ddot{w}}{w} + \delta \cdot \frac{\dot{w}}{w} = c^2\left(\frac{v_{xx} + v_{yy}}{v}\right).$$

Die beiden Seiten sind voneinander unabhängig, also müssen sie gleich einer Konstanten $-\omega^2$ sein:

$$\frac{\ddot{w}}{w} + \delta \cdot \frac{\dot{w}}{w} = -\omega^2 \quad \text{und} \quad c^2\left(\frac{v_{xx} + v_{yy}}{v}\right) = -\omega^2.$$

Für die Zeitlösung erhält man wie immer gemäß (3.3.2)

$$w(t) = e^{-\frac{\delta}{2} \cdot t} \cdot [B_1 \cdot \cos(\varepsilon_n t) + B_2 \cdot \sin(\varepsilon_n t)] \quad \text{mit} \quad \varepsilon_n^2 = \omega_n^2 - \left(\frac{\delta}{2}\right)^2.$$

Den Ortsteil zerlegen wir abermals in ein Produkt $v(x, y) = X(x) \cdot Y(y)$. Dies führt zu $X''Y + XY'' + \frac{\omega^2}{c^2}XY = 0$ oder $\frac{X''}{X} + \frac{Y''}{Y} = -\frac{\omega^2}{c^2}$. Mit $\frac{X''}{X} = -\alpha^2$ und $\frac{Y''}{Y} = -\beta^2$ folgt $\alpha^2 + \beta^2 = \frac{\omega^2}{c^2}$ und somit $\omega = c\sqrt{\alpha^2 + \beta^2}$. Die Lösungen der einzelnen Ortsteile sind $X(x) = D_1 \cos(\alpha x) + D_2 \sin(\alpha x)$ bzw. $Y(y) = E_1 \cos(\beta y) + E_2 \sin(\beta y)$. Insgesamt hat man

$$u(x, y, t) = [D_1 \cos(\alpha x) + D_2 \sin(\alpha x)][E_1 \cos(\beta y) + E_2 \sin(\beta y)][B_1 \cos(\varepsilon t) + B_2 \sin(\varepsilon t)].$$

Die RBen I. – IV. liefern in dieser Reihenfolge

$$X(0) = 0 \Rightarrow D_1 = 0, \quad X(a) = 0 \Rightarrow \alpha_m = \frac{m\pi}{a},$$

$$Y(0) = 0 \Rightarrow E_1 = 0 \quad \text{und} \quad Y(b) = 0 \Rightarrow \beta_n = \frac{n\pi}{b}.$$

Für die gesamte Lösung erhält man

$$u(x, y, t) = \sum_{m=1}^{\infty} \sum_{n=1}^{\infty} \sin\left(\frac{m\pi}{a}x\right) \sin\left(\frac{n\pi}{b}y\right)[a_{mn} \cos(\varepsilon_{mn}t) + b_{mn} \sin(\varepsilon_{mn}t)]$$

mit

$$\varepsilon_{mn}^2 = \left(\frac{\delta}{2}\right)^2 - c^2\pi^2\left(\frac{m^2}{a^2} + \frac{n^2}{b^2}\right).$$

Sowohl die Anfangsauslenkung als auch die vom Ort abhängige Anfangsgeschwindigkeit werden in Eigenfunktionen entwickelt:

$$g(x,y) = u(x,y,0) = \sum_{m=1}^{\infty} \sum_{n=1}^{\infty} a_{mn} \sin\left(\frac{m\pi}{a}x\right) \sin\left(\frac{n\pi}{b}y\right) \quad \text{und}$$

$$h(x,y) = u_t(x,y,0) = \sum_{m=1}^{\infty} \sum_{n=1}^{\infty} b_{mn}\omega_{mn} \sin\left(\frac{m\pi}{a}x\right) \sin\left(\frac{n\pi}{b}y\right).$$

Weiter gilt

$$\frac{4}{ab} \int_0^a \int_0^b \sin\left(\frac{m\pi}{a}x\right) \sin\left(\frac{n\pi}{b}y\right) \sin\left(\frac{r\pi}{a}x\right) \sin\left(\frac{s\pi}{b}y\right) dxdy = \begin{cases} 0 & \text{für } (m,n) \neq (r,s), \\ 1 & \text{für } (m,n) = (r,s). \end{cases}$$

Folglich erhält man die Koeffizienten zu

$$a_{mn} = \frac{4}{ab} \int_0^a \int_0^b g(x,y) \cdot \sin\left(\frac{m\pi}{a}x\right) \sin\left(\frac{n\pi}{b}y\right) dxdy \quad \text{und}$$

$$b_{mn} = \frac{4}{\omega_{mn}ab} \int_0^a \int_0^b h(x,y) \cdot \sin\left(\frac{m\pi}{a}x\right) \sin\left(\frac{n\pi}{b}y\right) dxdy.$$

Damit lautet das Ergebnis:

Eine an allen Seiten mit konstanter Spannung τ fest eingespannte rechteckige Membran mit Länge a, Breite b, Dämpfung ξ und Massenbelegung μ vollführt bei einer Anfangsauslenkung $g(x,y)$ und einer Anfangsgeschwindigkeit $h(x,y)$ die gedämpften Schwingungen

$$u(x,y,t) = \sum_{m=1}^{\infty} \sum_{n=1}^{\infty} \sin\left(\frac{m\pi}{a}x\right) \sin\left(\frac{n\pi}{b}y\right) \left[a_{mn}\cos(\varepsilon_{mn}t) + b_{mn}\sin(\varepsilon_{mn}t)\right]$$

mit

$$\varepsilon_{mn}^2 = \omega_{mn}^2 - \left(\frac{\delta}{2}\right)^2, \quad \delta = \frac{\xi}{\mu}, \quad \omega_{mn}^2 = c^2\pi^2\left(\frac{m^2}{a^2} + \frac{n^2}{b^2}\right), \quad c^2 = \frac{\tau}{\mu},$$

$$a_{mn} = \frac{4}{ab} \int_0^a \int_0^b g(x,y) \cdot \sin\left(\frac{m\pi}{a}x\right) \sin\left(\frac{n\pi}{b}y\right) dxdy \quad \text{und}$$

$$b_{mn} = \frac{4}{\omega_{mn}ab} \int_0^a \int_0^b h(x,y) \cdot \sin\left(\frac{m\pi}{a}x\right) \sin\left(\frac{n\pi}{b}y\right) dxdy. \tag{9.1.1}$$

Die Eigenfunktionen oder Moden sind $X_m(x) = \sin(\frac{m\pi}{a}x)$, $Y_n(x) = \sin(\frac{n\pi}{b}y)$ und entsprechen unabhängig voneinander stehenden Wellen. Jedem (m,n) wird eine eigene Mode

v_{mn} mit einer spezifischen Frequenz f_{mn} zugeordnet. Im Fall einer freien Schwingung ist $\delta = 0$ und

$$\varepsilon_{mn} = \omega_{mn} = c\pi \sqrt{\frac{m^2}{a^2} + \frac{n^2}{b^2}} = 2\pi f_{mn}.$$

Umgekehrt ist es aber so, dass zu einer gegebenen Frequenz zwei Moden existieren.

Beweis. Dies leuchtet ein, da $X_m(x)$ in x-Richtung und $Y_n(x)$ in y-Richtung periodisch sind. Die jeweiligen Periodizitäten oder Wellenlängen λ_m und λ_n erhält man, indem man

$$v_{mn}(x,y) = \sin\left(\frac{m\pi}{a}x\right) \cdot \sin\left(\frac{n\pi}{b}y\right) = \sin\left[\frac{m\pi}{a}(x + \lambda_m)\right] \cdot \sin\left[\frac{n\pi}{b}(y + \lambda_n)\right] \quad (9.1.2)$$

$$= v_{mn}(x + \lambda_m, y + \lambda_n)$$

schreibt. Dies zieht $\frac{m\pi}{a}\lambda_m = 2\pi$ und $\frac{n\pi}{b}\lambda_n = 2\pi$ oder $\lambda_m = \frac{2a}{m}$ und $\lambda_n = \frac{2b}{n}$ nach sich. Zu jeder Eigenfrequenz f_{mn} gibt es also zwei Wellenlängen λ_m (in y-Richtung), λ_n (in x-Richtung) und folglich zwei Eigenformen. q. e. d.

Beispiel 1. Nehmen wir $a = 2, b = 1$. Ermitteln Sie f_{mn} und daraus zwei Frequenzpaare.

Lösung. Es gilt

$$f_{mn} = \frac{\omega_{mn}}{2\pi} = \frac{c}{2} \cdot \left(\frac{m^2}{4} + n^2\right).$$

Damit besitzen beispielsweise v_{41} und v_{22} oder v_{62} und v_{43} dieselbe Eigenfrequenz.

Beispiel 2. Die Membran ist quadratisch mit $a = b$ und soll frei schwingen.
a)   Ermitteln Sie die Grundfrequenz ω_{11} und die Frequenz ω_{22} als Vielfaches von ω_{11}.
b)   Bestimmen Sie $X_2(x)$, $Y_2(y)$ und stellen Sie die Mode $(2,2)$ als Projektion auf die xy-Ebene durch skizzieren der Höhenlinien dar.

Lösung.
a)   Man erhält $\omega_{11} = \sqrt{2} \cdot \pi \cdot \frac{c}{a} \approx 4{,}4429 \cdot \frac{c}{a}$ und $\omega_{22} = 2\omega_{11}$.
b)   Die Darstellung entnimmt man Abb. 9.1 rechts. Entlang der gestrichenen Linien (Knotenlinien) bleibt bei dieser Schwingungsform die Membran in Ruhe. Blaue Bereiche entsprechen Bergen, weiße Tälern.

9.2 Erzwungene Schwingungen der Rechteckmembran

Die statischen Auslenkungen der Membran bezüglich einer Einzelkraft oder einer Teillast besitzen die Form gekrümmter Flächen, weshalb keine Analogie zur Saite mehr besteht. Somit sind die statischen Auslenkungen einer Membran, für Einzelkräfte und

Teillasten, vorerst unbekannt. Deshalb gehen wir – anders als bei der Saite, dem Stab und dem Balken – umgekehrt vor und schließen von den dynamischen auf die statischen Koeffizienten. Das Problem wird für eine mittige Einzelkraft im Beispiel am Ende des Kapitels gelöst.

Einschränkung: Die Anregung ist periodisch und von der Form $q_*(x,y) = q(x,y) \cdot \cos(\varphi t)$.

Vorerst bleibt wie immer die Dämpfung unbeachtet. Damit ergibt sich aus (9.2) mit $\delta = 0$ folgende zu lösende DG:

$$\frac{\partial^2 u}{\partial t^2} - \frac{\tau}{\mu}\left(\frac{\partial^2 u}{\partial x^2} + \frac{\partial^2 u}{\partial y^2}\right) = \frac{q(x,y) \cdot \cos(\varphi)}{\mu}. \tag{9.2.1}$$

Herleitung von (9.2.2)–(9.2.6)

Wie immer ist nur die Lösung nach der Einschwingzeit von Interesse, weshalb wir die Lösung als $u(x,y,t) = v(x,y) \cdot \cos(\varphi t)$ ansetzen. Sowohl $v(x,y)$ als auch $q(x,y)$ entwickeln wir in eine Doppelsinusreihe aus Eigenfunktionen:

$$v(x,y) = \sum_{m=1}^{\infty}\sum_{n=1}^{\infty} d_{mn} v_{mn}(x,y) = \sum_{m=1}^{\infty}\sum_{n=1}^{\infty} d_{mn} \sin\left(\frac{m\pi}{a}x\right)\sin\left(\frac{n\pi}{b}y\right) \quad \text{und}$$

$$q(x,y) = \sum_{m=1}^{\infty}\sum_{n=1}^{\infty} q_{mn} \sin\left(\frac{m\pi}{a}x\right)\sin\left(\frac{n\pi}{b}y\right).$$

Eingesetzt in (9.2.1) ergibt sich

$$-\varphi^2 \sum_{m=1}^{\infty}\sum_{n=1}^{\infty} d_{mn} v_{mn}(x,y) + c^2\pi^2\left(\frac{m^2}{a^2} + \frac{n^2}{b^2}\right) \sum_{m=1}^{\infty}\sum_{n=1}^{\infty} d_{mn} v_{mn}(x,y)$$

$$= \sum_{m=1}^{\infty}\sum_{n=1}^{\infty} \frac{q_{mn}}{\mu} v_{mn}(x,y).$$

Aufgrund der Orthogonalität der Eigenfunktionen kann man die Koeffizienten miteinander vergleichen und erhält

$$d_{mn} \cdot \left[c^2\pi^2\left(\frac{m^2}{a^2} + \frac{n^2}{b^2}\right) - \varphi^2\right] = \frac{q_{mn}}{\mu},$$

wobei

$$q_{mn} = \frac{4}{ab}\int_0^a\int_0^b q(x,y)\sin\left(\frac{m\pi}{a}x\right)\sin\left(\frac{n\pi}{b}y\right)dxdy$$

ist.

Die Verwendung von

$$\omega_{mn}^2 = c^2 \pi^2 \left(\frac{m^2}{a^2} + \frac{n^2}{b^2} \right)$$

liefert

$$d_{mn} = \frac{q_{mn}}{\mu(\omega_{mn}^2 - \varphi^2)} = \frac{q_{mn}}{\mu \omega_{mn}^2} \cdot V(\omega_{mn}) = s_{mn} \cdot V(\omega_{mn}) \qquad (9.2.2)$$

mit dem Vergrößerungsfaktor

$$V(\omega_{mn}) = \frac{1}{|1 - (\frac{\varphi}{\omega_{mn}})^2|}. \qquad (9.2.3)$$

Nun wird noch die fehlende Dämpfung modal eingebaut. Anstelle von (9.2.3) tritt nun der gedämpfte Vergrößerungsfaktor

$$V(\omega_{mn}, \xi_{mn}) = \frac{1}{\sqrt{[1 - (\frac{\varphi}{\omega_{mn}})^2]^2 + 4\xi_{mn}^2 (\frac{\varphi}{\omega_{mn}})^2}}. \qquad (9.2.4)$$

Dabei ist $\xi_{mn} = \frac{\xi}{2M_{mn}^* \omega_{mn}}$ das Lehr'sche Dämpfungsmaß bezogen auf die mn-te Eigenfrequenz ω_{mn} und die mn-te modale Masse

$$M_{mn}^* = \mu \int_0^A v_{mn}^2 dA = \mu \int_0^a \sin^2\left(\frac{m\pi}{a}x\right) dx \cdot \int_0^b \sin^2\left(\frac{n\pi}{b}y\right) dy = \mu \cdot \frac{a}{2} \cdot \frac{b}{2} = \frac{\mu ab}{4}. \qquad (9.2.5)$$

Die Gleichungen (9.2.2)–(9.2.5) führen zu dem Ergebnis:

Die Lösung der erzwungenen Schwingung

$$\ddot{u} + \frac{\xi}{\mu} \cdot \dot{u} - \frac{\tau}{\mu}(u_{xx} + u_{yy}) = \frac{q(x,y)}{\mu} \cdot \cos(\varphi t)$$

einer rechteckigen Membran besitzt die Form

$$u(x,y,t) = \sum_{m=1}^{\infty} \sum_{n=1}^{\infty} d_{mn} v_{mn}(x,y) \cos(\varphi t - \sigma_{mn})$$

mit den dynamischen Koeffizienten $d_{mn} = s_{mn} \cdot V(\omega_{mn}, \xi_{mn})$, den statischen Koeffizienten $s_{mn} = \frac{q_{mn}}{\mu \omega_{mn}^2}$, den Lastkoeffizienten q_{mn}, den Dämpfungsmaßen ξ_{mn}, den Phasenverschiebungen

$$\sigma_{mn} = \arctan\left(\frac{2\xi_{mn}\omega_{mn} \cdot \varphi}{\varphi^2 - \omega_{mn}^2} \right) \quad \text{und} \quad \omega_{mn}^2 = \frac{\tau}{\mu} \cdot \pi^2 \left(\frac{m^2}{a^2} + \frac{n^2}{b^2} \right). \qquad (9.2.6)$$

Konkret sollen nun die Lastkoeffizienten für zwei Fälle ermittelt werden.

1. Fall. Die Membran wird durch eine gleichmäßig verteilte rechteckige Last q_0 mit Mittelpunkt $P(x_0, y_0)$ und Längen a_0 und b_0 respektive, dessen Seiten parallel zu den Rändern verläuft, belastet (Abb. 9.2 links).

2. Fall. Wir ziehen die Last aus Fall 1 zu einer Kraft F_0 im Punkt $P(x_0, y_0)$ zusammen. Damit sind wir in der Lage, jegliche Last durch Superposition einzelner Lasten aus den beiden Fällen beliebig anzunähern und damit die Auslenkung durch Einzelauslenkungen zusammenzusetzen.

Herleitung von (9.2.7)–(9.2.9)

Im 1. Fall erhält man

$$q_{mn} = q_0 \cdot \frac{4}{ab} \int_{x_0-\frac{a_0}{2}}^{x_0+\frac{a_0}{2}} \int_{y_0-\frac{b_0}{2}}^{y_0+\frac{b_0}{2}} \sin\left(\frac{m\pi}{a}x\right) \sin\left(\frac{n\pi}{b}y\right) dx dy.$$

Weiter ist

$$\int_{x_0-\frac{a_0}{2}}^{x_0+\frac{a_0}{2}} \sin\left(\frac{m\pi}{a}x\right) dx$$

$$= -\frac{a}{m\pi} \left[\cos\left(\frac{m\pi}{a}x\right)\right]_{x_0-\frac{a_0}{2}}^{x_0+\frac{a_0}{2}}$$

$$= -\frac{a}{m\pi} \left\{\cos\left[\frac{m\pi}{a}\left(x_0 + \frac{a_0}{2}\right)\right] - \cos\left[\frac{m\pi}{a}\left(x_0 - \frac{a_0}{2}\right)\right]\right\}$$

$$= \frac{2a}{m\pi} \left\{\sin\left[\frac{m\pi}{a}\left(\frac{x_0 + \frac{a_0}{2} + x_0 - \frac{a_0}{2}}{2}\right)\right] \sin\left[\frac{m\pi}{a}\left(\frac{x_0 + \frac{a_0}{2} - (x_0 - \frac{a_0}{2})}{2}\right)\right]\right\}$$

$$= \frac{2a}{m\pi} \sin\left(\frac{m\pi}{a}x_0\right) \sin\left(\frac{m\pi}{2a}a_0\right).$$

Insgesamt hat man

$$q_{mn} = \frac{16q_0}{mn\pi^2} \sin\left(\frac{m\pi}{a}x_0\right) \sin\left(\frac{m\pi}{2a}a_0\right) \sin\left(\frac{n\pi}{b}y_0\right) \sin\left(\frac{n\pi}{2b}b_0\right). \tag{9.2.7}$$

Für den 2. Fall beachtet man, dass q_0 eine Last pro Flächeneinheit ist und damit $F_0 = \lim_{\substack{a_0 \to 0 \\ b_0 \to 0}} a_0 b_0 q_0$ die gesuchte Kraft im Punkt $P(x_0, y_0)$ darstellt. Es folgt mit (9.2.7)

$$\lim_{\substack{a_0 \to 0 \\ b_0 \to 0}} q_{mn} = \lim_{\substack{a_0 \to 0 \\ b_0 \to 0}} q_{mn} \frac{a_0 b_0}{a_0 b_0}$$

$$
\begin{aligned}
&= \frac{16 q_0}{mn\pi^2} a_0 b_0 q_0 \sin\left(\frac{m\pi}{a} x_0\right) \sin\left(\frac{n\pi}{b} y_0\right) \lim_{a_0 \to 0} \frac{\sin(\frac{m\pi}{2a} a_0)}{a_0} \lim_{b_0 \to 0} \frac{\sin(\frac{n\pi}{2b} b_0)}{b_0} \\
&= \frac{16 q_0}{mn\pi^2} a_0 b_0 q_0 \sin\left(\frac{m\pi}{a} x_0\right) \sin\left(\frac{n\pi}{b} y_0\right) \cdot \frac{m\pi}{2a} \cdot \frac{n\pi}{2b} \\
&= \frac{4 F_0}{ab} \cdot \sin\left(\frac{m\pi}{a} x_0\right) \sin\left(\frac{n\pi}{b} y_0\right).
\end{aligned}
\tag{9.2.8}
$$

Schließlich kann man (9.2.7) und (9.2.8) zu einer beliebigen Belastung zusammenfassen. Wirken N_1 rechteckige Gleichlasten der Größe q_i auf einer Länge a_i und einer Breite b_i um den entsprechenden Punkt $P_i(x_i, y_i)$ und N_2 Einzelkräfte der Größe F_k am entsprechenden Ort (x_k, y_k), so erhält man den Lastkoeffizienten (9.2.7) und (9.2.8) zu

$$
\begin{aligned}
q_{mn} = \frac{16}{mn\pi^2} \sum_{i=1}^{N_1} q_i \sin\left(\frac{m\pi}{a} x_i\right) \sin\left(\frac{m\pi}{2a} a_i\right) \sin\left(\frac{n\pi}{b} y_i\right) \sin\left(\frac{n\pi}{2b} b_i\right) \\
+ \sum_{k=1}^{N_2} \frac{4 F_k}{ab} \cdot \sin\left(\frac{m\pi}{a} x_k\right) \cdot \sin\left(\frac{n\pi}{b} y_k\right).
\end{aligned}
\tag{9.2.9}
$$

Beispiel. Eine quadratische Membran mit $a = b = 1$ wird im Zentrum einerseits statisch mit der Kraft F_0 und anderseits periodisch mit der Kraft $F(t) = F_0 \cdot \cos(\varphi t)$ dämpfungsfrei belastet.

a) Bestimmen Sie die dynamische und die statische Auslenkung $u(x, y, t)$ bzw. $u(x, y)$.
b) Wie lautet die Lösung für die freie Schwingung für diese Art Auslenkung?
c) Normieren Sie

$$
u_*(x, y) = -\frac{u(x, y)}{\frac{4 F_0}{\pi^2 \tau}} = -\frac{u(x, y)}{\frac{4 F_0}{\pi^2 \mu c^2}}
$$

und stellen Sie die Projektion $u_*(x)$ für $y = 0{,}1\, , 0{,}2\, , 0{,}3\, , 0{,}4\, , 0{,}47\, , 0{,}5$ dar.

Lösung.
a) Mithilfe von (9.2.8) lauten die Lastkoeffizienten

$$
\begin{aligned}
q_{mn} &= 4 F_0 \cdot \sin\left(\frac{m\pi}{a} \cdot \frac{a}{2}\right) \sin\left(\frac{n\pi}{b} \cdot \frac{b}{2}\right) \\
&= \frac{4 F_0}{ab} \cdot \sin\left(\frac{m\pi}{2}\right) \sin\left(\frac{n\pi}{2}\right).
\end{aligned}
$$

Da sowohl $\sin(\frac{m\pi}{2})$ als auch $\sin(\frac{m\pi}{2})$ nur für ungerade m und n ungleich null sind, ergibt sich

$$
\begin{aligned}
q_{mn} &= \frac{4 F_0}{ab} \cdot \sin\left[\frac{(2m-1)\pi}{2}\right] \sin\left[\frac{(2n-1)\pi}{2}\right] \\
&= 4 F_0 \cdot (-1)^{m+1} (-1)^{n+1} = (-1)^{m+n}.
\end{aligned}
$$

Weiter gilt

$$\omega_{mn}^2 = c^2\pi^2[(2m-1)^2 + (2n-1)^2] \quad \text{und} \quad s_{mn} = \frac{(-1)^{m+n}}{\mu\omega_{mn}^2},$$

woraus

$$u(x,y,t) = \frac{4F_0}{\mu} \sum_{m=1}^{\infty} \sum_{n=1}^{\infty} \frac{(-1)^{m+n} \cdot \sin[(2m-1)\pi x] \cdot \sin[(2n-1)\pi y]}{c^2\pi^2[(2m-1)^2 + (2n-1)^2] - \varphi^2} \cdot \cos(\varphi t)$$

entsteht. Damit schließen wir auf die statische Auslenkung: Aus $d_n = s_n$ folgt

$$u(x,y) = \frac{4F_0}{\mu} \sum_{m=1}^{\infty} \sum_{n=1}^{\infty} \frac{(-1)^{m+n} \cdot \sin[(2m-1)\pi x] \cdot \sin[(2n-1)\pi y]}{c^2\pi^2[(2m-1)^2 + (2n-1)^2]}. \qquad (9.2.10)$$

b) Es gilt wie immer $u(x,y,t) = g(x,y) \cdot \cos(\omega_n t)$ mit der statischen Auslenkung (9.2.10).

Damit erhält man

$$u(x,y,t) = \frac{4F_0}{\mu} \sum_{m=1}^{\infty} \sum_{n=1}^{\infty} \frac{(-1)^{m+n} \cdot \sin[(2m-1)\pi x] \cdot \sin[(2n-1)\pi y]}{c^2\pi^2[(2m-1)^2 + (2n-1)^2]} \cos(\omega_n t).$$

c) Die Darstellung der Projektionen entnimmt man Abb. 9.3 links. Dreidimensional erhält man für die statische Auslenkung von Membranen somit Trichterformen, wie man es von Zirkuszelten her kennt.

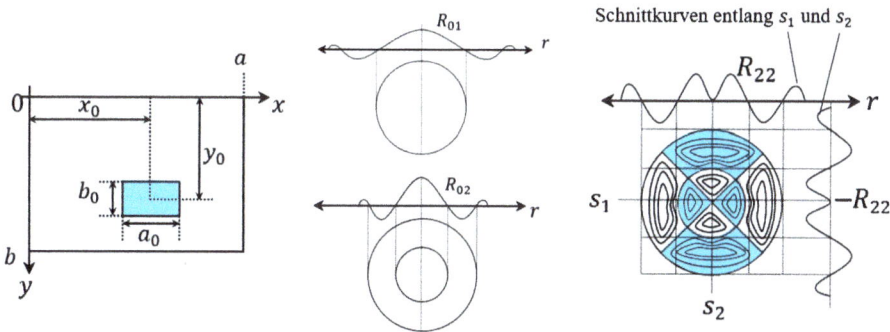

Abb. 9.2: Skizzen zu den Lastkoeffizienten der erzwungenen Schwingung einer Rechteckmembran und zum Beispiel, Kap. 9.3.

9.3 Schwingungen der Kreismembran ohne Last

Zur Beschreibung kreisförmiger Strukturen ist es sinnvoll, Polarkoordinaten einzuführen. Es gilt $r = \sqrt{x^2 + y^2}$ und $\theta = \arctan\frac{y}{x}$. Das neue Koordinatensystem besteht dann aus vom Ursprung ausgehenden Strahlen und konzentrischen Kreisen um den Ursprung. Ableitungen in x- und y-Richtung werden durch Ableitungen in radialer Richtung (für θ = konst.) und senkrecht dazu, in tangentialer Richtung (für r = konst.), ersetzt. Damit muss der Laplace-Operator $\Delta = \frac{\partial^2}{\partial x^2} + \frac{\partial^2}{\partial y^2}$ von (9.2.1) in Polarkoordinaten umgewandelt werden.

Dazu benötigen wir einige Ausdrücke als Vorbereitung.

Es gilt

$$\frac{\partial r}{\partial x} = \frac{x}{r}, \quad \frac{\partial r}{\partial y} = \frac{y}{r}, \quad \frac{\partial \theta}{\partial x} = \frac{1}{1 + \frac{y^2}{x^2}} \cdot \frac{\partial}{\partial x}\left(\frac{y}{x}\right) = -\frac{y}{r^2} \quad \text{und} \quad \frac{\partial \theta}{\partial y} = \frac{x}{r^2}.$$

Weiter folgt

$$\frac{\partial}{\partial x}\left(\frac{x}{r}\right) = \frac{\partial}{\partial x}\left(\frac{x}{\sqrt{x^2+y^2}}\right) = \frac{y^2}{r^3}, \quad \frac{\partial}{\partial x}\left(\frac{y}{r^2}\right) = \frac{\partial}{\partial x}\left(\frac{y}{x^2+y^2}\right) = -\frac{2xy}{r^4},$$

$$\frac{\partial}{\partial y}\left(\frac{y}{r}\right) = \frac{\partial}{\partial y}\left(\frac{y}{\sqrt{x^2+y^2}}\right) = \frac{x^2}{r^3} \quad \text{und} \quad \frac{\partial}{\partial y}\left(\frac{x}{r^2}\right) = \frac{\partial}{\partial y}\left(\frac{x}{x^2+y^2}\right) = -\frac{2xy}{r^4}.$$

Damit erhalten wir

$$\frac{\partial u}{\partial x} = \frac{\partial u}{\partial r} \cdot \frac{\partial r}{\partial x} + \frac{\partial u}{\partial \theta} \cdot \frac{\partial \theta}{\partial x} = \frac{\partial u}{\partial r} \cdot \frac{x}{r} - \frac{\partial u}{\partial \theta} \cdot \frac{y}{r^2} \quad \text{und}$$

$$\frac{\partial u}{\partial y} = \frac{\partial u}{\partial r} \cdot \frac{\partial r}{\partial y} + \frac{\partial u}{\partial \theta} \cdot \frac{\partial \theta}{\partial y} = \frac{\partial u}{\partial r} \cdot \frac{y}{r} + \frac{\partial u}{\partial \theta} \cdot \frac{x}{r^2}.$$

Nun bestimmen wir die eigentlichen zweiten Ableitungen:

$$\frac{\partial^2 u}{\partial x^2} = \frac{\partial}{\partial x}\left(\frac{\partial u}{\partial x}\right) = \frac{\partial}{\partial x}\left(\frac{\partial u}{\partial r} \cdot \frac{x}{r} - \frac{\partial u}{\partial \theta} \cdot \frac{y}{r^2}\right)$$

$$= \frac{\partial}{\partial x}\left(\frac{\partial u}{\partial r}\right) \cdot \frac{x}{r} + \frac{\partial u}{\partial r} \cdot \frac{\partial}{\partial x}\left(\frac{x}{r}\right) - \frac{\partial}{\partial x}\left(\frac{\partial u}{\partial \theta}\right) \cdot \frac{y}{r^2} - \frac{\partial u}{\partial \theta} \cdot \frac{\partial}{\partial x}\left(\frac{y}{r^2}\right)$$

$$= \frac{\partial^2 u}{\partial r^2} \cdot \frac{\partial r}{\partial x} \cdot \frac{x}{r} + \frac{\partial u}{\partial r} \cdot \frac{y^2}{r^3} - \frac{\partial^2 u}{\partial \theta^2} \cdot \frac{\partial \theta}{\partial x} \cdot \frac{y}{r^2} + \frac{\partial u}{\partial \theta} \cdot \frac{2xy}{r^4}$$

$$= \frac{\partial^2 u}{\partial r^2} \cdot \frac{x^2}{r^2} + \frac{\partial u}{\partial r} \cdot \frac{y^2}{r^3} + \frac{\partial^2 u}{\partial \theta^2} \cdot \frac{y^2}{r^4} + \frac{\partial u}{\partial \theta} \cdot \frac{2xy}{r^4},$$

$$\frac{\partial^2 u}{\partial y^2} = \frac{\partial}{\partial y}\left(\frac{\partial u}{\partial y}\right) = \frac{\partial}{\partial y}\left(\frac{\partial u}{\partial r} \cdot \frac{y}{r} + \frac{\partial u}{\partial \theta} \cdot \frac{x}{r^2}\right)$$

$$= \frac{\partial}{\partial y}\left(\frac{\partial u}{\partial r}\right) \cdot \frac{y}{r} + \frac{\partial u}{\partial r} \cdot \frac{\partial}{\partial y}\left(\frac{y}{r}\right) + \frac{\partial}{\partial y}\left(\frac{\partial u}{\partial \theta}\right) \cdot \frac{x}{r^2} + \frac{\partial u}{\partial \theta} \cdot \frac{\partial}{\partial y}\left(\frac{x}{r^2}\right)$$

$$= \frac{\partial^2 u}{\partial r^2} \cdot \frac{\partial r}{\partial y} \cdot \frac{y}{r} + \frac{\partial u}{\partial r} \cdot \frac{x^2}{r^3} + \frac{\partial^2 u}{\partial \theta^2} \cdot \frac{\partial \theta}{\partial y} \cdot \frac{x}{r^2} - \frac{\partial u}{\partial \theta} \cdot \frac{2xy}{r^4}$$

$$= \frac{\partial^2 u}{\partial r^2} \cdot \frac{y^2}{r^2} + \frac{\partial u}{\partial r} \cdot \frac{x^2}{r^3} + \frac{\partial^2 u}{\partial \theta^2} \cdot \frac{x^2}{r^4} - \frac{\partial u}{\partial \theta} \cdot \frac{2xy}{r^4}.$$

Schließlich ergibt sich

$$\Delta u = \frac{\partial^2 u}{\partial x^2} + \frac{\partial^2 u}{\partial y^2} = \frac{\partial^2 u}{\partial r^2} \cdot \left(\frac{x^2}{r^2} + \frac{y^2}{r^2}\right) + \frac{\partial u}{\partial r} \cdot \left(\frac{x^2}{r^3} + \frac{y^2}{r^3}\right) + \frac{\partial^2 u}{\partial \theta^2} \cdot \left(\frac{x^2}{r^4} + \frac{y^2}{r^4}\right)$$

$$= \frac{\partial^2 u}{\partial r^2} + \frac{1}{r} \cdot \frac{\partial u}{\partial r} + \frac{1}{r^2} \cdot \frac{\partial^2 u}{\partial \theta^2}$$

und endlich

$$\Delta = \frac{\partial^2}{\partial r^2} + \frac{1}{r} \cdot \frac{\partial}{\partial r} + \frac{1}{r^2} \cdot \frac{\partial^2}{\partial \theta^2}. \tag{9.3.1}$$

Somit gilt es, folgende DG zu lösen:

$$\frac{\partial^2 u}{\partial t^2} + \delta \cdot \frac{\partial u}{\partial t} = c^2\left(\frac{\partial^2 u}{\partial r^2} + \frac{1}{r}\frac{\partial u}{\partial r} + \frac{1}{r^2}\frac{\partial^2 u}{\partial \theta^2}\right). \tag{9.3.2}$$

Herleitung von (9.3.3)–(9.3.6)
Der Ansatz $u(r, \theta, t) = v(r, \theta) \cdot w(t)$ führt nach Einsetzen in (9.3.1) auf

$$\ddot{w}v + \delta v\dot{w} = c^2\left(v_{rr} + \frac{1}{r}v_r + \frac{1}{r^2}v_{\theta\theta}\right)w \quad \text{oder} \quad \frac{1}{c^2}\left(\frac{\ddot{w}}{w} + \delta\frac{\dot{w}}{w}\right) = \frac{v_{rr} + \frac{1}{r}v_r + \frac{1}{r^2}v_{\theta\theta}}{v}.$$

Mit der Separationskonstanten λ entsteht $\frac{1}{c^2}(\frac{\ddot{w}}{w} + \delta\frac{\dot{w}}{w}) = -\lambda^2$ und $v_{rr} + \frac{1}{r}v_r + \frac{1}{r^2}v_{\theta\theta} = -\lambda^2 v$. Im Gegensatz zu den bisherigen Separationskonstanten beziehen wir die Konstante c diesmal in die Zeitlösung mit ein, weil der Radialteil kompliziert ist und selber nochmals zerlegt wird. Deswegen wählen wir zuerst eine Konstante λ und $\omega = \lambda c$ bezeichnet dann wie gewohnt die Frequenz. Aus $\ddot{w} + \delta\dot{w} + \omega^2 w = 0$ folgt die Zeitlösung wiederum gemäß (3.3.2) zu

$$w(t) = e^{-\frac{\delta}{2} \cdot t} \cdot [B_1 \cdot \cos(\varepsilon_n t) + B_2 \cdot \sin(\varepsilon_n t)] \quad \text{mit} \quad \varepsilon_n^2 = \omega_n^2 - \left(\frac{\delta}{2}\right)^2 = \lambda_n^2 c^2 - \left(\frac{\delta}{2}\right)^2.$$

Für den Ortsteil erhalten wir $r^2 v_{rr} + r v_r + v_{\theta\theta} + \lambda^2 r^2 v = 0$.
Zur Trennung setzen wir $v(r, \theta) = R(r) \cdot \Omega(\theta)$, was zu

$$r^2 R_{rr} \cdot \Omega + r R_r \cdot \Omega + R \cdot \Omega_{\theta\theta} + \lambda^2 r^2 R \cdot \Omega = 0 \quad \text{oder} \quad r^2 \frac{R_{rr}}{R} + r \frac{R_r}{R} + \frac{\Omega_{\theta\theta}}{\Omega} + \lambda^2 r^2 = 0$$

führt.
    Mithilfe der neuen Separationskonstanten μ wird daraus $r^2 \frac{R_{rr}}{R} + r \frac{R_r}{R} + \lambda^2 r^2 = \mu^2$ und $-\frac{\Omega_{\theta\theta}}{\Omega} = \mu^2$. Der Winkelteil führt zu $\Omega_{\theta\theta} + \mu^2 \Omega = 0$ mit der Lösung $\Omega(\theta) = C_1 \cos(\mu\theta) + C_2 \sin(\mu\theta)$. Da $\Omega(\theta + 2\pi) = \Omega(\theta)$, also Ω periodisch sein muss, kommen nur ganzzahlige μ infrage: $\mu = n, n \in \mathbb{N}$. Somit ist $\Omega_n(\theta) = C_1 \cos(n\theta) + C_2 \sin(n\theta)$. Schließlich bleibt noch die DG

$$r^2 R_{rr} + r R_r + (\lambda^2 r^2 - n^2) R = 0 \qquad (9.3.3)$$

mit der RB $R(a) = 0$ zu lösen. Die Variablentransformation $z = \lambda r$ und $Q(z) := R(\lambda r)$ führen zu

$$z^2 Q_{zz} + z Q_z + (z^2 - n^2) Q = 0 \quad \text{mit} \quad Q(\lambda a) = 0. \qquad (9.3.4)$$

Dies sind die Bessel'schen DGen (vgl. (3.5.6)). Für jedes n gibt es eine Lösung $J_n(z)$, die Bessel-Funktion. Aus $Q(\lambda a) = 0$ folgt $J_n(\lambda a) = 0$, was bedeutet, dass λa Nullstelle sein muss. Jede Bessel-Funktion besitzt unendliche viele abzählbare Nullstellen. Bezeichnet l_{nm} die m-te Nullstelle der n-ten Bessel-Funktion J_n, dann ist $l_{nm} = \lambda_{nm} \cdot a$. Ist $J_n(z)$ Lösung von (9.3.4), dann ist $J_n(\lambda_{nm} r) = J_n(\frac{l_{nm}}{a} r)$ Lösung von (9.3.3). Da die DG (9.3.3) aber vom Grad Zwei ist, muss es eine von $J_n(\lambda_{nm} r)$ unabhängige, zusätzliche Basislösung geben. In Band 4 wird diese zweite Lösung, die Neumann-Funktion $N_n(\lambda_{nm} r)$, hergeleitet. Damit lautet die allgemeine Lösung der Bessel'schen DG

$$R(r) = D_1 \cdot J_n(\lambda_{nm} r) + D_2 \cdot N_n(\lambda_{nm} r). \qquad (9.3.5)$$

Die Graphen von $J_0(x)$ und $N_0(x)$ haben wir schon in Abb. 3.9 dargestellt. Die Nullstellen der Bessel-Funktion nullter Ordnung haben wir schon in Kap. 5.3 aufgelistet.

Da nun $N_n(\lambda_{nm} r)$ für alle n an der Stelle $r = 0$ nicht endlich bleibt, ist $D_2 = 0$. Hingegen müsste man für eine Kreisringmembran (9.3.5) verwenden, da zwei Ränder und damit zwei RBen entstehen. In unserem Fall verbleiben somit die einzelnen Lösungsteile $R(r) = J_n(\lambda_{nm} \cdot r)$, $\Omega_n(\theta) = C_1 \cos(n\theta) + C_2 \sin(n\theta)$ und $w(t) = e^{-\frac{\delta}{2} \cdot t} \cdot [B_1 \cos(\varepsilon_{nm} t) + B_2 \sin(\varepsilon_{nm} t)]$. Die gesamte Lösung erhält damit die Gestalt

$$u(r, \theta, t) = \sum_{n=0}^{\infty} \sum_{m=1}^{\infty} J_n(\lambda_{nm} r) \cdot [a_{nm}^* \cos(n\theta) + b_{nm}^* \sin(n\theta)]$$

$$\cdot e^{-\frac{\delta}{2} \cdot t} \cdot [B_1 \cos(\varepsilon_{nm} t) + B_2 \sin(\varepsilon_{nm} t)]. \qquad (9.3.6)$$

Die Koeffizienten a_{nm}^*, b_{nm}^* wie auch die Konstanten B_1, B_2 werden durch die Anfangsbedingungen bestimmt.

Zur Berechnung der Koeffizienten benötigen wir zunächst einige Zusammenhänge der Bessel-Funktionen und die Gestalt der Bessel-Funktionen selber als Potenzreihe.

Die Orthogonalitätsrelation der n-ten Bessel-Funktion

Diese folgt direkt aus der Bessel-Gleichung (9.3.3) selber (Für die Bessel-Funktion nullter Ordnung hatten wir die Orthogonalität schon im normierten Fall mit (3.5.15) bewiesen).

Im Folgenden soll gezeigt werden: Sind $R_{nk} := J_n(\lambda_{nk} r)$ und $R_{nl} := J_n(\lambda_{nl} r)$ zwei Lösungen der Bessel'schen DG (9.3.3), so gilt

$$\int_0^a r J_n(\lambda_{nk} r) J_n(\lambda_{nl} r) dr = 0 \quad \text{für } k \neq l. \tag{9.3.7}$$

Beweis von (9.3.7). Die Division von (9.3.3) durch r führt auf die Gleichung $rR'' + R' + (\lambda_{nm}^2 r - \frac{n^2}{r})R = 0$.

Speziell gilt demnach

$$(rR'_{nk}(r))' + \left(\lambda_{nk}^2 r - \frac{n^2}{r}\right)R_{nk}(r) = 0 \quad \text{und} \quad (rR'_{nl}(r))' + \left(\lambda_{nl}^2 r - \frac{n^2}{r}\right)R_{nl}(r) = 0.$$

Multipliziert man die linke Gleichung mit R_{nl}, die rechte mit R_{nk} und subtrahiert die beiden resultierenden Gleichungen voneinander, so entsteht

$$(rR'_{nk})' R_{nl} - (rR'_{nl})' R_{nk} + (\lambda_{nk}^2 - \lambda_{nl}^2) r R_{nk} R_{nl} = 0.$$

Die Integration über die Radiuslänge a liefert

$$(\lambda_{nk}^2 - \lambda_{nl}^2) \int_0^a r R_{nk} R_{nl} dr = \int_0^a [(rR'_{nl})' R_{nk} - (rR'_n)' R_{nl}] dr, \tag{9.3.8}$$

wobei $k \neq l$ für $\lambda_{nk} \neq \lambda_{nl}$ ist.

Wir integrieren die rechte Seite von (9.3.3) partiell und erhalten

$$[rR'_{nl}(r)R_{nk}(r)]_0^a - \int_0^a rR'_{nl}R'_{nk} dr - [rR_{nl}(r)R'_{nk}(r)]_0^a + \int_0^a rR'_{nk}R'_{nl} dr = 0.$$

Die Klammerausdrücke verschwinden an den Rändern $r = 0, r = a$, und die beiden Integrale heben sich auf. Somit verbleibt von (9.3.8) lediglich $(\lambda_{nk}^2 - \lambda_{nl}^2) \int_0^a r R_{nk} R_n dr = 0$, was im Fall von $\lambda_{nk} \neq \lambda_{nl}$ null ergeben muss. q. e. d.

Die Darstellung der Bessel-Funktion $J_n(x)$ n-ter Ordnung

Dazu schreiben wir (9.3.4) mit neuen Variablen in der Form

$$x^2 y'' + xy' + (x^2 - n^2)y = 0. \tag{9.3.9}$$

Herleitung von (9.3.9)–(9.3.15)

Zur Lösung von (9.3.9) versuchen wir den Ansatz:

$$y(x) = \sum_{k=0}^{\infty} c_k x^{k+n}. \tag{9.3.10}$$

Die ersten beiden Ableitungen von (9.3.10) lauten

$$y'(x) = \sum_{k=0}^{\infty} c_k(k + n)x^{k+n-1} \quad \text{und} \quad y''(x) = \sum_{k=0}^{\infty} c_k(k + n)(k + n - 1)x^{k+n-2}. \qquad (9.3.11)$$

Weiter ist

$$x^2 y = x^2 \sum_{k=0}^{\infty} c_k x^{k+n} = \sum_{k=0}^{\infty} c_k x^{k+n+2} = \sum_{k=2}^{\infty} c_{k-2} x^{k+n} = \sum_{k=0}^{\infty} c_{k-2} x^{k+n}$$

mit

$$c_{-2} := 0, \quad c_{-1} := 0. \qquad (9.3.12)$$

Die Ausdrücke (9.3.10)–(9.3.12) fügt man in (9.3.9) ein und erhält nacheinander

$$\sum_{k=0}^{\infty} c_k(k + n)(k + n - 1)x^{k+n} + \sum_{k=0}^{\infty} c_k(k + n)x^{k+n} + \sum_{k=0}^{\infty} c_{k-2} x^{k+n} - \sum_{k=0}^{\infty} c_k n^2 x^{k+n} = 0,$$

$$\sum_{k=0}^{\infty} [c_k(k + n)(k + n - 1) + c_k(k + n) + c_{k-2} - c_k n^2]x^{k+n} = 0$$

und durch Koeffizientenvergleich

$$c_k(k^2 + kn - k + kn + n^2 - n + k + n - n^2) + c_{k-2} = 0,$$

$$c_k(k^2 + 2kn) + c_{k-2} = 0. \qquad (9.3.13)$$

Die Auswertung von (9.3.13) ergibt
$k = 0$: c_0 beliebig.
$k = 1$: $c_1 = 0$.
$k = 2$: $c_2 \cdot 4(1 + n) + c_0 = 0$ und damit $c_2 = -\frac{1}{4(1+n)}c_0$.

Allgemein gilt

$$k: \quad c_k = -\frac{1}{k(k + 2n)}c_{k-2}. \qquad (9.3.14)$$

Für ungerade k ergibt (9.3.14) $c_1 = c_3 = c_5 = \cdots = 0$.
Für gerade k ist

$$c_{2k} = -\frac{1}{4k(n + k)} \cdot \left(-\frac{1}{4(k - 1)(n + k - 1)}\right) \cdot \left(-\frac{1}{4(k - 2)(n + k - 2)}\right) \cdots \left(-\frac{1}{4(n + 1)}\right) \cdot c_0$$

$$= -\frac{(-1)^k n!}{4^k k!(n + k)!} \cdot c_0.$$

Da man c_0 beliebig wählen kann, setzen wir $c_0 = \frac{1}{2^n n!}$ und erhalten damit die Gestalt der Bessel-Funktion n-ter Ordnung zu

$$J_n(x) = \sum_{k=0}^{\infty} \frac{(-1)^k}{k!(n+k)!} \left(\frac{x}{2}\right)^{2k+n}. \tag{9.3.15}$$

Die nachstehende Tabelle enthält die ersten zehn Nullstellen für $n = 1, 2, 3, 4, 5$.

Die ersten zehn Nullstellen der n-ten Bessel-Funktion

m	I_{0m}	I_{1m}	I_{2m}	I_{3m}	I_{4m}	I_{5m}
1	2,404826	3,831706	5,135622	6,380162	7,588342	8,771484
2	5,520078	7,015587	8,417244	9,761023	11,064710	12,338604
3	8,653728	10,173468	11,619841	13,015201	14,372537	15,700174
4	11,791534	13,323692	14,795952	16,223466	17,615966	18,980134
5	14,930918	16,470630	17,959819	19,409415	20,826933	22,217800
6	18,071064	19,615859	21,116997	22,582730	24,019020	25,430341
7	21,211637	22,760084	24,270112	25,748167	27,199088	28,626618
8	24,352472	25,903672	27,420574	28,908351	30,371008	31,811717
9	27,493479	29,046829	30,569204	32,064852	33,537138	34,988781
10	30,634606	32,189680	33,716520	35,218671	36,699001	38,159869

Eigenschaften der Bessel-Funktion $J_n(x)$

Nun zeigen wir einige Eigenschaften der Bessel-Funktionen.

I. $J_n'(x) = -J_{n+1}(x) + \frac{n}{x} \cdot J_n(x)$.

Beweis von I. Es gilt

$$J_n'(x) = \sum_{k=0}^{\infty} \frac{(-1)^k}{k!(n+k)!} \frac{2k+n}{2} \left(\frac{x}{2}\right)^{2k+n-1} = \sum_{k=0}^{\infty} \frac{(-1)^{k+1}}{(k+1)!} \frac{2k+2+n}{(n+k+1)! \cdot 2} \left(\frac{x}{2}\right)^{2k+n+1},$$

$$-J_{n+1}(x) = -\sum_{k=0}^{\infty} \frac{(-1)^k}{k!(n+k+1)!} \left(\frac{x}{2}\right)^{2k+n+1} \quad \text{und}$$

$$\frac{n}{x} \cdot J_n(x) = \sum_{k=1}^{\infty} \frac{(-1)^k \cdot n}{k!(n+k)! \cdot 2} \left(\frac{x}{2}\right)^{2k+n-1} = \sum_{k=0}^{\infty} \frac{(-1)^{k+1} \cdot n}{(k+1)!(n+k+1)! \cdot 2} \left(\frac{x}{2}\right)^{2k+n+1}.$$

Der Koeffizientenvergleich liefert

$$\frac{(-1)^{k+1}(2k+2+n)}{(k+1)!(n+k+1)! \cdot 2} = \frac{-(-1)^k}{k!(n+k+1)!} + \frac{(-1)^{k+1} \cdot n}{(k+1)!(n+k+1)! \cdot 2},$$

woraus

$$\frac{2k + 2 + n}{2 \cdot (k + 1)} = 1 + \frac{n}{2 \cdot (k + 1)}$$

und damit I. folgt. q. e. d.

Analog zeigt man

II. $J_n'(x) = J_{n-1}(x) - \frac{n}{x} \cdot J_n(x).$

Aus I. und II. folgt unmittelbar

III. $J_n'(x) = \frac{1}{2}[J_{n-1}(x) - J_{n+1}(x)].$

Als Nächstes zeigen wir

IV. $\frac{d}{dx}[\frac{1}{2}x^2(J_0^2(x) + J_1^2(x))] = x \cdot J_0^2(x).$

Beweis von IV. Die linke Seite der Gleichung ergibt

$$\frac{1}{2}[2x \cdot J_0^2 + 2x^2 \cdot J_0 \cdot J_0' + 2x \cdot J_1^2 + 2x^2 \cdot J_1 \cdot J_1']$$

$$= x \cdot J_0^2 + x^2 \cdot J_0 \cdot J_0' + x \cdot J_1^2 + x^2 \cdot J_1 \cdot J_1' = x \cdot J_0^2 + x^2 \cdot J_0 \cdot J_0' + x \cdot J_1^2 + x^2 \cdot J_1 \cdot J_1'$$

$$= x \cdot J_0^2 + x^2 \cdot J_0 \cdot (-J_1) + x \cdot J_1^2 + x^2 \cdot J_1 \cdot \left(J_0 - \frac{1}{x} \cdot J_1\right). \tag{9.3.16}$$

Verwendet man I. und II., so folgt daraus

$$= xJ_0^2 - x^2 J_0 J_1 + xJ_1^2 + x^2 J_0 J_1 - xJ_1^2 = xJ_0^2. \qquad \text{q. e. d.}$$

Die Verallgemeinerung von IV. lautet

V. $\frac{d}{dx}[\frac{1}{2}x^2(J_n^2(x) - J_{n-1}(x) \cdot J_{n+1}(x))] = x \cdot J_n^2(x).$

Beweis von V. Die linke Seite ist

$$\frac{1}{2}[2xJ_n^2 + 2x^2 J_n J_n' - 2xJ_{n-1}J_{n+1} - x^2 J_{n-1}'J_{n+1} - x^2 J_{n-1}J_{n+1}']$$

$$= xJ_n^2 + x^2 J_n J_n' - xJ_{n-1}J_{n+1} - \frac{x^2}{2}J_{n-1}'J_{n+1} - \frac{x^2}{2}J_{n-1}J_{n+1}'.$$

Nun werden alle Ableitungen mithilfe von I., II. und III. ersetzt. Man erhält

$$= xJ_n^2 + x^2 J_n\left[\frac{1}{2}(J_{n-1} - J_{n+1})\right] - xJ_{n-1}J_{n+1} - \frac{x^2}{2}J_{n+1}\left(-J_n + \frac{n-1}{x}J_{n-1}\right)$$

$$- \frac{x^2}{2}J_{n-1}\left(J_n - \frac{n+1}{x}J_{n+1}\right)$$

$$= xJ_n^2 + \frac{x^2}{2}J_n J_{n-1} - \frac{x^2}{2}J_n J_{n+1} - xJ_{n-1}J_{n+1} + \frac{x^2}{2}J_n J_{n+1} - \frac{x(n-1)}{2}J_{n-1}J_{n+1}$$

$$-\frac{x^2}{2}J_nJ_{n-1} + \frac{x(n+1)}{2}J_{n-1}J_{n+1}$$

$$= xJ_n^2 - xJ_{n-1}J_{n+1} - \frac{x(n-1)}{2}J_{n-1}J_{n+1} + \frac{x(n+1)}{2}J_{n-1}J_{n+1} = x \cdot J_n^2. \qquad \text{q. e. d.}$$

VI. $\int_0^1 rJ_n^2(l_{nm}r)dr = -\frac{J_{n-1}(l_{nm})\cdot J_{n+1}(l_{nm})}{2}$.

Beweis von VI. In der Eigenschaft V. ersetzen wir x durch $l_{nm} \cdot r$ und erhalten

$$\frac{1}{l_{nm}} \cdot \frac{d}{dr}\left[\frac{1}{2}l_{nm}^2 r^2 (J_n^2(l_{nm}r) - J_{n-1}(l_{nm}r) \cdot J_{n+1}(l_{nm}r))\right] = l_{nm}r \cdot J_n^2(l_{nm}r).$$

Damit folgt

$$\int\limits_0^1 rJ_n^2(l_{nm}r)dr = \left[\frac{1}{2}r^2[J_n^2(l_{nm}r) - J_{n-1}(l_{nm}r) \cdot J_{n+1}(l_{nm}r)]\right]_0^1$$

$$= \frac{1}{2}[J_n^2(l_{nm}) - J_{n-1}(l_{nm}) \cdot J_{n+1}(l_{nm})]$$

$$= -\frac{J_{n-1}(l_{nm}) \cdot J_{n+1}(l_{nm})}{2}. \qquad \text{q. e. d.}$$

VII. $\int_0^1 rJ_0^2(l_{0m}r)dr = \frac{J_0'^2(l_{0m})}{2} = \frac{J_1^2(l_{0m})}{2}$.

Beweis von VII. Dazu setzt man in VI. $n = 0$ und erhält

$$\int\limits_0^1 rJ_0^2(l_{0m}r)dr = -\frac{J_{-1}(l_{0m}) \cdot J_1(l_{0m})}{2}.$$

Nach I. und II. ist $J_0'(x) = -J_1(x)$ bzw. $J_0'(x) = J_{-1}(x)$. \qquad q. e. d.

Nun sind wir bereit, die Koeffizienten a_{nm} und b_{nm} der Lösung (9.3.6) zu bestimmen.

Herleitung von (9.3.17)–(9.3.23)

Es gilt

$$\int\limits_0^a rJ_n^2(\lambda_{nm}r)dr = a^2 \int\limits_0^1 rJ_n^2(l_{nm}r)dr. \qquad (9.3.17)$$

Beweis. Aus

$$\int\limits_0^a rJ_n^2(\lambda_{nm}r)dr = \int\limits_0^a rJ_n^2\left(\frac{l_{nm}}{a}r\right)dr$$

folgt mit $r_* = \frac{r}{a}$ und $dr_* = \frac{dr}{a}$

$$\int_0^a rJ_n^2\left(\frac{l_{nm}}{a}r\right)dr = a^2\int_0^1 r_*J_n^2(l_{nm}r_*)dr_*.$$

Mit der Variablenänderung $r_* \to r$ ergibt sich die Behauptung. q. e. d.

Zur Abkürzung setzen wir

$$c_{nm} := \int_0^1 rJ_n^2(l_{nm}r)dr. \tag{9.3.18}$$

Weiter folgt aufgrund von (9.3.7) und der Orthogonalitätsrelation der trigonometrischen Funktionen

$$\int_0^a\int_0^{2\pi}[rJ_n(\lambda_{nm}r)J_k(\lambda_{kl}r)\cos(n\theta)\cos(k\theta)]d\theta dr = 0 \quad \text{für } (n,m) \neq (k,l) \quad \text{und}$$

$$\int_0^a\int_0^{2\pi}[rJ_n(\lambda_{nm}r)J_k(\lambda_{kl}r)\sin(n\theta)\sin(k\theta)]d\theta dr = 0 \quad \text{für } (n,m) \neq (k,l). \tag{9.3.19}$$

Dabei verschwinden Integrale der Form $\int_0^{2\pi}\cos(n\theta)\sin(k\theta)d\theta$ für beliebige k und n und spielen somit keine Rolle.

Im Fall $(n,m) = (k,l)$ erhält man unter Verwendung von (9.3.17) und (9.3.18) aus (9.3.19)

$$\int_0^a\int_0^{2\pi} rJ_n^2(\lambda_{nm}r)\cos^2(n\theta)d\theta dr = a^2\pi\cdot\begin{cases}2c_{0m} & \text{für } n = 0\\c_{nm} & \text{für } n \neq 0\end{cases}\quad \text{und}$$

$$\int_0^a\int_0^{2\pi} rJ_n^2(\lambda_{nm}r)\sin^2(n\theta)d\theta dr = a^2\pi\cdot c_{nm}\quad \text{für } n \neq m. \tag{9.3.20}$$

Letztlich muss noch die Anfangsbedingung formuliert werden. Schreiben wir für die Anfangsform $\phi(r,\theta) = u(r,\theta,t=0)$, so entsteht aus (9.3.6) die Bedingung

$$u_0(r,\theta) = \sum_{n=0}^{\infty}\sum_{m=1}^{\infty} J_n(\lambda_{nm}r)\cdot[a_{nm}\cos(n\theta) + b_{nm}\sin(n\theta)]. \tag{9.3.21}$$

Schließlich werden die Koeffizienten a_{nm} und b_{nm} von (9.3.21) durch abwechselnde Multiplikation von (9.3.22) mit $\sin(k\theta)$, $\cos(k\theta)$, $J_n(\lambda_{nm}r)$, gefolgt von Integration sowohl über die Radiuslänge als auch über die Periode unter Benutzung der Ergebnisse (9.3.20) und (9.3.21) ermittelt als:

$$a_{0m} = \frac{1}{2a^2\pi \cdot c_{0m}} \int_0^a \int_0^{2\pi} \phi(r,\theta) r J_0(\lambda_{0m}r) d\theta dr \quad \text{für } n = 0,$$

$$a_{nm} = \frac{1}{a^2\pi \cdot c_{nm}} \int_0^a \int_0^{2\pi} \phi(r,\theta) r J_n(\lambda_{nm}r) \cos(n\theta) d\theta dr \quad \text{für } n \neq 0 \quad \text{und}$$

$$b_{nm} = \frac{1}{a^2\pi \cdot c_{0m}} \int_0^a \int_0^{2\pi} \phi(r,\theta) r J_n(\lambda_{nm}r) \sin(n\theta) d\theta dr \quad \text{für } n \neq 0. \tag{9.3.22}$$

Um ein geschlossenes Ergebnis zu erzielen, betrachten wir eine zweifache Vereinfachung.

Einschränkungen:
- Die Membran ist anfangs ruhend.
- Die Anfangsauslenkung ist radialsymmetrisch.

Aus der ersten beiden Einschränkungen folgt $B_2 = 0$. Die zweite Einschränkung mit $\phi(r)$ hat zur Folge, dass alle Koeffizienten a_{nm} und b_{nm} mit $n \neq 0$ verschwinden. Übrig bleibt lediglich a_{0m} und folglich allein die Bessel-Funktion $J_0(\lambda_{nm}r)$. Nach VII. und (9.3.18) ist dann $c_{0m} = \frac{J_1^2(l_{0m})}{2}$. Man erhält schließlich:

> Eine anfangs ruhende Kreismembran mit Radius a und der radialsymmetrischen Anfangsauslenkung $\phi(r)$ vollführt die gedämpften Schwingungen
>
> $u(r,t) = \sum_{m=1}^{\infty} a_{0m} J_0(\lambda_{0m}r) \cos(\varepsilon_{0m}t)$ mit $\varepsilon_{0m}^2 = \omega_{0m}^2 - (\frac{\delta}{2})^2 = \lambda_{0m}^2 c^2 - (\frac{\delta}{2})^2$
>
> mit $\lambda_{0m} = \frac{l_{0m}}{a}$ und $a_{0m} = \frac{2}{a^2 J_1^2(l_{0m})} \int_0^a r\phi(r) J_0(\lambda_{0m}r) dr$,
>
> wobei l_{0m} die m-te Nullstelle der Bessel-Funktion $J_0(x)$ ist. $\hspace{2cm}$ (9.3.23)

Bemerkung. Im Fall einer freien Schwingung gilt $\varepsilon_{0m}^2 = \omega_{0m}^2 = \lambda_{0m}^2 c^2$. Die Frequenz der einzelnen Moden ist dann $\omega_{nm} = \frac{l_{nm}}{a} \cdot c$. Da diese untereinander – im Gegensatz zur schwingenden Saite – keine ganzzahligen Vielfache voneinander sind, nimmt man beispielsweise die Schwingung einer Pauke auch als Geräusch war.

Beispiel. Als Grundfrequenz der freien Kreismembran legt man $\omega_{01} = l_{01} \cdot \frac{c}{a} = 2{,}4048 \cdot \frac{c}{a}$ fest.
a) Bestimmen sie die zugehörige Mode $v_{01}(r,\theta)$ und skizzieren Sie v_{01} als Projektion auf die $r\theta$-Ebene.
b) Ermitteln Sie ω_{02}, $v_{02}(r,\theta)$ inklusive einer Projektionsskizze wie bei a).
c) Ermitteln Sie ω_{22}, $v_{22}(r,\theta)$ inklusive einer Projektionsskizze wie bei a) und b).

Lösung.
a) Die zugehörige Mode lautet

$$v_{01}(r,\theta) = R_{01}(r)\Omega_0(\theta)$$

$$= R_{01}(r) \cdot [C_1 \cos(0 \cdot \theta) + C_2 \sin(0 \cdot \theta)] = J_0\left(\frac{l_{01}}{a}r\right) = J_0\left(2{,}4048\frac{r}{a}\right).$$

Knotenlinien gibt es außer dem Rand ($r = a$) keine (Abb. 9.2 mitte oben).

b) Es gilt $\omega_{02} = l_{02} \cdot \frac{c}{a} = 5{,}5201 \cdot \frac{c}{a}$. Die zugehörige Mode ist

$$v_{02}(r, \theta) = R_{02}(r)\Omega_0(\theta) = J_0\left(\frac{l_{02}}{a}r\right) = J_0\left(5{,}5201\frac{r}{a}\right).$$

Hier gibt es eine kreisförmige Knotenlinie im Innenraum mit dem Radius

$$r_1 = \frac{l_{01}}{l_{02}}a = \frac{2{,}4048}{5{,}5201}a = 0{,}4357a,$$

weil $J_0(5{,}5201\frac{r_1}{a}) = 0$ ist (Abb. 9.2 mitte unten).

c) Die Radialsymmetrie der Moden wird nun gebrochen, weil $n > 0$ ist. Man erhält

$$\omega_{22} = l_{22} \cdot \frac{c}{a} = 8{,}4172 \cdot \frac{c}{a},$$

$$v_{22}(r, \theta) = R_2(r)\Omega_2(\theta) = J_2\left(\frac{l_{22}}{a}r\right)[C_1 \cos(2\theta) + C_2 \sin(2\theta)].$$

Der Radius der kreisförmigen Knotenlinie ist

$$r_1 = \frac{l_{21}}{l_{22}}a = \frac{5{,}1356}{8{,}4172}a = 0{,}6101a.$$

Zusätzlich entstehen zwei radiale Knotenlinien, denn aus $\Omega_2(\theta) = C_1 \cos(2\theta) + C_2 \sin(2\theta) = 0$ folgt $\tan(2\theta) = -\frac{C_1}{C_2}$. Da der Tangens die Periode π besitzt, ist $\Omega_2(\theta) = 0$ im Abstand von $\theta = \frac{\pi}{2}$. Die Radien R_2 und $-R_2$ ergeben sich für $\theta = 0, \frac{\pi}{2}$ resp. Allgemein gilt für Mode ω_{nm}: Es gibt n radiale und $m - 1$ kreisförmige Knotenlinien (Abb. 9.2 rechts).

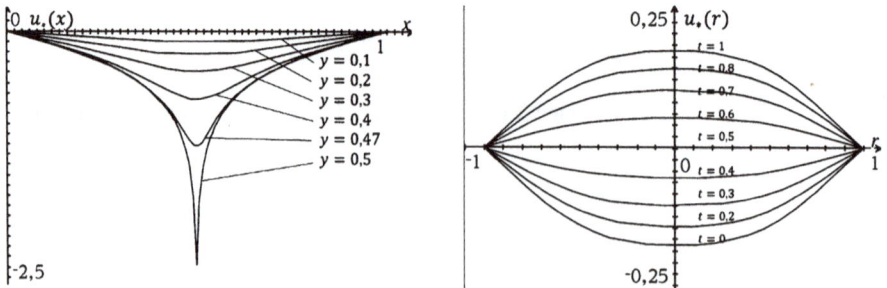

Abb. 9.3: Graphen zu den beiden Beispielen in Kap. 9.2 und 9.4.

9.4 Erzwungene Schwingungen der Kreismembran

Analog zur Rechteckmembran schließen wir von den dynamischen auf die statischen Koeffizienten und lösen so das Problem der freien Schwingung, zumindest für eine gleichförmige Last (siehe Beispiel am Ende des Kapitels). Wie bisher setzen wir zudem:
Einschränkung: Die Anregungen sind von der Form $q_*(r,\theta) = q(r,\theta) \cdot \cos(\varphi t)$.
Es entsteht die DG

$$\frac{\partial^2 u}{\partial t^2} - c^2\left(\frac{\partial^2 u}{\partial r^2} + \frac{1}{r}\cdot\frac{\partial u}{\partial r} + \frac{1}{r^2}\cdot\frac{\partial^2 u}{\partial \theta^2}\right) = \frac{q(r,\theta)}{\mu}\cdot\cos(\varphi t). \tag{9.4.1}$$

Dabei ist $q(r,\theta) \cdot \cos(\varphi t)$ wieder die schwingungserzeugende periodische Kraft.
Einschränkung: Im Weitern sehen wir von einer Winkelabhängigkeit ab.
Damit lautet (9.4.1) für eine rein radialsymmetrische Last- sowie Lösungsfunktion:

$$\frac{\partial^2 u}{\partial t^2} - c^2\left(\frac{\partial^2 u}{\partial r^2} + \frac{1}{r}\cdot\frac{\partial u}{\partial r}\right) = \frac{q(r)}{\mu}\cdot\cos(\varphi t). \tag{9.4.2}$$

Herleitung von (9.4.3)–(9.4.12)
Nach der Einschwingzeit schwingt die Membran mit der Erregerfrequenz, weshalb wir die Lösung als $u(r,t) = v(r) \cdot \cos(\varphi t)$ ansetzen. Der Radialteil und die Lastfunktion werden in Eigenfunktionen entwickelt: $v(r) = \sum_{m=1}^{\infty} d_{0m}J_0(\lambda_{0m}r)$ und $q(r) = \sum_{m=1}^{\infty} q_{0m}J_0(\lambda_{0m}r)$.
Die Bessel-Funktionen $J_0(\lambda_{0m}r)$ erfüllen die Bessel'sche DG $r^2 R_{rr} + r R_r + \lambda^2 r^2 R = 0$.
Eingesetzt in (9.4.2) erhält man

$$-\varphi^2 d_{0m}J_0(\lambda_{0m}r) - c^2\left[d_{0m}J_0''(\lambda_{0m}r) + \frac{1}{r}d_{0m}J_0'(\lambda_{0m}r)\right] = \frac{q_{0m}}{\mu}J_0(\lambda_{0m}r). \tag{9.4.3}$$

Die Multiplikation von (9.4.3) mit r^2 ergibt

$$d_{0m}\{-\varphi^2 r^2 J_0(\lambda_{0m}r) - c^2[r^2 J_0''(\lambda_{0m}r) + r J_0'(\lambda_{0m}r)]\} = \frac{q_{0m}}{\mu}r^2 J_0(\lambda_{0m}r). \tag{9.4.4}$$

Da $J_0(\lambda_{0m}r)$ Lösung der Bessel'schen DG ist, folgt aus (9.4.4)

$$d_{0m}\{-\varphi^2 r^2 J_0(\lambda_{0m}r) - c^2[-\lambda_{0m}^2 r^2 J_0(\lambda_{0m}r)]\} = \frac{q_{0m}}{\mu}r^2 J_0(\lambda_{0m}r),$$

daraus $d_{0m}(c^2\lambda_{0m}^2 - \varphi^2) = \frac{q_{0m}}{\mu}$ und schließlich

$$d_{0m} = \frac{q_{0m}}{\mu(c^2\lambda_{0m}^2 - \varphi^2)} = \frac{q_{0m}}{\mu\omega_{0m}^2}\cdot V(\omega_{0m}) = s_{0m}\cdot V(\omega_{0m})$$

mit $\omega_{0m} = c\lambda_{0m}$ und dem Vergrößerungsfaktor

$$V(\omega_{0m}) = \frac{1}{|1 - (\frac{\varphi}{\omega_{0m}})^2|}. \tag{9.4.5}$$

Wie anhin wird die fehlende Dämpfung modal hinzugefügt. Anstelle von (9.4.5) tritt nun der gedämpfte Vergrößerungsfaktor

$$V(\omega_{0m}, \xi_m) = \frac{1}{\sqrt{[1 - (\frac{\varphi}{\omega_{0m}})^2]^2 + 4\xi_m^2(\frac{\varphi}{\omega_{0m}})^2}}. \tag{9.4.6}$$

Dabei ist $\xi_m = \frac{\xi}{2M_m^*\omega_{0m}}$ das Lehr'sche Dämpfungsmaß bezogen auf die m-te Eigenfrequenz ω_{0m} und die m-te modale Masse M_m^*. Diese bestimmen wir noch. Ausgehend von der Bessel'schen DG $r^2R_{rr} + rR_r = -\lambda^2 r^2 R$ für $n = 0$, dividieren wir die Gleichung durch r und erhalten $(rR_r)_r = -\lambda^2 rR$. Multipliziert mit R und integriert über die Radiuslänge a ergibt sich $\int_0^a (rR_r)_r R\,dr = -\lambda^2 \int_0^a rR^2\,dr$ und partiell integriert

$$[rR_rR(r)]_0^a - \int_0^a rR_r^2\,dr = -\lambda^2 \int_0^a rR^2\,dr. \tag{9.4.7}$$

Der Klammerausdruck fällt weg, da $R(r)$ am Rand und im Zentrum verschwindet. Von (9.4.7) verbleibt $-\int_0^a rR_r^2\,dr = -\lambda^2 \int_0^a rR^2\,dr$ und aufgelöst

$$\lambda^2 = \frac{\int_0^a rR_r^2\,dr}{\int_0^a rR^2\,dr}. \tag{9.4.8}$$

Der Übergang zu den Lösungen mit $R(r) = J_0(\lambda_{0m}r)$ führt von (9.4.8) zu

$$\lambda_{0m}^2 = \frac{\int_0^a rJ_1^2(\lambda_{0m}r)\,dr}{\int_0^a rJ_0^2(\lambda_{0m}r)\,dr}. \tag{9.4.9}$$

Dabei haben wir $J_0'(x) = -J_1(x)$ (Eigenschaft VII., Kap. 9.3) verwendet. Mithilfe von (9.3.17) und $\omega_{0m} = c\lambda_{0m}$ wird aus (9.4.9)

$$\omega_{0m}^2 = \frac{\tau}{\mu} \cdot \frac{a^2 \int_0^1 rJ_1^2(l_{0m}r)\,dr}{a^2 \int_0^1 rJ_0^2(l_{0m}r)\,dr} = \frac{D_m^*}{M_m^*}. \tag{9.4.10}$$

Zur weiteren Verrechnung verwenden wir abermals die Eigenschaft VII. aus Kap. 9.3 und finden für die modale Masse

$$M_m^* = \mu a^2 \cdot \frac{J_1^2(l_{0m})}{2}. \tag{9.4.11}$$

Die Gleichungen (9.4.5)–(9.4.11) führen zum Ergebnis:

Die Lösung der erzwungenen Schwingung $\ddot{u} + \frac{\xi}{\mu} \cdot \dot{u} - \frac{\tau}{\mu}(u_{rr} + \frac{1}{r} \cdot u_r) = \frac{q(r)}{\mu} \cdot \cos(\varphi t)$ einer kreisförmigen Membran mit radialsymmetrischer Belastung besitzt die Form $u(r,t) = \sum_{m=1}^{\infty} d_{0m}J_0(\lambda_{0m}r)\cos(\varphi t - \sigma_m)$ mit den dynamischen Koeffizienten $d_{0m} = s_{0m} \cdot V(\omega_{0m}, \xi_m)$, den statischen Koeffizienten $s_{0m} = \frac{q_{0m}}{\mu\omega_{0m}^2}$, den Lastkoeffizienten q_{0m} und den Phasenverschiebungen

$$\sigma_m = \arctan\left(\frac{2\xi_m\omega_{0m} \cdot \varphi}{\varphi^2 - \omega_{0m}^2}\right). \tag{9.4.12}$$

Die Bestimmung der Lastkoeffizienten q_{0m} gestaltet sich, verglichen mit der Rechteckmembran, etwas komplizierter. Bei bekannten q_{0m} können die Koeffizienten d_{0m} ermittelt werden. Dies wollen wir für den Fall einer Gleichlast $q(r) = q_0$ durchführen.

Einschränkung: Die kreisförmige Membran wird mit einer Gleichlast q_0 beladen.

Herleitung von (9.4.13)–(9.4.19)

Wir entwickeln die Last q_0 in Eigenfunktionen: $q_0 = \sum_{m=1}^{\infty} q_{0m}J_0(\lambda_{0m}r)$. Multiplikation mit $rJ_0(\lambda_{0n}r)$ führt auf $q_0rJ_0(\lambda_{0n}r) = \sum_{m=1}^{\infty} q_{0m}rJ_0(\lambda_{0m}r)J_0(\lambda_{0n}r)$. Aufgrund der mit (9.3.7) bewiesenen Orthogonalität bleibt nach der Integration über dem Intervall von 0 bis a übrig: $q_0 \int_0^a rJ_0(\lambda_{0m}r)dr = q_{0m} \int_0^a rJ_0^2(\lambda_{0m}r)dr$. Aufgelöst ist

$$q_{0m} = q_0 \cdot \frac{\int_0^a rJ_0(\lambda_{0m}r)dr}{\int_0^a rJ_0^2(\lambda_{0m}r)dr}. \tag{9.4.13}$$

Zähler und Nenner von (9.4.13) schreiben wir mit (9.3.17) um zu

$$\int_0^a rJ_0^2(\lambda_{0m}r)dr = a^2\int_0^1 rJ_0^2(l_{0m}r)dr \quad \text{bzw.} \quad \int_0^a rJ_0(\lambda_{0m}r)dr = a^2\int_0^1 rJ_0(l_{0m}r)dr. \tag{9.4.14}$$

Mithilfe von (3.5.20) gilt

$$\int_0^1 rJ_0(l_{0m}r)dr = -\frac{J_0'(l_{0m})}{l_{0m}}. \tag{9.4.15}$$

Weiter entnimmt man Gleichung (3.5.18) oder Eigenschaft VII. aus Kap. 9.3, dass

$$\int_0^1 rJ_0^2(l_{0m}r)dr = \frac{J_0'^2(l_{0m})}{2} = \frac{J_1^2(l_{0m})}{2}. \tag{9.4.16}$$

Die Gleichungen (9.4.13)–(9.4.16) führen insgesamt zu

$$q_{0m} = -\frac{2q_0}{l_{0m}} \cdot \frac{1}{J_0'(l_{0m})}. \tag{9.4.17}$$

Demnach folgen die dynamischen Koeffizienten zu

$$d_{0m} = \frac{q_{0m}}{\mu\omega_{0m}^2} \cdot V(\omega_{0m}). \tag{9.4.18}$$

Mithilfe von (9.4.17) und (9.4.18) kann man folgendes, spezielle Ergebnis formulieren:

> Eine auf der gesamten Fläche mit der Gleichlast $q(r) = q_0 \cos(\varphi t)$ periodisch angeregte Kreismembran vollführt die erzwungenen Schwingungen
>
> $$u(r,t) = -\frac{2q_0}{\mu} \sum_{m=1}^{\infty} \frac{1}{l_{0m}J_0'(l_{0m})} \cdot \frac{1}{c^2\lambda_{0m}^2 - \varphi^2} \cdot J_0(\lambda_{0m}r) \cos(\varphi t). \tag{9.4.19}$$

Beispiel.
a) Ermitteln Sie die statische Auslenkung $u(r)$ für eine mit der Gleichlast q_0 belastete Kreismembran.
b) Mit $u(r,t)$ bezeichnen wir die Lösung (9.4.19). Wählen Sie $a = 1$, $\varphi = \pi$, normieren Sie $u_*(r,t) = \frac{u(r,t)}{-\frac{2q_0}{\tau}}$ und stellen Sie $u_*(r,t)$ für $t = 0, 0{,}2, 0{,}3, 0{,}4, 0{,}5, 0{,}6, 0{,}7, 0{,}8, 1$ dar.

Lösung.
a) Es folgt

$$u(r) = -\frac{2q_0}{\tau} \sum_{m=1}^{\infty} \frac{a^2}{l_{0m}^2 J_0'(l_{0m})} \cdot J_0\left(\frac{l_{0m}}{a}r\right).$$

b) Man hat

$$u_*(r,t) = \sum_{m=1}^{\infty} a_{0m} \cdot J_0(l_{0m}r) \cos(\pi t) \quad \text{mit} \quad a_{0m} = \frac{1}{l_{0m}J_0'(l_{0m})} \cdot \frac{1}{l_{0m}^2 - \pi^2}.$$

Bei der Berechnung der Koeffizienten a_{0m} erhält man mit Tabelle, Kap. 9.3 $l_{01} = 2{,}404826$, $l_{02} = 5{,}520078$ und $l_{03} = 8{,}653728$ die Werte $a_{01} = -0{,}196012$, $a_{02} = 0{,}025843$ und $a_{03} = 0{,}006547$, woraus man erkennt, dass die beiden ersten Werte genügen. Man erhält $u_*(r,t) \approx -0{,}196012 \cdot J_0(2{,}404826r) + 0{,}025843 \cdot J_0(2{,}404826r)$. Die Darstellung entnimmt man Abb. 9.3 rechts.

10 Die Plattengleichung

Die Herleitung der DG für die Auslenkung einer Platte gestaltet sich erheblich schwieriger als für den Balken. Zur weiteren Beschreibung legen wir auch für die Platte dieselben (Bernoulli-)Hypothesen zugrunde:

Idealisierungen:

1. Die Platte ist schlank, das bedeutet, die Dicke ist gegenüber Länge und Breite vernachlässigbar klein.
2. Plattenquerschnitte stehen vor und nach der Verformung normal auf der jeweiligen Mittelfläche (neutrale Faser).
3. Querschnitte bleiben auch nach der Verformung eben.
4. Die Biegeverformungen sind klein im Vergleich zu den Abmessungen des Balkens.
5. Die Platte besteht durchwegs aus gleichartigem Material. Dies zusammen mit der vorangegangenen Forderung gestattet die Verwendung des Hooke'schen Gesetzes.

Bezeichnen wir mit x und y die Ausdehnungsrichtungen der rechteckigen Platte, dann ist mit $u(x, y, t)$ die Auslenkung in z-Richtung senkrecht zur Platte gemeint. Verändert sich u, so wirken auf die Platte Querkräfte q_x und q_y mit der Einheit $\frac{N}{m}$. Zusätzlich ist die Platte den Biegemomenten m_x und m_y unterworfen. Die Indexierung richtet sich nach den entsprechenden Querkräften q_x und q_y. Schließlich müssen noch Verdrillungen mit den zugehörigen Momenten m_{xy} und m_{yx} in Betracht gezogen werden.

Da die Momente

$$m_x = \int_{-\frac{h}{2}}^{\frac{h}{2}} \sigma_x z dz, \quad m_y = \int_{-\frac{h}{2}}^{\frac{h}{2}} \sigma_y z dz \quad \text{und} \quad m_{xy} = m_{yx} = \int_{-\frac{h}{2}}^{\frac{h}{2}} \tau_{xy} z dz \tag{10.1}$$

über die Spannungen definiert werden, bezeichnet der erste Index die Normalenrichtung derjenigen Fläche, an der die Spannung wirkt und der zweite Index die Richtung der Spannung. Die Normalspannung σ_z wird null gesetzt. Dies nennt man auch den ebenen Normalzustand. Es entspricht wie beim Balken der Annahme, dass die übereinanderliegenden Faserschichten beim Verbiegen keine Verwölbungen erzeugen (Annahmen 2,3) und somit keine Spannung in z-Richtung entstehen lassen.

Die genannten Größen sind an einem kleinen (ebenen) Plattenelement eingezeichnet (Abb. 10.1 links). Die Querkräfte q_x und q_y besitzen die Einheit $\frac{N}{m}$ und q bezeichnet die eventuelle Last in $\frac{N}{m^2}$ (nicht eingezeichnet). Dabei stehen q_x und q_y mit der Last q in Verbindung, auch wenn sie denselben Buchstaben tragen.

Weiter bezeichnen ε_x, ε_y und ε_z die relativen Längenänderungen. Verändert sich eine der drei Größen, so sind auch beide anderen von null verschieden. Für eine dünne Platte können wir die relativen Längenänderungen in z-Richtung vernachlässigen und setzen deshalb $\varepsilon_z = 0$ (Annahmen 1,4). Die Grössen σ und ε sind über das Hooke'sche

https://doi.org/10.1515/9783111345857-010

Gesetz $\sigma = E \cdot \varepsilon$ miteinander verknüpft (Annahme 5). Weiter bezeichnet E bezeichnet das Elastizitätsmodul.

Zusätzlich zu den Normalspannungen σ_x und σ_y entstehen Torsions- oder Schubspannungen τ_{xy}, τ_{xz} und τ_{yz} mit den eingehenden Winkeländerungen γ_{xy}, γ_{xz} und γ_{yz}. Konsequenterweise werden $\gamma_{xz} = \gamma_{yz} = 0$ gesetzt und nur die Verzerrung oder Scherung entlang der xy-Ebene wird beachtet. Der Schubmodul G verbindet Schubspanung und Winkel zu $\tau_{xy} = G \cdot \gamma_{xy}$.

Tatsächlich entstehen aus diesen Annahmen aber mehrere Widersprüche. Gemäß den Gleichungen für den räumlichen Spannungszustand der Elastizitätstheorie gilt

$$\varepsilon_z = \frac{1}{E}[\sigma_z - \nu(\sigma_x + \sigma_y)],$$

woraus mit den getroffenen Annahmen $0 = \sigma_x + \sigma_y$ folgt und was nur für $\sigma_x = \sigma_y = 0$ zu erfüllen wäre. Weiter sind die beiden Gleichungen $\tau_{xz} = G \cdot \gamma_{xz}$ und $\tau_{yz} = G \cdot \gamma_{yz}$ verletzt, weil die Spannungen τ_{xz}, τ_{yz} im Plattenelement tatsächlich auftreten, aber $\gamma_{xz} = \gamma_{yz} = 0$ angenommen wird. Die dabei begangenen Fehler sind jedoch – so zeigt es die Praxis – klein, sodass die erzielten Ergebnisse, zumindest für dünne Platten, sehr tauglich sind.

Nun betrachten wir ein kleines (ebenes) Plattenelement (Abb. 10.1):

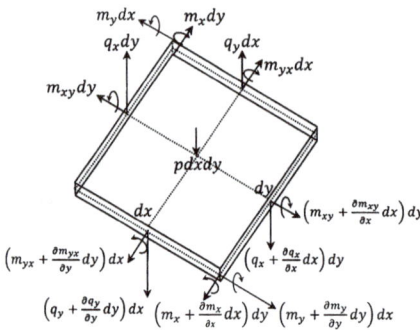

Abb. 10.1: Skizze zum Plattenelement.

Herleitung von (10.2)–(10.17)

Idealisierung und lineare Approximation: Die Änderung der Kräfte und Momente mit der Länge dx bzw. dy werden nur bis und mit der ersten Näherung beachtet.

Bilanz 1: Kraft- oder Impulsänderungsbilanz in z-Richtung.

$$-q_x dy - q_y dx + \left(q_x + \frac{\partial q_x}{\partial x} dx\right)dy + \left(q_y + \frac{\partial q_y}{\partial y} dy\right)dx + q\,dxdy = 0$$

$$\Rightarrow \frac{\partial q_x}{\partial x} + \frac{\partial q_y}{\partial y} + q = 0. \tag{10.2}$$

Bilanz 2: Momentbilanz oder Drehimpulsänderung um die *x*-Achse.

$$- m_y dx + \left(m_y + \frac{\partial m_y}{\partial y} dy \right) dx - m_{xy} dy + \left(m_{xy} + \frac{\partial m_{xy}}{\partial x} dx \right) dy$$

$$- q_y dx \cdot \frac{dy}{2} - \left(q_y + \frac{\partial q_y}{\partial y} dy \right) dx \cdot \frac{dy}{2} = 0.$$

Größen mit höheren Produkten als *dxdy* werden vernachlässigt.

$$\Rightarrow \frac{\partial m_y}{\partial y} dxdy + \frac{\partial m_{xy}}{\partial x} dxdy - q_y dxdy = 0 \Rightarrow \frac{\partial m_y}{\partial y} + \frac{\partial m_{xy}}{\partial x} = q_y. \tag{10.3}$$

Bilanz 3: Momentbilanz oder Drehimpulsänderung um die *y*-Achse.

$$- m_x dy + \left(m_x + \frac{\partial m_x}{\partial x} dx \right) dy - m_{yx} dx + \left(m_{yx} + \frac{\partial m_{yx}}{\partial y} dy \right) dx$$

$$- q_x dy \cdot \frac{dx}{2} - \left(q_x + \frac{\partial q_x}{\partial x} dx \right) dy \cdot \frac{dx}{2} = 0$$

$$\Rightarrow \frac{\partial m_x}{\partial x} dxdy + \frac{\partial m_{yx}}{\partial y} dxdy - q_x dxdy = 0 \Rightarrow \frac{\partial m_{xy}}{\partial y} + \frac{\partial m_x}{\partial x} = q_x. \tag{10.4}$$

In (10.4) wurde die Gleichgewichtsbedingung $m_{yx} = m_{xy}$ benutzt.
Einsetzen von (10.3) und (10.4) in (10.2) liefert

$$\frac{\partial^2 m_x}{\partial x^2} + 2 \cdot \frac{\partial^2 m_{xy}}{\partial x \partial y} + \frac{\partial^2 m_y}{\partial y^2} = -q. \tag{10.5}$$

Als Nächstes sollen die relativen Änderungen ε_x und ε_y infolge der Verformung ermittelt werden. In Abb. 10.2 links sei ein beliebiger Punkt $P(x, y)$ im Abstand z zur *x*-Achse ausgewählt. Aufgrund der Auslenkung $u(x, y)$ der Platte wird der Punkt P um $-v(x, y)$ in *x*- bzw. $-w(x, y)$ in *y*-Richtung verschoben. Die Auslenkwinkel in *x*- und *y*-Richtung gegenüber der Horizontalen bezeichnen wir mit α_x und α_y resp. (Abb. 10.2 mitte und rechts).

Für kleine α_x gilt $-\frac{v}{z} = \tan \varphi = \frac{\partial u}{\partial x}$ und die absolute Änderung in *x*-Richtung beträgt somit

$$v = -z \cdot \frac{\partial u}{\partial x}. \tag{10.6}$$

Analog erhält man für die Verschiebung in *y*-Richtung

$$w = -z \cdot \frac{\partial u}{\partial y}. \tag{10.7}$$

Dabei seien die Funktionen $v(x, y)$ und $w(x, y)$, ihre Existenz vorausgesetzt, stetig differenzierbar. Wir wollen sie durch die relativen Änderungen ε_x und ε_y ausdrücken.

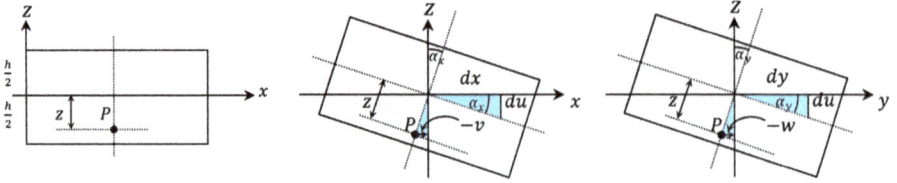

Abb. 10.2: Skizzen zu den Auslenkungen.

Dazu betrachten wir die Deformation eines der Einfachheit halber dünnen rechteckigen Plattenteilchens mit den Kanten dx und dy. Das Teilchen befindet sich auf einer
beliebigen Höhe H mit $-\frac{h}{2} \le H \le \frac{h}{2}$ parallel zur xy-Ebene. Mit $ABCD$ bezeichnen wir das
unverformte Rechteck, das durch Dehnung gemäß Abb. 10.3 (i. A. in beide Koordinaten-
richtungen) in das Parallelogramm $A'B'C'D'$ übergeht. Dieses hat sich gegenüber $ABCD$
abgesenkt und liegt nicht mehr in der xy-Ebene. Da aber die Auslenkung $u(x,y)$ gegenüber den Abmessungen klein gewählt wurden, kann man die Projektion von $A'B'C'D'$
auf die xy-Ebene betrachten. Dies zeigt Abb. 10.3. Dabei sollen sich die beiden Vierecke
zugunsten einer übersichtlichen Darstellung nicht überlappen.

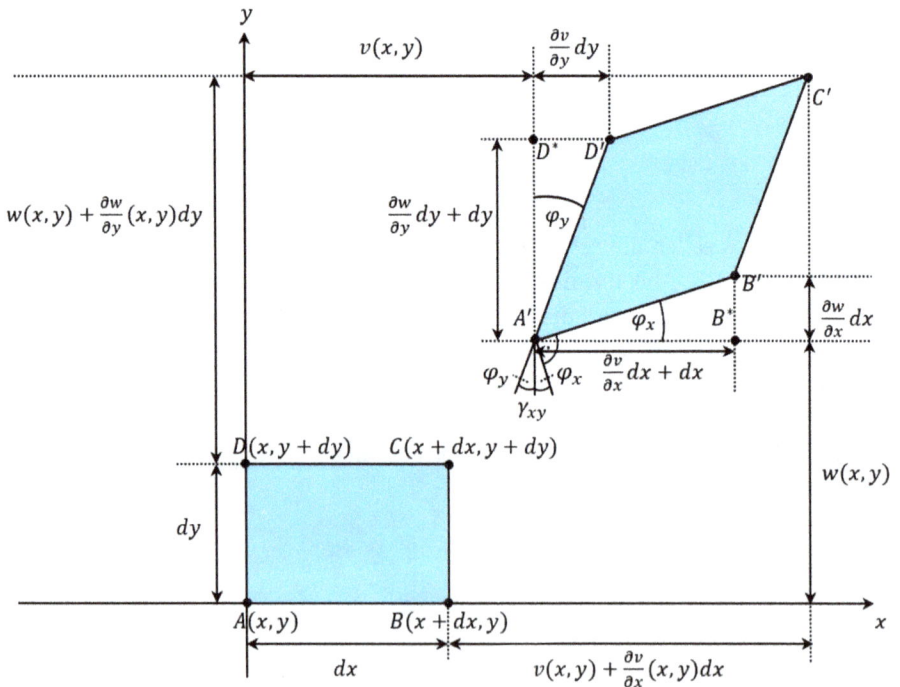

Abb. 10.3: Skizze zur Dehnung und Scherung eines Plattenelements.

Nun sollen die Koordinaten von A', B', C' und D' aus den Koordinaten von A, B, C und D abgeleitet werden.

I. Der Punkt A wird hin zu einem Punkt A' verschoben, wir schreiben dafür

$$A(x, y) \to A'(v(x, y), w(x, y)).$$

II. Die Kante AB geht durch Verschiebung, Dehnung und Scherung in die Kante $A'B'$ über. Für den Punkt B gilt dann $B(x + dx, y) \to B'(v(x + dx, y), w(x + dx, y))$. In linearer Näherung ist

$$B' \approx B'\left(dx + v(x, y) + \frac{\partial v}{\partial x} dx, w(x, y) + \frac{\partial w}{\partial x} dx \right).$$

Analog folgt

$$D(x, y + dy) \to D'(v(x, y + dy), w(x, y + dy))$$
$$\approx D'\left(v(x, y) + \frac{\partial v}{\partial y} dy, dy + w(x, y) + \frac{\partial w}{\partial y} dy \right).$$

III. Schließlich erhält man für den letzten Eckpunkt

$$C(x + dx, y + dy) \to C'(v(x + dx, y + dy), w(x + dx, y + dy))$$
$$\approx C'\left(dx + v(x, y) + \frac{\partial v}{\partial x} dx + \frac{\partial v}{\partial y} dy, dy + w(x, y) + \frac{\partial w}{\partial x} dx + \frac{\partial w}{\partial y} dy \right).$$

Der Punkt C' lässt sich auch kurz als $C'(dx + v + dv, dy + w + dw)$ angeben, wobei dv und dw den vollständigen Differenzialen von v bzw. w entsprechen.

Letztlich interessieren uns nur die relativen Änderungen ε_x und ε_y in x- resp. y-Richtung. Mithilfe von I., II. und III. erhält man

$$\varepsilon_x = \frac{\overline{A'B^*} - \overline{AB}}{\overline{AB}} = \frac{\frac{\partial v}{\partial x} \cdot dx + dx - dx}{dx} = \frac{\partial v}{\partial x} \quad \text{und}$$
$$\varepsilon_y = \frac{\overline{A'D^*} - \overline{AD}}{\overline{AD}} = \frac{\frac{\partial w}{\partial y} \cdot dy + dy - dy}{dy} = \frac{\partial w}{\partial y}. \tag{10.8}$$

Folglich ist die Kenntnis der Funktionen $v(x, y)$ und $w(x, y)$ auf die Erfassung von ε_x und ε_y abgewälzt. Man erkennt auch, dass die Translationskomponenten v und w bei der Bestimmung der beiden relativen Änderungen keine Rolle spielen. Deshalb hätte man in Abb. 10.3 auch A' mit A identifizieren können.

Mithilfe von (10.6) und (10.7) folgen

$$\varepsilon_x = \frac{\partial v}{\partial x} = -z \cdot \frac{\partial^2 u}{\partial x^2} \quad \text{und} \quad \varepsilon_y = \frac{\partial w}{\partial y} = -z \cdot \frac{\partial^2 u}{\partial y^2}. \tag{10.9}$$

Jetzt gilt es noch, den Schubdeformationswinkel γ_{xy} zu erfassen. Dieser setzt er sich aus zwei Teilwinkeln zusammen: $\gamma_{xy} = \varphi_x + \varphi_y$. φ_x und φ_y sind ursprünglich räumliche Winkel, die aufgrund der Projektion mit den auf die xy-Ebene projizierten Winkeln identifiziert werden. Mit Abb. 10.3, (10.6) und (10.7) ergibt sich

$$\gamma_{xy} = \varphi_x + \varphi_y \approx \tan\left[\frac{\frac{\partial w}{\partial x} \cdot dx}{(\frac{\partial w}{\partial x}+1)dx}\right] + \tan\left[\frac{\frac{\partial v}{\partial y} \cdot dy}{(\frac{\partial w}{\partial y}+1)dy}\right]$$

$$\approx \tan\left(\frac{\frac{\partial w}{\partial x} \cdot dx}{dx}\right) + \tan\left(\frac{\frac{\partial v}{\partial y} \cdot dy}{dy}\right) = \tan\left(\frac{\partial w}{\partial x}\right) + \tan\left(\frac{\partial v}{\partial y}\right) \approx \frac{\partial w}{\partial x} + \frac{\partial v}{\partial y}$$

und schließlich

$$\gamma_{xy} = -z \cdot \frac{\partial^2 u}{\partial x \partial y} - z \cdot \frac{\partial^2 u}{\partial y \partial x} = -2z \cdot \frac{\partial^2 u}{\partial x \partial y}. \tag{10.10}$$

Nun verknüpfen wir die relativen Längenänderungen ε_x, ε_y mit den Normalspannungen σ_x, σ_y und die Winkeländerung γ_{xy} mit der Schubspannung τ_{xy}. Dabei bezeichnen:

ε_{xx} die relative Längenänderung in x-Richtung aufgrund der Spannung σ_x,
ε_{xy} die relative Längenänderung in x-Richtung aufgrund der Spannung σ_y,
ε_{yx} die relative Längenänderung in y-Richtung aufgrund der Spannung σ_x und
ε_{yy} die relative Längenänderung in y-Richtung aufgrund der Spannung σ_y.

Es gilt

$$\varepsilon_x = \varepsilon_{xx} + \varepsilon_{xy} = \varepsilon_{xx} - v \cdot \varepsilon_{xx} = \frac{\sigma_x}{E} - v \cdot \frac{\sigma_y}{E} = \frac{1}{E}(\sigma_x - v\sigma_y) \quad \text{und}$$

$$\varepsilon_y = \varepsilon_{yx} + \varepsilon_{yy} = \varepsilon_{yx} - v \cdot \varepsilon_{yy} = -v \cdot \frac{\sigma_x}{E} + \frac{\sigma_y}{E} = \frac{1}{E}(\sigma_y - v\sigma_x). \tag{10.11}$$

Dabei ist v die Poisson'sche Kontraktionszahl.

Aufgelöst nach den Spannungen folgen aus (10.11) die Gleichungen

$$\sigma_x = \frac{E}{1-v^2}(\varepsilon_x + v\varepsilon_y) \quad \text{und} \quad \sigma_y = \frac{E}{1-v^2}(\varepsilon_y + v\varepsilon_x). \tag{10.12}$$

Dazu gesellt sich noch (vgl. Band 2)

$$\tau_{xy} = G \cdot \gamma_{xy} = \frac{E}{2(1+v)}\gamma_{xy}. \tag{10.13}$$

Die Ergebnisse (10.9) und (10.10) fügt man in (10.12) und (10.13) ein. Dies führt zu

$$\sigma_x = -\frac{Ez}{1-v^2}\left(\frac{\partial^2 u}{\partial x^2} + v\frac{\partial^2 u}{\partial y^2}\right),$$

$$\sigma_y = -\frac{Ez}{1-v^2}\left(\frac{\partial^2 u}{\partial y^2} + v\frac{\partial^2 u}{\partial x^2}\right) \quad \text{und}$$

$$\tau_{xy} = -\frac{Ez}{1+v} \cdot \frac{\partial^2 u}{\partial x \partial y}. \tag{10.14}$$

Endlich können die Momente (10.1) durch die Spannungen ersetzt werden. Mit den drei Ausdrücken von (10.14) erhält man

$$m_x = \int_{-\frac{h}{2}}^{\frac{h}{2}} \sigma_x z\,dz = -\frac{Eh^3}{12(1-v^2)}\left(\frac{\partial^2 u}{\partial x^2} + v\frac{\partial^2 u}{\partial y^2}\right),$$

$$m_y = \int_{-\frac{h}{2}}^{\frac{h}{2}} \sigma_y z\,dz = -\frac{Eh^3}{12(1-v^2)}\left(\frac{\partial^2 u}{\partial y^2} + v\frac{\partial^2 u}{\partial x^2}\right) \quad \text{und}$$

$$m_{xy} = \int_{-\frac{h}{2}}^{\frac{h}{2}} \tau_{xy} z\,dz = -\frac{Eh^3}{12(1+v)} \cdot \frac{\partial^2 u}{\partial x \partial y} = -(1-v)\frac{Eh^3}{12(1-v^2)} \cdot \frac{\partial^2 u}{\partial x \partial y}. \tag{10.15}$$

Man nennt $K := \frac{Eh^3}{12(1-v^2)}$ die Biegesteifigkeit der Platte oder kurz Plattensteifigkeit. Kombiniert man (10.15) mit (10.3) und (10.4), so erhält man

$$q_x = -K\left(\frac{\partial^3 u}{\partial x^3} + \frac{\partial^3 u}{\partial x \partial y^2}\right) \quad \text{und} \quad q_y = -K\left(\frac{\partial^3 u}{\partial y^3} + \frac{\partial^3 u}{\partial x^2 \partial y}\right). \tag{10.16}$$

Schließlich verrechnen wir die Ausdrücke aus (10.15) mit (10.5). Einzeln ergibt sich

$$\frac{\partial^2 m_x}{\partial x^2} = -K\left(\frac{\partial^4 u}{\partial x^4} + v\frac{\partial^4 u}{\partial x^2 \partial y^2}\right),$$

$$\frac{\partial^2 m_y}{\partial y^2} = -K\left(\frac{\partial^4 u}{\partial y^4} + v\frac{\partial^4 u}{\partial x^2 \partial y^2}\right) \quad \text{und}$$

$$2 \cdot \frac{\partial^2 m_{xy}}{\partial x \partial y} = -2K(1-v) \cdot \frac{\partial^4 u}{\partial x^2 \partial y^2}.$$

Zusammen folgt die Plattengleichung:

Die Plattengleichung lautet

$$\frac{\partial^4 u}{\partial x^4} + 2\frac{\partial^4 u}{\partial x^2 \partial y^2} + \frac{\partial^4 u}{\partial y^4} = \frac{q}{K} \quad \text{mit} \quad K = \frac{Eh^3}{12(1-v^2)}. \tag{10.17}$$

Gleichung (10.17) schreibt sich auch kurz als $\Delta\Delta u = \frac{q}{K}$. Vergleicht man diese DG mit derjenigen des Balkens, $u'''' = \frac{q}{EI}$, so erkennt man die Analogien:

	Balken	Platte
Laplace-Operator	$\frac{\partial}{\partial x^2}(\frac{\partial^2}{\partial x^2})u = \Delta\Delta u$ für $u = u(x)$	$(\frac{\partial}{\partial x^2} + \frac{\partial}{\partial y^2})(\frac{\partial}{\partial x^2} + \frac{\partial}{\partial y^2})u = \Delta\Delta u$ für $u = u(x,y)$
Steifigkeit	$EI = \frac{E \cdot 1 \cdot h^3}{12}$	$K = \frac{Eh^3}{12(1-v^2)}$

Man sieht, dass die Steifigkeit K anstelle der Steifigkeit EI mit der Balkenbreite $b = 1$ getreten ist. Zudem ist noch festzuhalten, dass sich die Drillmomente in den Ecken nicht aufheben. Die resultierende Kraft heißt Eck(moment)kraft

$$F_E = |m_{xy}| + |m_{yx}| = 2m_{xy} = 2K(1-v)\frac{\partial^2 u}{\partial x \partial y}.$$

10.1 Die Plattengleichung für Rechteckplatten

Die Lösungen der Plattengleichung stellen analog zur DG des Balkens Biegeflächen dar. Die Form ist abhängig von zusätzlich aufgesetzter Last oder wirkender Kraft. Im Unterschied zum Balken entsteht an einer Kante nebst dem Biegemoment m_x und der Querkraft q_x noch ein Drillmoment m_{xy}. Am Balken konnte man entweder m oder Q vorgeben, nicht aber beides. Entsprechend dürfen bei der Platte nur zwei der drei Schnittgrößen vorgegeben werden. Deshalb fasst man Drillmoment und Querkraft zu einer einzigen, sogenannten Ersatzquerkraft zusammen. Dies geschieht üblicherweise über die Summen

$$\bar{q}_x = q_x + \frac{\partial m_{xy}}{\partial y} = -K\left[\frac{\partial^3 u}{\partial x^3} + (2-v)\frac{\partial^3 u}{\partial x \partial y^2}\right] \quad \text{und}$$

$$\bar{q}_y = q_y + \frac{\partial m_{yx}}{\partial x} = -K\left[\frac{\partial^3 u}{\partial y^3} + (2-v)\frac{\partial^3 u}{\partial x^2 \partial y}\right]. \tag{10.1.1}$$

Biegelinien von Balken lassen sich nicht ohne Weiteres auf Platten übertragen. Tatsächlich funktioniert dies nur für den Fall einer (theoretisch) unendlich langen Platte mit endlicher Breite a (Abb. 10.4 links). Dabei sind die RBen für $x = 0$ und $x = a$ beliebig. Ein in x-Richtung ausgedehnter, aber in y-Richtung kurzer Balken besitzt nur ein Biegemoment m_x und eine Querkraft q_x. In y-Richtung sind sowohl Biegemoment m_y als auch Querkraft q_y null. Anders steht es bei der Platte. Die Grössen m_y und q_y sind nicht null. Man kann sich das so erklären: Gehen wir von einem positiven Biegemoment m_x aus. Infolge der Verbiegung werden die Plattenfasern oberhalb der Spannungsnullinie zusammengedrückt und unterhalb auseinandergezogen. Jede Spannung erzeugt auch eine Querdehnung mit der Poisson-Zahl v. Aufgrund dieser Querdehnung würden sich die Plattenelemente oben wölben und unten zusammenstauchen. Damit dies nicht geschieht, muss zwangsweise ein (Quer-)Biegemoment m_y vorhanden sein, das diese Unebenheiten verhindert. Dies erklärt, warum theoretisch nur die unendlich lange Platte die Übertragung der Biegelinie auf die Biegefläche zulässt. Das Biegemoment

$m_y \neq 0$ wird sozusagen immer weiter bis ins Unendliche verschoben. Deswegen führt eine endlich lange Platte mit einer gewissen RB an einem kurzen Ende nicht auf dasselbe Ergebnis wie ein endlicher Balken mit derselben RB am gleichen kurzen Ende. Praktisch gesehen kann man zumindest auch für eine endlich lange Platte mit $b \gg a$ die Biegelinie des Balkens als gute Näherung übernehmen.

Randbedingungen einer rechteckigen Platte

1. Eingespannter Rand 1 (beispielsweise für $x = 0$).

$$\text{I.} \quad u(x = 0, y) = 0 \Rightarrow \frac{\partial u}{\partial y} = \frac{\partial^2 u}{\partial y^2} = 0.$$

$$\text{II.} \quad \frac{\partial u}{\partial x}(x = 0, y) = 0 \Rightarrow \frac{\partial^2 u}{\partial x \partial y} = 0 \Rightarrow m_{xy} = 0$$

$$\Rightarrow F_E = 0, \bar{q}_x(0, y) = q_x(0, y).$$

2. Gelenkig gestützter Rand 1 (beispielsweise für $x = 0$).

$$\text{I.} \quad u(x = 0, y) = 0 \Rightarrow \frac{\partial u}{\partial y} = \frac{\partial^2 u}{\partial y^2} = 0.$$

$$\text{II.} \quad m_x(x = 0, y) = 0 \Rightarrow \frac{\partial^2 u}{\partial x^2} + v \frac{\partial^2 u}{\partial y^2} = 0 \Rightarrow \frac{\partial^2 u}{\partial x^2} = 0$$

$$\Rightarrow F_E = 2m_{xy} \neq 0, \quad \bar{q}_x(0, y) \neq q_x(0, y).$$

3. Freier Rand 1 (beispielsweise für $x = 0$).

$$\text{I.} \quad m_x(x = 0, y) = 0 \Rightarrow \frac{\partial^2 u}{\partial x^2} + v \frac{\partial^2 u}{\partial y^2} = 0.$$

$$\text{II.} \quad \bar{q}_x(x = 0, y) = 0 \Rightarrow \frac{\partial^3 u}{\partial y^3} + (2 - v) \frac{\partial^3 u}{\partial x^2 \partial y} = 0, \quad m_{xy} \neq 0, \quad \bar{q}_x(0, y) = q_x(0, y).$$

Bemerkung. Die Querkraft $q_x(0, y) = 0$ ergäbe zusammen mit $m_x(0, y) = 0$ eine reine Balkenbiegung.

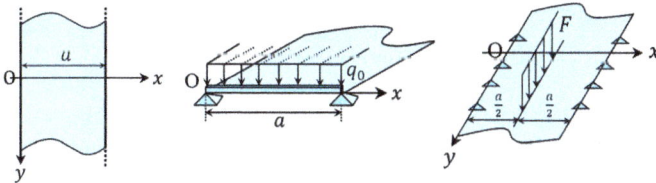

Abb. 10.4: Skizzen zum Plattenstreifen und Beispiel 1, Kap. 10.2.

10.2 Lösungen der Plattengleichung für den unendlichen Plattenstreifen

Nur in Ausnahmefällen gelingt es, eine Lösung der Plattengleichung (10.17) für eine rechteckige Platte zu finden, die gleichzeitig alle Randbedingungen (RB) an den vier Rändern erfüllt. Deshalb konzentriert man sich in einem ersten Schritt auf die RBen zweier gegenüberliegender Seiten und verschiebt die Ränder der beiden restlichen Seiten gedanklich ins Unendliche. Damit erhält man einen unendlichen Plattenstreifen.

Für diesen werden wir einige allgemeine Ergebnisse zusammenstellen. In einem weiteren Schritt wird die RB an einem der beiden restlichen Seiten beachtet. Am schwierigsten gestaltet sich die Hinzunahme der RB für die letzte Seite.

Bekanntlich setzt sich die allgemeine Lösung einer DG aus einer partikulären Lösung der inhomogenen und der allgemeinen Lösung der zugehörigen homogenen DG zusammen:

$$u(x,y) = u_p(x,y) + u_h(x,y).\tag{10.2.1}$$

Bleiben zwei Ränder und deren RBen wie beim unendlichen Plattenstreifen unbeachtet, so entspricht im Folgenden jede Lösung der Plattengleichung zwangsweise einer partikulären Lösung.

Eine analytische Lösung der Plattengleichung für den unendlichen Plattenstreifen (= Funktion der Biegefläche) ist im Fall einer beliebigen Lastfunktion $q(x,y)$ sehr schwer zu ermitteln. Deshalb bedarf es dreier Vereinfachungen.

Einschränkungen.
1. Die Lastfunktion soll unabhängig von y sein.
2. Die RBen sind unabhängig von y.
3. Die Platte ist beidseitig gelenkig gelagert.

Die beiden ersten Einschränkungen gewährleisten, dass man sämtliche Biegelinien des Balkens auf die Platte übertragen kann, falls man einzig EI durch K ersetzt.

Beispiel 1. Gegeben ist jeweils ein unendlicher Plattenstreifen der Breite a. Ermitteln Sie die zugehörige Biegefläche, falls der Streifen an beiden Rändern gelenkig gelagert ist und
a) mit einer Gleichlast q_0 belastet wird (Abb. 10.4 mitte),
b) die Linienkraft F entlang der Mittellinie wirkt (Abb. 10.4 rechts).

Lösung.
a) Natürlich könnte man die Biegelinie der Tabelle aus Band 2 entnehmen. Zumindest für diese Teilaufgabe soll die Biegefläche aber bestimmt werden. Gleichung (10.17) lautet zusammen mit den beiden Einschränkungen für diesen Fall $u'''' = \frac{q_0}{K}$ oder $\frac{K}{q_0}u'''' = 1$. Weiter folgen

$$\frac{K}{q_0}u''' = x + C_1,$$

$$\frac{K}{q_0}u'' = \frac{1}{2}x^2 + C_1 x + C_2,$$

$$\frac{K}{q_0}u' = \frac{1}{6}x^3 + \frac{1}{2}C_1 x^2 + C_2 x + C_3,$$

$$\frac{K}{q_0}u = \frac{1}{24}x^4 + \frac{1}{6}C_1 x^3 + \frac{1}{2}C_2 x^2 + C_3 x + C_4.$$

Die RB lauten I. $u(0) = 0$, II. $u(a) = 0$, III. $u''(0) = 0$, IV. $u''(a) = 0$.
I. und III. ergeben $C_4 = 0$ und $C_2 = 0$ resp.. II. und IV. führen zum System $\frac{1}{24}a^4 + \frac{1}{6}C_1 a^3 + C_3 a = 0$, $\frac{1}{2}a^2 + C_1 a = 0$ mit den Konstanten $C_1 = -\frac{1}{2}a$ und $C_3 = -\frac{1}{24}a^3$.
Damit ist

$$\frac{K}{q_0}u(x) = \frac{1}{24}x^4 - \frac{1}{12}ax^3 - \frac{1}{24}a^3 x \quad \text{oder} \quad u_p(x) = \frac{q_0 a^4}{24K}\left[\left(\frac{x}{a}\right)^4 - 2\left(\frac{x}{a}\right)^3 - \frac{x}{a}\right].$$

$$(10.2.2)$$

b) Die Biegefläche besteht aus zwei Teilen (siehe Band 2):

$$u_{p1}(x) = \frac{Fa^3}{48K}\left[4\left(\frac{x}{a}\right)^3 - 3\left(\frac{x}{a}\right)\right], \quad 0 \le x \le \frac{a}{2} \quad \text{und}$$

$$u_{p2}(x) = \frac{Fa^3}{48K}\left[4\left(\frac{a-x}{a}\right)^3 - 3\left(\frac{a-x}{a}\right)\right], \quad \frac{a}{2} \le x \le a. \qquad (10.2.3)$$

Nun gehen wir zu einer beliebigen Belastung $q(x)$ über. Dabei ist es zweckmäßiger, die Biegefläche als Entwicklung in Eigenfunktionen aufzuschreiben. Dazu verwenden wir die Entwicklung für Gleichlast q_0 als Basis, entnehmen die Fourier-Koeffizienten und passen diese entsprechend der Belastung $q(x)$ an. Dies führen wir nun im Einzelnen durch.

Herleitung von (10.2.4)–(10.2.9)
Mit $v_n(x) = \sin(\frac{n\pi}{a}x)$ bezeichnen wir die Eigenfunktionen der geforderten Lagerung. Als Nächstes entwickeln wir die Last $q(x)$ nach Eigenfunktionen:

$$q(x) = \sum_{n=1}^{\infty} q_n \sin\left(\frac{n\pi}{a}x\right) \qquad (10.2.4)$$

mit den Lastkoeffizienten q_n. Diese bestimmen wir zuerst und multiplizieren dazu (10.2.4) mit $\sin(\frac{m\pi}{a}x)$ und integrieren über die Plattenbreite:

$$\int_0^a q(x)\sin\left(\frac{m\pi}{a}x\right)dx = \sum_{n=1}^{\infty} q_n \int_0^a \sin\left(\frac{n\pi}{a}x\right)\sin\left(\frac{m\pi}{a}x\right)dx. \qquad (10.2.5)$$

Aufgrund der Orthogonalität der Sinusfunktion verbleibt von (10.2.5) lediglich der Term für $m = n$ und man erhält

$$\int_0^a q(x) \sin\left(\frac{n\pi}{a}x\right)dx = q_n \int_0^a \sin^2\left(\frac{n\pi}{a}x\right)dx,$$

$$\int_0^a q(x) \sin\left(\frac{n\pi}{a}x\right)dx = q_n \cdot \frac{a}{2} \quad \text{oder} \quad q_n = \frac{2}{a}\int_0^a q(x) \sin\left(\frac{n\pi}{a}x\right)dx. \tag{10.2.6}$$

Der Ausdruck für q_n von (10.2.6) kann mit Einzelkräften F_k erweitert werden, die an den entsprechenden Stellen x_k wirken, sodass man

$$q_n = \frac{2}{a}\left[\int_0^a q(x) \sin\left(\frac{n\pi}{a}x\right)dx + \sum_{k=1}^m \sin\left(\frac{n\pi}{a}x_k\right)\cdot F_k\right] \tag{10.2.7}$$

erhält. In dieser Form entspricht (10.2.7) genau dem Lastkoeffizienten (3.8.8) oder (5.7.8).

Für die (partikuläre) Lösung setzen wir nun

$$u_p(x,y) = \sum_{n=1}^\infty u_n \sin\left(\frac{n\pi}{a}x\right) \tag{10.2.8}$$

an, fügen sowohl (10.2.4) als auch (10.2.8) in (10.17) ein und finden

$$\sum_{n=1}^\infty \frac{n^4\pi^4}{a^4} u_n \sin\left(\frac{n\pi}{a}x\right) = \frac{1}{K}\sum_{n=1}^\infty q_n \sin\left(\frac{n\pi}{a}x\right).$$

Da dies für jede Eigenfunktion gilt, folgt durch Vergleich $u_n = \frac{a^4}{K \cdot n^4\pi^4} \cdot q_n$ oder insgesamt mit (10.2.7)

$$u_n = \frac{a^4}{K \cdot n^4\pi^4} \cdot \frac{2}{a}\left[\int_0^a q(x) \sin\left(\frac{n\pi}{a}x\right)dx + \sum_{k=1}^m \sin\left(\frac{n\pi}{a}x_k\right)\cdot F_k\right]. \tag{10.2.9}$$

Beispiel 2. Gegeben ist jeweils ein unendlicher Plattenstreifen der Breite a. Ermitteln Sie die zugehörige Biegefläche in Form einer Sinusentwicklung, falls der Streifen an beiden Rändern gelenkig gelagert ist und:

a) mit einer Gleichlast q_0 der Breite $2s$ an der Stelle $x = c$ belastet wird (Abb. 10.5 links). Was erhält man im Sonderfall $c = s = \frac{a}{2}$?

b) die Linienkraft F entlang der Stelle $x = c$ wirkt (Abb. 10.5 mitte). Was erhält man im Sonderfall $c = \frac{a}{2}$?

c) die Belastung $q(x) = q_0 x$ beträgt (Abb. 10.5 rechts).

Lösung.
a) Mit (10.2.6) folgt

$$q_n = \frac{2}{a} \int_0^a q(x) \sin\left(\frac{n\pi}{a}x\right) dx = \frac{2}{a} \int_{c-s}^{c+s} q(x) \sin\left(\frac{n\pi}{a}x\right) dx = -\frac{2q_0}{a} \cdot \frac{a}{n\pi} \left[\cos\left(\frac{n\pi}{a}x\right)\right]_{c-s}^{c+s}$$

$$= -\frac{2q_0}{n\pi}\left[\cos\left[\frac{n\pi}{a}(c+s)\right] - \cos\left[\frac{n\pi}{a}(c-s)\right]\right] = \frac{4q_0}{n\pi} \cdot \sin\left(\frac{n\pi}{a}c\right) \cdot \sin\left(\frac{n\pi}{a}s\right).$$

Gleichung (10.2.9) liefert

$$u_n = \frac{4a^4 q_0}{K \cdot n^5 \pi^5} \cdot \sin\left(\frac{n\pi}{a}c\right) \cdot \sin\left(\frac{n\pi}{a}s\right)$$

und mit (10.2.8) die Lösung

$$u_p(x) = \frac{4a^4 q_0}{K\pi^5} \sum_{n=1}^{\infty} \frac{1}{n^5} \sin\left(\frac{n\pi}{a}c\right) \sin\left(\frac{n\pi}{a}s\right) \sin\left(\frac{n\pi}{a}x\right).$$

Speziell für $c = s = \frac{a}{2}$ erhält man den Ausdruck

$$\sin^2\left(\frac{n\pi}{2}\right) = \begin{cases} 1 & \text{für } n = 1,3,5,\ldots, \\ 0 & \text{sonst} \end{cases}$$

und damit

$$u_p(x) = \frac{4a^4 q_0}{K\pi^5} \sum_{n=1,3,5,\ldots}^{\infty} \frac{1}{n^5} \sin\left(\frac{n\pi}{a}x\right). \qquad (10.2.10)$$

Somit muss (10.2.10) mit (10.2.2) übereinstimmen.
b) Gemäß (10.2.9) gilt

$$u_n = \frac{a^4}{K \cdot n^4 \pi^4} \cdot \frac{2}{a} \sin\left(\frac{n\pi}{a}c\right) \cdot F.$$

Damit lautet die Lösung nach (10.2.8)

$$u_p(x) = \frac{2a^3 F}{K\pi^4} \sum_{n=1}^{\infty} \frac{1}{n^4} \sin\left(\frac{n\pi}{a}c\right) \sin\left(\frac{n\pi}{a}x\right). \qquad (10.2.11)$$

Speziell für $c = \frac{a}{2}$ erhält man den Ausdruck

$$\sin\left(\frac{n\pi}{2}\right) = \begin{cases} (-1)^{\frac{n+1}{2}+1} & \text{für } n = 1,3,5,\ldots, \\ 0 & \text{sonst} \end{cases}$$

und daraus

$$u_p(x) = \frac{2a^3 F}{K\pi^4} \sum_{n=1,3,5,\ldots}^{\infty} \frac{(-1)^{\frac{n+1}{2}+1}}{n^4} \sin\left(\frac{n\pi}{a}x\right).$$ (10.2.12)

Somit muss (10.2.12) mit (10.2.3) übereinstimmen.

c) Es gilt

$$q_n = \frac{2}{a}\left[\int_0^a q_0 x \sin\left(\frac{n\pi}{a}x\right)dx\right]$$

auszuwerten. Man erhält $q_n = \frac{2aq_0(-1)^{n+1}}{n\pi}$, daraus

$$u_n = \frac{a^4}{K\cdot n^4\pi^4}\cdot\frac{2aq_0(-1)^{n+1}}{n\pi} = \frac{2a^5 q_0(-1)^{n+1}}{K\cdot n^5\pi^5}$$

und insgesamt

$$u_p(x,y) = \frac{2a^5 q_0}{K\pi^5}\sum_{n=1}^{\infty}\frac{(-1)^{n+1}}{n^5}\sin\left(\frac{n\pi}{a}x\right).$$

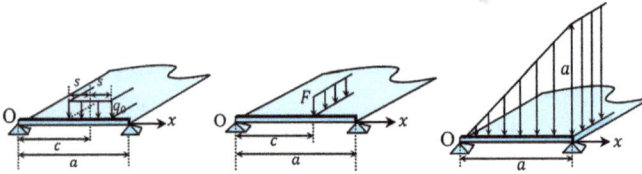

Abb. 10.5: Skizzen zum Beispiel 2.

10.3 Lösungen der Plattengleichung für den halbunendlichen Plattenstreifen

Wie auch im vorhergehenden Kapitel wird das Ergebnis nicht für drei endliche Seiten, sondern für zwei unendlich lange, gegenüberliegende Seiten und eine endliche, kurze Seite hergeleitet werden. Die Form der Platte entspricht dann einem halbunendlichen Streifen (Abb. 10.6).

Für eine geschlossene Lösung müssen folgende Voraussetzungen erfüllt sein: *Einschränkungen.*

1. Die Lastfunktion ist unabhängig von y.
2. Die RBen sind unabhängig von y.
3. Die Platte ist an den langen, parallelen Seiten gelenkig gelagert.

Zumindest gestattet die letzte Einschränkung, verglichen mit dem unendlichen Plattenstreifen, eine beliebige Lagerungswahl für die kurze Seite.

Herleitung von (10.3.1)–(10.3.5)

Die allgemeine Lösung ist wie immer von der Gestalt (10.2.1). Für die partikuläre Lösung können wir irgendeine Lösung heranziehen, beispielsweise diejenige des unendlichen Plattenstreifens mit Gleichlast (10.2.9):

$$u_p(x) = \frac{4a^4 q_0}{K\pi^5} \sum_{n=1,3,5,\dots}^{\infty} \frac{1}{n^5} \sin\left(\frac{n\pi}{a}x\right).$$

Für die homogene Lösung setzen wir

$$u_h(x,y) = \frac{1}{K} \sum_{n=1,3,5,\dots}^{\infty} r_n(y) \sin\left(\frac{n\pi}{a}x\right) \tag{10.3.1}$$

an. Dieser Ansatz erfüllt ebenfalls die RBen an den parallelen Seiten. Den Ausdruck (10.3.1) setzen wir in die homogene Form von (10.17) ein und erhalten die Bedingung

$$r_n''''(y) - 2\omega_n^2 r_n''(y) + \omega_n^4 r_n(y) = 0 \quad \text{mit} \quad \omega_n = \frac{n\pi}{a}. \tag{10.3.2}$$

Zur Lösung setzen wir $r_n(y) = A_n e^{\lambda y}$ an, fügen dies in (10.3.2) ein und finden die charakteristische Gleichung $\lambda^4 - 2\lambda^2 \omega_n^2 + \omega_n^4 = 0$. Dies schreibt sich auch als $(\lambda^2 - \omega_n^2)^2 = 0$, was auf die Doppellösungen $\lambda_{1,2} = -\omega_n$ und $\lambda_{3,4} = \omega_n$ führt. Damit ergeben sich aber bloß die beiden Basislösungen $r_{11}(y) = C_{1n}e^{-\omega_n y}$ und $r_{21}(y) = C_{2n}e^{\omega_n y}$. Die beiden zusätzlichen Basislösungen $r_{12}(y) = D_{1n}ye^{-\omega_n y}$ und $r_{22}(y) = D_{2n}ye^{\omega_n y}$ finden wir gemäß den Ergebnissen aus Band 2. Insgesamt erhalten wir

$$r_n(y) = (C_{1n} + D_{1n}^*y)e^{-\omega_n y} + (C_{2n} + D_{2n}^*y)e^{\omega_n y} \quad \text{oder}$$

$$r_n(y) = (C_{1n} + D_{1n}\omega_n y)e^{-\omega_n y} + (C_{2n} + D_{2n}\omega_n y)e^{\omega_n y}. \tag{10.3.3}$$

Damit die Konstanten dieselbe Einheit besitzen, wurden D_{1n}^* und D_{2n}^* in (10.3.3) mit ω_n ergänzt.

Die homogene Lösung (10.3.1) allein schreibt sich damit als

$$u_h(x,y) = \frac{1}{K} \sum_{n=1,3,5,\dots}^{\infty} \left[(C_{1n} + D_{1n}\omega_n y)e^{-\omega_n y} + (C_{2n} + C_{2n}\omega_n y)e^{\omega_n y}\right] \sin\left(\frac{n\pi}{a}x\right).$$

Zusammen mit der partikulären Lösung (10.2.10) erhält man die allgemeine Lösung. Dabei ziehen wir noch den Faktor $\frac{4a^4 q_0}{K\pi^5}$ vor das Summenzeichen, womit sich alle vier Konstanten ändern. Insgesamt ergibt sich:

Für eine Rechteckplatte mit den obigen drei Einschränkungen lautet die Lösung

$$u(x,y) = \frac{4a^4 q_0}{K\pi^5} \sum_{n=1,3,5,\dots}^{\infty} \left[\frac{1}{n^5} + (c_{1n} + d_{1n}\omega_n y)e^{-\omega_n y} + (c_{2n} + d_{2n}\omega_n y)e^{\omega_n y} \right] \sin(\omega_n x) \quad \text{mit} \quad \omega_n = \frac{n\pi}{a}.$$

$$(10.3.4)$$

Gleichung (10.3.4) gilt somit auch für eine Rechteckplatte. Die vier Konstanten c_{1n} bis d_{2n} folgen dann aus den RBen der beiden restlichen Seiten.

Haben wir es mit einem halbunendlichen Streifen zu tun, so liegt der eine Querrand im Unendlichen, weshalb $c_{2n} = d_{2n} = 0$ sein muss, damit die Auslenkung $u(x,y)$ für wachsende y endlich bleibt. Somit erhalten wir die allgemeine Lösung für den halbunendlichen Plattenstreifen.

Dabei kann man $c_{1n} = c_n$ und $d_{1n} = d_n$ setzen:

Für den halbunendlichen Plattenstreifen mit den obigen drei Einschränkungen lautet die Lösung

$$u(x,y) = \frac{4a^4 q_0}{K\pi^5} \sum_{n=1,3,5,\dots}^{\infty} \left[\frac{1}{n^5} + (c_n + d_n\omega_n y)e^{-\omega_n y} \right] \sin(\omega_n x) \quad \text{mit} \quad \omega_n = \frac{n\pi}{a}.$$

Die weiteren Schnittgrößen sind

$$\frac{\partial u}{\partial y}(x,y) = -\frac{4a^3 q_0}{K\pi^4} \sum_{n=1,3,5,\dots}^{\infty} n\left[c_n - d_n(1 - \omega_n y)\right]e^{-\omega_n y}\sin(\omega_n x),$$

$$m_x(x,y) = \frac{4a^2 q_0}{\pi^3} \sum_{n=1,3,5,\dots}^{\infty} n^2\left\{\frac{1}{n^5} + \left[2\nu d_n + (1-\nu)(c_n + d_n\omega_n y)\right]e^{-\omega_n y}\right\}\sin(\omega_n x),$$

$$m_y(x,y) = \frac{4a^2 q_0}{\pi^3} \sum_{n=1,3,5,\dots}^{\infty} n^2\left\{\frac{\nu}{n^5} + \left[2 d_n - (1-\nu)(c_n + d_n\omega_n y)\right]e^{-\omega_n y}\right\}\sin(\omega_n x),$$

$$m_{xy}(x,y) = \frac{4(1-\nu)a^2 q_0}{\pi^3} \sum_{n=1,3,5,\dots}^{\infty} n^2\left[c_n - d_n(1 - \omega_n y)\right]e^{-\omega_n y}\cos(\omega_n x),$$

$$q_x(x,y) = \frac{4a q_0}{\pi^2} \sum_{n=1,3,5,\dots}^{\infty} n^3\left(\frac{1}{n^5} + 2 d_n e^{-\omega_n y}\right)\cos(\omega_n x) \quad \text{und}$$

$$q_y(x,y) = -\frac{8a q_0}{\pi^2} \sum_{n=1,3,5,\dots}^{\infty} n^3 d_n e^{-\omega_n y}\sin(\omega_n x).$$

$$(10.3.5)$$

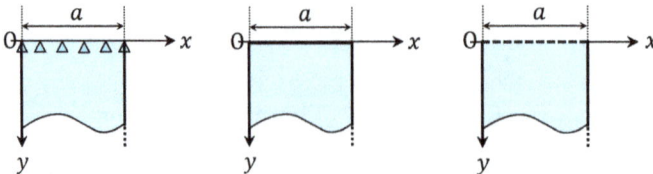

Abb. 10.6: Lagerungen des Querrands für den halbunendlichen Plattenstreifen.

Beispiel 1. Betrachten Sie den halbunendlichen Plattenstreifen gemäß Gleichung (10.3.5).

a) Bestimmen Sie die Lösung $u(x, y)$, falls der kurze Rand gelenkig gelagert ist.
b) Stellen Sie

$$u^*(y) = \frac{u(x = \frac{a}{2}, y)}{\frac{4a^4 q_0}{K\pi^5}}$$

mit $a = 1$ für $0 \le y \le 5$ dar.

c) Skizzieren Sie zudem

$$u^*(x) = \frac{u(x, y_0)}{\frac{4a^4 q_0}{K\pi^5}}$$

mit $a = 1$ nacheinander für $y_0 = 0,2,\ 0,4,\ 0,6,\ 0,8,\ 1,0$.

d) Wie groß wird der Wert der Eckkraft F_E im Punkt $(0,0)$?
e) Bestimmen Sie das Biegemoment

$$m^*(y) = \frac{m_y(x = \frac{a}{2}, y)}{\frac{4a^2 q_0}{\pi^3}}.$$

f) Stellen Sie $m^*(y)$ für $v = 0,2$ und $a = 1$ dar. An welcher Stelle wird das Moment maximal?

Lösung.

a) Dazu müssen die Randbedingungen $u(x, 0) = 0$ und $m_y(x, 0) = 0$ erfüllt werden. Dies führt zu $c_n = -\frac{1}{n^5}$ und $d_n = \frac{1}{2}c_n = -\frac{1}{2n^5}$, woraus

$$u(x, y) = \frac{4a^4 q_0}{K\pi^5} \sum_{n=1,3,5,\ldots}^{\infty} \frac{1}{n^5}\left[1 - \left(1 + \frac{n\pi}{2a}y\right)e^{-\frac{n\pi}{a}y}\right]\sin\left(\frac{n\pi}{a}x\right) \qquad (10.3.6)$$

entsteht.

b) Man erhält

$$u^*(y) = \sum_{n=1,3,5,\ldots}^{\infty} \frac{1}{n^5}\left[1 - \left(1 + \frac{n\pi}{2}y\right)e^{-n\pi y}\right]$$

(Abb. 10.7 links). Dabei wurde die Lösung mit einem Minuszeichen versehen, damit die Auslenkung negativ wird. Zudem ist $\lim_{y\to\infty} u^*(y) = -0,972$.

c) Die Verläufe von $u^*(x)$ sind in Abb. 10.7 rechts (Auslenkung wiederum nach unten) dargestellt.

d) Wie man den RBen aus Kap. 10.1 für diese Lagerung entnimmt, gilt

$$F_E = 2m_{xy}(0,0) = -\frac{2(1-v)a^2 q_0}{\pi^3} \sum_{n=1,3,5,\ldots}^{\infty} \frac{1}{n^3}.$$

Diese Kraft ist nach unten gerichtet (Die Summe $\sum_{n=1,3,5,\ldots}^{\infty} \frac{1}{n^3}$ lässt sich nicht vereinfachen). Entsprechend ändert F_E das Vorzeichen in der anderen Ecke und zeigt dann nach oben.

e) Es ergibt sich

$$m^*(y) = \sum_{n=1,3,5,\ldots}^{\infty} \frac{1}{n^3}\left[v - \left(v - \frac{1-v}{2}\cdot\frac{n\pi}{a}y\right)e^{-\frac{n\pi}{a}y}\right].$$

f) Man erhält

$$m^*(y) = \sum_{n=1,3,5,\ldots}^{\infty} \frac{1}{n^3}\left[0{,}2 - (0{,}2 - 0{,}4n\pi y)e^{-n\pi y}\right]$$

(Abb. 10.8 links). Das maximale Biegemoment liegt bei $y = 0{,}494$. Für zunehmende v verschiebt sich das Maximum nach rechts.

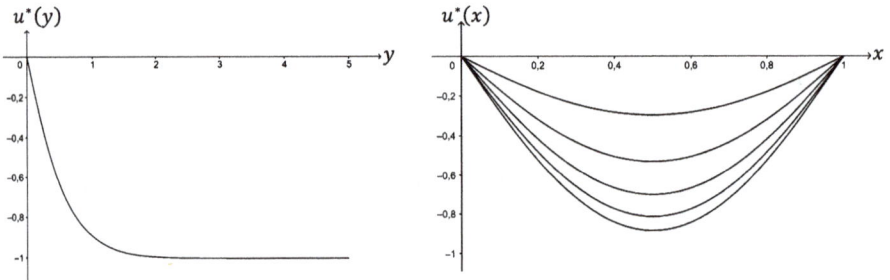

Abb. 10.7: Graphen zum Beispiel 1b) und 1c).

Beispiel 2. Gegeben ist derselbe halbunendliche Plattenstreifen aus Beispiel 1. Bestimmen Sie die Lösung $u(x,y)$, falls der kurze Rand fest eingespannt ist.

Lösung. Die Randbedingungen sind $u(x,0) = 0$ und $\frac{\partial u}{\partial y}(x,0) = 0$. Man erhält $c_n = -\frac{1}{n^5}$, $d_n = c_n$ und daraus

$$u(x,y) = \frac{4a^4 q_0}{K\pi^5} \sum_{n=1,3,5,\ldots}^{\infty} \frac{1}{n^5}\left[1 - \left(1 + \frac{n\pi}{a}y\right)e^{-\frac{n\pi}{a}y}\right]\sin\left(\frac{n\pi}{a}x\right). \qquad (10.3.7)$$

Beispiel 3. Gegeben ist derselbe halbunendliche Plattenstreifen aus Beispiel 1.
a) Bestimmen Sie die Lösung $u(x, y)$, falls der kurze Rand frei ist.
b) Skizzieren Sie

$$u^*(y) = \frac{u(x = \frac{a}{2}, y)}{\frac{4a^2 q_0}{K\pi^5}}$$

   für $v = 0{,}2$ und $a = 1$.
c) Wie groß ist die maximale Durchbiegung am Querrand?
d) Für welches y ist die Durchbiegung maximal und wie groß ist sie?

Lösung.
a) Aus den Randbedingungen $m_y(x, 0) = 0$ und $\bar{q}_y = q_y + \frac{\partial m_{xy}}{\partial y} = 0$ für $x = 0, y = 0$
   entsteht $\frac{v}{n^5} = 2d_n - (1 - v)c_n = 0$ und

$$\frac{4aq_0}{\pi^3}\left[-\frac{n\pi}{a}a(1 - v)n^2(c_n - d_n) - 2\pi n^3 d_n\right] = 0$$

oder $(1 - v)(c_n - d_n) + 2d_n = 0$. Daraus folgt

$$c_n = \frac{v(1 + v)}{(3 + v)(1 - v)n^5} \quad \text{und} \quad d_n = -\frac{v}{(3 + v)n^5}.$$

Insgesamt ist

$$u(x, y) = \frac{4a^4 q_0}{K\pi^5}\sum_{n=1,3,5,\ldots}^{\infty}\frac{1}{n^5}\left[1 + \frac{v}{3 + v}\left(\frac{1 + v}{1 - v} - \frac{n\pi}{a}y\right)e^{-\frac{n\pi}{a}y}\right]\sin\left(\frac{n\pi}{a}x\right). \quad (10.3.8)$$

b) Man erhält

$$u^*(y) = \sum_{n=1,3,5,\ldots}^{\infty}\frac{1}{n^5}\left[1 + \frac{1}{16}\left(\frac{3}{2} - n\pi y\right)e^{-n\pi y}\right]$$

   (Abb. 10.8 rechts).
c) Es gilt $u^*(0) = -1{,}099$ (Minuszeichen hinzugefügt).
d) Das Maximum liegt bei $y = 0{,}797$ und beträgt $u^* = -0{,}967$ (Minuszeichen hinzugefügt).

Bemerkung. Für $y \to \infty$ gehen alle drei Lösungen (10.3.8), (10.3.7) und (10.3.8) in die (partikuläre) Lösung des unendlichen Plattenstreifens (10.2.10) über.

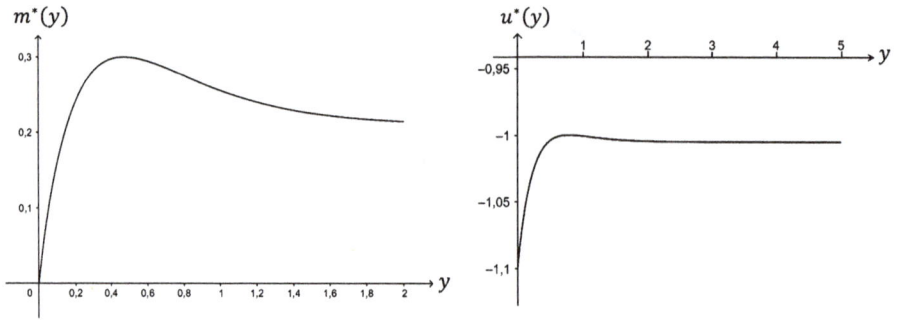

10.4 Die Lösung der Plattengleichung für die allseitig gelenkig gelagerte Rechteckplatte

Ein Lagerungsfall lässt sich ohne Umschweife behandeln, nämlich die allseitig gelenkig gelagerte Rechteckplatte. Als Lösung setzen wir die Doppelsinusreihe an.

Sie lautet

$$u(x,y) = \sum_{m=1}^{\infty} \sum_{n=1}^{\infty} s_{mn} \sin\left(\frac{m\pi}{a}x\right) \sin\left(\frac{n\pi}{b}y\right). \tag{10.4.1}$$

Offenbar genügt die Doppelsinusreihe (10.4.1) allen 8 verlangten RBen

$$u(x,0) = u(x,b) = u(0,y) = u(a,y) = 0 \quad \text{und}$$
$$m_x(0,y) = m_x(a,y) = m_y(x,0) = m_y(x,b) = 0.$$

Herleitung von (10.4.2) **und** (10.4.4)

Die Belastung $q(x,y)$ entwickeln wir nach Eigenfunktionen:

$$q(x,y) = \sum_{m=1}^{\infty} \sum_{n=1}^{\infty} q_{mn} \sin\left(\frac{m\pi}{a}x\right) \sin\left(\frac{n\pi}{b}y\right) \tag{10.4.2}$$

mit

$$q_{mn} = \frac{4}{ab} \int_0^a \int_0^b q(x,y) \sin\left(\frac{m\pi}{a}x\right) \sin\left(\frac{n\pi}{b}y\right) dxdy.$$

Die Ansätze (10.4.1) und (10.4.2) setzen wir in die Plattengleichung (10.17) ein und erhalten

$$\sum_{m=1,3,5,\ldots}^{\infty} \sum_{n=1,3,5\ldots}^{\infty} s_{mn}\left(\frac{m^2}{a^2} + \frac{n^2}{b^2}\right)^2 \pi^4 \sin\left(\frac{m\pi}{a}x\right)\sin\left(\frac{n\pi}{b}y\right)$$

$$= \sum_{m=1,3,5,\ldots}^{\infty} \sum_{n=1,3,5,\ldots}^{\infty} \frac{q_{mn}}{K}\sin\left(\frac{m\pi}{a}x\right)\sin\left(\frac{n\pi}{b}y\right).$$

Der Koeffizientenvergleich liefert

$$K\pi^4\left(\frac{m^2}{a^2} + \frac{n^2}{b^2}\right)^2 s_{mn} = q_{mn}. \tag{10.4.3}$$

Die allseitig gelenkig gelagerte mit $q(x,y)$ belastete Rechteckplatte besitzt die Lösung
$u(x,y) = \sum_{m=1,3,5,\ldots}^{\infty}\sum_{n=1,3,5,\ldots}^{\infty} s_{mn}\sin(\frac{m\pi}{a}x)\sin(\frac{n\pi}{b}y)$ mit den statischen Koeffizienten
$s_{mn} = \frac{q_{mn}}{K\pi^4(\frac{m^2}{a^2} + \frac{n^2}{b^2})^2}$ und den Lastkoeffizienten q_{mn}. $\tag{10.4.4}$

Beispiel 1. Gegeben ist die allseitig gelenkig gelagerte Rechteckplatte.

a) Es sollen die Lastkoeffizienten q_{mn} für eine gleichmäßig verteilte Last q_0 auf einem Rechteck mit Mittelpunkt $P(x_0,y_0)$ und den Seitenlängen a_0 und b_0, dessen Seiten parallel zu den Plattenrändern verlaufen, bestimmt werden.

b) Wie lautet das Ergebnis von a) für eine gleichmäßige Belastung auf der gesamten Platte?

c) Bestimmen Sie die Biegefläche gemäß (10.4.4) für Gleichlast.

d) Wie lautet das Ergebnis von a) reduziert auf eine Einzelkraft F_0 im Punkt $P(x_0,y_0)$ und speziell im Zentrum?

Lösung.

a) Es gilt

$$q_{mn} = \frac{4}{ab}\int_{x_0-\frac{a_0}{2}}^{x_0+\frac{a_0}{2}}\int_{y_0-\frac{b_0}{2}}^{y_0+\frac{b_0}{2}} q_0 \sin\left(\frac{m\pi}{a}x\right)\sin\left(\frac{n\pi}{b}y\right)dxdy$$

und man erhält

$$q_{mn} = \frac{16q_0}{mn\pi^2}\sin\left(\frac{m\pi}{a}x_0\right)\sin\left(\frac{m\pi}{2a}a_0\right)\sin\left(\frac{n\pi}{b}y_0\right)\sin\left(\frac{n\pi}{2b}b_0\right). \tag{10.4.5}$$

b) In diesem Fall ist $x_0 = \frac{a}{2}, y_0 = \frac{b}{2}, a_0 = a, b_0 = b$, was zu

$$q_{mn} = \frac{16q_0}{mn\pi^2}\sin^2\left(\frac{m\pi}{2}\right)\sin^2\left(\frac{n\pi}{2}\right) = \frac{16q_0}{mn\pi^2} \quad \text{für } m,n = 1,3,5,\ldots$$

führt.

c) Das Ergebnis von b) kombiniert mit (10.4.4) ergibt

$$u(x,y) = \frac{16a^4b^4q_0}{K} \sum_{m=1,3,5,\ldots}^{\infty} \sum_{n=1,3,5,\ldots}^{\infty} \frac{1}{mn\pi^6(b^2m^2 + a^2n^2)^2} \sin\left(\frac{m\pi}{a}x\right)\sin\left(\frac{n\pi}{b}y\right).$$

(10.4.6)

d) Es folgt

$$q_{mn,0} = \lim_{\substack{a_0\to 0 \\ b_0\to 0}} q_{mn} = \frac{4q_0}{ab} \lim_{\substack{a_0\to 0 \\ b_0\to 0}} \frac{\sin(\frac{m\pi}{2a}a_0)}{\frac{m\pi}{2a}} \sin\left(\frac{m\pi}{a}x_0\right) \cdot \frac{\sin(\frac{n\pi}{2b}b_0)}{\frac{n\pi}{2a}} \sin\left(\frac{n\pi}{b}y_0\right)$$

$$= \frac{4q_0}{ab} \lim_{\substack{a_0\to 0 \\ b_0\to 0}} \frac{\sin(\frac{m\pi}{2a}a_0)}{\frac{m\pi}{2a}} \sin\left(\frac{m\pi}{a}x_0\right) \cdot \frac{\sin(\frac{n\pi}{2b}b_0)}{\frac{n\pi}{2a}} \sin\left(\frac{n\pi}{b}y_0\right)$$

$$= \frac{4F_0}{ab} \sin\left(\frac{m\pi}{a}x_0\right)\sin\left(\frac{n\pi}{b}y_0\right).$$

(10.4.7)

Im Zentrum ist

$$q_{mn} = \frac{4F_0}{ab} \sin\left(\frac{m\pi}{2}\right)\sin\left(\frac{n\pi}{2}\right) = \frac{4F_0}{ab}(-1)^{\frac{m+n}{2}+1} \quad \text{für } m, n = 1, 3, 5, \ldots. \quad (10.4.8)$$

Beispiel 1 veranschaulicht abermals, dass eine jede Belastung durch Teil- und Einzellasten beliebig genau durch Superposition approximiert werden kann. Analog zu (9.2.9) erhält man den Lastkoeffizienten nach (10.4.5) und (10.4.7) zu

$$q_{mn,ik} = \frac{16}{mn\pi^2} \sum_{l=1}^{N_1} q_i \sin\left(\frac{m\pi}{a}x_i\right)\sin\left(\frac{m\pi}{2a}a_i\right)\sin\left(\frac{n\pi}{b}y_i\right)\sin\left(\frac{n\pi}{2b}b_i\right)$$

$$+ \sum_{k=1}^{N_2} \frac{4F_k}{ab} \cdot \sin\left(\frac{m\pi}{a}x_k\right) \cdot \sin\left(\frac{n\pi}{b}y_k\right).$$

(10.4.9)

Beispiel 2. Eine beidseitig gelenkig gelagerte, rechteckige Platte wird in den vier Punkten $P_1(\frac{a}{4}, \frac{b}{4})$, $P_2(\frac{a}{4}, \frac{3b}{4})$, $P_3(\frac{3a}{4}, \frac{b}{4})$, $P_4(\frac{3a}{4}, \frac{3b}{4})$ mit derselben Kraft F belastet. Bestimmen Sie die Lösung $u(x,y)$ für die Auslenkung.

Lösung. Mit (10.4.4) und (10.4.9) folgt

$$u(x,y) = \frac{4F}{ab} \sum_{k=1}^{4} \sum_{m=1}^{\infty} \sum_{n=1}^{\infty} \frac{\sin(\frac{m\pi}{a}x_k) \cdot \sin(\frac{n\pi}{b}y_k)}{(\frac{m^2}{a^2} + \frac{n^2}{b^2})^2} \sin\left(\frac{m\pi}{a}x\right)\sin\left(\frac{n\pi}{b}y\right).$$

10.5 Allgemeiner Ansatz zur Lösung der Plattengleichung für Rechteckplatten

Der folgende allgemeine Ansatz findet sich bei Iguchi (1933). Es wird die Forderung gestellt, dass die Auslenkung der Platte auf mindestens zwei gegenüberliegenden Seitenrändern verschwindet. O. B. d. A. setzen wir dies für die beiden horizontal liegenden Seiten fest.

1. Einschränkung:

$$u(x, 0) = u(x, b) = 0. \tag{10.5.1}$$

An die Lagerung der beiden vertikalen Seiten wird keine Bedingung geknüpft. Es gibt dazu drei mögliche Fälle:
1. Beide horizontal liegenden Seiten sind gelenkig gelagert (Abb. 10.9 links).
2. Eine der beiden horizontal liegenden Seiten ist gelenkig gelagert, die andere fest verankert (Abb. 10.9 mitte).
3. Beide horizontal liegenden Seiten sind fest verankert (Abb. 10.9 rechts).

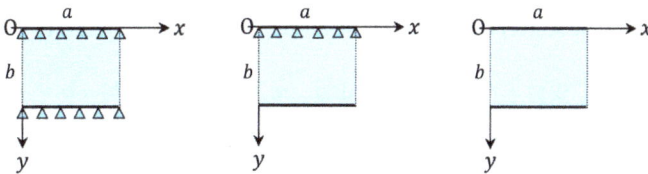

Abb. 10.9: Skizzen zu den Randbedingungen an allen vier Seiten.

Vorerst gehen wir von einer Gleichlast aus q_0 aus und verallgemeinern in einem weiteren Schritt die aufgetragene Last mit Gleichung (10.5.14).

2. Einschränkung: Die Platte wird mit einer Gleichlast q_0 belastet.

Iguchis Ansatz lautet

$$u(x,y) = \sum_{m=1}^{\infty} \sum_{n=1}^{\infty} s_{mn} v_{mn}(x) w_{mn}(y) \quad \text{mit}$$

$$v_{mn}(x) = \frac{C_1}{3}\left[\left(\frac{x}{a}\right)^3 - \frac{x}{a}\right] - \frac{C_2}{3}\left[\left(\frac{x}{a}\right)^3 - 3\left(\frac{x}{a}\right)^2 + 2\frac{x}{a}\right]$$

$$+ \frac{C_3}{3}\cdot\frac{x}{a} + C_4\left(1 - \frac{x}{a}\right) + \frac{1}{m\pi}\sin\left(\frac{m\pi}{a}x\right) \quad \text{und}$$

$$w_{mn}(y) = \frac{D_1}{3}\left[\left(\frac{y}{b}\right)^3 - \frac{y}{b}\right] - \frac{D_2}{3}\left[\left(\frac{y}{b}\right)^3 - 3\left(\frac{y}{b}\right)^2 + 2\frac{y}{b}\right] + \frac{1}{n\pi}\sin\left(\frac{n\pi}{b}y\right). \tag{10.5.2}$$

Die Bedingungen (10.5.2) sind erfüllt, da $w_{mn} = 0$ wird.

Mithilfe von (10.5.2) wollen wir zwei Fälle lösen: erstens die Form (10.4.1) bzw. (10.4.4) für die gelenkig gelagerte Rechteckplatte bestätigen und zweitens die Lösung für die allseits fest eingespannte Rechteckplatte herleiten.

I. Die Biegefläche der allseitig gelenkig gelagerten Rechteckplatte

Herleitung von (10.5.3)

Zuerst bestimmt man die Ableitungen

$$\frac{dv_{mn}}{dx} = \frac{C_1}{3}\left[\frac{3}{a}\left(\frac{x}{a}\right)^2 - \frac{1}{a}\right] - \frac{C_2}{3}\left[\frac{3}{a}\left(\frac{x}{a}\right)^2 - \frac{6}{a}\cdot\frac{x}{a} + \frac{2}{a}\right] + \frac{C_3}{3}\cdot\frac{1}{a} - \frac{C_4}{a} + \frac{1}{a}\cos\left(\frac{m\pi}{a}x\right),$$

$$\frac{d^2 v_{mn}}{dx^2} = \frac{C_1}{3}\cdot\frac{6}{a^2}\cdot\frac{x}{a} - \frac{C_2}{3}\left(\frac{6}{a^2}\cdot\frac{x}{a} - \frac{6}{a^2}\right) - \frac{m\pi}{a^2}\sin\left(\frac{m\pi}{a}x\right),$$

$$\frac{dw_{mn}}{dy} = \frac{D_1}{3}\left[\frac{3}{b}\left(\frac{y}{b}\right)^2 - \frac{1}{b}\right] - \frac{D_2}{3}\left[\frac{3}{b}\left(\frac{y}{b}\right)^2 - \frac{6}{b}\cdot\frac{y}{b} + \frac{2}{b}\right] + \frac{1}{b}\cos\left(\frac{n\pi}{b}y\right) \quad \text{und}$$

$$\frac{d^2 w_{mn}}{dy^2} = \frac{D_1}{3}\cdot\frac{6}{b^2}\cdot\frac{y}{b} - \frac{D_2}{3}\left(\frac{6}{b^2}\cdot\frac{y}{b} - \frac{6}{b^2}\right) - \frac{n\pi}{b^2}\sin\left(\frac{n\pi}{b}y\right). \tag{10.5.3}$$

Die zu (10.5.1) zusätzlichen sechs Bedingungen für diesen Lagerungsfall lauten

$$u(0,y) = u(a,y) = 0, \quad m_x(0,y) = m_x(a,y) = 0 \quad \text{und} \quad m_y(x,0) = m_y(x,b) = 0.$$

In dieser Reihenfolge erhält man mithilfe der Übersicht am Ende von Kap. 10.1 $C_4 = 0$, $C_3 = 0$, $C_2 = 0$, $C_1 = 0$, $D_2 = 0$ und $D_1 = 0$ und damit

$$u(x,y) = \sum_{m=1}^{\infty}\sum_{n=1}^{\infty} a_{mn}\sin\left(\frac{m\pi}{a}x\right)\sin\left(\frac{n\pi}{b}y\right).$$

Dies entspricht der Form (10.4.1).

II. Die Biegefläche der allseitig fest eingespannten Rechteckplatte

Herleitung von (10.5.4)–(10.5.13)

Zusätzlich zu (10.5.1) müssen die sechs RBen $u(0,y) = u(a,y) = 0$, $\frac{dv_{mn}}{dx}(0,y) = \frac{dv_{mn}}{dx}(a,y) = 0$ und $\frac{dw_{mn}}{dy}(x,0) = \frac{dw_{mn}}{dy}(x,b) = 0$ erfüllt sein.

Die ersten beiden RBen liefern $C_4 = 0$ und $C_3 = 0$.

Die weiteren vier RB führen zu

$$0 = -\frac{C_1}{3a} - \frac{2C_2}{3a} + \frac{1}{a}, \quad 0 = \frac{2C_1}{3a} + \frac{C_2}{3a} + \frac{1}{a}(-1)^m,$$

$$0 = -\frac{D_1}{3b} - \frac{2D_2}{3b} + \frac{1}{b}, \quad 0 = \frac{2D_1}{3b} + \frac{D_2}{3b} + \frac{1}{b}(-1)^n.$$

Daraus folgt

$$C_1 = -1 - 2(-1)^m, \quad D_1 = -1 - 2(-1)^n,$$
$$C_2 = 2 + (-1)^m, \quad D_1 = 2 + (-1)^n. \tag{10.5.4}$$

Wir benötigen noch einige bestimmte Integrale:

i) $\displaystyle\int_0^a \sin\left(\frac{m\pi}{a}x\right)dx = \frac{2a}{m\pi}$ für $m = 1, 3, 5, \ldots,$

ii) $\displaystyle\int_0^a \sin\left(\frac{m\pi}{a}x\right)\frac{x}{a}dx = \frac{a}{m\pi}$ für $m = 1, 3, 5, \ldots,$

iii) $\displaystyle\int_0^a \sin\left(\frac{m\pi}{a}x\right)\left(\frac{x}{a}\right)^2 dx = \frac{a(m^2\pi^2 - 4)}{m^3\pi^3}$ für $m = 1, 3, 5, \ldots$ und

iv) $\displaystyle\int_0^a \sin\left(\frac{r\pi}{a}x\right)\sin\left(\frac{m\pi}{a}x\right)dx = \begin{cases} \frac{a}{2} & \text{für } r = m, \\ 0 & \text{sonst.} \end{cases}$

Nun setzen wir den Ansatz

$$u(x,y) = \sum_{m=1}^{\infty}\sum_{n=1}^{\infty} s_{mn}v_{mn}(x)w_{mn}(y)$$

in die Plattengleichung (10.17) ein unter Beachtung der zweiten Einschränkung $q(x,y) = q_0$.

Dann folgt

$$\sum_{m=1}^{\infty}\sum_{n=1}^{\infty} s_{mn}\left(\frac{d^4 v_{mn}}{dx^4}w_{mn} + 2\frac{d^2 v_{mn}}{dx^2}\cdot\frac{d^2 w_{mn}}{dy^2} + v_{mn}\frac{d^4 w_{mn}}{dy^4}\right) = \frac{q_0}{K}. \tag{10.5.5}$$

Nun wird die linke Seite von (10.5.5) in eine Doppelsinusreihe entwickelt:

$$\sum_{m=1}^{\infty}\sum_{n=1}^{\infty} s_{mn}\left(\frac{d^4 v_{mn}}{dx^4}w_{mn} + 2\frac{d^2 v_{mn}}{dx^2}\cdot\frac{d^2 w_{mn}}{dy^2} + v_{mn}\frac{d^4 w_{mn}}{dy^4}\right)$$
$$= \sum_{r=1}^{\infty}\sum_{s=1}^{\infty} c_{rs}\cdot\sin\left(\frac{r\pi}{a}x\right)\sin\left(\frac{s\pi}{b}y\right). \tag{10.5.6}$$

Multipliziert man beide Seiten mit $\sin(\frac{i\pi}{a}x)\sin(\frac{j\pi}{b}y)$ und integriert über die Rechteckfläche, so verbleiben auf der rechten Seite von (10.5.6) aufgrund von Integral iv) nur diejenigen Integrale mit $i = r$ und $j = s$, sodass gilt:

$$c_{rs} = \sum_{m=1}^{\infty} \sum_{n=1}^{\infty} \frac{4}{ab} \int_0^a \int_0^b S_{mn}\left(\frac{d^4 v_{mn}}{dx^4} w_{mn} + 2\frac{d^2 v_{mn}}{dx^2} \cdot \frac{d^2 w_{mn}}{dy^2} + v_{mn}\frac{d^4 w_{mn}}{dy^4}\right)$$

$$\cdot \sin\left(\frac{r\pi}{a}x\right)\sin\left(\frac{s\pi}{b}y\right) dxdy. \tag{10.5.7}$$

Gleichzeitig wird auch die rechte Seite von (10.5.5) entwickelt:

$$q_0 = \sum_{r=1}^{\infty} \sum_{s=1}^{\infty} q_{rs} \sin\left(\frac{r\pi}{a}x\right)\sin\left(\frac{s\pi}{b}y\right) \tag{10.5.8}$$

mit

$$q_{rs} = \frac{4}{ab}\int_0^a \int_0^b q_0 \sin\left(\frac{r\pi}{a}x\right)\sin\left(\frac{s\pi}{b}y\right)dxdy = \frac{16 q_0}{rs\pi^2}.$$

Nun fügen wir die die Ergebnisse (10.5.7)–(10.5.8) in die Gleichung (10.5.5) ein und es entsteht

$$\sum_{r=1}^{\infty}\sum_{s=1}^{\infty}\left[\sum_{m=1}^{\infty}\sum_{n=1}^{\infty}\frac{4}{ab}\int_0^a\int_0^b S_{mn}\left(\frac{d^4 v_{mn}}{dx^4}w_{mn} + 2\frac{d^2 v_{mn}}{dx^2}\cdot\frac{d^2 w_{mn}}{dy^2} + v_{mn}\frac{d^4 w_{mn}}{dy^4}\right)\right.$$

$$\left.\cdot\sin\left(\frac{r\pi}{a}x\right)\sin\left(\frac{s\pi}{b}y\right)dxdy\right]\cdot\sin\left(\frac{r\pi}{a}x\right)\sin\left(\frac{s\pi}{b}y\right)$$

$$= \frac{1}{K}\sum_{r=1}^{\infty}\sum_{s=1}^{\infty}\frac{16 q_0}{rs\pi^2}\sin\left(\frac{r\pi}{a}x\right)\sin\left(\frac{s\pi}{b}y\right).$$

Da diese Gleichung für alle x und y gelten muss, ist

$$\sum_{m=1}^{\infty}\sum_{n=1}^{\infty}\frac{4}{ab}\int_0^a\int_0^b S_{mn}\left(\frac{d^4 v_{mn}}{dx^4}w_{mn} + 2\frac{d^2 v_{mn}}{dx^2}\cdot\frac{d^2 w_{mn}}{dy^2} + v_{mn}\frac{d^4 w_{mn}}{dy^4}\right)$$

$$\cdot\sin\left(\frac{r\pi}{a}x\right)\sin\left(\frac{s\pi}{b}y\right)dxdy = \frac{16 q_0}{Krs\pi^2}, \quad r,s = 1,3,5,\dots \tag{10.5.9}$$

Aufgrund des Integrals iv) verbleiben in der unendlichen Doppelsumme (10.5.8) nur die Terme mit $r = m$ und $s = n$. Demnach sind m und n ebenfalls ungerade und man hat

$$C_1 = C_2 = D_1 = D_2 = 1. \tag{10.5.10}$$

Mit (10.5.10) folgen die Ableitungen von (10.5.3) zu

$$\frac{dv_{mn}}{dx} = \frac{2x}{a^2} - \frac{1}{a} + \frac{1}{a}\cos\left(\frac{m\pi}{a}x\right), \quad \frac{dw_{mn}}{dy} = \frac{2y}{b^2} - \frac{1}{b} + \frac{1}{b}\cos\left(\frac{n\pi}{b}y\right),$$

$$\frac{d^2 v_{mn}}{dx^2} = \frac{2}{a^2} - \frac{m\pi}{a^2} \sin\left(\frac{m\pi}{a}x\right), \quad \frac{d^2 w_{mn}}{dy^2} = \frac{2}{b^2} - \frac{n\pi}{b^2} \sin\left(\frac{n\pi}{b}y\right),$$

$$\frac{d^3 v_{mn}}{dx^3} = -\frac{m^2\pi^2}{a^3} \cos\left(\frac{m\pi}{a}x\right), \quad \frac{d^3 w_{mn}}{dy^3} = -\frac{n^2\pi^2}{b^3} \cos\left(\frac{n\pi}{b}y\right),$$

$$\frac{d^4 v_{mn}}{dx^4} = \frac{m^3\pi^3}{a^4} \sin\left(\frac{m\pi}{a}x\right), \quad \frac{d^4 w_{mn}}{dy^4} = \frac{n^3\pi^3}{b^4} \sin\left(\frac{n\pi}{b}y\right)$$

und

$$\frac{d^2 v_{mn}}{dx^2} \cdot \frac{d^2 w_{mn}}{dy^2} = \frac{1}{a^2 b^2}\left[2 - m\pi \sin\left(\frac{m\pi}{a}x\right)\right]\left[2 - n\pi \sin\left(\frac{n\pi}{b}y\right)\right]. \quad (10.5.11)$$

In diesem Fall ist $v_{mn}(x) = v_m(x)$ und $w_{mn}(y) = w_n(y)$. Die linke Seite von (10.5.9) schreibt sich somit als

$$s_{mn} \cdot \frac{4}{ab}\left\{\frac{m^3\pi^3}{a^4} \int_0^a \int_0^b \sin\left(\frac{m\pi}{a}x\right)\left[\left(\frac{y}{b}\right)^2 - \frac{y}{b} + \frac{1}{n\pi}\sin\left(\frac{n\pi}{b}y\right)\right]\right.$$

$$\cdot \sin\left(\frac{m\pi}{a}x\right)\sin\left(\frac{n\pi}{b}y\right)dxdy$$

$$+ \frac{2}{a^2 b^2} \int_0^a \int_0^b \left[2 - m\pi \sin\left(\frac{m\pi}{a}x\right)\right]\left[2 - n\pi \sin\left(\frac{n\pi}{b}y\right)\right]\sin\left(\frac{m\pi}{a}x\right)\sin\left(\frac{n\pi}{b}y\right)dxdy$$

$$+ \frac{n^3\pi^3}{b^4} \int_0^a \int_0^b \sin\left(\frac{n\pi}{b}y\right)\left[\left(\frac{x}{a}\right)^2 - \frac{x}{a} + \frac{1}{m\pi}\sin\left(\frac{m\pi}{a}x\right)\right]\sin\left(\frac{m\pi}{a}x\right)\sin\left(\frac{n\pi}{b}y\right)dxdy\right\}$$

$$= s_{mn} \cdot \frac{4}{ab}\left\{\frac{m^3\pi^3}{a^3}\cdot\frac{b}{2}\left[\frac{n^2\pi^2 - 4}{n^3\pi^3} - \frac{1}{n\pi} + \frac{1}{n\pi}\cdot\frac{1}{2}\right] + \frac{2}{ab}\left[\frac{4}{m\pi} - m\pi\cdot\frac{1}{2}\right]\left[\frac{4}{n\pi} - n\pi\cdot\frac{1}{2}\right]\right.$$

$$\left. + \frac{n^3\pi^3}{b^3}\cdot\frac{a}{2}\left[\frac{m^2\pi^2 - 4}{m^3\pi^3} - \frac{1}{m\pi} + \frac{1}{m\pi}\cdot\frac{1}{2}\right]\right\}.$$

Zusammen mit der rechten Seite von (10.5.9) entsteht

$$= s_{mn} \cdot \left[\left\{\frac{m^3(n^2\pi^2 - 8)}{n^3 a^4} + \frac{2(m^2\pi^2 - 8)(n^2\pi^2 - 8)}{a^2 b^2 mn\pi^2} + \frac{n^3(m^2\pi^2 - 8)}{m^3 b^4}\right\}\right]$$

$$= s_{mn} \cdot \left[\frac{m^6 b^4\pi^2(n^2\pi^2 - 8) + 2a^2 b^2 m^4 n^4(m^2\pi^2 - 8)(n^2\pi^2 - 8) + n^6 a^4\pi^2(m^2\pi^2 - 8)}{a^4 b^4 m^3 n^3 \pi^2}\right]$$

$$= s_{mn} \cdot \left[\frac{m^6 b^4\pi^2(n^2\pi^2 - 8) + 2a^2 b^2 m^4 n^4(m^2\pi^2 - 8)(n^2\pi^2 - 8) + n^6 a^4\pi^2(m^2\pi^2 - 8)}{a^4 b^4 m^3 n^3 \pi^2}\right]$$

$$= \frac{16 q_0}{K m n \pi^2} \quad (10.5.12)$$

und daraus schließlich

$$s_{mn} = \frac{16a^4 b^4 q_0}{K}$$

$$\cdot \frac{m^2 n^2}{m^6 b^4 \pi^2 (n^2 \pi^2 - 8) + 2m^2 n^2 a^2 b^2 (m^2 \pi^2 - 8)(n^2 \pi^2 - 8) + n^6 a^4 \pi^2 (m^2 \pi^2 - 8)}.$$

Insgesamt erhält man folgendes Ergebnis:

Die allseitig fest eingespannte gleichmäßig mit q_0 belastete Rechteckplatte besitzt die Lösung

$$u(x,y) = \sum_{m=1,3,5,\ldots}^{\infty} \sum_{n=1,3,5,\ldots}^{\infty} s_{mn} \left[\left(\frac{x}{a} \right)^2 - \frac{x}{a} + \frac{1}{m\pi} \sin\left(\frac{m\pi}{a} x \right) \right]$$

$$\cdot \left[\left(\frac{y}{b} \right)^2 - \frac{y}{b} + \frac{1}{n\pi} \sin\left(\frac{n\pi}{b} y \right) \right]$$

mit

$$s_{mn} = \frac{16a^4 b^4 q_0}{K} \cdot \frac{m^2 n^2}{m^6 b^4 \pi^2 (n^2 \pi^2 - 8) + 2m^2 n^2 (m^2 \pi^2 - 8)(n^2 \pi^2 - 8) a^2 b^2 + n^6 a^4 \pi^2 (m^2 \pi^2 - 8)}.$$

$$(10.5.13)$$

Beispiel.

a) Stellen Sie den Verlauf von

$$u_{\text{fest}}^*(x) = \frac{u(x, y_0)}{\frac{16a^4 b^4 q_0}{K}}$$

für die Biegefläche von (10.5.13) für $a = b = 1, y = y_0 = 0{,}5$ dar. Fügen Sie zum Vergleich die Lösung $u_{\text{gelenkig}}^*(x)$ von (10.4.6) mit derselben Normierung hinzu.

b) Wie groß werden die maximalen Auslenkungen?

c) An welcher Stelle verschwindet für u_{fest}^* das Biegemoment?

Lösung.

a) Die beiden Lösungen wurden mit einem Minuszeichen versehen und in Abb. 10.10 links dargestellt. Dabei ist u_{fest}^* fett und u_{gelenkig}^* gestrichelt gezeichnet.

b) Die Minima für $x = 0{,}5$ betragen $u_{\text{fest}}^*(0{,}5) = -8{,}52 \cdot 10^{-5}$ resp. $u_{\text{gelenkig}}^*(0{,}5) = -2{,}54 \cdot 10^{-4}$.

c) Das Biegemoment ist null an der Stelle $x = 0{,}205$ und $u_{\text{fest}}^*(0{,}205) = -3{,}69 \cdot 10^{-5}$.

Herleitung von (10.5.14)

Analog zur allseitig gelenkig gelagerten Rechteckplatte (Bsp. 1, Kap. 10.4) können wir die Lastfunktion verallgemeinern. Dazu ersetzen wir den Term auf der rechten Seite von (10.5.12) bis auf den Faktor $\frac{1}{K}$ durch den Ausdruck (10.4.9) und erhalten

$$s_{mn,ik} = \frac{a^4 b^4 m^3 n^3 \pi^2}{K} \cdot \frac{c_{mn}}{d_{mn}}$$

mit

$$c_{mn} = \frac{16}{mn\pi^2} \sum_{i=1}^{N_1} q_i \sin\left(\frac{m\pi}{a}x_i\right) \sin\left(\frac{m\pi}{2a}a_i\right) \sin\left(\frac{n\pi}{b}y_i\right) \sin\left(\frac{n\pi}{2b}b_i\right)$$
$$+ \sum_{k=1}^{N_2} \frac{4F_k}{ab} \cdot \sin\left(\frac{m\pi}{a}x_k\right) \cdot \sin\left(\frac{n\pi}{b}y_k\right).$$

und

$$d_{mn} = m^6 b^4 \pi^2 (n^2\pi^2 - 8) + 2a^2 b^2 m^4 n^4 (m^2\pi^2 - 8)(n^2\pi^2 - 8)$$
$$+ n^6 a^4 \pi^2 (m^2\pi^2 - 8). \tag{10.5.14}$$

In der Lösung (10.5.13) wird dann s_{mn} durch $s_{mn,ik}$ von (10.5.14) ersetzt.

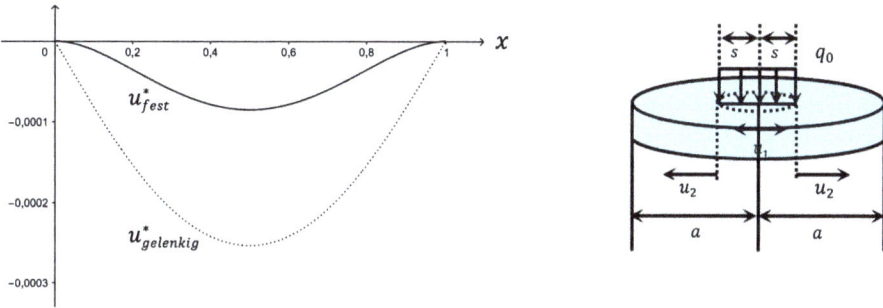

Abb. 10.10: Graphen zum Beispiel, Kap. 10.5 und zum Beispiel 2, Kap. 10.6.

10.6 Lösungen der Plattengleichung für runde Platten

Zuerst gilt es, den zugehörigen Operator in Gleichung (10.17) mit Polarkoordinaten zu schreiben.

Herleitung von (10.6.1)–(10.6.9)
Mit (9.3.1) ist bekannt, dass

$$\Delta_{r\theta} = \frac{\partial^2 u}{\partial x^2} + \frac{\partial^2 u}{\partial y^2} = \frac{\partial^2}{\partial r^2} + \frac{1}{r} \cdot \frac{\partial}{\partial r} + \frac{1}{r^2} \cdot \frac{\partial^2}{\partial \theta^2}.$$

Aufgrund der am Ende von Kap. 10 angegebenen Doppelklammer

$$\Delta\Delta_{xy} = \left(\frac{\partial}{\partial x^2} + \frac{\partial}{\partial y^2}\right)\left(\frac{\partial}{\partial x^2} + \frac{\partial}{\partial y^2}\right),$$

ergibt sich

$$\Delta\Delta_{r\theta} = \left(\frac{\partial^2}{\partial r^2} + \frac{1}{r} \cdot \frac{\partial}{\partial r} + \frac{1}{r^2} \cdot \frac{\partial^2}{\partial \theta^2}\right)\left(\frac{\partial^2}{\partial r^2} + \frac{1}{r} \cdot \frac{\partial}{\partial r} + \frac{1}{r^2} \cdot \frac{\partial^2}{\partial \theta^2}\right).$$

(10.6.1)

Im Weitern verzichten wir auf eine Winkelabhängigkeit.
Einschränkung: Die Belastung ist rotationssymmetrisch: $q = q(r)$.
Damit wird aus (10.6.1)

$$\Delta\Delta_r = \left(\frac{\partial^2}{\partial r^2} + \frac{1}{r} \cdot \frac{\partial}{\partial r}\right)\left(\frac{\partial^2}{\partial r^2} + \frac{1}{r} \cdot \frac{\partial}{\partial r}\right)$$

$$= \frac{\partial^4 u}{\partial r^4} + \frac{2}{r} \cdot \frac{\partial^3 u}{\partial r^3} - \frac{1}{r^2} \cdot \frac{\partial^2 u}{\partial r^2} + \frac{1}{r^3} \cdot \frac{\partial u}{\partial r} = \frac{1}{r}\frac{\partial}{\partial r}\left\{r\frac{\partial}{\partial r}\left[\frac{1}{r}\frac{\partial}{\partial r}\left(r\frac{\partial u}{\partial r}\right)\right]\right\}.$$

(10.6.2)

Die Plattengleichung in Polarkoordinaten lautet dann

$$\frac{1}{r}\frac{\partial}{\partial r}\left\{r\frac{\partial}{\partial r}\left[\frac{1}{r}\frac{\partial}{\partial r}\left(r\frac{\partial u}{\partial r}\right)\right]\right\} = \frac{q(r)}{K}.$$

(10.6.3)

Die Schnittgrößen mit Winkelabhängigkeit sind

$$m_r = -K\left[\frac{\partial^2 u}{\partial r^2} + v\left(\frac{1}{r}\frac{\partial u}{\partial r} + \frac{1}{r^2}\frac{\partial^2 u}{\partial \theta^2}\right)\right],$$

$$m_\theta = -K\left[\frac{1}{r}\frac{\partial u}{\partial r} + \frac{1}{r^2}\frac{\partial^2 u}{\partial \theta^2} + v\frac{\partial^2 u}{\partial r^2}\right],$$

$$m_{r\theta} = -(1-v)K\frac{\partial}{\partial r}\left(\frac{1}{r}\frac{\partial u}{\partial \theta}\right),$$

$$q_r = -K\frac{\partial}{\partial r}(\Delta u) \quad \text{und}$$

$$q_\theta = -K\frac{1}{r}\frac{\partial u}{\partial \theta}(\Delta u).$$

Entsprechend folgen die rein radialen Schnittgrößen zu

$$m_r = -K\left[\frac{\partial^2 u}{\partial r^2} + \frac{v}{r} \cdot \frac{\partial u}{\partial r}\right],$$

$$m_\theta = -K\left[\frac{1}{r} \cdot \frac{\partial u}{\partial r} + v\frac{\partial^2 u}{\partial r^2}\right],$$

$$m_{r\theta} = 0,$$

$$q_r = -K\frac{\partial}{\partial r}\left[\frac{1}{r} \cdot \frac{\partial}{\partial r}\left(r\frac{\partial u}{\partial r}\right)\right] \quad \text{und}$$

$$q_\theta = 0.$$

(10.6.4)

Gleichung (10.6.3) stellt eine inhomogene DG in der Variablen r dar, deren Lösung sich aus der allgemeinen Lösung der homogenen DG

$$\Delta\Delta u(r) = 0 \qquad (10.6.5)$$

und einer partikulären Lösung von (10.6.3) zusammensetzt. Aus (10.6.5) folgt nacheinander

$$r\frac{\partial}{\partial r}\left[\frac{1}{r}\frac{\partial}{\partial r}\left(r\frac{\partial u}{\partial r}\right)\right] = A_1,$$

$$\frac{1}{r}\frac{\partial}{\partial r}\left(r\frac{\partial u}{\partial r}\right) = A_1 \ln r + A_2,$$

$$\frac{\partial}{\partial r}\left(r\frac{\partial u}{\partial r}\right) = A_1 r \ln r + A_2 r,$$

$$r\frac{\partial u}{\partial r} = B_1 r^2 \ln r + B_2 r^2 + C_3,$$

$$\frac{\partial u}{\partial r} = B_1 r \ln r + B_2 r + \frac{C_3}{r} \quad \text{und}$$

$$u_h(r) = C_1 r^2 \ln r + C_2 r^2 + C_3 \ln r + C_4. \qquad (10.6.6)$$

Insbesondere muss die Auslenkung auch für $r \to 0$ endlich bleiben, was $C_3 = 0$ nach sich zieht. Hingegen existiert $\lim_{r\to 0}(r^2 \ln r) = 0$, weshalb vorerst $C_1 \neq 0$ ist.

Bildet man aber

$$u_h'(r) = C_1(2r \ln r + r) + 2C_2 r \quad \text{und} \quad u_h''(r) = C_1(2\ln r + 3) + 2C_2,$$

so muss $C_1 = 0$ gesetzt werden, damit auch $u_h'(r)$ und $u_h''(r)$ und folglich m_r, m_θ und q_r für $r \to 0$ ebenfalls endlich bleiben. Deshalb verbleibt als allgemeine Lösung von (10.6.6) lediglich

$$u_h(r) = D_1 + D_2 r^2. \qquad (10.6.7)$$

Insgesamt erhält man mit (10.6.7):

Die Biegefläche einer Kreisplatte mit radialsymmetrischer Belastung $q(r)$ besitzt die Gestalt $u(r) = D_1 + D_2 r^2 + u_p(r)$. Dabei ist $u_p(r)$ ein partikuläre Lösung der inhomogenen DG $\Delta\Delta u(r) = \frac{q(r)}{K}$, abhängig von der Belastung $q(r)$. (10.6.8)

Die Berechnung einer partikulären Lösung von (10.6.3) kann aufgrund der Gestalt von $\Delta\Delta u(r)$ durch eine vierfache Integration analytisch gelöst werden, sofern $q(r)$ dies zulässt.

Genauer untersuchen wir nun Lösungen der Plattengleichung für fest eingespannte und gelenkig gelagerte runde Platten.

I. Biegeflächen für fest eingespannte runde Platten

Herleitung von (10.6.9)–(10.6.11)

Wir betrachten eine fest eingespannte elliptische Platte mit der Gleichung in kartesischen Koordinaten $\frac{x^2}{a^2} + \frac{y^2}{b^2} = 1$, die mit einer Gleichlast q_0 beladen wird. Für die Lösung wählen wir folgenden Ansatz:

$$u(x,y) = C\left(\frac{x^2}{a^2} + \frac{y^2}{b^2} - 1\right)^2. \tag{10.6.9}$$

Mit

$$\frac{\partial u}{\partial x} = \frac{4Cx}{a^2}\left(\frac{x^2}{a^2} + \frac{y^2}{b^2} - 1\right) \quad \text{und} \quad \frac{\partial u}{\partial y} = \frac{4Cy}{b^2}\left(\frac{x^2}{a^2} + \frac{y^2}{b^2} - 1\right)$$

genügt $u(x,y)$ den für diesen Lagerungsfall notwendigen drei RB $u = 0$ und $\frac{\partial u}{\partial x} = \frac{\partial u}{\partial y} = 0$.

Weiter ist

$$\frac{\partial^4 u}{\partial x^4} = \frac{24C}{a^4}, \quad \frac{\partial^4 u}{\partial x^2 \partial y^2} = \frac{8C}{a^2 b^2}, \quad \frac{\partial^4 u}{\partial y^4} = \frac{24C}{b^4}.$$

Eingesetzt in die Plattengleichung (10.17) folgt

$$C \cdot \left(\frac{24}{a^4} + \frac{16}{a^2 b^2} + \frac{24}{b^4}\right) = \frac{q_0}{K}$$

und damit

$$C = \frac{a^4 b^4 q_0}{8K[3(a^4 + b^4) + 2a^2 b^2]}.$$

Insgesamt erhält man

> Die rundum fest eingespannte, gleichmäßig mit q_0 belastete elliptische Platte besitzt die Biegefläche
>
> $$u(x,y) = \frac{a^4 b^4 q_0}{8K[3(a^4 + b^4) + a^2 b^2]}\left(\frac{x^2}{a^2} + \frac{y^2}{b^2} - 1\right)^2. \tag{10.6.10}$$

Wählt man in (10.6.10) speziell $a = b$, so erhält man

$$u(r) = \frac{q_0}{64K}(r^2 - a^2)^2 \tag{10.6.11}$$

für die mit der Gleichlast q_0 belastete, rundum fest eingespannte Kreisplatte.

Beispiel 1. Leiten Sie erneut das Ergebnis (10.6.11) mithilfe von (10.6.7) her.

Lösung. Zuerst ist eine partikuläre Lösung der inhomogenen DG $\Delta\Delta u(r) = \frac{q_0}{K}$ gesucht. Ausgehend von

$$\frac{1}{r}\frac{\partial}{\partial r}\left[r\frac{\partial}{\partial r}\left(\frac{1}{r}\frac{\partial}{\partial r}\left[r\frac{\partial u}{\partial r}\right]\right)\right] = \frac{q_0}{K}$$

erhält man nacheinander

$$\frac{\partial}{\partial r}\left[r\frac{\partial}{\partial r}\left(\frac{1}{r}\frac{\partial}{\partial r}\left[r\frac{\partial u}{\partial r}\right]\right)\right] = \frac{q_0}{K}r,$$

$$r\frac{\partial}{\partial r}\left(\frac{1}{r}\frac{\partial}{\partial r}\left[r\frac{\partial u}{\partial r}\right]\right) = \frac{q_0}{K}\frac{r^2}{2},$$

$$\frac{\partial}{\partial r}\left(\frac{1}{r}\frac{\partial}{\partial r}\left[r\frac{\partial u}{\partial r}\right]\right) = \frac{q_0}{K}\frac{r}{2},$$

$$\frac{1}{r}\frac{\partial}{\partial r}\left[r\frac{\partial u}{\partial r}\right] = \frac{q_0}{K}\frac{r^2}{4},$$

$$\frac{\partial}{\partial r}\left[r\frac{\partial u}{\partial r}\right] = \frac{q_0}{K}\frac{r^3}{4},$$

$$r\frac{\partial u}{\partial r} = \frac{q_0}{K}\frac{r^4}{16},$$

$$\frac{\partial u}{\partial r} = \frac{q_0}{K}\frac{r^3}{16} \quad \text{und}$$

$$u_p(r) = \frac{q_0 r^4}{64K}.$$

Nun muss die inhomogene DG $u(r) = D_1 + D_2 r^2 + \frac{q_0}{64K}r^4$ unter Berücksichtigung der RBen $u(a) = 0$ und $u'(a) = 0$ gelöst werden, wenn mit a der Radius der Platte gemeint ist. Man erhält $u(a) = 0 = D_1 + D_2 a^2 + \frac{q_0 a^4}{64K}$ und $u'(a) = 0 = 2D_2 a + \frac{q_0 a^3}{16K}$, woraus $D_1 = \frac{q_0 a^4}{64K}$ und $D_2 = -\frac{q_0 a^2}{32K}$ folgen.

Damit ist

$$u(r) = \frac{q_0 a^4}{64K} - \frac{q_0 a^2}{32K}r^2 + \frac{q_0}{64K}r^4 = \frac{q_0}{64K}(r^4 - 2a^2 r^2 + a^4) = \frac{q_0}{64K}(r^2 - a^2)^2,$$

was mit (10.6.11) übereinstimmt.

Beispiel 2.

a) Ermitteln Sie die Biegefläche der rundum fest eingespannten Kreisplatte unter mittiger (zylinderförmiger) Teillast (Abb. 10.10 rechts).

b) Setzen Sie $s = a$ und bestätigen Sie die Lösung (10.6.11) für die Kreisplatte.

c) Setzen Sie nun $s \to 0$ für eine mittig wirkende Punktkraft F und bestimmen Sie die zugehörige Biegefläche.

Lösung.

a) Die Biegefläche muss in zwei getrennte Funktionen aufgespalten werden: $u_1(r)$ für $0 \leq r \leq s$ und $u_2(r)$ für $s \leq r \leq a$. Dabei kann als partikuläre Lösung wie im ersten Beispiel $u_p(r) = \frac{q_0 r^4}{64K}$ verwendet werden. Deshalb ist

$$u_1(r) = \frac{q_0}{64K} r^4 + D_1 r^2 + D_2.$$

$u_2(r)$ besitzt die Gestalt $u_2(r) = C_1 r^2 \ln r + C_2 r^2 + C_3 \ln r + C_4$ (vgl. (10.6.6)), weil $r > 0$. Es folgt nacheinander:

$$u_1'(r) = \frac{q_0}{16K} r^3 + 2D_1 r, \quad u_2'(r) = 2C_1 r \cdot \ln r + (C_1 + 2C_2)r + \frac{C_3}{r},$$

$$u_1''(r) = \frac{3q_0}{16K} r^2 + 2D_1, \quad u_2''(r) = 2C_1(\ln r + 1) + 3C_1 + 2C_2 - \frac{C_3}{r^2},$$

$$u_1'''(r) = \frac{3q_0}{8K} r \quad \text{und} \quad u_2'''(r) = \frac{2C_1}{r} + \frac{2C_3}{r^3}.$$

Die Randbedingungen lauten I. $u_2(a) = 0$ und II. $u_2'(a) = 0$ oder

$$\text{I.} \quad C_1 a^2 \ln a + C_2 a^2 + C_3 \ln a + C_4 = 0 \quad \text{und}$$

$$\text{II.} \quad 2C_1 a \cdot \ln a + (C_1 + 2C_2)a + \frac{C_3}{a} = 0.$$

Die ersten zwei Übergangsbedingungen sind III. $u_1(s) = u_2(s)$, IV. $u_1'(s) = u_2'(s)$ oder

$$\text{III.} \quad \frac{q_0 s^4}{64K} + D_1 s^2 + D_2 = C_1 s^2 \ln s + C_2 s^2 + C_3 \ln s + C_4,$$

$$\text{IV.} \quad \frac{q_0 s^3}{16K} + 2D_1 s = 2C_1 s \cdot \ln s + (C_1 + 2C_2)s + \frac{C_3}{s}.$$

Die letzten zwei Übergangsbedingungen lauten V. $m_{r1}(s) = m_{r2}(s)$, VI. $q_{r1}(s) = q_{r2}(s)$, wobei $m_r = -K(u'' + \frac{\nu}{r}u')$ und $q_r = -K(u''' + \frac{1}{r}u'' - \frac{1}{r^2}u')$ zu verwenden ist:

$$\text{V.} \quad \frac{3q_0 s^2}{16K} + 2D_1 + \frac{\nu}{s}\left[\frac{q_0 s^3}{16K} + 2D_1 s\right]$$

$$= 2C_1(\ln s + 1) + 3C_1 + 2C_2 - \frac{C_3}{s^2} + \frac{\nu}{s}\left[2C_1 s \cdot \ln s + (C_1 + 2C_2)s + \frac{C_3}{s}\right],$$

$$\text{VI.} \quad \frac{3q_0 s}{8K} + \frac{1}{s}\left[\frac{3q_0 s^2}{16K} + 2D_1\right] - \frac{1}{s^2}\left[\frac{q_0 s^3}{16K} + 2D_1 s\right]$$

$$= \frac{2C_1}{s} + \frac{2C_3}{s^3} + \frac{1}{s}\left[2C_1 \ln s + 3C_1 + 2C_2 - \frac{C_3}{s^2}\right]$$

$$- \frac{1}{s^2}\left[2C_1 s \cdot \ln s + (C_1 + 2C_2)s + \frac{C_3}{s}\right].$$

Die Lösung des Gleichungssystems ergibt:

$$C_1 = \frac{q_0 s^2}{8K}, \quad C_2 = -\frac{q_0 s^2}{32 a^2 K}[3s^2 + 2a^2(2\ln a + 1)],$$

$$C_3 = \frac{3 q_0 s^4}{16K}, \quad C_4 = -\frac{q_0 s^2}{32K}[3(2\ln a - 1)s^2 - 2a^2],$$

$$D_1 = \frac{q_0 s^2}{32 a^2 K}[4a^2 \ln s - 3s^2 - 2a^2(2\ln a - 1)] \quad \text{und}$$

$$D_2 = \frac{q_0 s^2}{64K}[12 s^2 \ln s - 3(4\ln a + 1)s^2 + 4a^2].$$

Die Biegefläche beschreibenden Teilfunktionen lauten:

$$u_1(r) = \frac{q_0}{64K}\left\{ r^4 + \frac{2s^2}{a^2}[4a^2 \ln s - 3s^2 - 2a^2(2\ln a - 1)]r^2 \right.$$
$$\left. + s^2[12 s^2 \ln s - 3(4\ln a + 1)s^2 + 4a^2] \right\} \quad \text{für } 0 \le r \le s,$$

$$u_2(r) = \frac{q_0 s^2}{32K}\left\{ 4r^4 \ln r - \frac{1}{a^2}(s^2 + 2a^2(2\ln a + 1))r^2 \right.$$
$$\left. + 2s^2 \ln r - [(2\ln a - 1)s^2 - 2a^2] \right\} \quad \text{für } s \le r \le a.$$

b) Für $s = a$ wird

$$u_1(r) = \frac{q_0}{64K}\{ r^4 + 2(4a^2 \ln a - a^2 - 4a^2 \ln a)r^2$$
$$+ a^2[4a^2 \ln a - (4\ln a + 3)a^2 + 4a^2]\}$$
$$= \frac{q_0}{64K}[\{ r^4 - 2a^2 + a^2(-3a^2 + 4a^2)\}] = \frac{q_0}{64K}(r^2 - a^2)^2.$$

c) Dabei gilt $\lim_{s \to 0} q_0 \pi s^2 = F$ und man erhält

$$C_1 = \frac{F}{8\pi K}, \quad C_2 = -\frac{F}{16\pi K}(2\ln a + 1), \quad C_3 = 0 \quad \text{und} \quad C_4 = \frac{a^2 F}{16\pi K}.$$

Insgesamt folgt

$$u_2(r) = \frac{F}{16\pi K}[2r^2 \ln r - (2\ln a + 1)r^2 + a^2].$$

Beispiel 3. Eine rundum fest eingespannte Kreisplatte wird mit einer Gleichlast q_0 der Dicke c und zusätzlich mit einer kegelförmigen Last der Höhe c belastet (Abb. 11.1 links). Die Höhe c (einheitslos, damit q eine Flächenlast bleibt) muss dann so gewählt werden, dass die Platte nicht über ihre Elastizitätsgrenze belastet wird.
a) Bestimmen Sie die Lastfunktion $q(r)$.

b) Ermitteln Sie nun die Lösung $u(r) = D_1 + D_2 r^2 + u_q(r)$ gemäß (10.6.8) unter Verwendung der zugehörigen RBen für die zugrunde liegende Lagerung.

Lösung.

a) Es gilt $q(r) = cq_0 + cq_0(1 - r) = cq_0(2 - r)$.

Zuerst muss eine partikuläre Lösung gefunden werden. Ausgehend von

$$\frac{1}{r}\frac{\partial}{\partial r}\left\{r\frac{\partial}{\partial r}\left[\frac{1}{r}\frac{\partial}{\partial r}\left(r\frac{\partial u}{\partial r}\right)\right]\right\} = \alpha(2 - r) \quad \text{mit} \quad \alpha := \frac{cq_0}{K}$$

folgt nacheinander

$$\frac{\partial}{\partial r}\left\{r\frac{\partial}{\partial r}\left[\frac{1}{r}\frac{\partial}{\partial r}\left(r\frac{\partial u}{\partial r}\right)\right]\right\} = \alpha(2r - r^2),$$

$$r\frac{\partial}{\partial r}\left[\frac{1}{r}\frac{\partial}{\partial r}\left(r\frac{\partial u}{\partial r}\right)\right] = \alpha\left(r^2 - \frac{r^3}{3}\right),$$

$$\frac{\partial}{\partial r}\left[\frac{1}{r}\frac{\partial}{\partial r}\left(r\frac{\partial u}{\partial r}\right)\right] = \alpha\left(r - \frac{r^2}{3}\right),$$

$$\frac{1}{r}\frac{\partial}{\partial r}\left(r\frac{\partial u}{\partial r}\right) = \alpha\left(\frac{r^2}{2} - \frac{r^3}{9}\right),$$

$$\frac{\partial}{\partial r}\left(r\frac{\partial u}{\partial r}\right) = \alpha\left(\frac{r^3}{2} - \frac{r^4}{9}\right),$$

$$r\frac{\partial u}{\partial r} = \alpha\left(\frac{r^4}{8} - \frac{r^5}{45}\right),$$

$$\frac{\partial u}{\partial r} = \alpha\left(\frac{r^3}{8} - \frac{r^4}{45}\right) \quad \text{und}$$

$$u_p(r) = \frac{cq_0}{K}\left(\frac{r^4}{32} - \frac{r^5}{225}\right).$$

c) Für eine fest eingespannte Platte gilt I. $u(a) = 0$ und II. $u'(a) = 0$. Die Bedingungen liefern für

$$u(r) = D_1 + D_2 r^2 + \frac{cq_0}{K}\left(\frac{r^4}{32} - \frac{r^5}{225}\right)$$

die Gleichungen

$$0 = D_1 + D_2 a^2 + \frac{cq_0}{K}\left(\frac{a^4}{32} - \frac{a^5}{225}\right), \quad 0 = 2D_2 a + \frac{cq_0}{K}\left(\frac{a^3}{8} - \frac{a^4}{45}\right)$$

mit den Konstanten

$$D_1 = \frac{ca^4 q_0}{K}\left(\frac{1}{32} - \frac{a}{150}\right), \quad D_2 = -\frac{ca^2 q_0}{K}\left(\frac{1}{16} - \frac{a}{90}\right)$$

und der Lösung

$$u(r) = \frac{cq_0}{K}\left[a^4\left(\frac{1}{32} - \frac{a}{150}\right) - a^2\left(\frac{1}{16} - \frac{a}{90}\right)r^2 + \frac{r^4}{32} - \frac{r^5}{225} \right].$$

Die Werte der Auslenkung sind in dieser Darstellung positiv.

II. Biegeflächen für gelenkig gelagerte kreisrunde Platten

An der allgemeinen Lösungsform ändert sich nichts, es gilt immer noch Gleichung
(10.6.8).

Beispiel 4.
a) Bestimmen Sie die Biegefläche für die rundum gelenkig gestützte Kreisplatte mit
    mittiger (zylinderförmiger) Teillast (Abb. 10.10 rechts).
b) Welches Ergebnis erhält man für $s = a$?
c) Ermitteln Sie die Biegefläche für eine mittig wirkende Punktkraft F.

Lösung.
a) Wie in Beispiel 2 benötigt man zwei Ansätze:

$$u_1(r) = \frac{q_0}{64K}r^4 + D_1 r^2 + D_2 \quad \text{für } 0 \le r \le s \quad \text{und}$$

$$u_2(r) = C_1 r^2 \ln r + C_2 r^2 + C_3 \ln r + C_4 \quad \text{für } s \le r \le a.$$

Der einzige Unterschied zur rundum fest eingespannten Platte besteht in der zweiten Randbedingung: $m_{r2}(a) = 0$ mit $m_r = -K(u'' + \frac{v}{r}u')$.
Ausgeschrieben lautet sie

$$\text{II.} \quad 2C_1(\ln a + 1) + 3C_1 + 2C_2 - \frac{C_3}{a^2} + \frac{v}{a}\left[2C_1 a \cdot \ln a + (C_1 + 2C_2)a + \frac{C_3}{a} \right] = 0.$$

Die restlichen fünf Bedingungen aus Beispiel 2 bleiben erhalten. Das entstandene
System bestehend aus sechs Gleichungen besitzt dann die Lösung

$$C_1 = \frac{q_0 s^2}{8K}, \quad C_2 = -\frac{q_0 s^2}{32a^2 K(v+1)}\{3s^2(v-1) + 2a^2[2\ln a(v+1) + v + 5]\},$$

$$C_3 = \frac{q_0 s^4}{16K}, \quad C_4 = -\frac{q_0 s^2}{32K(v+1)}\{3s^2[2\ln a(v+1) - v + 1] - 2a^2(v+5)\},$$

$$D_1 = \frac{q_0 s^2}{32a^2 K(v+1)}\{4a^2 \ln s(v+1) - 3s^2(v-1) - 2a^2[2\ln a(v+1) - v + 3]\} \quad \text{und}$$

$$D_2 = \frac{q_0 s^2}{64K(v+1)}\{12s^2 \ln s(v+1) - 3s^2[4\ln a(v+1) + v + 5] + 4a^2(v+5)\}.$$

Damit sind auch die beiden Teilfunktionen für die Biegefläche ermittelt.

b) In diesem Fall lauten die beiden maßgebenden Konstanten D1 und D2 für die Lösung

$$u(r) = \frac{q_0}{64K}r^4 + D_1 r^2 + D_2 \quad \text{mit}$$

$$D_1 = -\frac{q_0 a^2}{32K} \cdot \frac{v+3}{v+1} \quad \text{und} \quad D_2 = \frac{q_0 a^4}{64K} \cdot \frac{v+5}{v+1}.$$

Damit erhält man

$$u_1(r) = \frac{q_0}{64K}r^4 - \frac{q_0 a^2}{32K} \cdot \frac{v+3}{v+1}r^2 + \frac{q_0 a^4}{64K} \cdot \frac{v+5}{v+1}$$

oder

$$u_1(r) = \frac{q_0}{64K}\left(r^4 - 2a^2 \cdot \frac{v+3}{v+1}r^2 + a^4 \cdot \frac{v+5}{v+1}\right)$$

für die mit Gleichlast belastete Kreisplatte.

c) Wie in Beispiel 2 ist $\lim_{s \to 0} q_0 \pi s^2 = F$ und es ergeben sich die vier Konstanten

$$C_1 = \frac{F}{8\pi K}, \quad C_2 = -\frac{F}{16\pi K} \cdot \frac{2\ln a(v+1) + v + 3}{v+1},$$

$$C_3 = 0 \quad \text{und} \quad C_4 = \frac{a^2 F}{16\pi K} \cdot \frac{v+5}{v+1}.$$

Insgesamt hat man

$$u_2(r) = \frac{F}{16\pi K}\left(2r^2 \ln r - \frac{2\ln a(v+1) + v + 3}{v+1}r^2 + a^2 \cdot \frac{v+5}{v+1}\right).$$

11 Die Gleichung für Biegeschwingungen einer Platte

Zur Herleitung der Schwingungsgleichung gehen wir von derjenigen des Balkens, (5.10), aus und wenden in diesem Kapitel die in der Übersicht am Ende von Kap. 10 festgehaltenen Analogien zwischen Balken und Platte an.

Herleitung von (11.1)

Ohne einige Vereinfachungen wird eine analytische Behandlung der Plattenschwingung sehr erschwert.

  Idealisierung:
– Die Torsionsträgheit wird vernachlässigt.
– Die Größen E, I, μ und A werden als konstant vorausgesetzt.

Einschränkung: Eine Normalkraft ist nicht vorhanden.
  Gleichung (5.10) schreibt sich dann als

$$EI \frac{\partial^2}{\partial x^2} \left(\frac{\partial^2 u}{\partial x^2} \right) + \mu \cdot \frac{\partial u}{\partial t} + \rho A \cdot \frac{\partial^2 u}{\partial t^2} = q$$

oder

$$\Delta\Delta u + \frac{\mu}{EI} \cdot \frac{\partial u}{\partial t} + \frac{\rho A}{EI} \cdot \frac{\partial^2 u}{\partial t^2} = \frac{q}{EI}.$$

Für die Querschnittsfläche gilt $A = b \cdot h$. Um die erwähnte Analogie auszunutzen, muss $b = 1$ gesetzt werden, woraus

$$\Delta\Delta u + \frac{\mu}{EI} \cdot \frac{\partial u}{\partial t} + \frac{\rho h}{EI} \cdot \frac{\partial^2 u}{\partial t^2} = \frac{q}{EI}$$

folgt. Nun ersetzt man EI durch K und $\Delta\Delta u$ durch den entsprechenden Operator und erhält die Schwingungsgleichung für die Platte:

$$\frac{\partial^4 u}{\partial x^4} + 2\frac{\partial^4 u}{\partial x^2 \partial y^2} + \frac{\partial^4 u}{\partial y^4} + \frac{\mu}{K} \cdot \frac{\partial u}{\partial t} + \frac{\rho h}{K} \cdot \frac{\partial^2 u}{\partial t^2} = \frac{q(x,y,t)}{K} \quad \text{mit} \quad K = \frac{Eh^3}{12(1-v^2)}. \tag{11.1}$$

https://doi.org/10.1515/9783111345857-011

11.1 Freie Biegeschwingungen der Rechteckplatte

Gesucht sind damit die Lösungen der unbelasteten Platte:

$$\frac{\partial^4 u}{\partial x^4} + 2\frac{\partial^4 u}{\partial x^2 \partial y^2} + \frac{\partial^4 u}{\partial y^4} + \frac{\mu}{K} \cdot \frac{\partial u}{\partial t} + \frac{\rho h}{K} \cdot \frac{\partial^2 u}{\partial t^2} = 0. \tag{11.1.1}$$

Herleitung von (11.1.2)–(11.1.6)
I. Freie Biegeschwingungen für die allseitig gelenkig gelagerte Rechteckplatte
Setzen wir den Ansatz $u(x,y,t) = v(x,y) \cdot w(t)$ in (11.1.1) ein, so erhalten wir

$$(\Delta\Delta v) \cdot w + \frac{\mu}{K} v\dot{w} + \frac{\rho h}{K} \cdot v\ddot{w} = 0.$$

Weiter entkoppeln wir mit einer Konstanten α, woraus

$$\frac{\Delta\Delta v}{v} = \alpha^4 \quad \text{und} \quad \frac{\rho h}{K} \cdot \frac{\ddot{w}}{w} + \frac{\mu}{K} \cdot \frac{\dot{w}}{w} = -\alpha^4$$

oder

$$\frac{\ddot{w}}{w} + \delta \cdot \frac{\dot{w}}{w} = -\alpha^4 \frac{K}{\rho h} \quad \text{mit} \quad \delta = \frac{\mu}{\rho h}$$

entsteht.
 Die Zeitlösung ergibt sich wie schon so oft unter Beihilfe von (3.3.2) zu

$$w(t) = e^{-\frac{\delta}{2} \cdot t} \cdot \left[B_1 \cdot \cos(\varepsilon_{mn} t) + B_2 \cdot \sin(\varepsilon_{mn} t) \right] \tag{11.1.2}$$

mit

$$\varepsilon_{mn}^2 = \omega_{mn}^2 - \left(\frac{\delta}{2}\right)^2 = \alpha_{mn}^4 \frac{K}{\rho h} - \left(\frac{\delta}{2}\right)^2.$$

Die Lösung des Ortsteils wird durch die Lagerung bestimmt. Analog zur Plattengleichung mit denselben RBen setzen wir zur Lösung von

$$\Delta\Delta v - \alpha^4 v = 0 \tag{11.1.3}$$

eine Doppelsinusfunktion an: $v(x,y) = \sin(\lambda x) \cdot \sin(\eta y)$. Diese erfüllt sämtliche RBen:

$$v(x,0) = v(x,b) = v(0,y) = v(a,y) = 0 \quad \text{und}$$
$$m_x(0,y) = m_x(a,y) = m_y(x,0) = m_y(x,b) = 0,$$

falls $\lambda = \frac{m\pi}{a}$ und $\eta = \frac{n\pi}{b}$ gilt.

Fügt man den Ansatz von v in (11.1.3) ein, so ergibt sich die charakteristische Gleichung $\lambda^4 + 2\lambda^2\eta^2 + \eta^4 = \alpha^4$. Weiter folgt

$$(\lambda^2 + \eta^2)^2 = \alpha^4 \quad \text{oder} \quad \pi^4\left(\frac{m^2}{a^2} + \frac{n^2}{b^2}\right)^2 = \alpha^4.$$

Somit lautet die Lösung von (11.1.1) für die allseitig gelenkig gelagerte Platte

$$u(x,y,t) = \sum_{m=1}^{\infty}\sum_{n=1}^{\infty} v_{mn}(x,y) \cdot w(t)$$

mit $v_{mn}(x,y) = \sin(\frac{m\pi}{a}x)\sin(\frac{n\pi}{b}y)$ und $w(t)$ gemäß (11.1.2):

Eine an allen Seiten gelenkig gelagerte rechteckige Platte mit Länge a und Breite b vollführt bei einer Anfangsauslenkung $g(x,y)$ und einer Anfangsgeschwindigkeit $h(x,y)$ die freien Schwingungen

$$u(x,y,t) = \sum_{m=1,3,5,\ldots}^{\infty}\sum_{n=1,3,5,\ldots}^{\infty} \sin\left(\frac{m\pi}{a}x\right)\sin\left(\frac{n\pi}{b}y\right)\left[a_{mn}\cos(\varepsilon_{mn}t) + b_{mn}\sin(\varepsilon_{mn}t)\right]$$

mit

$$\varepsilon_{mn}^2 = a_{mn}^4 c^2 - \left(\frac{\delta}{2}\right)^2, \quad a_{mn}^4 = \pi^4\left(\frac{m^2}{a^2} + \frac{n^2}{b^2}\right)^2, \quad c^2 = \frac{K}{\rho h},$$

$$a_{mn} = \frac{4}{ab}\int_0^a\int_0^b g(x,y)\cdot\sin\left(\frac{m\pi}{a}x\right)\sin\left(\frac{n\pi}{b}y\right)dxdy \quad \text{und}$$

$$b_{mn} = \frac{4}{\omega_{mn}ab}\int_0^a\int_0^b h(x,y)\cdot\sin\left(\frac{m\pi}{a}x\right)\sin\left(\frac{n\pi}{b}y\right)dxdy. \tag{11.1.4}$$

Die Darstellung zur Berechnung von a_{mn} und b_{mn} entnimmt man beispielsweise der Herleitung von (9.1.1) für die Membrangleichung: Dazu führt man eine Zweifachintegration unter Beachtung der Orthogonalitätsrelation der trigonometrischen Funktionen durch.

Wie schon bei den freien Schwingungen der Membran, gehören zu jeder Eigenfrequenz f_{mn} zwei Wellenlängen λ_m (in y- Richtung), λ_n (in x-Richtung) und folglich zwei Eigenformen. O. B. d. A. sei nun $a < b$. Die Wellenlänge λ_m ist am kleinsten, wenn m möglichst groß und n möglichst klein, also 1 ist. Aus

$$\frac{2}{\pi}f_{mn}\sqrt{\frac{\rho h}{K}} = \left(\frac{m^2}{a^2} + \frac{1}{b^2}\right)$$

wird

$$a^2\left(\frac{2}{\pi}f_{mn}\sqrt{\frac{\rho h}{K}} - \frac{1}{b^2}\right) = m^2$$

und somit

$$\lambda_{m,\min} = \frac{2a}{m} = \frac{2}{\sqrt{\frac{2}{\pi}f_{mn}\sqrt{\frac{\rho h}{K}} - \frac{1}{b^2}}}.$$

Analog ergibt sich

$$\lambda_{n,\min} = \frac{2b}{n} = \frac{2}{\sqrt{\frac{2}{\pi}f_{mn}\sqrt{\frac{\rho h}{K}} - \frac{1}{a^2}}}.$$

Zur Abschätzung der Frequenzzahl unterhalb der Frequenz f_{mn} beachten wir, dass durch

$$f_{mn} = \frac{\pi}{2}\sqrt{\frac{K}{\rho h}} \cdot \left(\frac{m^2}{a^2} + \frac{n^2}{b^2}\right)$$

eine Ellipse der Form

$$\left(\frac{m}{c}\right)^2 + \left(\frac{n}{d}\right)^2 = 1 \quad \text{mit} \quad c = a\sqrt{\frac{2f_{mn}}{\pi}} \cdot \sqrt[4]{\frac{\rho h}{K}} \quad \text{und} \quad d = b\sqrt{\frac{2f_{mn}}{\pi}} \cdot \sqrt[4]{\frac{\rho h}{K}}$$

dargestellt wird (Abb. 11.1 mitte). Die Anzahl $N(f_{mn})$ der Eigenfrequenzen kleiner als f_{mn} entspricht etwa dem Flächeninhalt der Viertelellipse:

$$N(f_{mn}) \approx \frac{1}{4}\pi cd = \frac{1}{4}\pi ab\frac{2f_{mn}}{\pi} \cdot \sqrt{\frac{\rho h}{K}} = \frac{ab}{h}\sqrt{3(1-v^2)\frac{\rho}{E}} \cdot f_{mn}$$

$$= \frac{ab}{h}\sqrt{\frac{3\rho}{E}(1-v^2)} \cdot f_{mn}. \tag{11.1.5}$$

Als Modendichte bezeichnet man die Anzahl der Eigenfrequenzen pro Frequenzintervall:

$$n(f_{mn}) = \frac{dN(f_{mn})}{df_{mn}} = \frac{ab}{h}\sqrt{\frac{3\rho}{E}(1-v^2)} \cdot \frac{df_{mn}}{df_{mn}} = \frac{ab}{h}\sqrt{\frac{3\rho}{E}(1-v^2)}. \tag{11.1.6}$$

Das Wissen um die Modendichte dient der gezielten Schalldämpfung.

Beispiel 1. Für eine auf allen Seiten gelenkig gelagerte Stahlplatte gilt $a = 1\,\text{m}, b = 0{,}5\,\text{m}$, $h = 0{,}01\,\text{m}, E = 2{,}0 \cdot 10^{11}\,\frac{\text{N}}{\text{m}^2}, \rho = 7850\,\frac{\text{kg}}{\text{m}^3}$ und $v = 0{,}3$. Bestimmen Sie die Anzahl der Eigenfrequenzen dieser Platte, die unterhalb von $f_{mn} = 5\,\text{kHz}$ liegen.

Lösung. Mit (11.1.5) gilt

$$N(5\,\text{kHz}) = \frac{1 \cdot 0{,}5}{0{,}01} \sqrt{\frac{3 \cdot 7850}{2{,}0 \cdot 10^{11}}(1 - 0{,}3^2)} \cdot 5000 \approx 81 \quad \text{Eigenfrequenzen.}$$

Beispiel 2. Ermitteln Sie die freie, gedämpfte Schwingungsform $u(x, y, t)$ einer ruhenden, mittig und einmalig mit der Kraft F_0 angeregten, allseitig gelenkig gelagerten Rechteckplatte der Länge a und Breite b.

Lösung. Die Anfangsauslenkung (statische Lösung) ergibt sich mit (10.4.4) und (10.4.8) zu

$$g(x, y) = \sum_{m=1,3,5,\dots}^{\infty} \sum_{n=1,3,5,\dots}^{\infty} a_{mn} \sin\left(\frac{m\pi}{a}x\right)\sin\left(\frac{n\pi}{b}y\right) \quad \text{mit} \quad a_{mn} = \frac{4F_0(-1)^{\frac{m+n}{2}+1}}{abK\pi^4(\frac{m^2}{a^2} + \frac{n^2}{b^2})^2}.$$

Demnach wird die Biegeschwingung nach (11.1.4) beschrieben durch

$$u(x, y, t) = \sum_{m=1,3,5,\dots}^{\infty} \sum_{n=1,3,5,\dots}^{\infty} a_{mn} \sin\left(\frac{m\pi}{a}x\right)\sin\left(\frac{n\pi}{b}y\right) \cdot \cos(\varepsilon_{mn}t). \qquad (11.1.7)$$

Bemerkung. Setzt sich die schwingungserregende Last aus Flächenlasten q_i und Einzelkräften F_k zusammen, so wird der Koeffizient a_{mn} von (11.1.7) ersetzt durch

$$a_{mn} = \frac{q_{mn,ik}}{K\pi^4(\frac{m^2}{a^2} + \frac{n^2}{b^2})^2}$$

mit $q_{mn,ik}$ aus (10.4.9).

II. Freie Biegeschwingungen für die allseitig fest eingespannte Rechteckplatte

Analog zum Ergebnis (11.1.4) kann man für diesen Lagerungsfall fast den gesamten Text übernehmen. Es ändern sich einzig die Eigenfunktionen $v_{mn}(x)$, $w_{mn}(y)$ und die Eigenfrequenzen ω_{mn}. Die Eigenfunktionen sind diejenigen aus (10.5.2) und die Eigenfrequenzen können in diesem Fall nicht mehr geschlossen mit (11.2.2) wie bei der allseitig gelenkig gelagerten Rechteckplatte angegeben werden. Es existieren nur numerische Lösungen. Für einen Vergleich schreiben wir (11.2.2) mit $\gamma = \frac{a}{b}$ als $\omega_{mn} = \frac{\pi^2}{a^2}(m^2 + \gamma^2 n^2)$ oder $a^2\omega_{mn} = \pi^2(m^2 + \gamma^2 n^2)$. Für einige Verhältnisse γ und einige Moden (m, n) vergleichen wir nun die Werte $a^2\omega_{mn}$ der allseitig gelenkig gestützten Platte mit den numerisch bestimmten Werten der allseitig fest eingespannten Platte mit der nachfolgenden Tabelle:

γ	Allseitig gelenkig gestützt		Allseitig fest eingespannt	
0,4	11,45	24,08	23,65	35,45
	$(1,1)$	$(1,3)$	$(1,1)$	$(1,3)$
$\frac{2}{3}$	14,26	49,35	27,01	66,55
	$(1,1)$	$(1,3)$	$(1,1)$	$(1,3)$
1,0	19,74	108,57	35,99	140,66
	$(1,1)$	$(1,3)$	$(1,1)$	$(1,3)$
1,5	32,08	111,00	60,77	149,74
	$(1,1)$	$(3,1)$	$(1,1)$	$(3,1)$
2,5	71,56	150,50	147,80	221,50
	$(1,1)$	$(3,1)$	$(1,1)$	$(3,1)$

Beispiel 3. Bestimmen Sie die freie, gedämpfte Schwingungsform $u(x,y,t)$ einer ruhenden, mittig und einmalig mit der Kraft F_0 angeregten, allseitig fest eingespannten Rechteckplatte der Länge a und Breite b.

Lösung. Analog zu Beispiel 2 lauten die Lastkoeffizienten

$$q_{mn} = \frac{4F_0}{ab}(-1)^{\frac{m+n}{2}+1}.$$

Die statischen Koeffizienten gewinnt man mittels (10.5.14) zu

$$
\begin{aligned}
s_{mn} &= \frac{a^4 b^4 m^3 n^3 \pi^2}{K} \cdot \frac{\frac{4F_0}{ab}(-1)^{\frac{m+n}{2}+1}}{m^6 b^4 \pi^2 (n^2\pi^2 - 8) + 2a^2 b^2 m^4 n^4 (m^2\pi^2 - 8)(n^2\pi^2 - 8)} \\
&= \frac{4a^3 b^3 \pi^2 F_0}{K} \cdot \frac{(-1)^{\frac{m+n}{2}+1} \cdot m^3 n^3}{m^6 b^4 \pi^2 (n^2\pi^2 - 8) + 2a^2 b^2 m^4 n^4 (m^2\pi^2 - 8)(n^2\pi^2 - 8)}.
\end{aligned}
\tag{11.1.8}
$$

Vom Zeitteil verbleibt lediglich $a_{mn} \cdot \cos(\varepsilon_{mn} t)$ mit $a_{mn} = s_{mn}$, sodass man insgesamt erhält:

$$
u(x,y,t) = \sum_{m=1,3,5,\ldots}^{\infty} \sum_{n=1,3,5,\ldots}^{\infty} a_{mn} \left[\left(\frac{x}{a}\right)^2 - \frac{x}{a} + \frac{1}{m\pi} \sin\left(\frac{m\pi}{a}x\right) \right]
$$

$$
\cdot \left[\left(\frac{y}{b}\right)^2 - \frac{y}{b} + \frac{1}{n\pi} \sin\left(\frac{n\pi}{b}y\right) \right] \cdot \cos(\varepsilon_{mn} t),
$$

wobei ε_{mn} bzw. die Eigenfrequenzen ω_{mn} nur numerisch ermittelbar sind.

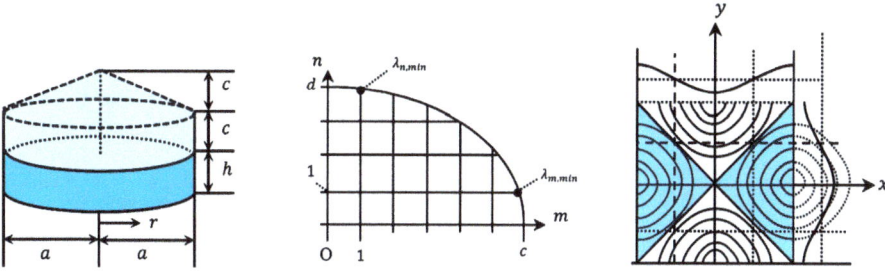

Abb. 11.1: Skizzen zum Beispiel 3, Kap. 10.6, zur Modendichte und zum Beispiel, Kap. 12.

11.2 Erzwungene Biegeschwingungen der Rechteckplatte

Einschränkung: Die Anregung ist periodisch und von der Form $q_*(x,y) = q(x,y) \cdot \cos(\varphi t)$. Die Dämpfung beachten wir vorerst noch nicht. Damit wird aus (11.1) mit $\delta = 0$ folgende zu lösende DG:

$$\frac{\rho h}{K} \cdot \frac{\partial^2 u}{\partial t^2} + \Delta\Delta = \frac{q(x,y) \cdot \cos(\varphi t)}{K}. \tag{11.2.1}$$

Herleitung von (11.2.2)–(11.2.7)

Von Interesse ist die Lösung nach der Einschwingzeit und wir setzen deshalb $u(x,y,t) = v(x,y) \cdot \cos(\varphi t)$ an. Als Nächstes entwickeln wir sowohl $v(x,y)$ als auch $q(x,y)$ in Eigenfunktionen.

I. Erzwungene Biegeschwingungen für die allseitig gelenkig gelagerte Rechteckplatte

In diesem Fall hat man

$$v(x,y) = \sum_{m=1}^{\infty} \sum_{n=1}^{\infty} d_{mn} \sin\left(\frac{m\pi}{a}x\right) \sin\left(\frac{n\pi}{b}y\right) \quad \text{und}$$

$$q(x,y) = \sum_{m=1}^{\infty} \sum_{n=1}^{\infty} q_{mn} \sin\left(\frac{m\pi}{a}x\right) \sin\left(\frac{n\pi}{b}y\right).$$

Eingesetzt in (11.2.1) folgt

$$d_{mn}\left[\pi^4\left(\frac{m^2}{a^2} + \frac{n^2}{b^2}\right)^2 - \frac{\rho h}{K}\varphi^2\right] = \frac{q_{mn}}{K},$$

$$\omega_{mn}^2 = \frac{K}{\rho h} \cdot \pi^4\left(\frac{m^2}{a^2} + \frac{n^2}{b^2}\right)^2 \tag{11.2.2}$$

und weiter

$$d_{mn} = \frac{q_{mn}}{\rho h(\omega_{mn}^2 - \varphi^2)} = \frac{q_{mn}}{\rho h \omega_{mn}^2} \cdot V(\omega_{mn}) = s_{mn} \cdot V(\omega_{mn})$$

mit dem Vergrößerungsfaktor

$$V(\omega_{mn}) = \frac{1}{|1 - (\frac{\varphi}{\omega_{mn}})^2|}. \tag{11.2.3}$$

An diesem Punkt wird wie bisher die fehlende Dämpfung modal eingebaut. Anstelle von (11.2.3) tritt nun der gedämpfte Vergrößerungsfaktor

$$V(\omega_{mn}, \xi_{mn}) = \frac{1}{\sqrt{[1 - (\frac{\varphi}{\omega_{mn}})^2]^2 + 4\xi_{mn}^2 (\frac{\varphi}{\omega_{mn}})^2}}. \tag{11.2.4}$$

Dabei ist $\xi_{mn} = \frac{\xi}{2M_{mn}^* \omega_{mn}}$ das Lehr'sche Dämpfungsmaß bezogen auf die mn-te Eigenfrequenz ω_{mn} und die mn-te modale Masse

$$M_{mn}^* = \rho h \int_0^A v_{mn}^2 dA = \rho h \int_0^a \sin^2\left(\frac{m\pi}{a}x\right) dx \cdot \int_0^b \sin^2\left(\frac{n\pi}{b}y\right) dy$$

$$= \rho h \cdot \frac{a}{2} \cdot \frac{b}{2} = \frac{\rho hab}{4} = \frac{1}{4}m. \tag{11.2.5}$$

Die Gleichungen (11.2.3)–(11.2.5) führen zu dem Ergebnis:

Die Lösung der erzwungenen Schwingung

$$\frac{\rho h}{K} \cdot \ddot{u} + \frac{\mu}{K} \cdot \dot{u} + \Delta\Delta u = \frac{q(x,y)}{K} \cdot \cos(\varphi t)$$

einer allseitig gelenkig gelagerten Rechteckplatte besitzt die Form

$$u(x,y,t) = \sum_{m=1,3,5,\ldots}^{\infty} \sum_{n=1,3,5,\ldots}^{\infty} d_{mn} \sin\left(\frac{m\pi}{a}x\right) \sin\left(\frac{n\pi}{b}y\right) \cos(\varphi t - \sigma_{mn})$$

mit den dynamischen Koeffizienten $d_{mn} = s_{mn} \cdot V(\omega_{mn}, \xi_{mn})$, den statischen Koeffizienten $s_{mn} = \frac{q_{mn}}{\rho h \omega_{mn}^2}$, den Lastkoeffizienten q_{mn}, den Dämpfungsmaßen ξ_{mn}, den Phasenverschiebungen

$$\sigma_{mn} = \arctan\left(\frac{2\xi_{mn}\omega_{mn} \cdot \varphi}{\varphi^2 - \omega_{mn}^2}\right) \quad \text{und} \quad \omega_{mn}^2 = \frac{K}{\rho h} \cdot \pi^2\left(\frac{m^2}{a^2} + \frac{n^2}{b^2}\right). \tag{11.2.6}$$

Die Lastkoeffizienten können sich wie bei (9.2.9) oder (10.4.9) zusammensetzen aus

$$q_{mn,ik} = \frac{16}{mn\pi^2} \sum_{i=1}^{N_1} q_i \sin\left(\frac{m\pi}{a}x_i\right) \sin\left(\frac{m\pi}{2a}a_i\right) \sin\left(\frac{n\pi}{b}y_i\right) \sin\left(\frac{n\pi}{2b}b_i\right)$$

$$+ \sum_{k=1}^{N_2} \frac{4F_k}{ab} \cdot \sin\left(\frac{m\pi}{a}x_k\right) \cdot \sin\left(\frac{n\pi}{b}y_k\right). \tag{11.2.7}$$

Beispiel 1. Gegeben ist eine allseitig gelenkig gelagerte Rechteckplatte mit Länge a und Breite b.

a) Diese wird im Zentrum mit der Kraft $F(t) = F_0 \cdot \cos(\varphi t)$ periodisch belastet. Bestimmen Sie die dynamische Auslenkung $u(x, y, t)$, falls die Dämpfung vernachlässigt wird.

b) Wie lautet das Ergebnis, falls die Kraft im Punkt $P(x_i, y_i)$ wirkt?

Lösung.

a) Die Lastkoeffizienten sind für diesen Lastfall schon mit Beispiel 2 aus Kap. 11.1 bereitgestellt worden:

$$q_{mn} = \frac{4F_0}{ab}(-1)^{\frac{m+n}{2}+1}.$$

Damit schreibt sich die Lösung gemäß (11.2.6) als

$$u(x, y, t) = \sum_{m=1,3,5,\dots}^{\infty} \sum_{n=1,3,5,\dots}^{\infty} d_{mn} \sin\left(\frac{m\pi}{a}x\right) \sin\left(\frac{n\pi}{b}y\right) \cos(\varphi t)$$

mit

$$d_{mn} = \frac{4F_0(-1)^{\frac{m+n}{2}+1}}{ab\rho h(\omega_{mn}^2 - \varphi^2)} \quad \text{und} \quad \omega_{mn}^2 = \frac{K}{\rho h} \cdot \pi^4 \left(\frac{m^2}{a^2} + \frac{n^2}{b^2}\right)^2.$$

b) Einzig der dynamische Koeffizient wird angepasst zu

$$d_{mn} = \frac{4F_0 \sin(\frac{m\pi}{a}x_i) \cdot \sin(\frac{m\pi}{a}y_i)}{ab\rho h(\omega_{mn}^2 - \varphi^2)}.$$

II. Erzwungene Biegeschwingungen für die allseitig fest eingespannte Rechteckplatte

Der Text aus (11.2.6) kann bis auf zwei Änderungen übernommen werden. Angepasst werden abermals die Eigenfunktionen und die Eigenfrequenzen ω_{mn}, die man nur numerisch bestimmen kann. In Analogie zu Beispiel 1 betrachten wir:

Beispiel 2. Gegeben ist eine allseitig fest eingespannte Rechteckplatte mit Länge a und Breite b.

Diese wird im Zentrum mit der Kraft $F(t) = F_0 \cdot \cos(\varphi t)$ periodisch belastet. Bestimmen Sie die dynamische Auslenkung $u(x, y, t)$, falls die Dämpfung vernachlässigt wird.

Lösung. Für diesen Lastfall sind die statischen Koeffizienten s_{mn} diejenigen von (11.1.8), nämlich

$$s_{mn} = \frac{4a^3b^3\pi^2 F_0}{K} \cdot \frac{(-1)^{\frac{m+n}{2}+1} \cdot m^3 n^3}{m^6 b^4 \pi^2 (n^2\pi^2 - 8) + 2a^2 b^2 m^4 n^4 (m^2\pi^2 - 8)(n^2\pi^2 - 8)}.$$

Diese werden dann mit dem Vergrößerungsfaktor

$$V(\omega_{mn}) = \frac{1}{|1 - (\frac{\varphi}{\omega_{mn}})^2|}$$

multipliziert, was die dynamischen Faktoren ergibt. Dabei sind, wie schon erwähnt, die Frequenzen ω_{mn} nur numerisch ermittelbar. Insgesamt erhält man

$$u(x,y,t) = \sum_{m=1,3,5,\dots}^{\infty} \sum_{n=1,3,5,\dots}^{\infty} d_{mn} \sin\left(\frac{m\pi}{a}x\right) \sin\left(\frac{n\pi}{b}y\right) \cos(\varphi t)$$

mit $d_{mn} = s_{mn} \cdot V(\omega_{mn})$.

12 Chladni'sche Klangfiguren

Die Eigenformen oder Moden einer quadratischen, runden, dreieckigen oder beliebig geformten Platte können durch Anregung sichtbar gemacht werden, indem man feinen Sand auf die Platte streut und diese beispielsweise mit einem Geigenbogen zum Schwingen bringt. Durch die Vibration der Platte werden die Sandkörner hin zu den während des Schwingungsvorgangs in Ruhe bleibenden Knotenlinien verschoben. Auf diese Weise werden die Knotenlinien sichtbar. Dies ist nichts Neues und gilt für alle bisherigen Membranen und Platten.

Das Besondere des Chladni-Experiments liegt in der Randbedingung für das Zentrum oder des Schwerpunkts. Dieser ist fest eingespannt, wohingegen die Ränder allesamt frei sind. Wir betrachten den Spezialfall einer quadratischen Platte mit der Seitenlänge l.

Einschränkung: Die Platte ist quadratisch.

Herleitung von (12.1) und (12.2)

Ausgehend von der Separation $u(x, y, t) = v(x, y)w(t)$ für die Lösung der Plattengleichung $\Delta\Delta u + \frac{\rho h}{K} \cdot \ddot{u} = 0$ entsteht wie gehabt $\Delta\Delta v - \mu^4 v = 0$ mit $\mu^4 = \omega^2 \cdot \frac{\rho h}{K}$.

Ein Doppelsinus $v(x, y) = \sin(\frac{m\pi}{l}x)\sin(\frac{n\pi}{l}y)$ kommt für die Eigenfunktionen nicht infrage. Zwar ist $v(\frac{l}{2}, \frac{l}{2}) = 0$ für m, n ungerade, aber v wäre auch an den Rändern null. Diese müssen aber frei sein. Ein anderer Ansatz lautet beispielsweise

$$v(x, y) = \sin\left(\frac{m\pi}{l}x\right)\sin\left(\frac{n\pi}{l}y\right) - \sin\left(\frac{n\pi}{l}x\right)\sin\left(\frac{m\pi}{l}y\right).$$

Auch in diesem Fall wäre v zwar im Zentrum null, aber eben auch an den Rändern. Setzt man hingegen

$$v(x, y) = \cos\left(\frac{m\pi}{l}x\right)\cos\left(\frac{n\pi}{l}y\right) - \cos\left(\frac{n\pi}{l}x\right)\cos\left(\frac{m\pi}{l}y\right) := v_1(x, y) - v_2(x, y), \quad (12.1)$$

so erreicht man $v(\frac{l}{2}, \frac{l}{2}) = 0$ und $v \neq 0$ an den Rändern, falls $m \neq n$.

Nun setzen wir $v(x, y)$ in die DGL $\Delta\Delta v - \mu^4 v = 0$ ein und berechnen nacheinander

$$\frac{\partial^4 v}{\partial x^4} = \left(\frac{m\pi}{l}\right)^4 v_1 - \left(\frac{n\pi}{l}\right)^4 v_2,$$

$$\frac{\partial^4 v}{\partial y^4} = \left(\frac{n\pi}{l}\right)^4 v_1 - \left(\frac{m\pi}{l}\right)^4 v_2 \quad \text{und}$$

$$\frac{\partial^4 v}{\partial x^2 y^2} = \left(\frac{m\pi}{l}\right)^2\left(\frac{n\pi}{l}\right)^2 v_1 - \left(\frac{m\pi}{l}\right)^2\left(\frac{n\pi}{l}\right)^2 v_2 = \left(\frac{m\pi}{l}\right)^2\left(\frac{n\pi}{l}\right)^2 (v_1 - v_2).$$

https://doi.org/10.1515/9783111345857-012

Es folgt

$$\left[\left(\frac{m\pi}{l}\right)^4 + \left(\frac{n\pi}{l}\right)^4 + \left(\frac{m\pi}{l}\right)^2\left(\frac{n\pi}{l}\right)^2\right]v = \mu^4 v.$$

Für die Eigenkreisfrequenzen erhält man

$$\omega_{mn} = \sqrt{\left(\frac{m\pi}{l}\right)^4 + \left(\frac{n\pi}{l}\right)^4 + \left(\frac{m\pi}{l}\right)^2\left(\frac{n\pi}{l}\right)^2} \cdot \sqrt{\frac{K}{\rho h}}. \tag{12.2}$$

Näher kommt man der allgemeinen Lösung nicht. $v(x,y)$ lässt sich entgegen der allseitig gelenkig gestützten und der allseitig fest eingespannten Rechteckplatte nicht als $v(x,y) = X(x)Y(y)$ entkoppeln. Zudem müssten noch die Randbedingungen

$$\frac{\partial^2 u}{\partial x^2} + v\frac{\partial^2 u}{\partial y^2} = 0 \quad \text{und} \quad \frac{\partial^3 u}{\partial x^3} + (2-v)\frac{\partial^3 u}{\partial x\partial y^2} = 0 \quad \text{für } (0,y),(l,y),$$

$$\frac{\partial^2 u}{\partial y^2} + v\frac{\partial^2 u}{\partial x^2} = 0 \quad \text{und} \quad \frac{\partial^3 u}{\partial y^3} + (2-v)\frac{\partial^3 u}{\partial x^2\partial y} = 0 \quad \text{für } (x,0),(x,l)$$

der freien Ränder eingebaut werden. An den Ecken wäre noch das Verschwinden des Biegemoments $\frac{\partial^2 u}{\partial x\partial y} = 0$ zu beachten. Dieses ist zumindest für $v(x,y)$ automatisch erfüllt. Somit existiert keine geschlossene Lösung für dieses Problem.

Beispiel. Wir betrachten die Chladni-Figur mit $m = 2, n = 0$.
a)   Gesucht sind die zugehörigen Mode $v(x,y)$ und die Knotenlinien.
b)   Fertigen Sie eine Skizze von v als Projektion auf die xy-Ebene an.

Lösung.
a)   Man erhält die Mode $v(x,y) = \cos(\frac{2\pi}{l}x) - \cos(\frac{2\pi}{l}y)$. Die Knotenlinien ergeben sich
     für $v = 0$, was den beiden Funktionen $y = \pm x$ entspricht.
b)   Die Darstellung entnimmt man Abb. 11.1 rechts.

Weiterführende Literatur

K. Baumann, H. Bachmann. Durch Menschen verursachte dynamische Lasten und deren Auswirkungen auf Balkentragwerke. Birkhäuser, 1988, ISBN 3-7643-2231-4.

J. Berger. Technische Mechanik für Ingenieure, Band 3. Vieweg, 1998, ISBN 879-3-528-04931-7.

P. Dallard. The London Millennium Footbridge. The Structural Engineer, 2001, Volume 79/No 22.

D. Ferus. Differentialgleichungen für Ingenieure. Vorlesungsskript. Technische Universität Berlin, 2007.

L.Fryba, A rough assessment of railway bridges for high speed trains. Engineering Structures, 23, S. 548–556, 2001.

D. Gross, W. Hauger und Peter Wriggers. Technische Mechanik 4. Springer, 10. Auflage, 2018, ISBN 978-3-662-55693-1.

M. Groves. Partielle Differentialgleichungen 1. Vorlesungsskript, Uni München, Wintersemester 2008/2009.

A. Hauser, C. Adam. Abschätzung der Schwingungsantwort von Brückentragwerken für Hochgeschwindigkeitszüge. Institut für Grundlagen der Bauingenieurwissenschaften, Universität Innsbruck, Österreich, Tagung der Österreichischen Gesellschaft für Erdbebeningenieurwesen und Baudynamik Wien, 2007.

S. Iguchi. Eine Lösung für die Berechnung der biegsamen rechteckigen Platten. Springer, 1933, Universität Sapporo.

F. U. Mathiak. Ebene Flächentragwerke II. Vorlesungsskript. Hochschule Neubrandenburg, 1. Auflage, 2008.

Y. Matsumoto, H. Shiojiri, T. Nishioka. Dynamic design of footbridges. 1978, IABSE proceedings, P – 17/78, 1–15.

G. Mehlhorn. Handbuch Brücken. Springer, 2. Auflage, 2010, ISBN 978-3-642-04422-9.

M. Mitschke und H. Wallentowitz. Dynamik der Kraftfahrzeuge. Springer, 2004. ISBN 978-3-662-06803-8.

P. Museros, E. Alarcon. Influence of the second bending mode on the response of high-speed bridges at resonance. Journal of Structural Engineering ASCE, 131, S. 405–415, 2005.

C. Petersen und H. Werkle. Dynamik der Baukonstruktionen. Springer, 2. Auflage, 2018. ISBN 978-3-8348-1459-3.

M. Reissig. Partielle Differentialgleichungen für Ingenieure und Naturwissenschaftler. Vorlesungsskript. Universität Freiburg, Wintersemester 2018/2019.

M. Spengler. Dynamik von Eisenbahnbrücken unter Hochgeschwindigkeitsverkehr. Dissertation. Universität Darmstadt, 2010.

G. Sweers. Partielle Differentialgleichungen. Vorlesungsskript. Uni Köln, Sommersemester 2009.

C. Timm. Partielle Differentialgleichungen. Vorlesungsskript. TU Dresden, Sommersemester 2003.

Y. B. Yang, C. L. Lin, J. D. Yau, D. W. Chang. Mechanism of resonance and cancellation for train-induced vibrations on bridges with elastic bearings. J. Sound Vib., 269(1–2), 345–360, 2004.

https://www.bau.uni-siegen.de/subdomains/baustatik/lehre/master/baudyn/arbeitsblaetter/schwingungen_kontinuierlicher_systeme.pdf

http://www.peter-junglas.de/fh/vorlesungen/skripte/schwingungslehre2.pdf

http://wandinger.userweb.mwn.de/LA_Elastodynamik_2/v2_4.pdf

http://wandinger.userweb.mwn.de/LA_Elastodynamik_2/v3_3.pdf

http://wandinger.userweb.mwn.de/LA_Elastodynamik_2/v3_5.pdf

http://wandinger.userweb.mwn.de/LA_Elastodynamik_2/v4_2.pdf

http://wandinger.userweb.mwn.de/LA_Elastodynamik_2/kap_3_balken.pdf

http://wandinger.userweb.mwn.de/LA_Elastodynamik_2/kap_4_platte.pdf

http://wandinger.userweb.mwn.de/LA_TMET/v2_4.pdf

http://wandinger.userweb.mwn.de/TM2/v6_2.pdf

https://doi.org/10.1515/9783111345857-013

Stichwortverzeichnis

https://doi.org/10.1515/9783111345857-014

www.ingramcontent.com/pod-product-compliance
Lightning Source LLC
Chambersburg PA
CBHW061403210326
41598CB00035B/6080